新一代人工智能创新平台建设及其关键技术丛书

众包学习

Crowdsourcing Learning

张 静 盛胜利 吴信东 著

科学出版社

北 京

内 容 简 介

本书系统介绍了众包学习的概念、应用领域、前沿课题和研究实践。在基础知识方面，本书介绍了众包的起源与发展、众包技术的研究方向，分析众包模式给机器学习带来的机遇与挑战。在前沿技术方面，本书详细阐述了众包标注真值推断与面向众包标注数据的预测模型学习等前沿研究课题。在研究实践方面，本书介绍了面向偏置标注的众包标签真值推断、基于机器学习模型的众包标签噪声处理、众包标签利用方法与集成学习模型、基于不确定性度量的众包主动学习等典型研究案例。

本书适合高等院校智能科学与技术、计算机科学与技术、控制科学与工程、网络空间安全等专业高年级本科生和研究生，以及相关领域研究人员和工程技术人员阅读与参考。

图书在版编目（CIP）数据

众包学习/张静，盛胜利，吴信东著. —北京：科学出版社，2023.11
（新一代人工智能创新平台建设及其关键技术丛书）
ISBN 978-7-03-076744-8

Ⅰ. ①众…　Ⅱ. ①张…　②盛…　③吴…　Ⅲ. ①机器学习
Ⅳ. ①TP181

中国国家版本馆 CIP 数据核字（2023）第 202634 号

责任编辑：裴　育　陈　婕　纪四稳 / 责任校对：任苗苗
责任印制：肖　兴 / 封面设计：蓝正设计

科学出版社 出版
北京东黄城根北街 16 号
邮政编码：100717
http://www.sciencep.com
北京建宏印刷有限公司 印刷
科学出版社发行　各地新华书店经销
*
2023 年 11 月第　一　版　开本：720 × 1000　1/16
2023 年 11 月第一次印刷　印张：18
字数：360 000

定价：150.00 元

（如有印装质量问题，我社负责调换）

“新一代人工智能创新平台建设及其关键技术丛书”编委会

主　　编：吴信东

编　　委：(按姓氏汉语拼音排序)

陈　刚(浙江大学)

陈恩红(中国科学技术大学)

程学旗(中国科学院计算技术研究所)

胡　斌(兰州大学)

金　芝(北京大学)

马　帅(北京航空航天大学)

王飞跃(中国科学院自动化研究所)

王建勇(清华大学)

吴信东(合肥工业大学/之江实验室)

叶杰平(滴滴研究院)

周傲英(华东师范大学)

“新一代人工智能创新平台建设及其关键技术丛书”序

人工智能自 1956 年被首次提出以来，经历了神经网络、机器人、专家系统和第五代智能计算、深度学习的几次大起大落。由于近期大数据分析和深度学习的飞速进展，人工智能被期望为第四次工业革命的核心驱动力，已经成为全球各国之间竞争的战略赛场。目前，中国人工智能的论文总量和高被引论文数量已经达到世界第一，在人才储备、技术发展和商业应用方面已经进入了国际领先行列。一改前三次工业革命里一直处于落后挨打的局面，在第四次工业革命兴起之际，中国已经和美国等发达国家一起坐在了人工智能的头班车上。

2017 年 7 月 8 日，国务院发布《新一代人工智能发展规划》，人工智能上升为国家战略。2017 年 11 月 15 日，科技部召开新一代人工智能发展规划暨重大科技项目启动会，标志着新一代人工智能发展规划和重大科技项目进入全面启动实施阶段。2019 年 8 月 29 日，在上海召开的世界人工智能大会(WAIC)上，科技部宣布依托 10 家人工智能行业技术领军企业牵头建设 10 个新的国家开放创新平台，这是继阿里云公司、百度公司、腾讯公司、科大讯飞公司、商汤科技公司之后，新入选的一批国家新一代人工智能开放创新平台，其中包括我作为负责人且依托明略科技集团建设的营销智能国家新一代人工智能开放创新平台。

科技部副部长李萌为第三批国家新一代人工智能开放创新平台颁发牌照

舞台中央左起，第 2 位为吴信东教授，第 6 位为李萌副部长为了发挥人工智能行业技术领军企业的引领示范作用，这些国家平台需要发挥“头雁”效应，持续优化人工智能的创新生态，推动人工智能技术的健康发展。

“新一代人工智能创新平台建设及其关键技术丛书”以国家新一代人工智能开放创新平台的共性技术为驱动，选择了知识图谱、人机协同、众包学习、自动文本简化、营销智能等当前热门且挑战性很强的方向来策划出版相关技术分册，介绍我国学术界和企业界近年来在人工智能平台建设方面的创新成就，以及在这些前沿方向面临的机遇和挑战。希望丛书的出版，能对新一代人工智能的学科发展和人工智能创新平台的建设起到一些引领、示范和推动作用。

衷心感谢所有关心本丛书并为丛书出版而努力的编委会专家和各分册作者，感谢科学出版社的大力支持。同时，欢迎广大读者的反馈，以促进和完善丛书的出版工作。

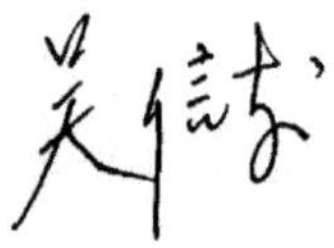

“大数据知识工程”教育部重点实验室(合肥工业大学)主任、长江学者

明略科技集团首席科学家

2021 年 7 月

前　言

机器学习是一种以统计理论为基础的从大规模数据中发现规律和知识的技术。目前，具备广泛实用价值的监督学习方法需要大量良好标注的样本才能进行预测模型训练，因此大规模标注数据的获取成为机器学习应用的天然数据壁垒。特别是在当今大数据时代，原始数据在智能系统中不断累积，而业务模型则需要根据数据的变化不断调整。因此，传统的依靠领域内专业人士进行人工数据标注的训练样本生产方式早已无法满足业务模型快速迭代更新的需求。除了少数信息技术巨头可以不计成本地组织资源进行数据标注，广大中小企业和社会机构仍然难以克服数据鸿沟，从而阻碍了机器学习技术在各行各业科技创新中的应用。

2006 年，众包概念的出现为解决上述问题提供了可行途径。在众包模式下，需求方利用互联网众包平台发布数据标注任务，众包工作者选择适合自己的标注任务，并通过完成这些任务获得需求方支付的经济报酬。众包标注突破了地域、时间、专业背景等种种限制，能够以较低的成本迅速集聚人类群体智慧，提供丰富多样的标注信息。然而，众包模式固有的开放、动态、不确定、成本限制等特性导致了标注错误的广泛存在。因此，利用众包标注数据进行机器学习，机遇与挑战并存。从 2008 年以众包学习为研究对象的学术论文首次出现开始，机器学习社区的研究人员在过去的十几年中一直孜孜不倦地寻求各种方法以应对这些挑战。在每年举办的众多人工智能相关顶级国际学术会议(如 ICML(国际机器学习会议)、NeurIPS(神经信息处理系统大会)、KDD(国际知识发现会议)、AAAI(国际先进人工智能协会会议)、IJCAI(国际人工智能联合会议)、SIGIR(国际信息检索会议)、CVPR(国际计算机视觉与模式识别会议)、WWW(国际万维网会议)等)上，与众包学习相关的研究成果不断涌现，精彩纷呈。

本书作者是最早一批进入众包学习领域进行研究的学者，过去十几年中在此方向上取得了较为丰硕的研究成果。由于本领域发展年限尚短，相关书籍稀少，国内外研究学者和工程技术人员均是通过阅读论文来了解其发展现状，以便进行研究和实践。为了将众包学习的经典技术和作者的研究工作更好地介绍给国内同行，作者在繁忙的教学和科研工作之余，挑灯夜战完成本书。本书内容分为基础知识、前沿技术和研究实践三部分。基础知识部分从众包系统和数据众包的基本概念开始，介绍众包技术的研究方向，分析众包为机器学习带来的诸多机遇与挑战。前沿技术部分聚焦众包学习的两大关键科学问题，即众包标注的真值推断与面向众包标注数据的预测模型学习。作者构建了一套统一的众包学习技术框架，将上述两大课题中的经典方法以及作者提出的方法纳入该框架进行详细阐述和分析，同时介绍与此相关的实验方法、数据和工具。前沿技术部分内容可为那些想进入本领域开展研究工作的广大博士、硕士研究生提供很好的参考。研究实践部分内容均为作者先前研究成果的进一步精练，读者也可以从网站 https://wocshare.sourceforge.io 下载相关数据集。这些内容将展示如何从两个关键基础科学问题中进行拓展和演化，做出有特色的研究工作，主要涉及针对偏置标注问题的真值推断方法和主动学习方法、众包标签的噪声处理方法、众包标注数据的集成学习方法等。通过这些具体的研究课题展示了本领域研究工作的方法学概貌。《国务院关于印发新一代人工智能发展规划的通知》(国发〔2017〕35 号)提出，积极推进“群体智能”和“高级机器学习”的前沿基础研究，构建“开放协同的人工智能科技创新体系”。本书作为国内众包学习技术的系统性专著，希望能够为此目标的实现敬献绵薄之力。

与本书内容相关的研究工作获得了国家自然科学基金项目(62076130、91846104、61603186、62120106008)、国家重点研发计划项目(2018AAA0102002)、江苏省自然科学基金项目(BK20160843)的支持；本书的出版受到中央高校基本科研业务费专项资金(RF1028623059)和东南大学高等教育内涵建设与发展专项资金优势学科建设经费的资助；在撰写本书过程中，课题组的研究生应梓健、雷雨、曹美林、徐孙悦等广泛搜集和整理了相关技术资料，付出了辛勤的劳动，在此一并表示感谢。由于众包学习所涉及的机器学习理论和技术相当广泛，而其本身也在快速发展之中，本书只起到抛砖引玉的作用，既无法全面涵盖当前的重要研究成果，也无法完全避免可能存在的疏漏或不足之处，希望广大读者在阅读过程中予以批评指正。

目　录

部分通用符号和约定

符号	意义
$\boldsymbol{x}_i$	样本 $\boldsymbol{x}_i$，用向量表示其特征，其中 $i \in [1, I]$，I 为样本总数
$\boldsymbol{x}$	任意样本 $\boldsymbol{x}$，可以用作预测模型参数，如 $h(\boldsymbol{x})$
X	全体样本组成的特征矩阵
$\mathcal{X}$	整个特征空间
y_i	样本 i 的真实标签
$\boldsymbol{y}_i$	样本 i 的真实标签向量
$\boldsymbol{y}$	由所有 y_i 组成的向量
Y	由多个 $\boldsymbol{y}_i$ 组成的矩阵
c_k	第 k 个概念类别(即类别 k)，全部 K 个类别定义为 $C = \{c_k\}_{k=1}^K$
$\boldsymbol{u}_j$	众包工作者 $\boldsymbol{u}_j$，用向量表示其特征，其中 $j \in [1, J]$，J 为工作者总数
U_i	对样本 i 进行标注的所有众包工作者子集
I_j	被众包工作者 j 所标注的所有样本子集
$y_i^{(m)}$	标签向量中的第 m 个分量，即 $\boldsymbol{y}_i = [y_i^{(1)}, \cdots, y_i^{(m)}, \cdots, y_i^{(M)}]$
l_{ij}	众包工作者 j 对样本 i 赋予的噪声标签
$\boldsymbol{l}_{ij}$	众包工作者 j 对样本 i 赋予的噪声标签向量
$\boldsymbol{l}_{:j}$ (或 $\boldsymbol{l}_j$ 、$\boldsymbol{l}^j$)	众包工作者 j 提供的所有标签
$\boldsymbol{l}_{i:}$ (或 $\boldsymbol{l}_i$ 、$\boldsymbol{l}^i$)	样本 i 上获得的所有众包标签
L	所有众包标签组成的矩阵
$\boldsymbol{L}$	所有众包标签组成的张量
$\mathbb{I}(\cdot)$	指示器函数，括号中条件满足时返回 1，否则返回 0
r_j	众包工作者 j 的可靠度且 $r_j \in [0,1]$
$t_{ik}^{(j)}$	众包工作者 j 标注样本 i 为类 k 的次数
$\mathbb{E}[\cdot]$	期望
E	对角元素全为 1 的单位矩阵
$\Pi^{K \times K}$	用 $K \times K$ 的方阵定义的混淆矩阵

续表

符号	意义
$P(\cdot)$	概率质量(离散型变量)函数
$p(\cdot)$	概率密度(连续型变量)函数
D	训练样本集
D^L	已经标注的样本集
D^U	未被标注的样本集
$\mathcal{D}$	样本总体
$\mathbb{R}^d$	d 维实数向量空间
$\ell(\cdot)$（或 $\mathcal{L}(\cdot)$）	损失函数
$\mathcal{H}(\cdot)$	假设(模型)空间
$H(\cdot)$	集成假设(模型)
$h(\cdot)$	单个假设(模型)

注：为与张量区分，本书表示矩阵的符号不再加粗。

第1章 众包概述

1.1 众包的起源与发展

1.1.1 从外包到众包

在当今社会的商业环境中，绝大多数组织都很难仅仅依赖自身的资源实现其组织目标。以商业企业为例，为了提高效率和利用外部资源优势，通常会将服务或者生产功能由原先的企业内部供给转为向外部提供者购买，从而降低成本、增加效率，充分发挥企业核心竞争优势。这就是早已广泛采用的外包(outsourcing)模式。外包已经成为众多现代企业运转中不可或缺的一种分工协作模式。然而，随着企业分工的深入发展，创新驱动的业务高速迭代，生产和经营活动场景不断变化，以及财务和金融的压力不断升高，传统的外包模式越来越不能够满足企业发展的需求。首先，外包仍然存在对供应商进行挑选的问题，这一过程本身耗时费力。其次，随着人力成本的不断攀升，大量零散但又必不可少的工作无论采用传统的雇佣员工的方式还是采用外包的方式成本都较高。例如，创业型软件企业的用户界面设计及其更新虽然具有频繁出现的迫切需求，但其工作量并不大，雇佣和外包对企业来说都是两难决定。再次，企业很难有效地与多样化的终端用户直接对话，从而造成需求理解的偏差。例如，在新产品开发前的调研活动中，依赖咨询公司进行市场调研不但价格高昂而且容易陷入既有偏见陷阱。因为咨询公司并非终端客户，他们对一手信息的加工通常带有既定的偏见。最后，外包模式仍然局限在有限的组织中，无法在更广泛的范围内调用各种优势资源为己所用。值得庆幸的是，众包模式的出现为上述问题的解决提供了潜在可能。

众包(crowdsourcing)一词首次出现在 2006 年 6 月美国《连线》杂志记者 Jeff Howe 的“The rise of crowdsourcing”(众包的崛起)一文中(Howe, 2006)。众包是群体大众(crowd)和外包的组合名词，意味着工作群体将不再受单纯的专业知识壁垒或者特定的地域和组织所约束。Brabham(2013)将众包的要素定义如下：①存在一个发布任务的组织；②存在一个自愿承担任务的社区大众；③存在一个能够上载众包任务的网络平台，组织和大众能够依赖平台充分互动；④组织和大众能够互惠互利。通过这些要素的定义不难看出，众包这一分布式、便捷化、创新性高的新模式很好地契合了时代的需求。

对比传统的外包和新兴的众包，两者在专业化程度的实现上存在本质区别。

外包强调的是单一目标的高度专业化，而众包则反其道而行之。众包的跨专业创新往往蕴含着巨大的潜力，由个体用户积极参与而获得成功的案例不胜枚举。例如，美国加利福尼亚大学伯克利分校的分布式计算项目成功地调动了世界各地成千上万个人计算机的闲置计算能力。类似地，长达半个世纪轰轰烈烈的软件开源运动证明，由网民协作写出的程序，质量并不一定逊色于大公司程序员开发的产品。

1.1.2 集众人之智慧

众所周知，集体的力量通常远远大于个体。相对于个体，集体往往也潜在地具有更强的智慧。在人类社会中，大多数的社会变革最终都归功于集体的智慧。在合适的条件下，一群人的努力甚至可以在某些方面超越专家。这正是人们常说的“三个臭皮匠，顶个诸葛亮”。Surowiecki (2005)认为，群众的智慧是从群体中个体的独立性、群体的多样性以及个体独立产出中集聚而形成的，它并非等同于个体均匀地进行集体化的工作。这恰恰是众包工作的本质特点之一。相较于传统的雇佣或者外包工作模式，众包将任务分解或者经过设计交由大众群体来完成，并通过对完成的产出进行进一步筛选、分析等获得最终的结果。这些参与工作的众包工作者往往来自不同的地域、不同的行业，具有不同的背景。他们的思想相互碰撞，产生智慧的火光。众包正是通过这种多人协作的方式汲取大众的智慧。

众人的智慧往往超乎想象。2009 年，英国数学家 William Timothy Gowers (1998 年菲尔兹奖得主)发布了一篇博文并提出了两个问题，即“网络上的自发合作能否破解数学难题”与“合作过程能否开诚布公，将解题的创造性过程展示给全世界”。Gowers 选择了 Hales-Jewett 定理的密度形式。这个问题有些类似于“下一种单人井字棋，但目的是要本方输掉对局”。该定理声称，如果井字棋棋盘是多维的而且维数足够大，下不了几步就会发现，棋子会不可避免地排成一条线，也就是说无论下棋者如何努力，都没办法输掉这场游戏。令人惊讶的是，仅仅不到六周的时间，这个问题就从收到的来自不同行业群众的一千多条评论中得到了解决。Gowers 将这些证明写成一篇正规论文的用时甚至比获得这些证明本身用时更长。

1.1.3 众包的形式

众包通过互联网将需求方和工作者联系在一起。众包的需求群体非常广泛，既可以是一个大型社会组织，也可以是一个小型私人团体，甚至可以是独立的个人。同时，参与众包工作的群体相对于需求方则更加分散。同一个项目的工作者中既有可能是住在附近的某个邻居，也有可能是远在异国他乡的陌生人。但是，无论山川异域，他们都通过某种形式的任务紧密联系在一起。众包任务通常包括众赛、宏任务和微任务三种类型。众赛，顾名思义就是举办比赛吸引群众参加，最终选出优胜产出。宏任务是吸引群众参与比较完整的、具有体系的任务。微任务是将大任务分解成大量可以快速完成的、类型相同的小任务。本书的主要研究对象为微任务。

1.2　数 据 众 包

1.2.1　数据众包的典型应用

数据众包是一类围绕数据的生产、加工和应用而组织的众包活动。数据众包可以涉及各种应用领域，只要这些应用中存在数据的输入、加工、存储、利用等一系列的环节，数据众包似乎总能找到用武之地。数据众包的根本目标是通过利用网络大众的人类智能完成那些目前无法用机器自动处理的数据相关任务，如在互联网上搜索满足特定条件的信息、对数据内容进行语义描述或者挖掘数据背后隐藏的含义等。下面列举两个数据众包的应用。

1) 光学字符识别

光学字符识别(optical character recognition，OCR)是最常见的人工智能应用之一。为了应对各种字体的印刷文本、各种字形的手写文本以及光照、褶皱、材质、背景的影响，需要对已有样本上的文字(实际是图像)进行对应坐标的内容标注。标注后的样本将用来训练足够强大的光学字符识别模型。对图片样本的标注通常由人工操作来完成。这时就可以发布众包任务来雇佣大量的网络工作者完成这一工作。任务发布者将标注结果汇集后就可以通过机器学习算法来构建识别模型。

2) 地区信息采集

在智慧城市的应用中，构建某一地区的交通模型时通常需要了解该地区人们的出行方式，而人们的出行方式和个人的职业、年龄、身体状况、日常习惯等息息相关。这些信息往往无法通过人的行动轨迹(如公交卡的使用情况或者手机在基站之间的移动等)来准确获取。此外，人们当前的通勤方式往往与他们理想中的通勤方式差距较大。通过众包方式来进行相关信息的获取显然比传统的调查问卷更加有效。众包方式可以让目标调查群体有足够的时间在轻松的环境下完成问题。被调查者甚至可以提供更富有洞察力的答案。在众包任务完成后，这些收集的数据将应用于交通出行模型的构建。

1.2.2　数据众包的工作流程

数据众包的工作流程从总体上分为三个阶段：初始工作阶段、中间过程阶段和最终结果阶段。如图 1-1 所示，这三个阶段的任务总体上是串行的，但是中间过程阶段则存在高度并行化的可能，同时中间环节还可以进行多次迭代。

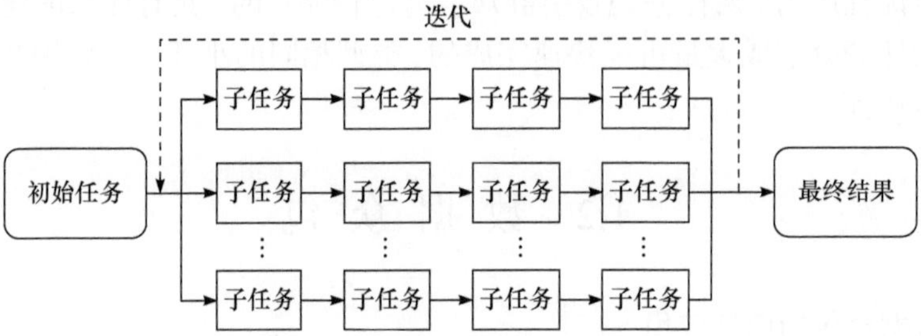

图 1-1　数据众包的工作流程

初始工作阶段通常包含原始任务分解、众包任务设计和发布、初始数据输入等环节。这个阶段通常需要数据需求者直接参与工作。数据需求者首先必须考虑如何将原始任务分解成适合众包工作者完成的独立且微小的人类智能任务(human intelligence task, HIT)。对于每个 HIT，需要设计出相应的图形用户界面来帮助工作者更好地完成任务。图形用户界面上需要包含任务的描述、可以从事此任务的众包工作者的资质、完成任务后工作者可以获得的报酬等信息。更加复杂的众包任务设计还需要对报酬的分配方式、工作者的激励方式，甚至如何通过界面设计促进工作者产出更高质量的结果等一系列问题进行优化。

中间过程阶段主要是众包工作者完成分配给他们的 HIT。中间过程阶段的复杂程度往往和任务密切相关。例如，对于简单的图像分类标注任务，中间过程可以是一个简单的并行任务，因为每个图像分类任务之间可以相互独立。但是，当任务之间存在特定的逻辑顺序时，众包工作流程将会呈现出局部串行化。例如，在某个信息获取任务中为了避免偏见，一部分众包工作者被要求从互联网上搜索特定的信息，另外一部分工作者则对这些搜索到的信息进行二次加工。甚至有些众包任务还会引入检查点，这样一些众包工作者的任务可能会反复迭代几次。

最终结果阶段的主要工作仍然需要由数据需求方完成。需求方首先收集众包工作者的工作成果并进行确认。确认的主要目的是审核工作者的劳动是否能够获得相应的报酬，而不是检查工作者的产出能否最终被使用。因此，在 HIT 确认后，众包平台会自动将需求方预支的报酬转入众包工作账户中。对于所收集到的原始众包数据，需求方将利用各种技术进行筛选和质量提升，以使其能够满足最终应用的需求。

1.2.3　数据众包面临的挑战性问题

数据众包是一种低成本且快速的数据获取方式。但是，众包工作模式所固有的开放、动态、不确定、不可知等特性致使数据众包任务仍然面临诸多挑战。首先，众包工作者具有很强的不确定性，他们提供的工作成果不一定是有效的数据，而且数据的一致性也不一定能够得到保证，甚至同一工作者对同一问题的两次作答都有可能不同。其次，众包任务通常具有动态性，即众包工作者会随时加入或者退出众包任务。因此，高质量的答案会随着高质量工作者的退出而消失。同样，低质量的答案也会伴随着低质量工作者的出现而涌现。另外，由于众包平台中从事该任务的工作者的动态变化，众包结果的及时性也无法充分保证。再次，众包任务还具有不可知特性。正因为难以获得相关任务的准确答案，需求方才需要组织众包工作。因此，需求方无法预知该众包任务实施的环境信息。这些信息包括承担该任务的众包工作者的专业背景、投入程度、目的意愿，以及相关任务困难程度和标准答案等。最后，众包平台具有极大的开放特性。因此，保证敏感数据在众包活动中的私密性也面临着不小的挑战。此外，参与众包任务的工作者还可能存在一些异常行为，如通过垃圾答案获取报酬或者刻意提供恶意的答案等。总之，利用众包平台进行数据收集时，需求方必须认真考虑这些问题，在任务的组织、设计、发布、实施、结果收集等阶段采取精细设计的方案来应对这些挑战，保证所收集的数据能够达到既定要求。

1.3　众包系统

1.3.1　几个典型的众包系统

经过十几年的发展，面向不同目标的各种众包系统取得了长足的进步。这些系统提供了丰富的模板来帮助需求者创建自己的众包任务，同时引入了各种机制来完善对众包工作者及其工作成果的管理。本节介绍几个典型的众包系统。

亚马逊土耳其机器人(Amazon Mechanical Turk，简称 MTurk，网址 www.mturk.com)网站无疑是发展最早且最为成功的面向微任务的商业众包平台，如图 1-2 所示，它“奇怪”的名称来源于 18 世纪由 Wolfgang von Kempelen 打造的具有欺骗性质的自动下棋机器“The Turk”。该机器的外观是一个木制的土耳其人，他击败了当时一些最优秀的棋手，其奥妙所在是其内部藏了一位国际象棋大师。实际上，藏在 MTurk 里的是数以万计的众包工作者，他们随时准备着完成平台上发布的超过几十万种工作。一旦网络用户注册为 MTurk 平台的工作者，就可以从系统中获取工作列表，并从列表中查看工作的要求和报酬来进行任务的选择。在提交完成的任务并完成确认后，平台会将需求者为此任务预支的报酬转入对应的完成任务的众包工作者的个人账户。需求者可以方便地利用 MTurk 平台所提供的各种任务模板来发布任务并雇佣合适的众包工作者。MTurk 平台内部采用以 HIT 为单位的单个任务作为标准并围绕 HIT 构建了一系列用以评判参与者质量和风险控制的规则。MTurk 平台同时提供了一组应用程序接口(application programming interface，API)。需求者可以利用这些 API 创建自己的 Web 应用并将其对接到 MTurk 平台，而且可以突破预设任务模板的限制，以便完成更为复杂的数据收集流程。

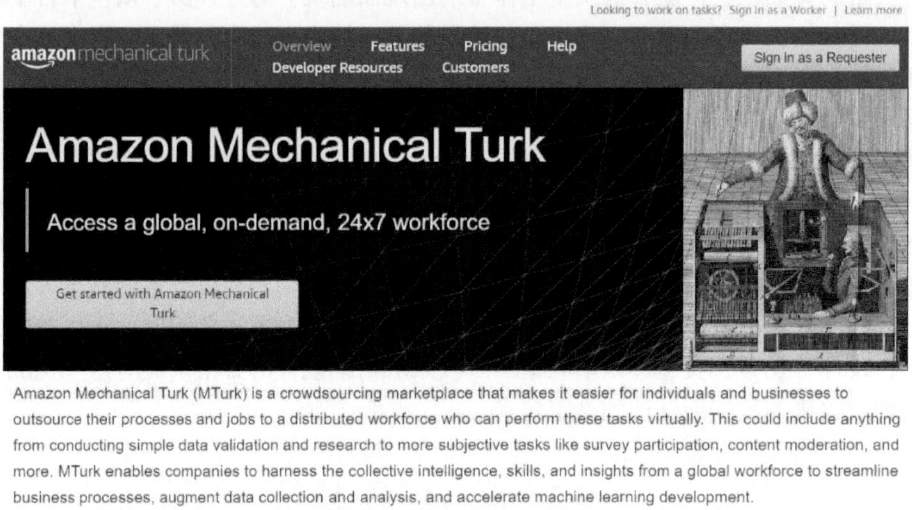

图 1-2 亚马逊土耳其机器人众包平台主页和 18 世纪“The Turk”的示意图

宇宙动物园(Zooniverse，网址 www.zooniverse.org)是一个面向研究工作的众包平台，旨在帮助那些对科学研究感兴趣的群众轻松地进入研究课题。宇宙动物园为不同年龄和背景的人们提供了上百个公民科学在线项目的真实研究机会，使每个人都能够参与众多学科领域的真正前沿研究项目。这些项目涵盖了艺术、生物、语言、气象、医疗、自然、物理、天文等方面。参与者将与世界各地上百万注册用户合作，为这些研究项目做出切实贡献。与 MTurk 平台不同的是，宇宙动物园的激励手段不是经济奖励，而是获得精神层面的满足。每个项目将会由发起者或者组织者进行维护，平台也会鼓励更多的人参与进来。

近年来，国内商业众包平台也得到了一定程度的发展，下面首先介绍与本书密切相关的国内数据众包平台。

百度公司推出的数据众包服务(网址 zhongbao.baidu.com)提供了从数据采集到数据标注的一体化服务，其业务涉及计算机视觉(包括图像语义分割、图片分类、图片框选、人脸骨骼打点、视频内容提取等)、语音识别(包括语音清洗、语音转写、语音切分等)和自然语言处理(包括文本分类、文本富集、光学字符识别转写、情感标注等)。然而，百度公司的数据众包产品严格意义上并非真正面向公众参与的众包服务，因为平台上的众包工作者均为其山西标注基地的专业化标注人员。山西标注基地共有两千余名全职标注人员，拥有百万量级的数据处理能力且在数据安全性、服务响应时间、标注正确度上更具有优势。然而，这种模式的弊端是专业标注公司依赖于经济落后地区的低人力成本，一旦人力成本上升，专业标注公司难以为继；较低的人力成本同时也意味着平台中高端人力资源的缺乏，某些创造性更强的任务可能难以达成目标。

数据堂(网址 www.datatang.com)则是更加资深的数据服务提供商。除了可以提供上述数据生成任务，数据堂的数据服务所涉及的范围更加广泛，如智能驾驶的场景标注数据、智能安防的车辆标注数据、智能文娱的姿态和表情标注数据等均属于该平台的日常业务范围。与百度数据众包一样，上述标注数据全部可以委托数据堂的专业标注团队进行制作。数据堂在北京、合肥和保定均拥有专业化的数据制作团队。北京 TTS(Text-To-Speech)录音中心拥有 1 个总控制室和 2 个专业录音室，分别配备独立控制系统。录音棚通过清华大学建筑环境检测中心检测达到专业级 NR15 声学标准，混响时间小于 0.1s，背景噪声小于 30dB(A)，支持专业声优、素人 TTS 数据及前端模型数据制作。合肥数据基地位于蜀山经济开发区大数据小镇，占地面积 1500m^2，拥有五百余名专业的标注人员，可承接图像数据和语音数据标注、海外图像及语音数据采集等多种数据处理业务。保定数据基地拥有 1200m^2 标注场地，拥有两百余名全职标注人员，其中 60%为有 3 年以上标注经验的高级标注员，全面支持语音识别、人脸识别、光学字符识别、智能驾驶等多种数据标注场景。除了专业的数据制作服务外，数据堂还推出了真正面向网络大众的开放式众包数据服务平台——数加加众包(网址 www.shujiajia.com)，如图 1-3 所示。数加加众包是一款集任务查找、领取、执行、验收、结算、任务教学、个人收账以及提现等于一身的众包平台，旨在将各种数据采集和标注需求以轻松有趣的任务形式及时发放给网络大众。该平台提供了数据采集和数据标注两大类型的众包任务。数据采集任务支持微信小程序与移动应用程序(APP)两种形式，通过线上线下相结合的方式完成多场景下的数据采集任务，包括文本采集、语音采集、图像视频采集及问卷调研等。数据标注任务则依赖 Web 平台工具对文本、语音、图像、视频等众多类别数据进行多种类型的筛选、标注、分类、提取。较为有特色的标注模板包括人脸拉框、车辆标注、语音转写、视频打签等。除了个人承接标注任务外，数加加众包还创立了公会制度。公会分为企业公会与个人公会。企业公会必须具有企业资质，主要面向以数据生产为业务的初创公司。个人公会则是一群具有相同目标(愿景、经验等)的众包工作者的自愿结合体。系统规定超过 15 人可以激活公会。公会制度使得原本独立的众包工作者具有了一定的组织特性，呈现出一定的组织智能倾向。

图 1-3　数据堂公司推出的数加加众包

如果将众包系统由本书重点关注的数据众包扩展到更一般的众包应用场景，则可以发现国内近年来涌现出一批有特色的垂直众包平台。国内的众包平台最早起源于软件开发领域。在软件众包方面有程序员客栈、猪八戒、码市、解放号等颇具特色的众包平台。这些平台大多采用雇佣服务模式和需求竞标模式。雇佣服务模式适用于通过关系介绍进行项目对接的雇佣关系，此时众包平台扮演的角色更偏向于托管类工具平台，满足企业对质量保障的需求；需求竞标模式是一个双向选择的过程，企业方筛选人员，服务方挑选需求，在效率和质量上取得了一定的平衡。互动出版领域近年来也引入了众包机制，影响较大的有译言古登堡计划、豆瓣同文馆和 Fiberead 等。这些众包翻译出版平台涵盖了引进版权、招募项目负责人、遴选翻译者、集中翻译和校对、出版等五个流程。

1.3.2　众包系统分类

众包系统是一个存在输入、输出且由群众参与的复杂系统。因此，可以从系统理论和系统应用两个角度对众包系统进行分类。

1. 理论视角

从众包系统所处理的外部元素是否同质以及完成众包任务是否需要集体协作这两个维度出发，可以将众包系统分为如图 1-4 所示的四种类型(Geiger et al., 2011)。

1) 众处理系统

众处理(crowd processing)系统只涉及大量外部同质元素，如规定好分辨率与尺寸的图片、规定好编码与格式的文本等。而在这些预期之外的异质元素则不在系统范围之内。众处理系统利用众包任务的尺度特性将一个任务划分为若干个子任务。通过这些子任务的完成进而快速有效地解决原始任务。同时，单个子任务之间通常是相互独立的。因此，完成子任务的贡献也相互独立。这就可以通过对贡献进行独立评估从而为总体任务的评估提供依据。总而言之，众处理系统的核心就是通过使用人的脑力作为处理器来增加任务处理的“带宽”，从而完成计算机无法解决的任务。国外的 Galaxy Zoo、reCAPTCHA、TxtEagle 等众包系统就是最典型的众处理系统。

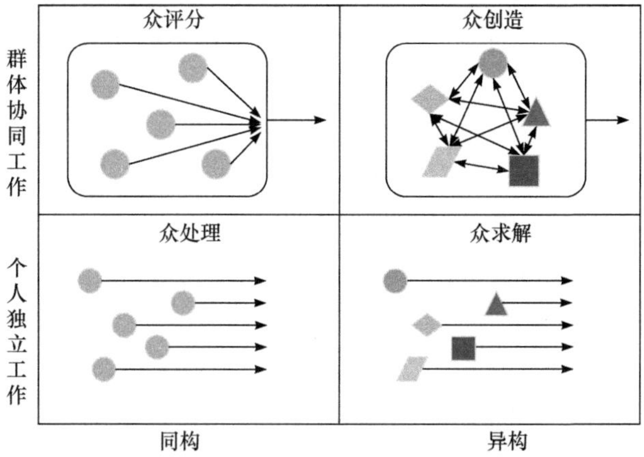

图 1-4 众包系统分类——一种理论视角 (Geiger et al., 2011)

2) 众评分系统

众评分(crowd rating)系统和众处理系统一样只处理大量的外部同质元素。不同的是，众评分系统会主动去寻找新产生的异质元素所带来的价值。众评分系统中对任务的贡献必须进行集中评估而不可以进行单独评估。同时，对于任务完成的结果也不存在事前预判的正确与错误。例如，在对股票行情进行预测的投票或者评分任务中，评分的选项(如股票的涨跌幅区间)是既定的，众包工作者只能被动选择来完成任务。通常个别人的投票结果并不具有评估和使用价值，但是全体投票结果则能在一定程度上代表民众当前对该公司市场的预期。这也表明，众评分系统需要集体完成任务时才具有价值。因此，该类系统通常应用于大众意见采集(如 TripAdvisor、eBay 声望系统)、市场预测(如 Hollywood Stock Exchange、CrowCast)等方面。

3) 众求解系统

众求解(crowd solving)系统针对某个具体问题使用大量外部异质刺激来产生多样的解决方法。与众处理系统类似的是，众求解系统的外部元素可以根据客观明确的标准进行独立评估。因此，在一些情况下可以进行自动化评估。阿里天池大数据竞赛就是典型的众求解系统。通过举办面向实际问题的竞赛来吸引参赛者。参赛者面对同一个问题分别提交解决方案，并最终通过既定的评估标准选择出最优的解决方案。众求解系统的目标是尽可能地接近问题的最优解。所以，在找到最优解后，众求解问题便会终止。而在终止之前，每一份贡献都具有增加结果的质量的可能。除了阿里天池大数据竞赛，Netflix Price 和 Foldit 也是典型的众求解系统。

4) 众创造系统

众创造(crowd creation)系统和众求解系统一样也是基于多样的外部异质元素而构建的。两者本质上的区别是，众创造系统中的贡献相互关联且没有办法被独立评估。同时，任务的评价标准通常较为模糊甚至没有明确定义。只有当具象且相关的两个元素出现时，才会形成特定的评价标准。正因为这种评价的困难性，这类系统通常不会产生系统性的最优解和可预测的方案，而只是期望能够产生一个令人满意的结果，如用户生成的内容系统(如 YouTube、Yahoo! Contributor Network)、设计和创意平台(如 99designs、Idea Bounty)和一些信息分享平台(如 Wikipedia、百度百科)就属于众创造系统。

2. 应用视角

从系统内众包任务的内容与工作形式上，可以将众包系统分为表决系统、信息分享系统、游戏系统和创造性系统四种类型(Yuen et al., 2011)。

1) 表决系统

表决(voting)系统具有较为统一的工作形式。通常，众包任务要求工作者针对特定问题从几个备选答案中选择出一个最优答案。这些答案选项一般可以通过某些明确的准则或者通过多数人的选择来判断正误。表决可以通过群体的结论来对结果的正确性进行评估。这类系统利用人类的脑力对机器无法处理的信息进行综合筛选、处理与评价，从而获得最终的结果。在几何推理、命名实体、个人观念评价、自然语言标注、相关性评估、垃圾邮件识别等方面均存在明确的应用场景。例如，MTurk 平台和 Zooniverse 等均是表决系统的典型代表。

2) 信息分享系统

信息分享(information sharing)系统是基于互联网用户之间信息交互的便捷性而产生的系统。这类系统致力于向大众分享不同种类的信息。信息分享系统与其他众包系统的不同之处在于，使用这类系统的群众往往同时扮演着信息产生者和信息接收者两种角色。例如，NoiseTube 就是信息分享系统的典型案例，该系统的用户能够通过手机实时查看当前环境的噪声信息，同时也能将周围的噪声信息记录并附加上自己的定位发送到系统上。系统通过对这些信息的处理在地图上生成区域噪声标记并向所有用户共享。另外，Wikipedia 也是一种典型且广为人知的信息分享系统。

3) 游戏系统

游戏(gaming)系统起源于“社交游戏”这一概念。游戏的参与者在进行游戏时会产生大量的数据。而这些作为附属产品的数据对于解决一些问题却是非常有用的。任务的发布方可以将众包任务融入游戏中，通过参与者的行为和数据记录来获取结果，从而完成任务。例如，最早的在线超越知觉(ESP)游戏将需要进行标注的图像作为数据核心并以游戏的形式呈现，参与者在进行游戏时完成图像标注和实体命名等一系列工作。目前，谷歌公司仍然将 ESP 游戏用于图像标注任务。此外，游戏的娱乐性也充分激发了参与者的热情。这份热情往往会激发参与者的创新思维，进而促进问题求解。类似的游戏系统还有 The Listen Game 这种进行声音和音乐注释的系统。

4) 创造性系统

人所承担的角色在创新中具有不可取代的作用，特别是对于音乐、设计等这类创意型的工作，机器目前仍然无法很好地完成。因此，一些内容生产商会雇佣众包工作者来降低此类内容的生产成本。创造性(creative)系统为承载此类众包任务进行了特殊的设计。较直观的案例之一是 The Sheep Market。在 The Sheep Market 平台，每位众包工作者需要画一只向左的绵羊，工作者每完成一只绵羊并获得认可后就可以获得一份报酬。最后，将这些绵羊图案进行处理就可以获得一些创意型的绵羊图案。另一个典型案例是 Threadless 举办的 T 恤设计比赛：每个参赛者会将自己设计的 T 恤图案上传到 Threadless 比赛网站，由其他成员评选出前几名并由 Threadless 官方给予一定的表彰。

1.3.3 众包系统性能评价

众包系统优劣的评价标准通常包括如下三个方面。

1) 用户参与

对于任何众包系统，众包用户(工作者)是任务的承担者。因此，涉及工作者的一些指标可以直接反映系统的性能。最常见的评价方法是对工作者数量的统计和对工作者表现的分析。一个拥有众多工作者的众包系统通常会比一个只拥有少量工作者的众包系统更易于受到认可。同时，工作者整体表现的好坏也从侧面反映了众包系统的优劣。另一个与工作者参与程度相关的因素是系统的激励措施。通常，吸引工作者来参加众包工作的原因是经济奖励和精神奖励。好的激励措施能够很大程度上提高工作者参与度，从而提升系统性能。

2) 质量控制

众包系统内任务的成功率、数据的有效性等指标最能直接衡量系统的性能。这一类指标的高低通常统称为“质量”。一个具有良好质量控制机制的系统的性能通常较为优秀。在缺乏质量控制的系统中，众包任务会随时走向失败的边缘，而在质量控制机制良好的系统中，众包任务成功的概率会大大增加，同时需要承担的风险也会显著降低。对质量控制的评估往往直接作为系统性能的评价标准。

3) 欺诈检测

这里的欺诈不仅包含恶意工作这类降低众包任务质量的行为，还包括像数据窃取、泄露这类关乎信息安全性的行为。好的众包系统能够在友好接纳不同类型的工作者并提升众包任务质量的同时保护参与者本身的隐私和任务相关数据的安全。系统是否能够有效检测出欺诈行为并标识欺诈者是另外一个层面的系统性能评价指标。

1.3.4 众包系统技术概览

总体上，众包系统技术分为三种类型，分别是用户相关技术、数据相关技术和任务相关技术。

1) 用户相关技术

用户既是众包任务的发起者，也是众包任务的实际参与者。首先，要使得用户能够方便、快速、高效地使用系统就需要进行良好的人机交互设计。因此，人机交互技术是众包用户相关技术最重要的方面。同时，如何能让需求者和众包工作者以及工作者之间更好地协同工作也是保证众包任务顺利进行的关键。因此，交互协议和协同方式的设计也是重要方面。另外，为了保证众包任务的质量，必须采取一定的用户质量管理方法和欺诈检测技术来提升系统的可靠性。

2) 数据相关技术

数据是众包活动的核心。首先，必须保证不同类型的众包数据能够被高效地存储与查询。众包数据管理系统显著区别于传统的关系型数据库。例如，在一次查询中需要根据查询语义返回来自不同众包工作者的答案，而这些答案本身的表述方式、内容的详细程度，甚至语义一致性都有差异。数据相关技术还涉及数据清洗和过滤、真值发现等数据质量保证及评估技术。同时，如何利用这些数据进行数据挖掘与机器学习任务也是数据相关技术的重要组成部分。本书的内容也属于数据相关技术。

3) 任务相关技术

任务是众包活动的基本构成单元和外在表现形式。对于大型众包任务，首先必须考虑任务的划分；在任务划分好后，需要考虑任务和相关报酬在不同众包工作者之间的分配，以及如何激励众包工作者提高其工作质量和效率。同时，在任务执行中如何做到有效管控(如避免接受任务后的随意退出和延时、避免相互简单抄袭答案等)也是系统级任务控制的关键技术点。另外，为了提升众包系统的总体性能，需要研发可以应对各类不同类型的众包任务的质量管理和成本风险控制技术。

1.4 本章小结

从外包到众包反映了问题求解方式从依赖专业团体到依赖大众智慧的根本性转变。本章从外包与众包的关系出发，首先介绍了三种形式的众包任务，即众赛、宏任务和微任务，指明了使用众包求解具有解决复杂的创造性难题的潜能；其次，介绍了本书重点关注的众包任务类型及其常见应用、工作流程和所面临的挑战性问题；最后，介绍了几种典型类型的众包系统(平台)，并对这些众包系统从理论层面和应用层面进行了分类，在此基础上对众包系统性能的评价方案和众包系统中的技术概览进行了讨论。

第 2 章　众包技术的研究方向

2.1　引　　言

众包技术的两个关键问题是质量控制和成本时延控制。整个众包质量系统分为质量模型、质量评估和质量保证三部分，其中质量模型的好坏在某种程度上决定了众包结果的准确性和有效性，质量评估和质量保证通常同时出现，都是为了对众包活动的质量进行约束、保障。任务设计环节制定了激励机制来驱动众包工作者更好地完成任务，这不免需要支付金钱，成本控制就变得十分重要。众包任务时延控制也非常重要，任务完成时间需要满足需求者的工期同时也会影响任务成本及质量。

本章主要从质量控制、任务设计和成本时延控制三个方面介绍众包技术现有的研究方向。在质量控制中主要对数据、任务和参与者质量进行介绍，同时概述质量评估和质量保证的方法。任务设计部分主要从任务的组合与分配介绍任务的形成与执行过程，并介绍一些常见的激励机制。最后，针对成本控制问题介绍问题规约和任务抽样两种方法，针对时延控制问题介绍基于回合模型的方法和基于统计模型的方法两种类型。

2.2　众包质量控制

2.2.1　质量模型

质量模型的根本是选择合适的角度来对众包质量进行度量并制定出相应的度量标准。质量模型的好坏在某种程度上决定了众包结果的准确性和有效性。那么，如何制定有效的质量模型就成为极其重要的研究方向。目前，针对不同类型的众包活动和不同类型的众包系统，研究人员已经提出了一系列相对应的质量模型，如面对关系类数据众包的级联模型(Fu and Liao, 2011)、基于因子图的概率模型(Demartini et al., 2013)等。

Allahbakhsh 等(2013)将质量模型分为面向设计时的质量模型和面向运行时的质量模型两大类。面向设计时的质量模型是以众包任务开始前的质量控制作为出发点，利用相关技术使得任务设计合理且只有有益贡献可以被纳入最终的结果中，最终使得结果的质量得到提高。但是，即使是经验丰富的工作者也会犯错。所以，在任务执行和结果收集的过程中也需要使用面向运行时的质量模型来控制质量。表 2-1 给出了面向设计时和面向运行时的质量模型的设计方法，以及各方法的简要描述及其应用范例。

表 2-1　面向设计时的质量模型与面向运行时的质量模型 (Allahbakhsh et al., 2013)

质量模型分类	方法	描述	应用范例
面向设计时	防御性设计	使得任务不存在歧义且可以较容易被完成，同时可以有效降低欺骗性工作者带来的损害	Kittur 等(2008)、Quinn 和 Bederson (2011)的工作
	工作者选择	从多方面限制或者筛选进行众包活动的工作者	MTurk、Stack Overflow
面向运行时	专家意见	引入相关领域的专家进行结果检查或者内容贡献	Wikipedia
	输出协商	众包工作者独立工作，他们输出的结果相同则认为是正确的	ESP 游戏
	输入协商	众包工作者独立工作，他们输入的描述相同则认为是正确的	Tag-A-Tune
	基本事实	将回答和已知的答案或者常识进行比较来检验质量	FigureEight、MTurk
	多数共识	对多数众包工作者的评价进行投票作为最终结论	TurKit、MTurk
	贡献评估	基于众包工作者的质量来评估其工作结果的质量	Wikipedia、MTurk
	实时支持	提供实时监管和帮助来提高众包工作者的输出质量	Dow 等(2012)的工作
	工作流管理	为复杂任务设计工作流并通过监控工作流来实时控制质量	Kittur 等(2011)的工作

Daniel 等(2018)从众包任务所涉及的不同方面阐述了不同类型的质量模型。图 2-1 展示了众包应用场景以及各环节相对应的质量。需求者定义并在某个众包平台或者众包应用上发布众包任务。众包工作者通过执行众包平台上的任务来产生数据以及输出结果。需求者评估众包任务的输出结果并接受使用。在整个众包质量控制环节中，与众包工作者和需求者相关的因素统称为参与者质量，众包平

台与应用则属于软件质量，最终输出的结果则属于数据与产品质量，任务中每个环节之间的活动和串联则属于过程质量。

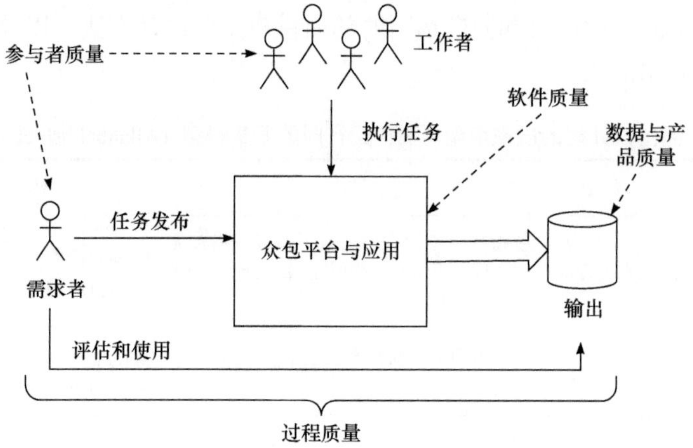

图 2-1　典型的众包工作流程与众包质量(Daniel et al., 2018)

同时，整个众包质量体系又可以分为三部分：质量模型、质量评估和质量保证。图 2-2 展示了众包质量体系的组成及其内部结构。

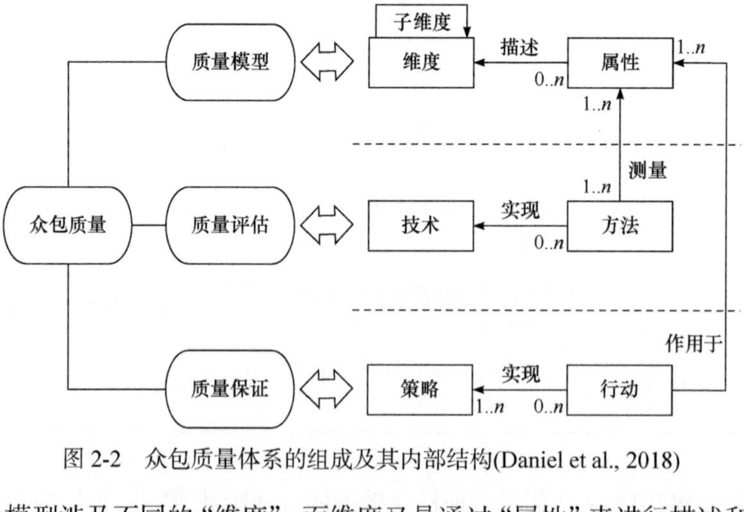

图 2-2　众包质量体系的组成及其内部结构(Daniel et al., 2018)

质量模型涉及不同的“维度”，而维度又是通过“属性”来进行描述和度量的。维度表示了构成众包任务的不同组件，有些维度还可以继续划分为更细粒度的子维度。例如，一个众包任务可以由数据维度、任务维度和参与者维度构成。其中，任务维度又可以包括描述子维度、界面子维度、激励子维度、性能子维度、约束和条件子维度等，而参与者维度又可以包括需求者子维度、工作者子维度、工作组子维度等。维度的属性刻画了该维度的性质(质量)，具体属性是指那些可以直接度量的属性，而抽象属性则是指那些不可以直接度量的属性。例如，对于数据维度，其属性可以包括准确度、一致性、时间线属性等，对于任务维度的用户界面子维度，其属性可以包括易用性、可学习性和鲁棒性等。可见，相较于数据维度属性，用户界面子维度的属性属于不易度量的抽象属性。

质量评估是使用一些方法来对属性进行测量从而实现相应的技术评估。图 2-2 中“技术”从抽象层次区分了评估活动的承担者及其可能采用的评估方案。例如，对单一个体使用的评估技术(如打分)肯定不同于对群体使用的评估技术(如投票)。评估方法是指度量质量属性的具体方法，如通过对比输出值与真值(ground truth)来度量准确度、通过调查问卷来度量工作者的知识水平。

质量保证则是通过规定一系列的行为控制并作用于质量属性以实现相应的质量保证策略。图中“策略”代表提升质量的高层决策，即采取具体行动的方向。例如，在众包任务中选择好的众包工作者和训练众包工作者是两种不同的质量提升策略。“行动”则是具体的保证质量或者修复质量问题的基本操作，如为工作者事先播放一段任务培训视频。

2.2.2　数据质量

数据是众包任务的核心，对于需求者，其所需要的结果的具体表现形式就是数据；而对于众包工作者，只有产出了被需求者接受的数据才会获得报酬。因此，数据质量是众包质量体系的重要组成部分，数据质量的优劣决定了众包任务的实际完成度并直接影响后续相关活动的顺利进行。数据质量可以从多方面进行评判，这往往需要结合实际应用场景进行具体分析。这里列举几个通用的性能指标。

1) 准确性

准确性(accuracy)是最重要的数据质量指标。提高答案准确性一直以来就是众包研究的重点任务之一。不同的文献中对于准确性表述不尽相同。例如，准确性可以表述为正确性(correctness) (Lin et al., 2014)、好坏性(goodness) (Cao et al., 2014)等，甚至可以简单地表述为数据质量(Sheng et al., 2008)。通常，准确性度量的黄金标准是衡量众包产出的数据与其真值的匹配程度。例如，在光学字符识别任务中，标注的准确度是工作者所提供的标注区域的内容识别结果与该区域真实的内容是否完全相等。这类任务的真值往往只要咨询领域专家即可获得。然而，对于某些任务，答案真值往往也很难获得。例如，摘要撰写任务的准确性是指摘要文字的概括程度和精简程度。然而，“概括”和“精简”均难以客观度量。总之，无论何种情况，只有数据准确才能为下一步的数据使用奠定良好的基础。

2) 一致性

一致性(consistency)是指对于同一输入不同众包工作者输出之间的相似程度。不同的工作者对同一个或者同一类任务的输出结果通常不尽相同，但是具有一定的相似性。某些时候，产生不同之处的原因是表述语言的不同或者同义词的使用，或者是由个人的知识背景和习惯差异而导致不同。例如，不同的工作者对同一幅图中某物体范围进行圈定标注时常常会产生不一致。为了提高数据一致性，可以预先设定标注规范，从而迫使不同工作者产生相近的结果。利用一致性来提高数据质量的另一常用方法是在众包任务中采用同行评价(peer review)机制(Huang and Fu, 2013)。

3) 及时性

及时性(timeliness)是指众包结果(数据)的产生时间需要满足应用的既定需求。对于一些实时任务或者对数据时效敏感的任务，数据及时性将成为衡量数据质量的重要指标之一。在现实应用中，不少众包任务都是准实时的。例如，一些众包增强型混合智能系统会将某些机器智能无法解决的人类智能问题(如判断照片中的服装是否是某个品牌的最新款式、询问某种商品的价格是否是区域最低价等)交给众包工作者处理并要求他们快速返回答案(Lasecki et al., 2014)。

2.2.3 任务质量

任务是承载众包活动的主体。需求者发布任务，工作者接受并完成任务。任务设计的合理性以及任务流程的清晰程度等直接影响众包工作者的参与热情和工作质量。一般情况下，高质量的众包任务能够诱导众包工作者在任务中表现得更好，从而获得质量更高的工作结果。影响任务质量的因素如下。

1) 任务描述

众包工作者在选择任务时最先注意的就是其描述。通常来说，一份让人无法理解的描述会令工作者直接丧失兴趣从而放弃选择。同时，任务描述(task description)的清晰程度也会影响任务的最终结果(Tokarchuk et al., 2012)。所以，关于任务的自然描述、时间限制等可以让人们清晰且完整地理解待解决问题，而其核心元素必须被包含在任务描述内(Chen et al., 2011)。任务描述也应该包含工作者的资格要求，以方便任务发布方评估参与任务的工作者，从而提升任务质量。

2) 任务粒度

任务粒度(task granularity)表示了任务规模大小以及与整体目标的关系。众包工作者通常对任务粒度较为敏感。通常，众包任务可以分为简单任务和复杂任务，越复杂的任务规模越大，与总体目标的关系也可能越复杂，对工作者的专业性要求也越高，而愿意参与此类任务的工作者可能越少。例如，很少有个体工作者愿意或者有能力完成一个完整的光学字符识别库构建这种规模庞大且复杂的任务。但是，愿意承担单个图片标注这种简单任务的工作者则会很多。通过任务分解将复杂问题分解为粒度较小的子问题可以增加工作者的选择兴趣并提高任务完成质量。同时，通过设计工作流将分解后细粒度的任务进行合并可以有效地完成复杂任务从而提高任务质量(Kulkarni et al., 2012)。

3) 用户接口

用户接口(user interface)包括任务展示页面、应用程序接口、工作规程协议等一系列系统与人的分界面。用户接口是众包工作者最直接接触到众包任务并在其约束下完成任务的首要部件。好的用户接口可以吸引更多的工作者以及提高工作输出的质量。例如，任务界面的设计会对任务的可学习性产生影响(Willett et al., 2012)。又如，过于简单的用户接口会使得欺诈事件更容易发生(Kittur et al., 2008)，而复杂的用户接口则会使工作者效率下降，产生厌烦情绪，最终导致输出质量下降。

4) 激励机制

激励是工作者愿意承担工作的根本。好的激励机制(incentive)可以吸引更多的工作者。激励可以分为外部激励(奖励驱动型)和内部激励(兴趣驱动型)。外部激励包含有金钱这样的物质奖励和排名这样的精神奖励，内部刺激则是众包工作者主观精神层面的自我奖励机制。有研究显示，外部驱动激励可以增加工作的效率，而内部驱动型激励则更有益于提高工作结果的质量(Hossfeld et al., 2014)。

5) 条款和条件

条款和条件(terms and conditions)是指一系列围绕众包任务的规范和约定。通常人们对于符合规范的网站或者平台会比较放心，这一点也适用于众包活动。对于众包活动参与者，无论是信息安全问题还是网际互联协议(internet protocol, IP)地址保护问题，都会影响其参与的意愿并最终影响众包质量(Vukovic and Bartolini, 2010)。例如，一些条款规定任务发布方的数据只有相应的众包工作者通过指定 IP 地址才能获得，参与者的个人信息只有被授权后才可以查阅。因此，个人隐私的保护及相关行为的约束应该存在。众包平台需要仔细制定符合相关法律、政府政策和社会道德的条款及条件，来保障众包参与者的参与意愿和提高任务质量。

2.2.4　参与者质量

参与者是众包活动中最具能动性的角色，通常分为两大类：需求者和工作者。需求者是众包任务的发布方，而工作者是众包任务的接收和完成方。在实践中，富有经验且熟练运用众包系统的参与者能够有效地提升众包活动的质量。同时，众包参与者完成一系列任务时既可能存在因非主观因素而产生的错误，也有可能存在有意而为之的欺诈行为。影响参与者质量的因素通常包括如下方面。

1) 画像

参与者画像(profile)不仅包括参与者年龄、性别、受教育程度、地理位置、专业水平等客观信息，也包括性格、意愿、投入程度等这样的主观信息。参与者画像从某种意义上来说，直接与参与者质量密切相关。例如，地理位置切实地影响参与者的质量，通常来自经济发达地区或者平均受教育水平高的地区的工作者具有较高的质量，其任务完成质量也比较高(Eickhoff et al., 2012)。参与者的专业水平则代表参与者处理相应特殊问题的能力。在相关领域，参与者的专业水平越高，往往贡献的成果质量也越高。专业水平又可以通过证书与经验直接体现。证书是最为有效的文档或者证据，可以直接作为评估参与者的强力依据。经验则反映了参与者通过相关历史活动可能获取的能力与业务水平的提升。Kazai 等(2011)使用人格理论对众包参与者的开放性、责任心、外倾性、宜人性和神经质性这五大人格特性与任务结果准确性进行比较研究。该研究发现开放性、责任心和宜人性与任务准确性呈正相关，而外倾性和神经质性则与任务准确性呈负相关。

2) 声望

工作者和需求者之间的信赖程度决定了需求者对工作者输出结果的正向预期。在双方相对而言比较陌生的时候，声望(reputation)就成为建立联系与相互认识的纽带之一。通常，声望是在工作环境中长期积累并由同行或者相关外部人员的反馈积累而形成的(Alder et al., 2011)，它也是参与者经验与资历的反馈。声望的客观衡量指标可以是工作时间、任务准确率、及时性等，而其形成方式则通常包括投票、选举与评价等。例如，在百度百科中，每个词条可以收到别人的赞同以及编辑的意见。这些信息代表了其他参与者对该词条编辑人的认可，也是声望的体现。声望的表现形式有排名、荣誉、徽章等。声望越高的参与者，工作质量也越高，对众包活动的贡献质量同样越高。

3) 组质量

组质量(group quality)将团队或者人群作为整体来进行质量评判。组质量主要包含三个方面：可用性、多样性和不合谋。可用性指众包系统中对指定任务可使用的各级别工作者的数量。正所谓众人拾柴火焰高，可用性直接影响任务输出质量(Ambati et al., 2012)和执行效率。多样性则指群体内成员的类型、兴趣方向、地域归属、技能、观点等的差异。多样性是群体宝贵的财富，它的重要性在民意调查这类问题型众包任务中尤为凸显(Livshits and Mytkowicz, 2014)。群体不合谋则是指群体内的参与者不会通过秘密的方式共享信息，从而迫使该群体以外的参与者处于劣势地位(KhudaBukhsh et al., 2014)。合谋会降低其他参与者参与众包任务的积极性，也可能会损坏需求方的声誉，并最终导致整体众包系统质量下降。

2.2.5　质量评估

质量评估是众包活动中不可或缺的一环。质量评估方法是从前述的元素中进行选取，并将挑选出的若干个元素通过一定操作方法，最终形成对质量等级的判断。面对不同类型的众包问题，通常会采取不一样的评估手段。因此，从评估方法和元素选取上将质量评估分为三类。

1) 独立评估

独立评估是一类个人参与的评估方法。这里的个人既可指给予评价的个人，也可指接受评价的个体。常见的独立评估方法有评分、专家评审、资质测试、性格测试、自我评估等。评分是通过从评价目标中选择一项待评分属性，为其定义值并通过打分来反馈感知的质量。评分值的定义有 YouTube 上“点赞”这样的一元值，也有“好坏”、“对错”这样的二元值，还有序数标度这样的离散数值以及“1～100”分这样的连续数值。评分被广泛应用于众包的质量评估，并在任务质量、参与者质量等方面都有较好的效果。与评分不同，专家评审通常是请工作者以外的领域专家对目标进行质量评估。这种方法专业程度更高但通常费用昂贵。资质测试是指在进行众包任务之前，通过发放问卷或者组织考试的形式获取工作者相关专业技能水平信息的方法。这类事前评估的好处是，因为使用了问卷或者考试，所以可以自动化地对工作者进行评估。资质测试可以在任务开始前将低质量的工作者区分出来，从而增加输出质量。性格测试和资质测试一样，是众包任务之前的质量评估方法。鉴于不同性格对任务质量有着不一样的影响，可以使用大五人格模型来了解工作者性格，从而评估其质量。自我评估则是一种工作者对自己的工作结果进行评价的质量评估方式(Kazai et al., 2011)。这种方式的本质是帮助工作者学习与进步。通常，愿意自我评估的工作者的输出质量会相对较高(Dow et al., 2012)。

2) 团队评估

团队评估是一类多人协同下的质量评估方法。这类方法通常需要综合每个个体的数据和意见。团队评估常见的方法有表决、团体共识、输出协议、同行评审、反馈汇总等。表决是一种采用投票并最终综合投票人群意见产生评估结果的方法。这种方法在众包活动中非常常见，它通常用于做出团队决定。Kulkarni 等(2012)就在协作众包平台 Turkomatic 中为投票提供了内置支持，以验证任务输出的质量。团体共识和表决非常相似，不同点在于团体共识是为了寻找一个最具有代表性的元素而不是表达偏好。例如，在实体命名中，可以通过团体共识来评估相似命名，从而合议出最好的名字。输出协议发生在两个或两个以上工作者之间，他们在给定相同输入并执行相同任务的情况下，若产生相同或相似的输出结果，则达成协议。输出协议可以用来评估工作者的可靠性(Waggoner and Chen, 2014)。同行评审则和专家评审很相像，但是在评审中需要多名同行参加，以此来消除个体偏见，从而尽可能地使评估结果准确。在论文审稿这样任务繁多而专家不可能单独完成的任务中，同行评审就变成一种较好的选择。反馈汇总则是使用集合算法来集成参与者提供的大量反馈，从而获得对质量属性具有代表性且简洁的评估结果。这种评估方法通常会根据具体情况进行设计。

3) 基于计算的评估

基于计算的评估是一类可以脱离人而自动进行计算的评估方法。这类方法通常应用于可以明确判断结果或者验证操作是否正确的众包环境中。常见的有真值法、离群分析、压键检测、关联性分析、迁移学习等。真值法在众包活动中非常常见。该方法是将已知答案的任务注入普通众包任务之中，通过最终的反馈计算出所有结果的准确度以及参与者的质量。例如，在文本翻译中插入独立且没有歧义的语句。通过对结果输出中这些语句翻译准确度的评估来确定整体输出的质量和工作者的质量。真值法被认为是能最客观反映工作者表现的机制之一(Huang and Fu, 2013)。离群分析是一种发现“与其他数据明显不同的数据”的分析方法。这种方法通过发现疑点来寻找表现差的工作者或者随机答案等降低众包质量的具体对象。例如，Jung 等(2011)使用离群分析来识别分类标注任务中的“噪声员工”。压键检测是从任务执行过程中捕获工作者敲击键盘、移动鼠标等行为痕迹，并使用这些信息来判断其作弊的可能，从而对输出质量做出预测(Rzeszotarski and Kittur, 2011)。例如，在某种图片标注任务中，绝大多数单幅图片最少的击键次数为两次。如果检测到某工作者只击键一次就完成了标注任务，那么该工作者存在作弊的嫌疑。同时，这种方法也能用于评估众包任务的难度。关联性分析使用了人际关系数据并将其转化为信任和信誉数值，从而对参与者质量进行评估。Rajasekharan 等 (2013)使用边缘权重扩展的网页排名(PageRank)算法进行工人声誉的评估。迁移学习从定义上说是通过从已学习模型中迁移知识来改进类似新任务模型性能的一种学习范式。在众包任务中，迁移学习用于从历史任务中借用知识，以提高目标任务中数据的准确性。例如，Mo 等(2013)使用了一种分层贝叶斯模型来推断工作者的可靠性。总之，基于计算的质量评估是人工智能领域的研究重点，本书第 4 章中的不少算法都可以归为此类。

2.2.6 质量保证

质量保证的目标是通过某种机制或者某些逻辑步骤来对众包活动进行约束，从而保障众包活动的质量。质量保证通常伴随质量评估同时出现。众包质量保证方法分为响应式和主动式两大类。响应式方法是指达到某种临界条件时进行响应。例如，输出质量评估结果不理想时会将结果反馈给完成它的工作者，指明问题并要求重新提交。主动式方法则是在众包活动开始前就做出约束等行为。值得注意的是，质量评估这一行为本身在一定程度上具有质量保证的作用。下面列举一些常见的质量保证措施。

1) 提高数据质量

输出数据的质量是众包结果质量最重要的组成部分。鉴于众包环境本身无法避免低质量数据的进出，解决输出数据质量低下最直接的办法就是提高数据本身的质量。常见的提高数据质量的质量保证方法有数据清洗、过滤输出、迭代等。保证输出数据质量的首要前提是保证输入数据的质量。数据清洗作为可以发现并纠正可识别错误数据的一种方式，能够有效提高数据的一致性、处理无效值及缺失值等，从而提升输入数据的质量。例如，Bozzon 等(2012)就提出了在 CrowdSearcher 中通过特定的数据预处理步骤来组装、重塑或者过滤输入数据的数据清洗方法。当然，数据清洗也可以直接作用于输出数据。过滤输出则是众包中经常出现的质量保证方法。该方法旨在从整体中保证只有质量较高的部分可以保留在最后的输出结果中。具体的过滤输出方法有基于自我和专家评审的过滤输出(Dow et al., 2012)、基于输出协议和同行评审的过滤输出(Hansen et al., 2013)等。迭代是让其他工作者重复地在前一工作成果的基础上对结果进行优化。迭代既可以在评估之后进行，也可以是像 Little 等(2010)要求工作者遍历写作任务来逐步提升文本写作质量的方式直接进行多次重复。

2) 选择参与者

参与者是众包任务的能动角色，参与者的质量越高，输出结果的质量就会越高。因此，通过选择参与者提高参与者质量成为另一种直接保证众包质量的途径。常见的参与者选择方式有过滤工作者、拒绝工作者、推荐与推广任务、招募团队等。过滤工作者是将拥有完成众包任务所必需的技能、态度或者是已经准备好的工作者挑选出来。这种保证工作者质量的挑选方式可以根据工作者所拥有的技能与专业、所获得过的徽章，甚至性格等因素来选择。拒绝工作者是在选优的基础上将能力不合适的、有虚假作弊行为的、存有恶意的以及具有攻击倾向的工作者去除。因此，该质量保证方法的核心是如何辨别具有上述特征的工作者，如从起始时间和终止时间来估计作弊行为(Difallah et al., 2012)、通过真值评估协同攻击(Marcus et al., 2012)等。推荐任务则是从任务本身与工作者匹配度的角度去保证质量。通过定义任务和工作者相适应的关系，来向工作者推荐其可能感兴趣或者与其专业更加相关的任务，从而保障任务的完成质量。目前有基于工作者任务浏览历史(Yuen et al., 2015)、基于隐式负面反馈(Lin et al., 2014)等任务推荐方式。推广任务是从扩大工作者规模的角度来保证质量，毕竟更多的工作者就意味着更快的完成速度、更好的多样性以及更好的完成度。最直接的方法是将众包任务放到工作者社区上，以类似广告的形式吸引工作者，还有通过招募工作者来完成任务等方式。招募团队则是以组质量作为基础来控制工作者质量，从而保证任务质量。这种方法可以通过匹配专业技能等方式来寻找完成任务所需要的团队，甚至可以聘请带有专家的团队来保证众包任务完成质量。

3) 优化任务设计

众包质量降低的另一个原因是任务设计时存在用户接口可用性差、任务描述不清晰等问题。因此，可以通过优化任务设计使得任务完成质量提升。常见的任务设计优化方法有降低复杂度、责任分散、验证输入、错误容忍等。鉴于任务完成的准确性会随着任务复杂度的增加而降低，降低复杂度可以有效地保证众包任务质量。从认知的角度上来说，限制认知复杂性十分重要。例如，比较两个对象会比确定单个对象的特征更容易(Anderton et al., 2013)。同时，通过任务分解也可以将复杂的任务分解为多个更小、更简单的任务。Kittur 等(2011)提出一种分区映射减少的方法来将任务分解为若干个并行的子任务并最终进行合并。Kulkarni 等(2012)则在 Turkomatic 系统中提出一种价格分割解决算法来让工作者决定是否要拆分自己的任务。责任分散是要求多人参与决策，以防止作弊或者减少错误的发生。其好处是，每位工作者的输出都能为众包任务质量的提升做出贡献。例如，Bernstein 等(2010)针对文本校对提出一种寻找-修复-校验模型，该模型将整个工作流程分为寻找、修复、校验三个部分并分发给不同的工作者，使得责任分散，从而保证任务质量。验证输入是通过为工作者建立一系列输入规范的方式来保证任务质量，它是一种已被广泛使用的方法。例如，空白字段检测、电话号码合规性检测等格式的校验甚至是自定义正则表达式等都在该方法的范畴之内。错误容忍适用于一些时间优先度高的众包任务。对于这类任务，完成速度会比个体完成准确率更为重要。这时，就需要从设计上鼓励工作者更快速地完成任务，同时通过后期的调整来纠正错误。

4) 执行控制

执行控制是在工作者工作并产出结果这段执行期间内，通过控制策略来改变或者规范行为以保证质量的方法。常见的执行控制策略有储备工作者、动态实例化任务、任务间协调等。储备众包工作者的根本目的是通过保证工作者专注力和劳动力资源充足确保任务能够被快速有效地完成。鉴于众包任务具有随机发布的特点，基于工作者池匹配多名任务发布者(Bigham et al., 2010)或者外部激励都是可行的方案。动态实例化任务则要求任务发布方在工作者完成任务期间监控是否有任务拖延和输出质量低等问题，并针对出现的问题对任务进行相应的策略调整。例如，系统可以采用自动重启被放弃的任务(Kucherbaev et al., 2016)或者设计动态重新部署计划(Bozzon et al., 2013)等对问题任务进行调整。任务间协调则是通过设计策略来管理那些涉及多个不同子任务的复杂任务。这些策略使得子任务能够有序且高质量地被完成，从而保证众包任务整体的完成质量。目前相关的管理策略既有以事件-条件-动作为模板设计的单点用例(Bozzon et al., 2013)，也有基于工作流的过程设计。

2.3　众包任务设计

2.3.1　任务组合

如果解决的问题较为简单，需求方通常可以直接将整个任务发布到众包平台上并交由众包工作者来独立完成。但是当问题规模变大或者问题结构变得复杂后，愿意独立完成这一工作的众包工作者就会减少。通过使用任务分解来降低任务的复杂度，使用工作流来聚合任务并规定任务完成流程和工作者工作方式就成为一种有效的解决手段。下面从任务分解和工作流两方面介绍任务组合的一些方法。

1) 任务分解

任务分解(task decomposition)就是将复杂任务分解为若干个简单子任务并使得原任务在完成全部子任务后可以得到解决。现在来构想这样一种情况，需求者需要翻译一份外文的手写稿，于是他们决定将这个任务发布到众包平台。直接翻译全部的手写稿件工作量巨大，这样几乎不会有人独自接下这个任务。为了吸引工作者，需求者可以将每一页的翻译工作设置成一个子任务，使得工作者每翻译完一页就可以获得一定的报酬，这就是任务分解。任务分解通常可以有效地吸引工作者并确保单个子任务的完成质量，从而提高众包任务的完成质量(Marcus and Parameswaran, 2015)。然而，鉴于难以提供明确的任务分解准则，Jiang 和 Matsubara (2014)将任务分解分为垂直和水平两种模型，并指出基于“相同贡献度获得同等报酬”的准则，垂直任务分解优于水平任务分解。同时，他们还指出两者相互结合可以起到更好的分解效果。至于如何做到有效分解，则需要针对具体问题进行特定设计。但是，遵循的一项基本原则是子任务粒度要适中并尽量降低子任务的难度。

2) 工作流

Kittur 等(2013)认为众包的“工作流(workflow)”出现在有任务分解为子任务的情况下，并将工作流定义为“用来管理子任务之间的依赖关系并进行结果组装的工具”。Neto 和 Santos(2018)则扩展了这个定义，认为众包工作流是面向上下文的且应至少由一个或多个任务集和一个或多个质量控制活动组成，同时能够支持并行、串行及迭代，并保证结果的可靠性。总之，工作流就是迫使众包工作者遵循预先设定好的流程，让每位工作者处理一个或部分任务，从而为解决原问题提供有用的结果。例如，当工作者在上述翻译工作中碰到了另一些问题——有些内容是跨页的，也就是说单纯的按页进行分解可能会使得翻译结果出现不连续；又或者，因为认知差异，不同工作者可能会对同一词汇产生不同的理解并得出不同的翻译结果，进而结果的一致性遭到损害。为了解决这些问题，可以增加一个校对的工作任务来保证文本的一致性。然而，与翻译工作一样，如果所有稿件一起校对，工作量也会非常大。因此，可以考虑对翻译和校对工作以页为单位进行合并，也就是翻译完当前页以后需要校对前一页的翻译结果。同时，也可以使用迭代的方式来组合任务，使得结果的准确性进一步提升。针对具体工作流设计，Bernstein 等(2010)使用一种寻找-修复-验证(find-fix-verify)的模式设计了词处理众包任务中的工作流，帮助工作者独立完成寻找、修复和验证工作，从而提升整个众包任务的完成质量。

2.3.2 任务分配

任务分配是将任务与工作者进行匹配的工作。不同的工作者因为其自身能力、专业、性格、工作方式等差异对同一任务的完成准确率及效率都不尽相同。不仅如此，同一位工作者对不同任务的完成质量也不相同。因此，需要通过合理的方式将任务分配给最佳匹配的工作者。任务分配通常包括如下几种方式。

(1) 先来先服务。这是一种最简单的任务分配方式。将任务罗列后，根据工作者申请工作的顺序依次发放任务即可。这种方式应用在简单的任务上可能效果较好，但此方法没有具体措施来控制风险及保证任务质量。

(2) 随机分配。将任务按随机的顺序分配给工作者。这也是一种简单易行的方法。在无法了解工作者具体情况时，随机分配可以有效地降低部分恶意工作者带来的危害，从而降低整个众包任务的风险。

(3) 推荐分配。推荐分配可以分为两种，一种是依靠人来进行推荐，另一种则是通过获取工作者的历史工作信息并利用推荐算法来完成工作匹配。推荐分配能够控制工作者的质量从而提高任务完成质量。

(4) 基于能力的分配。这种推荐要求能够掌握每位工作者的个人能力，包括工作者的专业背景、工作经验、工作效率等。基于能力的分配方式正是通过对这些个人能力加权来评估其适合的工作的。该分配方式具有较好的效率且能充分提高任务完成质量。

(5) 混合分配。这是一种综合性的分配方式。在实际环境中，往往不可能获得全部工作者的详细信息。因此，可以根据任务种类、难度等因素，同时结合已经掌握的部分工作者信息来混合使用上述各种分配方法。

更加优化的任务分配是本领域学术研究的重点，这些任务分配方法通常可以从基于工作者和基于任务两个角度进行分类：

(1) 基于工作者的任务分配。该分配方法的核心思想是如何调度工作者来适应任务从而提高众包任务完成质量。该类方法通常应用于给定众包任务且已知备选工作者质量的情境下。在挑选工作者与任务进行匹配时，最直接的分配方式就是优先使用高质量的工作者或者优先使用那些拥有与任务相匹配的特定技能的工作者。然而，在实际众包任务中，雇佣不同工作者所产生的经济代价也不同。因此，在给定任务、工作者和总预算时，如何挑选工作者使得在不超出预算的前提下最大化任务质量就成为一个复杂的优化问题。针对这类问题，Cao 等(2012)使用工作者概率模型来表征工作者质量，并结合多数投票策略来最终确定工作者的综合质量。Zheng 等(2015a)则在相同问题背景下证明了贝叶斯投票策略是最优策略，并提出一种近似算法，在控制误差的情况下降低算法复杂度。

(2) 基于任务的分配方法。该方法同样假定众包工作者的情况已知，从而挑选任务来与工作者进行匹配。通常，可以针对具体的任务使用类似于质量敏感的应答模块(Liu et al., 2012a)的方式来定义分数，并通过收集的答案使用类似熵方法(Boim et al., 2012)来计算最终的评分，最终将排名前几的任务有选择地分配给该名工作者。鉴于不同众包应用对质量定义不同，Zheng 等(2015b)使用了质量指标来优化数据，然后根据任务所需要的规定指标来进行任务分配，并通过计算预期的质量提升数值来选择可以最大限度提高质量的任务组合。Zhao 等(2013)的方法则是将工作者按照其专业技能的差异进行域划分，并将工作者与该域相匹配的任务进行分配。还有一些方法以任务分配给工作者能产生最大获利为目标，使用机器学习(Karger et al., 2011)和主动学习(Yan et al., 2011)技术训练预测模型进行任务分配。Chen 等(2013)则是在固定预算的情形下使用马尔可夫决策过程来解决任务分配时的预算分配问题。

2.3.3　激励机制

众包工作者参与众包活动的动机由经济、兴趣、荣誉等多方面驱动因素构成。而激励机制则是针对这些驱动因素制定相应的激励策略来吸引工作者并激发工作者的工作热情和效率。从激励因素来看，可以将激励机制分为外部激励和内部激励。外部激励如金钱、信用、积分等可以刺激工作者快速完成任务，而内部刺激如兴趣、荣誉感等能显著提高任务的完成质量 (Hossfeld et al., 2014)。因此，激励机制在众包任务设计中是至关重要的一环。下面介绍几种常见的激励机制。

1) 按任务支付

按任务支付(per-task payment)的激励机制通常是指工作者每完成一个任务就得到该任务相对应的报酬(奖励)。这种激励机制通常更适用于“微任务”这种众包形式。最常见的按任务支付方式是每个微任务使用相同的标价进行支付。例如，在图片分类标注中，每完成一幅图片标注获得 0.5 元报酬。除了统一定价，奖励方式还可以使用击键级别模型(keystroke-level model) (Card et al., 1983)，即通过击键次数、鼠标滑动距离、任务时长、准备时间等估算已完成任务的难度来发放相应奖励。这种按任务支付的方式通常是商业众包参与者较为喜欢的方式。

2) 基于奖金支付

基于奖金支付(bonus-based payment)的激励方式是在工作者完成一定数量的任务以后，综合完成任务的数量、效率以及质量等因素进行一次性报酬的发放。例如，甲、乙两位众包工作者同样对 10 幅图片进行了标注，甲的任务完成速度和标注准确度都超过乙，则在最终结算时，甲的奖金自然会高于乙。具体的奖金发放标准要结合实际情况进行制定。基于奖金支付的激励机制优势在于，这种综合性评价不仅可以吸引工作者前来工作，而且可以刺激工作者在整个任务环节中时刻努力保证质量。

3) 按小时支付

按小时支付(hourly payment)的激励方式是按照工作者工作时间来进行报酬发放的，例如，对于完成的众包任务每小时支付 50 元。这种支付方式很容易与政府规定的最低工资或者行业每小时最低工资相比较。因此，如小时报酬定价较高则很容易吸引工作者。然而，其弊端是工作者按小时计算的工作量可能会降低。因此，一般只有在任务发布方认可工作者的工作能力和任务完成质量时才愿意采用这种激励机制。同时，面对一些很难估计任务要求以及难以预估解决思路的困难任务，按时间支付也能成为一种很不错的激励方法。

4) 游戏化

游戏化(gamification)的激励机制更侧重于内部激励。它是通过游戏化的表现形式和组织方式来组织众包活动。通常，游戏化的组成元素有得分、排行、勋章、等级、任务、奖励、故事线等(Morschheuser et al., 2016)。这种侧重于精神满足的激励机制不仅可以提高输出质量和长期的参与度(Lee et al., 2013)，还可以显著减少作弊工作者的数量(Eickhoff et al., 2012)。然而，众包游戏化的发展还不是很成熟，目前只有类似谷歌公司的 ESP 等一些教育游戏模式。但是，众包活动中需求方仍然可以通过游戏中常用的激励玩家的手段来激励众包工作者。

5) 排行榜

排行榜(leaderboard)可以是一种内部激励和外部激励相混合的激励机制。将一天、一周或者一个月内的最佳工作者或者前十名给予表彰并向群体展示的方式称为排行榜激励。在排行榜激励机制中，通常使用工作量作为排名的评判标准。它可以激励工作群体内个体之间相互竞争，使工作者为了让自己上榜而努力工作。同时，众包组织方也可以定期对排行榜上前几名的工作者给予一定的物质奖励。另外，任务发布者还可以根据任务的具体情况来对登榜条件进行调整，从多方面激励工作者。例如，设置最低上榜任务量来激励完成任务的效率、设置任务准确率来提高任务结果质量等。但是，鉴于众包任务参与人员的随机性，排行榜的激励机制通常只对大型众包任务较为有效。

6) 晋升机制

相比于上述扁平的激励机制，晋升机制(hierarchy of statuses with promotions)

则使用了分层模型。该模型允许将工作者晋升到更高的地位或者更有趣的职位。在 MTurk 中，新进的工作者往往只能接触到一些枯燥的任务。但是随着资历以及认可度的提升，可选择工作范围就会越来越广，这就是晋升的一种表现。另外，当工作者晋升为更高等级后，高等级工作者会比低等级工作者在相同的任务中获得更多的经济报酬，甚至是从单纯的数据输出转变为可以参与任务分发等决策环节的工作。这种激励机制和传统的雇佣相类似，工作者会受到晋升所带来的物质和精神的激励，从而更加努力工作。

2.4　成本和时延控制

2.4.1　问题规约

问题规约是一种通过提取问题之间关系来简化任务发布，从而控制成本的形式化方法。在某些情况下，由众包操作生成的众包任务之间存在某些固有联系，而这些联系可用于成本控制。在给定一系列任务时，可以使用已经完成的任务结果所提供的信息来推断其他任务的结果，从而节省工作者完成剩余工作的成本，如连接(Wang et al., 2013)、规划(Kaplan et al., 2013)、挖掘(Amsterdamer et al., 2014)等都是具有这类性质的众包操作。举个例子，检验 A、B、C 三个对象是否相等的众包任务中，使用联合操作会形成分别检查“三者两两之间是否相等”的三个任务，即判断(A, B)、(A, C)、(B, C)是否相等。对于这三个任务，只需要完成任意两个，如完成(A, B)和(B, C)两个任务就可以推论出 A 和 C 是否相等。问题规约可以有效地避免让工作者进行大量的冗余工作，甚至在机器已经完成大量简单工作并留下只有人才能完成的困难任务时，规约的方法依然可以进一步降低人力成本。然而，问题规约也可能放大每个错误结果带来的负面影响。例如，在这个例子中，如果错误地得出 A 和 B 不相等，那么就会得出 A 和 C 也不相等的错误结论。

2.4.2　任务抽样

任务抽样是利用工作者“对抽样数据进行处理所获得结果的质量”来推断他们“对完整数据进行处理所获得答案的质量”的技术。这类技术已被证明在众包聚合(Marcus et al., 2012)和数据清洗领域非常有效。

例如，Wang 等(2014)提出了如图 2-3 所示的样本清洗框架用来解决大规模“脏数据库”的聚集查询问题。该框架首先从原始大规模“脏数据”中进行采样，创建含有“脏数据”的小规模样本，然后交由工作者进行数据清洗，得到小规模的干净样本库。在采样过程中，该框架使用了分层抽样混合均匀随机抽样的方式，来确保每个组有足够大的采样空间。数据清理过程主要从值错误(不正确的值)、条件错误(可能造成聚合查询错误的条件值)以及重复的元组(对估计造成影响)三个方面进行考虑。该框架构建了两个查询结果估算过程——RawSC 和 NormalizedSC。在聚集查询到来时，RawSC 过程将基于“干净样本库”直接估计真实的查询结果并返回带有置信区间的结果；而 NormalizedSC 过程则将基于“脏数据”估计查询结果并且用干净的样本纠正结果中的错误，这一过程同样也返回带有置信区间的结果。通过对比这两种结果，估算方法可以发现如果“脏数据”中的错误较少，则 NormalizedSC 过程返回的结果更加准确，因为它运行在全部数据之上；但是，如果“脏数据”的错误较多，那么 RawSC 过程估计方法则更加具有鲁棒性。因此，该框架能够很好地综合这两种方法各自的优势。

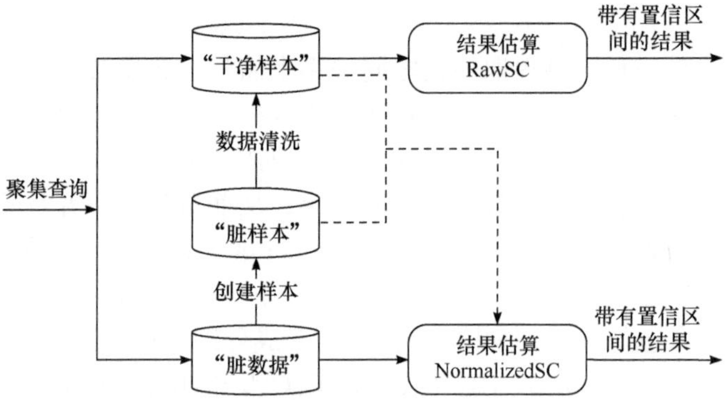

图 2-3　基于任务抽样的样本清洗框架结构示意图

虽然任务抽样是非常有效的成本控制方法，并且已经建立了可以有效限制估计统计误差的方法，但抽样技术并不适合于所有的众包操作。例如，将样本应用于估计最大值运算时，样本的估计最大值可能和真实最大值存在很大的差异。

2.4.3　时延控制

一个众包活动不能无限期进行下去，任务完成时间的增长不仅意味着需求者工期的延误，更直接带来任务成本的大幅增加和质量的明显降低。因此，时延控制在众包任务中的作用非常重要，但往往又容易被忽视。任务数量和难度、众包工作者的业务熟练程度、任务能够给工作者带来报酬的多少以及众包劳动力是否充沛通常是影响众包时延的主要因素。因为高薪的任务可以吸引更多的工作者，所以控制时延最直接的方法是提高任务的标价来减少接受和完成任务的时间 (Faridani et al., 2011)。根据这个理念，可以使用紧急任务具有更高报酬的动态定价方式来为具有不同紧急程度的众包任务合理定价(Gao and Parameswaran, 2014)，从而在一定程度上降低紧急任务完成时延，进而保证紧急众包任务优先完成。然而，这种方式却妨碍了那些非紧急的任务也能得到快速处理。Haas 等 (2015)从单个任务、批处理任务以及众包任务流程的角度阐述了众包任务产生时延的原因，并提出通过池维护(pool maintenance)技术动态地维护高效率工作者池，通过引入冗余任务的滞后者缓和(straggler mitigation)策略抵消低效率工作者对总体时延的影响，通过混合学习(hybrid learning)方式将主动学习和被动学习相结合以达到将闲散工作者挑选出来的目标。另外，时延控制又可以分为基于回合模型(round model)的方法和基于统计模型(statistical model)的方法两种类型，下面简要加以介绍。

1) 基于回合模型的方法

现实中，不少众包任务需要多轮处理才能最终完成。在每一轮中，任务发布者都会将一些选定的任务分发给工作者，并在收集到答案后再将下一轮选定的任务进行发布。Saram 等(2014)将回合模型的时延计算方法进行了化简。该方法将每一回合花费的时间定义为单位时间，并且使用总回合数来定义任务时延(即任务所需时间)。在时延控制中，该方法使用问题规约的思想来减少发布的任务数量。因为任务之间可能存在的联系以及每一回合收集到的答案都可以为下一回合发布的任务提供参考，所以通过收集先前回合中任务的答案就可以节省总的任务数量。这样不仅有可能减少回合内的任务数量，也有可能减少总的回合数，进而达到减少任务时延的目的。

2) 基于统计模型的方法

基于统计模型的方法是从现实世界的众包平台上大量收集历史任务数据和相关统计信息，并利用这些数据和信息来进行工作者行为建模，进而控制时延的一类方法。Yan 等(2010a)考虑了从任务发布到接受第一个答案的时延和接受两个答案之间的时延这两个关键时间间隔指标，并通过建立统计模型来预测任务完成的时间。Faridani 等(2011)则使用统计模型来预测工作者在众包平台中到达的任务完成速率并表征工作者如何从众包平台中选择任务，根据这些统计数据来预测任务完成时间从而控制任务时延。同时，还有一些工作在统计模型的帮助下，通过考虑任务是否可以在时间限制内完成，以及评估针对特定目标发布新任务的收益来研究时延控制(Gao and Parameswaran, 2014)，如 CrowdSearch(Yan et al., 2010a)系统。

2.5　本章小结

本章主要从质量控制、任务设计和成本时延控制这三个方面介绍了众包技术现有的研究方向。在质量控制中主要对数据、任务和参与者质量进行介绍，同时概述了质量评估和质量保证的方法。任务设计部分主要从任务的组合与分配介绍了任务的形成与执行过程，并通过一些示例介绍了常见的激励机制。最后，从问题规约和任务抽样这两种方法出发讨论了成本控制方法以及关于时延控制的研究内容。本章所介绍的技术均为众包系统和基于众包技术的应用系统中涉及的基础技术，它们在整个众包技术中占有很大比重，涉及统计学、管理学、运筹学、博弈论、人工智能、机器学习等学科领域。而本书后续章节所涉及的机器学习相关的模型和方法是解决本章所涉及问题的一种常用手段。

第3章　众包遇见机器学习

3.1　引　　言

本章介绍众包在机器学习领域方面的应用，计算机视觉、信息检索、自然语言处理等皆可与众包结合，从中获利；混合智能系统，即利用人和机器的互补优势，将群体的智慧和机器的智慧集合在一起。众包还可以对机器学习模型进行调试与评估，如管道组件调试、评估模型的可解释性、评估无监督模型以及按需评价等。但是众包在给机器学习带来进步的同时也有很多挑战性问题，众包带来了大量标注数据的同时，同时增加了数据的不确定性、多样性和特殊性。

3.2　从众包中获利

3.2.1　计算机视觉

计算机视觉是一门研究如何用摄影机和计算机代替人眼对目标进行跟踪、识别、分析、处理并从中获取相应信息的科学。随着图像数据爆炸式的增长，面对不同的研究目标，研究者不得不对海量的图片进行手工处理以获取训练数据。人工标注的过程非常耗时耗力，获得数据集的代价极其昂贵。计算机视觉本就是为了模拟人眼，因此大多数视觉标注任务并不需要非常专业的知识。正因如此，计算机视觉和众包模式的相遇成为一种必然。将大量的标注任务通过众包的方式分发给群众，通过一定的质量控制，用较低的代价来确保获取较高质量的标注。

对于不同的任务，很显然它们的标注代价会不太一样，如场景分类显然会比图像分割容易很多。场景分类只需要对整幅图像的主要语义场景进行标注，而图像分割需要对图像的每个像素进行标记来获取更加准确的语义信息。整个标注过程的花费由三个方面组成：计算机视觉研究者规范所需要的数据集和标签的花费、众包实践者设计用户接口与保证标签质量的花费、工作者提供标签的花费。合理的策略能降低成本但不降低质量，下面介绍几种在不同任务下研究者获得高标注质量数据集的策略。

1. 图像分类

图像分类的目标是让计算机知道图像中所包含的主要事物或主要语义信息。在早期，训练数据集的获得都是靠业内人士的手工标注，因此数据集具有较高的标签质量。但是，随着图像分类的发展，不得不去寻找一种更加有效的标注方式来获得高质量的数据集。其中，最著名的实践之一就是用图像标注 ESP 游戏生成数据集 ESPGAME。除此之外，还有许多其他方法用来获得数据集。例如，用图像搜索引擎爬取各种与猫相关的图片，经过去重和过滤掉不清晰的图片后，将处理过的图片交给众包工作者标注并询问“图片中是否确实包含猫”。为了确保标签的准确性，可以让多位工作者独立标记同一对象。如果这些工作者的结果达到一个预先设计好的置信度，那么就认为这幅图像确实包含该种类的对象。Deng 等(2009)通过这种方法收集并标注了 8 万种平均每个类别有 500～1000 幅清晰图像的数据集 ImageNet。无独有偶，Zhou 等(2014)不满于现有场景分类数据集规模较小、场景种类稀少的缺点，通过相似的方法获得了一个超过 700 万带有场景标签的数据集。同样，他们首先通过搜索引擎获得原始图像，经过去重、过滤等初步处理后，再让待标记的图片被众包工作者进行两轮标注：第一轮询问“这幅图像是不是卧室”，设置默认答案为“否”；将第一轮被选择为“是”的那些图像继续进行第二轮询问“这幅图像是不是卧室”，设置默认答案为“是”，将被选择为“否”的那些图像去除，剩下的就是带有卧室标签的图像。通过两轮询问，大大提高了分类标签的准确性。

2. 目标检测

不同于图像分类只需要标记出主要语义，目标检测需要对图像的每个对象的位置进行标记，标记出每个对象的边界框。目标检测的标注任务比图像分类复杂许多，因为给目标画一个边界框通常比回答一个选择题或者判断题困难很多，耗时也更长。因此，如何拆分目标任务就成了关键问题。一些研究人员 (Su et al., 2012)设计出一种迭代的标注方法，对于每一幅待标记的图像，首先让众包工作者 A 框选出一个对象；然后，转入质量评估过程，让众包工作者 B 评估 A 所标注的边界框是否良好，良好的边界框被接受，糟糕的边界框被拒绝；接下去让众包工作者 C 来确定该图像是否还有没标记的对象，若有，则让新的工作者进行边界框的标记；若没有，则迭代结束，图像标记完成。当然关于边界框的标准，边界框该如何画，什么样的边界框是良好的等都会在任务描述中进行规范。这种方法已经被证实比主流的基于投票的标注方法更加有效和经济。

3. 图像分割

对于图像分割任务，不能像目标检测那样只粗略地框选对象，而需要通过微妙的线条或背景区分每一对象。这就要求数据集的标注必须上升到像素级别。这类任务的数据集的获取异常艰辛，需要耗费大量时间。众包模式给这类数据集的获取提供了可扩展的方法。例如，在材料识别任务中，需要将数据集分割出每种不同的材料的每个像素。因为原有的数据集要么规模不够大，要么特殊种类材料样本不够多。Bell 等(2014)利用众包建立了一个新的材料识别的数据集。他们通过三个步骤来获得标注：众包工作者 A 挑选出哪些图像包含某一种特定材料，众包工作者 B 在图片中框选出这种材料所在的位置(像素级别)，众包工作者 C 来验证这个区域是什么材料。任务完成过程中通过控制正确率来保证标注质量。在这项工作中，最后平均每个标注的成本只需要 0.00306 美元。

3.2.2　信息检索

信息检索起源于图书馆的参考咨询和文摘索引工作，是指将信息按一定的方式组织起来，然后根据目标用户的需求找出相关信息的工作和技术。从历史上看，信息检索经历了手工检索到计算机检索再到现在的智能检索的几个发展阶段。随着全球互联网的发展，信息检索也从相对封闭、集中管理的内容查询拓展到开放、分布广泛、更新快速的信息获取。随着信息内容的爆炸式增长，目标用户的越来越多样化，为了能够让用户更快捷方便地找到想要的信息，必须改变原先缓慢、枯燥、昂贵的标注方法。众包的出现给信息检索带来了新的发展机遇。众包和信息检索融合的正式亮相可以追溯到 2010 年第 33 届 SIGIR 的“The Crowdsourcing for Search Evaluation”研讨会。该研讨会分析了众包给信息检索带来的机遇和挑战，介绍了几种众包获取数据标注的方法，鼓励业界将众包模式应用到信息检索的研究中(Carvalho et al., 2011)。

搜索评估，即评估搜索结果的准确性、全面性、相关度等，是各类信息检索系统得以发展的外部推动力。当今的互联网搜索引擎开发过程中通常需要使用大量编辑人员对查询的网页进行相关性评估或者利用用户日志中的数据来估计每个网页和查询之间的相关度。这对于研究人员来说一直不是十分有效的方法，特别是在测试新系统时，往往没有历史日志可用。在这个领域发展的早期，相关度评价的测试集往往是依靠学生不辞辛劳地阅读系统返回结果来评价文档与查询的相关度。这个过程不但非常艰辛而且只能创建出一些小规模的测试集(如 Cranfield、CACM 等数据集)。Alonso 等(2008)通过将标注任务分发给众包工作者完成了对某个地理信息检索系统的相关性判断。该任务将相关度等级分为四级：不相关、略相关、相关和强相关。因为该任务面向地理信息检索系统，为了控制众包标注的质量，他们首先对众包工作者的资格进行审查。通过回答预先设置的几个问题(如回答“开罗是哪个国家的城市？”)来审查该众包工作者是否有相关的地理储备知识。其次，为了减少消极众包工作者以及工作者的主观偏差的影响，相关性级别的判断会进行汇总并使用投票方法来产生最终的结果。该研究发现众包模式确实可以通过较低的费用、较快的时间带来较高质量的测试集。更进一步，正是因为众包模式成本低廉，所以可以进行更多的尝试来研究更好的质量控制方法。即便有“众人拾柴火焰高”的说法，也不免有很多关于“众包标注的结果是否真的可以媲美专业标注”的质疑。Eddy 等(2017)在 18 个文本检索(TREC)主题上收集了超过 5 万份的众包标注数据。与专家评估的结果进行对比，众包的方式在评估成本方面有较大的竞争力，而且对于相关度顺序的判断和专家的评估也基本一致。另外一个有趣的游戏被设计用来做图像检索系统的研究，该游戏让用户在很短的时间内看一幅图像，然后让用户在检索系统中将刚刚的那幅图像检索出来。这么设计的理由是，由于只有很短的观察时间，用户通常只会记住图像中最显著的特征，根据这些最显著的特征来查询正好符合对于“好标签”的期望(Bei, 2011)。

3.2.3 自然语言处理

自然语言处理包括对自然语言进行分析理解和转换生成，是人工智能的一个重要研究方向。当前自然语言处理技术几乎存在于所有互联网服务中。语言资源是自然语言处理进步的关键，利用带标注的语料库去训练模型，训练结果的优劣与语料库标注的好坏直接相关。为了保证质量，通常需要找一些具有专业知识的人来标注数据。随着网络的发展更加多样化以及更加开放，网络上充斥着各种各样的语言资源，同时网络用户之间的协作也更加紧密，这使得自然语言处理获得数据标注有了一种全新的可替代方法——众包。在 2010 年国际计算语言学会(ACL)会议论文集中检索“Mechanical Turk”，结果只有 128 条，在随后不到两年的时间里，与 Mechanical Turk 有关的自然语言处理研究就增加了两倍多 (Marta et al., 2012)。由此可见，传统的领域专家驱动的数据标注模式在逐步被众包驱动的数据标注模式所替代。

自然语言处理有着不同于其他领域的显著特点，即语言的表述充满魅力，它不像图片标注(如询问图像上“有没有树”)那么枯燥。另外，例子也反映了自然语言处理的某种特点，在对机器翻译结果做评估时，评估者的翻译水平也会随之提高。这使得研究员可以突破经常选择的“利益驱动”众包方式。由此出现了很多带目的游戏(GWAP)的设计，用于获取标注。一款游戏想要获得大量的用户，首要要素是它必须具备较强的吸引力。

David 等(2008)改编了两款受欢迎的猜词游戏。其中，一款叫作 Categorilla，该游戏让玩家根据提示和限定输入答案，若多名玩家的答案一致则获得分数。举个例子，提问“四个轮子的交通工具是什么”，那么“汽车”就是一个正确的答案，如果多名玩家都回答了“汽车”，那么汽车就是交通工具下位词。该研究中总共设计了 8 种游戏模式，目标都是从 WordNet 中抽取的概念，如上位词猜下位词、形容词猜名词、动词猜主语等。另一款游戏 Free Association 给出一个要猜的词和一堆禁止使用的词，让一位玩家描述，直到另一位玩家猜出那个词为止。他们靠这两款游戏收集了近 8 万份数据，分析发现 Categorilla 收集的结构化数据可以很好地扩充 WordNet，而 Free Association 可产生非常干净的数据，但缺少结构化描述，因此还需要做进一步的处理。

然而，设计优秀的 GWAP 并非易事。因此，传统的利益驱动众包模式也是很有潜力的一种方式。Snow 等(2008)利用众包对情感识别、文本识别、单词相似度识别、事件时间顺序识别和语义识别五种任务进行了标注收集。研究结果表明，众包标注经过适当的处理也可以获得与专家标注相当的效果。

对机器翻译的结果进行人工评估是一件非常麻烦的事，统计机器翻译研讨会每年都会派专家对大量的机器翻译进行人工评估。Chris 等(2009)利用众包工作者对 WMT-08 “德语-英语” 机器翻译任务进行了重新评估，结果表明非专业的众包工作者的标注结果并不逊色于专业人士的产出。

3.2.4 机器学习

众包已经在机器学习的各个领域展现出它的独特优势。机器学习社区已经广泛采纳了众包模式，将众包看成一种可以快速、廉价获取大规模标记数据的工具。但是，正是因为仅仅将众包当成一种工具，很多机器学习实践者使用众包收集自己的数据时往往会忽略某些事实而搞砸整个数据收集过程。在传统的机器学习研究中，研究者都愿意用机器学习的思想去考虑问题。例如，最优化某些指标，综合数据进行评估，而往往会忽略用户的因素，很少有机器学习的研究愿意去人群中做调查。当机器学习实践者设计了对他们来说十分简单的任务，而众包工作者却没有很好地完成时，他们也会认为这些众包工作人员行为偷懒或充满恶意。然而，实际上可能糟糕的人机交互设计才是罪魁祸首。众包的本质涉及人和社会本身，社会心理学的研究表明 MTurk 上的众包工作者与整个美国社会没什么本质区别，甚至更具有多样性(Buhrmester et al., 2011)。众包平台也是一个丰富的社交网络，所以一些社会心理学的原则和指导方法对机器学习工作者也非常有用，可以帮助他们理解众包工作者的行为，理解众包工作者对奖励做出的反应，指导他们如何利用人们的内在动力更有效地将众包任务游戏化或者更加精确地预测众包工作者的行为等。下面介绍一些有趣的研究，希望机器学习实践者能够对人类行为有更深刻的理解。

1. 不诚实的行为

很多研究人员会担心众包工作者的不诚实行为，从而打消使用众包的念头。Suri 等(2011)做了两个非常有意思的实验：第一个实验让众包工作者随机抛骰子，然后上报他们的点数。他们能得到的报酬与点数直接相关，点数越大，报酬越高。第二个实验让众包工作者抛 30 次骰子，上报他们的点数和，得到的报酬也和点数有关，点数越大，报酬越高。很显然，如果连续 30 次都抛出了大点数，那么很明显撒谎了，但是单单一次抛出大点数是正常的，就算撒谎了也不会被发现。第一个实验的平均结果是 3.91，而第二个实验的平均结果是 3.57。显然，容易被识破的撒谎行为会驱使人们不去撒谎，因此合理设计的机器学习任务可以减少众包工作者的不诚实行为。

2. 物质奖励

曾经 1 美元可以获得 1500 个标注。然而，随着众包的发展，价格也开始逐步上涨。多少价格是合适的？这可能是令研究人员最为头疼的问题。价格低了担心没有人愿意干，价格高了又要担心工人会为了获得更多利益而敷衍了事。很自然的一个问题是，支付了更高的工资到底能不能得到更好的结果？针对这个问题，研究人员进行了很多研究，但都没有定论。因此，如何设计合理的报酬结构也是机器学习工作者需要考虑的问题。

3. 精神奖励

合理的精神奖励可以大大激起众包工作者的热情，提升工作质量。在前面的内容中介绍过好几种游戏性质的众包标注方法。其中，最著名的要数谷歌公司用于图像标注的 ESP 游戏。这个游戏随机匹配的两名玩家对同一幅图像进行描述，当描述相同时，获得分数。每当玩家获得分数都是一种精神奖励。除了游戏之外，有研究表明人们对有意义的事情会比较主动，两个相同的任务，一个任务通知人们这份数据会被用于医疗研究而另一个任务没有，众包工作者会对用于医疗研究的任务展现出更大的热情(Chandler and Kapelner, 2013)。

本书的内容主要聚焦通用的面向众包标注的机器学习方法，这些机器学习方法并不针对特定的应用领域，它们提取了各种应用领域的共性问题，例如，如何获得更加准确(符合真实情况)的标注，如何利用众包标注训练出学习模型，如何降低众包标注中的“噪声”等。各应用领域研究人员既可以直接利用本书中的方法为己服务，也可以在本书方法的基础之上进一步开发出领域特定的学习方法，从而更好地为特定的机器学习任务服务。

3.3 数 据 生 产

3.3.1 数据标注

在机器学习的发展过程中，由于获取数据标注的时间、规模、成本等系列原因，人们也曾寄希望于利用未标记的数据使用半监督或者无监督的方法进行学习。然而，众包的出现带来了标记获取方式的深刻转变，可以获取标注的数据变得越来越多，但是大量的标注数据能够给监督学习带来多大的进步和提升呢?

这里举两个具体的例子。第一个例子来自机器翻译领域，以前只有一些主流的语言训练出了自动翻译的模型，这是因为使用主流的语言的人口众多，能够找到足够多的人来对数据进行标注。由于使用人数有限，那些小语种的翻译模型训练一直是个问题。现在众包的出现使得小语种翻译数据的获取也成为可能。Pavlick 等(2014)在 MTurk 平台上发布了各种语言的 1 万个单词翻译任务，发现 13 种语言在 MTurk 平台上能够快速准确地被翻译。这些语言分别是荷兰语、法语、德语、古吉拉特语、意大利语、卡纳达语、马拉雅拉姆语、葡萄牙语、罗马尼亚语、塞尔维亚语、西班牙语、他加禄语和泰卢固语，它们既有大语种也有小语种。MTurk 平台上有大量这些语言的双语工作者,研究表明能够依靠他们生成 70 万到 150 万词的双语词典。这还仅仅是 MTurk 平台上可以获得的数据，可以预见众包能够给小语种的自动翻译带来巨大的进步。另外一个例子是，前述提到的 Deng 等(2009)通过众包平台创建的 ImageNet 数据集。截止到 2020 年 6 月初，该数据集总共包含 14197122 幅带标注的图像。ImageNet 已经成为计算机视觉领域研究的标准数据集，为该领域的发展做出了巨大贡献。因此，众包给数据的获取方法带来了革命性的改变。

针对数据的标注有多种类型，如分类、标框、区域、描点等。图 3-1 以计算机视觉为例展示了常见的四种标注类型：

(1) 分类标注即常见的打标签，一般是从既定的标签中选择数据对应的标签，标签集通常是封闭集合。如图 3-1(a)所示，一幅图像就可以有很多分类标签：成人、女、亚洲人、长发等。对于文本信息，可以标注主语、谓语、宾语、名词、动词等。分类标注适用于文本、图像、语音、视频等领域，可以构建年龄识别、情绪识别、性别识别等应用。

(2) 标框标注，即框选要检测的对象，如图 3-1(b)所示，在行人识别应用中，首先需要确定行人在图像中的位置。

(3) 区域标注，相比于标框标注，区域标注要求更加精确，其区域边缘也可以是柔性的。如图 3-1(c)所示的自动驾驶中的道路识别就需要准确地描绘出道路的轮廓。

(4) 描点标注，一些对于特征要求细致的应用中常常需要描点标注，如人脸识别、骨骼识别等。

除了这几种常见标注，还有很多个性化的，根据不同的需求而设计的标注，例如，自动文本摘要就需要标注文章的主要观点；开放式问答标注需要对标注对象的特征进行文字阐述。本书主要针对应用最为广泛的分类标注进行探讨。

(a) 分类标注　(b) 标框标注

(c) 区域标注　(d) 描点标注

图 3-1　计算机视觉中的不同标注类型

3.3.2　不确定数据

尽管众包带来了大量的标注数据，但同时也为这些标注带来了不确定性，主要原因有两点：①众包工作者没有足够的知识来支撑给出完美的标注；②众包工作者没有充分的动力在标注任务上付出全部的努力。对于第一个问题，可以通过事前对众包工作者的资格进行审查，过滤掉那些没有足够知识的众包工作者，或者降低任务的难度，对任务给出详细注释来帮助众包工作者很好地理解和回答，又或者可以通过将一个任务交给多名众包工作者同时完成，最后将他们的标注进行集成，利用冗余的信息推断出一个质量较高的标签，本书第 4 章的真值推断将详细介绍这一类方法。例如，Ma 等(2015)提出一种细粒度的真值推断模型，用概率模型联合模拟问题生成过程和众包工作者答案提交过程，从而推断答案来源的可靠可信程度。这种模型能够在相关联的答案中学习来降低各种不可信答案被接受的概率，从而减少不确定数据的数量，提高标注数据的质量。对于第二种动力不足的问题，最简单的方法就是增加报酬。但是，提高薪资不一定能够换来更优秀的数据。当然需求方可以根据众包工作者提交答案的质量来给予奖励。但是，这种奖励通常涉及心理学过程的设计，而这对于机器学习实践者来说并不擅长。所以，还是应该考虑从其他方面来激发众包工作者的热情。一个比较成功的例子就是前面提到的 ESP 游戏，众包工作者在游戏中获得精神奖励的同时完成了对图像的标记，这种自发的动力往往具有不错的效果。Dasgupta 等(2013)提出了一种由内源性的动力来激励众包工作者做出更多的努力的方法。该方法对众包工作者提交的答案进行实时评分，对极糟糕的答案进行惩罚以此来约束众包工作者提交较好的数据。除了众包工作者带来的随机错误，有时候标注任务本身也会给工作者带来错误的可能。例如，一个分类问题，如果前 9 个样本都是正类，那么第 10 个样本就算是负类也很容易被判断为正类。当任务本身具有潜在的提示时，工作者的答案会倾向于靠近潜在的提示，这会导致数据产生偏差。然而，这种偏差数据是不能依靠聚合多名工作者的答案来纠正的，因为这种偏差存在于大多数工作者的标注结果中。Faltings 等(2014)提出了一种基于博弈论和贝叶斯真值血清(Bayesian truth serum)的奖励机制，他们将这种方法称为 Peer Truth Serum，通过扩大奖励范围，当工作者的标注结果和其他人足够一致时给予奖励，当标记结果和其他人有点不一致时也给予一定的奖励，来鼓励工作者遵从自己的想法而不是跟随大众，通过实验证明这种奖励机制能够很好地消除任务本身所带来的偏差。本书作者也在标注系统偏差方面做了系统化研究，本书研究实践部分将继续介绍这一方向的工作。总之，只有在大量不确定的数据中推测出正确的答案，众包才能更好地促进机器学习社区的发展。

3.3.3　多样性数据

不像传统的标注任务通常由几个人完成，通过众包来进行的标注任务通常会有几十或上百人同时对数据集进行工作，而众包工作者本身就具有多样性。Ross 等(2010)在 MTurk 平台上发布问卷对工作者的人口学特征进行了长达 20 个月的调查，他们发现 MTurk 平台上的众包工作者越来越国际化。这一趋势也能够代表其他众包平台。因此，众包工作者是全球化的，他们有不同的国籍、不同的教育程度、不同的宗教信仰及不同的文化背景。国际化带来的结果必然是数据的多样性，面对同一个任务，大家的认知会有所不同。机器往往无法理解人们的多样性，而有相似行为或者爱好的人则可以相互理解。Organisciak 等(2014)利用众包平台工作者的多样性及理解能力，根据工作者的喜好对用户进行个性化的推荐和预测。多样性的数据会带来好处也会有挑战，例如，对于一个搜索引擎的相关性评估，多样性的评估结果可以带来更多的信息量和搜索需求，这样可以提高搜索引擎的性能。相反，对于某种图像标注任务，需要用关键词描述图像，这种情况下多样性的描述可能会给机器学习带来困扰。

3.3.4　特殊性数据

在当今大数据环境下，无标签的数据极其丰富，而这些数据所包含的信息量也大不相同。为了提高获得标签的收益，很多监督学习研究者会人工挑选那些包含更多信息量的特定数据进行标注。这些被挑出的数据往往最具有代表性，对学习模型性能提升作用最大。这种最优化的选择数据进行标注的过程称为主动学习(Settles, 2010)。在传统的主动学习场景中，需要有一个称为“先知(oracle)”的“专家标注者”对选出的数据进行标注。众包出现后，用众包工作者来代替“先知”生成特殊性数据成为新的选择。显然，对于单个众包工作者在挑选和标注下一个该标记的数据样本时难免存在不确定性。然而，众包的优势就在于集众人之长，利用众人的智慧来生成特殊性数据，选出下一个信息量最大的数据样本，并将这个数据样本交付给那些最有可能获得完美标注的工作者进行标注，最终促使训练出的学习模型受益最大。例如，Yan 等(2011)提出了一种概率模型来选择最不确定的数据样本交由众包工作者标注。最不确定通常意味着包含最多的信息量。例如，对于二分类问题，如果一个样本是正类的概率接近 50%，那么说明它也很有可能是负类样本。这种样本包含最易混淆的内容，而这些内容通常构成了分类器的决策边界，因此需要最准确的工作者进行标注。Yan 等(2011)采用他们提出的方法选出最不确定的数据样本，并交给拥有最大可靠度的众包工作者进行标注。这种利用众包工作者生成的特殊性数据的方法在多个数据集上提高了模型的性能。众包为生成特殊性数据带来了可替代的方式，即用众人的智慧来代替专家的智慧。

3.4 混合智能系统

人工智能的首要目标是模拟、扩展和延伸人类的智慧，使机器能够胜任一些需要人类智慧才能完成的复杂工作，让机器能够像人类一样“思考”。人工智能这种以前只能在科幻电影中看到的事物，现如今已经渗入人们生活的方方面面。人们依靠算法告诉自己看什么电影、买什么猫食，甚至开始让它们开车载着人类前行。尽管如此，这些智能算法仍然处于模拟人类的早期阶段。一个简单的事实是，虽然如今的智能系统可以做很多事情，但有些事情人类做得更好。尽管有了很大的发展，人工智能还远远不够完美，这些智能系统还是有可能出错或完全失败。随着人工智能在生活中扮演越来越重要的角色，智能系统的错误或者故障会给人们带来严重负面影响甚至付出生命的代价(如自动驾驶系统的故障)。为了克服人工智能系统的缺点和局限性，不仅依靠机器智能，而且将人类智能集成到人工智能系统中去，形成混合智能系统，成为一种有益的选择。混合智能系统利用人和机器的互补优势，以人类的参与来防止智能系统单独工作出现错误和失败。同时，人类的反馈可以让系统进一步学习，形成良性互动。例如，在混合智能的自动驾驶系统中，驾驶员需要观察系统的决策，在必要时进行干预以防止事故的发生。

然而，如何让人工智能和人类结合起来依然充满了挑战。众包平台以一种可扩展和通用的方式，为研究人员提供了方便的方式获取所需的人类智能以及能够在大量不同的人群中测试系统的可能。

3.4.1 混合调度

在当前的人工智能系统研究中，有一类任务虽然起步很早，但是目前仍然没有产生突破性的进展。这类任务是具有全局约束性和一致性要求的复杂调度任务，如旅行计划、会议安排等。这类问题有潜在的约束，每一个决策都会对后续事件产生影响。例如，某人在早上 8 点到 9 点安排在 A 公司参加会议，那么他就不可能在 9 点去参加 B 公司的会议。迄今为止，这类问题仅仅使用机器模型很难解决。Zhang 等 (2012)设计了一种基于众包的旅行计划安排系统。计划旅行的人们在系统中输入他们的旅行规划，包括时间、地点、事件等，如“我想去海边玩半天”“晚上我想去逛街”“早上想睡到 10 点钟”等。该任务交给众包工作者后，每个众包工作者都可以在系统中提交他们的想法，为行程添加安排，如“那家火锅店非常赞！你可以去那里吃晚饭”，而且每一位众包工作都能够实时地看到别人所添加的安排。在后台，系统会自动计算路线和时间，检查是否违反约束，生成旅行安排表和地图，及时地生成反馈，防止众包工作者做出某些违反约束的安排。在这种方式下，众包工作者往往会迸发出很多奇思妙想，产生一些创造性的、有趣的想法。这种高度的自由是当前人工智能系统所没有的，人和机器合作不仅能够产生更加高的效率，而且可以使安排的质量得到本质的提升，体现了安排内容上的创造性。

协同写作也是一种全局约束性的问题。考虑一种协同写作的场景：一个小组在进行共享项目，每个人都对项目提出了宝贵的意见，然后大家开始形成各自的意见，并且需要遵循一个连贯的结构，大家分头完成各自的部分，再合并成一个整体。在整个过程中，任务需要紧密协调，每一个步骤都需要考虑整体的连贯性。在协同写作的研究中遇到了很多的挑战，一个写作任务往往被分解成很多小型的微任务，然而微任务聚合起来往往缺乏连贯性，难以在上下文上形成贯通的意境，这是因为每个人都按照自己的理解和风格在写作。Teevan 等 (2016)设计了一种多人协同写作的系统，该系统将每一个主题的写作任务分为更加细小的微任务，每个微任务包括三个阶段，整个流程如图 3-2 所示。第一阶段是创意生成阶段，每个参与者都可以将自己的想法上传，用一两句话来描述自己的想法和关键词。当创意生成之后就进入标记和组织阶段，每个人可以看到所有人提交的想法，对每一个想法进

图 3-2　众包多人协同写作的主要流程

行标记，系统会根据这些标签将具有相似标签的想法合并，组织成一个规范的大纲。最后是协同写作阶段，每位参与者根据生成的规范大纲进行写作。下面来模拟一下这个过程：假设现在有一个“众包”主题的协同写作任务，那么第一步各自提出自己的想法，如“众包的起源”“众包的发展历程”“众包带来的机遇和挑战”等。第二步，大家会给“起源”和“发展历程”打上相似的标签，系统就会根据标记将想法合成，生成一个规范的大纲，可能形成“发展历程、机遇和挑战、未来的发展”这样的大纲。第三步，每位参与者可以根据大纲写自己的部分。这样的机制使原本难以开始的多人协同写作有了一个很好的开端。显然，这样的工作仅仅靠机器来协调分配任务是实现不了的，而混合系统则给了人们足够的自由，让众包工作者不仅仅局限于完成系统分配的任务。他们可以参与头脑风暴，大胆地提出自己的想法和构思，让多人协同写作交互性更强，变得快速、丰富且有趣。

3.4.2 混合人机通信

在很多场景下，需要实时、可靠地将语音转换为文字。例如，让聋哑人能够实时参与对话以及提供实时字幕等。自动语音识别系统在高质量的录音情况下能较好地将语音转换为文本，但是现实中的现场录音往往是质量较低且充满环境噪声的。这种情况下自动语音识别系统往往不能很好地识别，甚至连大多数普通人也不能很快地将其转换成文本，只有经过专业训练的速记员能够完成这项任务。由于专业速记员非常稀少且过于昂贵，如何提高自动语音识别系统在实时高噪声环境中的识别能力，降低错误率成为研究人员关注的重点。众包工作者虽然不像速记员那样经过专业的训练，但是他们人数众多、价格便宜且很多人乐于从事这项任务。那么经过一段时间的任务过程，这些众包工作者的速记任务是否也可以达到与专业速记员相当的水平呢？Lasecki 等(2017)将非专业的人群和人工智能集成到一起，设计出一款混合智能系统 Scribe 来将实时的语音转换为文本。Scribe 通过招募 MTurk 平台上的众包工作者来帮助系统完成实时字幕功能。当用户想要使用系统时，Scribe 就开始在 MTurk 平台上招募众包工作者，录下系统与用户的实时对话，并会将音频流分割成很多小序列交给众包工作者。众包工作者被要求尽可能快地写出他们所听到的音频，然后系统会根据序列比对算法生成实时字幕。这时还会有一个众包工作者来检测这段字幕是否有明显的错误：如果有错，立即将其修改；如果没错，就发送给用户。Scribe 是第一个能够提供快速、可靠实时字幕的系统。Lasecki 等还在进一步研究如何让 Scribe 总结出对话的主题，让用户在视觉上更快速地跟上对话。Scribe 是一个混合智能系统，将群体的智慧和机器智慧结合在一起，解决了机器和普通人都无法解决的有效多模态通信问题。

3.4.3 混合聚类

传统的聚类方法一般先抽象出数据点的特征，然后可以基于数据点之间的距离进行聚类。虽然聚类算法已经经过了多年的研究，但其性能仍然难以达到成熟应用的需求。相比于机器，人类对数据聚类的认知更强。因为人类不但有丰富的经验和先验知识，而且在解释特征方面远远优于机器。举个例子，在食物数据集上，人类可以很轻松地将这些食物划分为“酸的”“甜的”“苦的”“辣的”，而机器划分通常不太准确。对于更加困难的任务，如给定运动明星名字的数据集，人类可以很轻松地将这些人划分为“游泳”“篮球”“田径”等运动类型，而没有大量背景知识的机器很难完成这样的聚类任务。因此，将人类知识融入聚类模型可以提高聚类的效率和正确率。于是，研究人员提出了引入人类智能的混合聚类这种新型的聚类方法。例如，Gomes 等(2011)所提出的方法将大数据集的聚类问题拆分成大量的小聚类问题并分配给众包工作者完成，每个众包工作者完成的只有大数据集的一小部分，然后用一种贝叶斯的方法将小的聚类结果聚合成一个大的聚类结果。该方法将原始数据集分为包含 M 个数据的子集，在每个子集中选出一对数据交给众包工作者判断是否是一类，最终产生 $H \cdot C_M^2$ 个标签，其中 H 是众包任务的数量。将这种聚类方法在四个数据集上进行了测验，每个数据集都已经有专家标注的数据作为对照，以便评估此聚类方法的优劣。最终，这种新的聚类方法在四个数据集上都有较好的表现，并且此方法会因为众包任务的不同感知得到更加细微的区别，这是原来的机器聚类方法无法达到的。

研究人员还提出另外一些混合聚类方法。机器学习的实践人员一般都对聚类方法中使用的核函数并不陌生。Tamuz(2011)提出的方法将没有机器学习知识的众包工作者视为一种核函数来参与聚类。这种人机混合的众包核函数聚类算法在很多数据集上都取得了较好的效果。该方法先使用自适应算法将待聚类的数据点分成三元组，然后让众包工作者对三元组的对象进行相似度分类，分类的问题类似于“A 和 B 更相似还是与 C 更相似”，最后根据众包工作者的答案进行聚类。这里存在一个问题，即“相似”本身就是一个模糊的概念。虽然机器学习领域有大量的计算相似度的方法，但是对于众包工作者，对“相似”仍然具有不同的理解，因为人类判断相似的考虑远比机器深远。例如，西瓜、篮球和青蛙，有人会从颜色出发认为西瓜和青蛙更相似，也有人会从外形出发认为西瓜和篮球更相似。所以，在向众包工作者提问时要尽量使用不产生歧义的表达方式。

对于同一问题，因为不同的人会有不同的答案，甚至同一个人有时也会有不同的答案，所以采用概率模型：$p_{b_i c_i}^a$ 表示“相比于 c_i，众包工作者认为 a 与 b_i 更相似的概率”，而 $p_{c_i b_i}^a$ 表示“相比于 b_i，众包工作者认为 a 与 c_i 更相似的概率”，

所以有 $p^a_{b_ic_i}+p^a_{c_ib_i}=1$。用相似矩阵 K 表示数据点之间的相似程度，即 K_{ab} 表示 a 和 b 的相似程度，在此基础上定义“相对”相似度为 $\delta(a,b)=K_{aa}+K_{bb}-2K_{ab}$。整个算法的流程如下：

(1) 选取数据点 a 生成所有的三元组 (a,b,c)，并计算 $p^a_{bc}=\delta(a,c)/(\delta(a,b)+\delta(a,c))$。

(2) 通过自适应选择算法来选择更有代表性的三元组。该算法通过与已有的三元组比较来进行信息增益最大化。假设众包工作者已经认为“相比于 c_i，a 和 b_i 更相似”，其中 $i=1,2,\cdots,j-1$；现在需要产生 j 个查询 (a,b_j,c_j)；这些观察定义了关于 a 的后验概率 $\tau(x)\propto\pi(x)\prod_i p^x_{b_ic_i}$，其中 $x\in\mathbb{R}^d$ 是 a 的特征表示，$\pi(x)$ 是其先验分布。对于任意候选 (b,c)，系统预测众包工作者认为“相比于 c，a 和 b 更相似”的概率为

$$p\propto\int_x\frac{\delta(x,c)}{\delta(x,b)+\delta(x,c)}\tau(x)\mathrm{d}x \tag{3.1}$$

如果众包工作者确实认为“相比于 c，a 和 b 更相似”，那么 x 的后验概率为

$$\tau_b(x)\propto\tau(x)\frac{\delta(x,c)}{\delta(x,b)+\delta(x,c)} \tag{3.2}$$

否则，$\tau_c(x)$ 也具有类似的计算方式。该方法将这次查询的信息增益定义为

$$\mathrm{Gain}(x)=H(\tau(x))-pH(\tau_b(x))-(1-p)H(\tau_c(x)) \tag{3.3}$$

其中，$H(\cdot)$ 为分布的熵。

(3) 选出新三元组后重复上述步骤，直到得到足够多的概率分布。在不同的数据集上进行实验发现，使用众包核的这种算法能够获取许多传统聚类方法无法获得的微妙聚类特征。人类的知识储备和敏锐的感知能力使得人类在聚类方面会比机器更加敏捷，这种人类与机器结合的混合聚类可以使聚类更加智慧。

3.5 模型的调试与评估

3.5.1 管道组件调试

能力强大的智能系统往往由一系列复杂的相互依赖的管道组件构成，这些组件需要单独训练来解决特定的问题，并协同工作来解决复杂的应用问题。以计算机视觉的应用为例，要在图像中检测到物体的存在，通常会分为三个组件来完成，分别是部件检测、空间推理和上下文建模。然而，当研究人员需要对系统的整体性能和其组件的性能之间的关系进行深入研究时，往往会陷入困难的境地。因为

无法通过自动程序判断某个组件所处的真实智能化水平，研究人员也就无法决定改进哪个组件会带来系统整体性能的提升。为了解决这个问题，研究人员提出了“人工调试”方案。因为人工智能系统被认为是代替人的系统，所以人也可以扮演系统中任意一个组件，且用人代替这一组件时，就可以清晰地控制其智能水平。因此，可以让人来代替各种组件，通过各种组件和人组件的不同组合来比较整个系统的相对性能，找出那些对提升性能至关重要的组件，同时估计每个组件的改进潜力。

众包正好为这些研究提供了大量的人力资源，Parikh 等(2011)利用众包实验发现计算机视觉任务中的部件检测组件最为薄弱，上下文建模可以有效地提高性能，而空间推理则不会显著地影响性能。另外，因为这些系统组件的工作有固定的顺序，当其中的组件发生故障时，错误就会沿着组件传播下去。因此，如何找到故障的源头以及如何提高组件的自我修复能力也是值得研究的课题。Nushi 等(2016)利用众包对一个为图像添加字幕的智能系统进行了调试纠错和评估。众包工作者在整个过程中有两个作用：①在整个过程中模拟修复功能，为发送到众包平台的微任务即每个组件的输入和输出提供改进，将整个改进过的数据传回系统，整个过程相当于模拟组件修复，这对于未来设计组件自我修复功能有着指导意义；②评估未经过修复的输出结果和经过修复的输出结果，以判断具有修复功能之后的系统的性能提升幅度。人工智能在向人类智慧的方向努力，人类也是评估人工智能的重要手段。在这些工作中，众包为人工智能系统提供了大量调试的方法和评估的参照。

3.5.2　评估模型的可解释性

对于没有接触过机器学习的人，他们不理解机器学习模型预测的过程，如果模型不能很好地解释它们为什么做出这种预测，人们往往会犹豫是否要依赖机器的判断，特别在某些重要的领域，如医疗诊断、司法判决、恐怖袭击预测，可解析性尤为重要。况且机器学习模型难免会犯错，大量研究表明，即使一个模型的总体预测准确度远远大于人类，但如果不能解释为什么犯错了，大多数人都不愿意去信任这个模型。可解释性并不像精确度和准确度指标那样可以直接测量计算，可解释性的最终衡量标准是人们是否觉得理由充分合理。因此，众包自然成为一种评估模型可解释性的有力工具。一种很直观的做法就是为模型增加一些类似说明书的文档来解释其工作原理。Ribeiro 等(2016)提出了一种算法来描述机器学习模型的可解释性，其中的关键点是无论机器学习模型使用何种特征，都将其表述为人类可以理解的数据表示。举个简单的例子，对于文本，使用二进制向量来表示某个词出现与否，而实际上模型可能会使用更加复杂的对人类来说可能难以阅读的特征。该方法用 g 表示机器学习模型，$\Omega(g)$ 表示 g 的不可解释程度，$f(x)$ 表

示 x 属于某一个确定的类的概率，$\Pi_x(z)$ 度量 z 和 x 的接近程度。定义损失函数：

$$\ell(f,g,\Pi_x)=\sum_{z,z'\in\mathbb{Z}}\Pi_x(z)\big(f(z)-g(z')\big) \tag{3.4}$$

通过最小化这个损失函数来优化模型的可解释性。研究中提出两种方式来增加模型的可解释性：第一种是简单通俗地介绍模型做出决策的原理；第二种是选出几种具有代表性的实例并附带上决策理由。研究人员通过招聘 MTuck 上没有机器学习经验的众包工作者来评估模型的可解释性。将一组附带解释的模型(其中存在故意加入的表现不好的模型)发送给众包工作者进行评估，结果发现众包工作者可以从中挑选出表现更佳的模型。这说明众包工作者能够理解模型附带的解释，因此该模型具有较好的可解释性。研究人员通过另一个实验还发现，众包工作者能够提升那些具有良好解释性但是表现不好的模型的性能。有良好的可解释性使得模型性能的提升变得简单。

3.5.3 评估无监督模型

除了管道组件评估和模型可解释性的评估，众包还经常被用来评估无监督模型。无监督模型不同于监督模型，在现实应用中它所使用的数据没有标签，因此不能使用准确度、精度这类指标来评估模型，只能以人的认知为标准来评价模型的好坏。举个例子，众包经常被用于评估主题模型。顾名思义，主题模型以无监督学习的方式对文本的隐含语义结构进行推断，以从统计的角度分析文本的关键信息概率。简单来说，如果一篇文章出现大量计算机、系统、服务等词语，那么这篇文章就很有可能是技术主题；而另一篇文章大量出现了导演、舞台、电影等词语，那么就很可能是艺术主题。主题模型的应用非常广泛，可以在信息检索中提高检索的相关性，也可以在推荐系统中提升推荐的准确度。然而，应用主题模型并不是每次推断出的主题都那么友好，有时候它会推断出用户难以理解的信息。举个例子，有人想用主题模型对汽车评价进行总结，如果主题模型将“隔音”和“噪声”合并成了单一的“隔音”主题，那么这可能背离了用户的原始意愿。因此，对主题模型的评价有现实的应用价值。Chang 等(2009)尝试使用众包来评估主题模型所提取出的主题是否具有明确的意义。每个主题模型会从语料库中生成主题词和该主题下会出现的词语，对每一文本中的每个词分析它最有可能是哪个主题，再和该主题词下的高频词语进行匹配。该研究通过两种方法来评估主题模型的好坏。第一种方法是评估主题词下的各个词语是否具有一致性。将每个主题词中包含的五个最高频的词和一个随机的词语组合，让众包工作者进行挑选，如果众包工作者能够挑选出那个随机加入的词语，说明另外五个词语具有一致性。举个简单的例子，在动物主题下有五个高频词：狗、猫、猪、牛、马，再加入一个随机的词语西瓜，将这六个词交给众包工作者区分，很明显狗、猫、猪、牛、马是动物，具有一致性，而西瓜不是，所以可以很自然地选出。如果众包工作者无法选出随机加入的词语或者选错了，那么说明选出的五个词没有明显的一致性。这就潜在说明这个主题对人来说没有意义。第二种方法是评估主题词是否符合文章的含义。让众包工作者判断主题模型生成的主题和该篇文章是否符合。这很直观，也就是对主题模型预测能力的评估。总之，该研究通过两种众包方法来评估主题模型为改进主题模型的性能提供了指导意见。

3.5.4　按需评价

利用众包，人们可以方便地根据系统需求的变化，构建出满足需要的评价方法和环境。利用众包进行按需评价，更真切地反映了人们对系统的观点。整个评估可以随着系统的演进不断地调整，以促进系统发展。众包出现后不久，研究社区就意识到其为系统评估带来了机遇，因此涌现出不少典型的应用示例：Alonso 等(2008)利用众包对信息检索系统进行相关性评价；Organisciak 等(2014)利用众包的多样性以及理解能力对人们进行个性化的评估和推荐；Rayner 等(2011)用众包对口语系统进行评估；Goto 等(2012)利用众包对机器翻译的质量进行评估。众包在各式各样的评估需求中都表现得较好。当人们不知道用什么样的数据集来评估系统的性能时，不如尝试一下众包。

3.6　本章小结

众包作为一种获取人类智慧的便捷方式，已经给机器学习社区带来了很多便利。本章介绍了众包在机器学习领域方方面面的应用，从提供廉价、优质的数据标签到参与混合智能系统的决策，再到对机器学习模型的评估和调试。众包还提供了大量人类实验者和评测者，可以从心理学角度分析人的行为，为人工智能系统和人机交互界面的设计提供指导意见。众包在各个领域给机器学习带来进步的同时也有很多挑战性问题亟待解决。

第 4 章　众包标注的真值推断

4.1　引　　言

真值推断过程是指在收集到来自不同工作者提供的标签后，使用一致性算法来达成一个统一的结论，即对标签潜在的真值进行推断的过程。真值推断是解决众包数据标注中数据质量问题的重要手段，也是众包学习中研究得最早且最为深入的方向。除了多数投票这种最简单的推断模型外，绝大多数真值推断模型都是基于概率建模，利用最大似然估计或者最大后验概率估计来估算模型中的参数和变量。由于存在隐变量，不少真值推断模型的求解使用了期望最大化(expectation-maximization, EM)算法。同时，也有很多模型使用了概率模型中其他常用的求解算法，如梯度(坐标)下降、Gibbs 采样、矩阵奇异值分解、变分推断等。

本章介绍利用 EM 算法求解的真值推断模型，如 ZenCrowd 模型、Dawid & Skene 模型(简称 DS 模型)、Raykar & Yu 模型(简称 RY 模型)和 GLAD 模型；复杂标注的真值推断模型，如 OnlineWP 模型、MCMLI 模型、MCMLD 模型、MCMLI-OC 模型和 MCMLD-OC 模型；非 EM 求解的真值推断模型，如 CUBAM 模型、Minimax 熵模型、KOS 模型、SFilter 时序模型、BCC 模型和 cBCC 模型。

4.2　真值推断的概念

4.2.1　众包标注

众包的出现为数据标注任务提供了方便、快捷、低成本的解决方案。然而，受到知识水平、偏好习惯、专注程度、目的意向等多种因素的影响，众包工作者的质量参差不齐，提供的标签中难免存在错误。利用这些“噪声”标签数据进行模型训练，通常只能获得预测性能糟糕的学习模型(Frénay and Verleysen, 2013)。为了增加标注的可靠性，除了使用第 2 章关于数据质量提升的众包任务设计方案，机器学习相关社区更倾向于使用简单易行的重复标注(repeated labeling)方案。该方案让不同的众包工作者标注同一对象，在收集到关于该对象的来自不同工作者提供的标签后，使用一致性算法来达成一个统一的结论，即对于标签潜在的真值进行推断，然后将这个推断值赋予该对象作为其真实标签的估计参与后续计算过程。这一过程通常称为真值推断(truth inference)或者标签集成(label integration)。标注对象最终获得的推断标签也称为集成标签(integrated label)。本书在不引起歧义的情况下并不对真值推断和标签集成两个术语进行明确区分。但是，两者在概念的内涵上仍然具有区别：标签集成的关注点仅仅在样本标签值的获取，对于使用的具体技术不做限制；真值推断不仅仅关注样本的标签值，也关注标注系统的其他参数(如样本的难度、工作者的可靠度等)，同时推断一词的使用表明其技术手段通常基于统计推断模型。

多数投票(majority voting，MV)是一种最简单的标签集成算法。以二分类问题为例，一个样本的重复标签集中，如果有半数以上的标签为正(负)标签，则可以确定该样本的集成标签为正(负)；如果两类噪声标签的数目相同，则可以采用随机猜测的方式确定集成标签。早在 2008 年，Sheng 等(2008)先驱性的工作就讨论了使用多数投票策略对集成标签质量和使用该集成标签进行分类模型学习的影响。该工作使用了一种简单的概率模型来描述单个样本集成标签的正确概率 q。模型假设每个众包工作者具有相同的标注正确率 p。如果一个样本由 $2N+1$ 位工作者进行标注(即样本上重复众包标签数为 $2N+1$)，则集成标签的正确概率符合二项式分布：

$$q=\sum_{i=0}^{N}\binom{2N+1}{i}p^{2N+1-i}(1-p)^{i} \tag{4.1}$$

在该模型下，由于每位工作者服从相同的概率模型，当标签数增加时，集成标签正确概率增长得很快。因为该模型非常简单，所以只有理论意义，它是二分类情形下标签集成算法性能的上界。在现实环境中，因为工作者的质量参差不齐，所以需要采用更加精细的模型进行建模。

使用重复标注来提升标注质量可以追溯到 1995 年(当时还未出现众包)，Smyth 等(1995a)使用重复标签结合最大似然估计算法处理金星图像中的不确定标注问题。在众包系统出现后，Snow 等于 2008 年首次利用 MTurk 平台进行自然语言处理数据的标注收集，证实了众包标注快速、成本低廉，并且数据经过精心的处理后，标注质量可以接近专家标注水平 (Snow et al., 2008)。在这一工作中，Snow 等使用了经典的基于最大似然估计的 DS 模型(参见 4.3.3 节)来进行标签集成，获得了很好的效果。因此，2008 年可以认为是众包学习的元年。经过十几年的发展，重复标注已经被机器学习等相关领域广泛接受，而真值推断也成为众包学习领域研究得最为深入的问题。

4.2.2　真值推断的定义

使用众包系统进行数据标注并采用重复标注方案时，每个样本将被不同的众包工作者标注多次。因此，在单标签(对象上只有一个概念标签)标注设定下，样本将获得一个多噪声标签集(multiple noisy label set，简称噪声标签集或重复标签集)。因此，本书将单标签分类标注的真值推断问题定义如下。

具有 I 个未标注样本的数据集表示为 $D^U = \{\langle \boldsymbol{x}_i, y_i \rangle\}_{i=1}^I$，其中 $\boldsymbol{x}_i \in \mathbb{R}^d$ 为第 i 个样本的特征部分，y_i 为该样本的未知标签。众包系统中总共有 J 个众包工作者 $U = \{\boldsymbol{u}_j\}_{j=1}^J$，其中 $\boldsymbol{u}_j$ 为第 j 个众包工作者的特征($\boldsymbol{u}_j \in \mathbb{R}^{d'}$)。众包工作者 $\boldsymbol{u}_j$ 为样本 $\boldsymbol{x}_i$ 赋予的噪声标签记为 l_{ij}，而每个标签值属于类集 $C = \{c_k\}_{k=1}^K$。因此，有 $y_i \in C$ 以及 $l_{ij} \in C \cup \{0\}$，其中 $l_{ij} = 0$ 表示众包工作者 $\boldsymbol{u}_j$ 未对样本 $\boldsymbol{x}_i$ 进行标注。简单起见，也使用标注、样本和类别的索引值来表示它们本身。例如，可以表述为“众包工作者 j 给样本 i 赋予了一个类别为 k 的标签”。对于特殊的二分类问题，可以将 $c_1 (k=1)$ 和 $c_2 (k=2)$ 分别映射到负类(–)和正类(+)。任意样本 $\boldsymbol{x}_i$ 关联一个包含所获得的所有噪声标签的多噪声标签集 $\boldsymbol{l}_{i:} = \{l_{ij}\}_{j=1}^J$，对应的工作者子集记为 U_i；同样，任意众包工作者 $\boldsymbol{u}_j$ 也关联一个包含其所给出的所有噪声标签的多噪声标签集 $\boldsymbol{l}_{:j} = \{l_{ij}\}_{i=1}^I$，对应的样本子集记为 I_j；所有噪声标签构成矩阵 L。另外，众包工作者 $\boldsymbol{u}_j$ 还关联一个矩阵 $T^{(j)} = \{t_{ik}^{(j)}\}$，其中，元素 $t_{ik}^{(j)}$ 表示“众包工作者 j 标注样本 i 为类 k 的次数”。在实践中出于成本和一致性考虑，通常不会让同一工作者多次标注同一样本，因此有 $n_{ik}^{(j)} \in \{0,1\}$。真值推断的目标是给定 L，对于每个样本 i 赋予一个集成标签 $\hat{y}_i$ 来作为其真实标签的估计，并最小化经验风险：

$$R_{\text{emp}} = \frac{1}{I}\sum_{i=1}^{I}\mathbb{I}\left(\hat{y}_i \neq y_i\right), \quad y_i, \hat{y}_i \in C \tag{4.2}$$

其中，$\mathbb{I}(\cdot)$ 为指示器函数，该函数在条件成立时返回 1，否则返回 0。

由此可见，样本的集成标签与其标签“真值”匹配程度越高，则越接近于传统的“专家标注”，使用推断后的数据进行模型学习所获得的预测模型也越有可能达到使用专家标注数据所训练出的预测模型所能够达到的预测水平。除了推断出标签真值这一核心目标，真值推断模型还具备对标注系统中其他参数(如众包工作者的准确度、样本的难度等)进行推断的能力。即便是最简单的多数投票算法也具备这一能力：可以将投票后的集成标签看成真实标签的估计，那么对比众包工作者 j 所提供的噪声标签集 $\boldsymbol{l}_{:j}$ 和所有样本的集成标签集 $\{\hat{y}_i\}_{i=1}^I$ 就可以得到该工作者的准确度估计为 $\sum_{i=1}^{I}\mathbb{I}(l_{ij} = \hat{y}_i)/I$；同样可以定义样本的困难为其上众包噪声标签混乱程度(即熵)，假设样本 i 具有 J 个众包标签，其中类别为 k 的噪声标签数目为

$n_k^{(i)}$，则该样本的困难程度可以定义为 $d_i = -\sum_{k=1}^{K} \frac{n_k^{(i)}}{J} \log \frac{n_k^{(i)}}{J}$。

4.2.3 通用真值推断研究概览

真值推断是解决众包数据标注中数据质量问题的重要手段，因此它是众包学习中研究得最早且最为深入的方向。由于众包系统具有开放、不可知和不确定等特性，在学术研究中研究人员通常基于最宽泛的假设提出最通用的模型和算法。最宽泛的假设即不可知论(agnostic)假设，也就是说，除了可以观察到的众包工作者对于每个样本的判断，其他信息一概不知。在这一假设的基础上，仅从重复噪声标签中推断样本真实标签的估计值(集成标签)及其他关键信息，因此具有广泛的适用性。真值推断算法通常基于概率建模，通常可以分为两大类：生成模型方法和判别模型方法。

生成模型方法首先假设标注系统中的变量服从特定的概率分布，然后使用概率图建模变量之间的关系得到全部众包标注生成的概率似然或者后验概率，最后使用概率图模型优化算法最大化概率似然(最大似然估计(maximum likelihood estimation, MLE))或者后验概率(最大后验(maximam a posterioriestimation, MAP))概率估计。除了推断集成标签这一主要目标，这类方法通常对标注系统进行不同角度的建模以获得更多信息。经典的 DS 模型(Dawid and Skene, 1979)使用混淆矩阵建模工作者在不同类别上的标注准确度。Raykar 等(2010)在此模型中引入贝叶斯估计建模工作者的敏感度(Sensitivity)和特异度(Specificity)，从而实现了对工作者在分类标注中的倾向性的捕捉。香港科技大学 Bi 等(2014)将众包工作者的“投入”程度加入推断模型，以区分不假思索随意提供答案的“垃圾”工作者。Kurve 等(2015)进一步将工作者的“意向”加入模型，以区分故意提供错误答案的恶意标注行为。除了建模众包工作者，Whitehill 等(2009)采用提出的标记、能力、难度生成模型(generative model of labels, abilities and difficulties, GLAD)方法还建模了样本难度。Welinder 等(2010)提出用多维度模型同时建模样本难度和特征噪声。在上述模型中，样本的真实标签和其他一些需要推断的变量均为隐变量。因此，上述这些模型均采用 EM 算法进行目标函数求解。众所周知，EM 算法理论上只能获得局部最优解且模型参数初始值的设置显著影响算法的性能。也有一些研究试图解决这一问题，例如，Zhang 等(2014)引入谱方法解决 DS 模型在 EM 求解过程前的初始参数设置问题。除了 EM 算法，马尔可夫链蒙特卡罗(Markov chain Monte Carlo, MCMC)采样法和变分推断法也是通用的求解概率模型的常用方法。Venanzi 等(2014)提出的模型假设众包工作者来源于几个不同的社区，同一社区中的众包工作者具有相似的混淆矩阵(即对于不同类别的判断具有相似性)，以此为特征进行建模，从而发现工作者的潜在社区结构。Kleindessner 等(2018)提出一种任务相关的出错概率模型，用来解决大量存在的“敌对”工作者问题。以上两种模型均使用 MCMC 采样法进行推断模型的求解。Liu 等(2012b)提出的模型使用了变分推断进行模型求解。由于 EM 算法、MCMC 采样法和变分推断均无法保证获得全局最优解，另一些研究则尝试构建可用凸优化求解的概率模型。Zhou 等(2012)提出基于凸优化求解的最小最大熵模型。清华大学 Tian 和 Zhu(2015a)将最小最大估计器扩展为非参数形式，用来估计工作者属于的潜在类别。

判别模型方法并不追求对所有变量进行概率生成建模，而是直接根据某种规则或优化目标进行求解。例如，广泛使用的多数投票法是最简单的判别模型。因此，那些加权投票模型(Aydin et al., 2014; Li et al., 2014)也是判别模型。值得注意的是，判别模型通常也是基于概率建模，只不过求解的方式并非基于最大似然估计或者最大后验概率估计。Karger 等(2011)将低秩矩阵奇异值分解与信念传播结合进行推断，但是该方法要求标注矩阵 L 为满矩阵，即任一样本均被所有众包工作者所标注。Dalvi 等(2013)提出基于矩阵奇异值分解的模型则放松了这一要求，从而提升了标注矩阵稀疏时的推断性能。清华大学朱军教授课题组(Tian and Zhu, 2015b)根据多分类支持向量原理提出了最大边界多数投票算法，在最大化边界的过程中为每一样本赋予集成标签。另外，该方法还具有一个贝叶斯版本，可以使用吉布斯采样和变分推断求解。本书作者提出基于简单统计和启发式搜索的正标签频率阈值(positive label frequency threshold, PLAT)算法(Zhang et al., 2015a)以及基于聚类分析的真值推断(ground truth inference using clustering, GTIC)算法(Zhang et al., 2016)，以解决二分类和多分类偏置标注环境下的真值推断问题。Hernández-González 等(2019)进一步研究了多分类偏置标注下多数投票法的行为表现。Ma 等(2018)使用梯度下降算法解决稀疏交互工作者的标签推断问题。本章后续部分将重点介绍一些典型的众包真值推断模型与算法。

4.2.4 面临的挑战

虽然众包真值推断模型已经有十几年的研究历史，但是目前仍然是众包学习领域的热点研究方向之一。众包真值推断仍然面临不少挑战性问题亟待解决。

1. 众包真值推断的理论问题

在重复噪声标签众包标注的应用设定下，一些关于众包真值推断的理论性问题尚未进行全面深入的研究。其中，最基本的理论问题需要回答在特定的假设下，各种真值推断模型的错误边界。早期 Sheng 等 (2008)的工作研究了众包工作者具有相同标注准确度的情况下使用多数投票模型时，样本的集成标签质量与每个样本上众包标注数目之间的关系(即式(4.1))。显然，这一关系的假设过强，模型也过于简单，因此无法适配到真实的众包标注任务。虽然上述工作中也讨论了工作者质量不同的情况，但是并没有对错误的边界进行理论推导。

Li 等(2013)研究了基于 DS 模型的众包标注模型的错误率。DS 模型(见 4.3.3 节)是基于最大似然估计的经典统计学模型。Li 等的工作对该模型引入了采样概率矩阵 $Q=(q_{ij})^{I\times J}$ (其中元素 q_{ij} 表示众包工作者 j 标注样本 i 的概率)并采用超平面规则推导了在该模型下标签集成的错误边界。线性超平面规则是观察矩阵 L(即标注矩阵)在高维空间的修正线性函数：给定权重向量 $\boldsymbol{v}=(v_1,v_2,\cdots,v_J)$ 和偏移常数 a，对于第 i 个样本，该规则估计其标签为

$$\hat{y}_i=\operatorname{sign}\left(\sum_{j=1}^{J}v_j l_{ij}+a\right) \tag{4.3}$$

对于二分类任务，假设工作者 j 在正负类上的准确度分别为 p_j^+ 和 p_j^-，进一步定义如下：

$$\Lambda_i^+=\sum_{j=1}^{J}q_{ij}v_j(2p_j^+-1)+a,\quad \Lambda_i^-=\sum_{j=1}^{J}q_{ij}v_j(2p_j^--1)-a$$

$$t_1=\min_{i\in\{1,2,\cdots,I\}}\frac{\min\{\Lambda_i^+,\Lambda_i^-\}}{\|\boldsymbol{v}\|},\quad t_2=\max_{i\in\{1,2,\cdots,I\}}\frac{\max\{\Lambda_i^+,\Lambda_i^-\}}{\|\boldsymbol{v}\|}$$

$$\phi(x)=\mathrm{e}^{-x^2/2},\quad x\in\mathbb{R}$$

$$D(x\,\|\,y)=x\ln\frac{x}{y}+(1-x)\ln\frac{1-x}{1-y},\quad x,y\in(0,1)$$

则有关该模型错误率的定理如下。

定理 4-1　给定采样概率矩阵 $Q=(q_{ij})^{I\times J}$，设 $\hat{y}_i$ 为在权重向量 $\boldsymbol{v}$ 和偏移常数 a 的超平面规则下的估计标签值。对于任意 $\varepsilon\in(0,1)$，有如下关于错误率的概率边界：

(1) 当 $t_1\geqslant\sqrt{2\ln\frac{1}{\varepsilon}}$ 时，有

$$P\left(\frac{1}{I}\sum_{i=1}^{I}\mathbb{I}(\hat{y}_i\neq y_i)\leqslant\varepsilon\right)\geqslant 1-\mathrm{e}^{-ID(\varepsilon\|\phi(t_1))} \tag{4.4}$$

(2) 当 $t_2\leqslant-\sqrt{2\ln\frac{1}{1-\varepsilon}}$ 时，有

$$P\left(\frac{1}{I}\sum_{i=1}^{I}\mathbb{I}(\hat{y}_i\neq y_i)\leqslant\varepsilon\right)\geqslant \mathrm{e}^{-ID(\varepsilon\|1-\phi(t_2))} \tag{4.5}$$

显然，上述理论研究均只对简单的二分类任务并且在特定的模型下有效，对

于更一般的多分类任务和其他模型的理论研究则需要进一步探索。

2. 样本信息引入推断模型的通用方法

现有的通用真值推断算法通常属于不可知论算法，即仅仅使用了观察到的重复噪声众包标注进行推断，其优势是算法具有最大限度的适用性。然而，完全忽略样本本身的特征信息并不明智。样本特征中通常包含了可对样本类别进行判断的关键信息。如何在不破坏算法通用性的同时将这些特征信息引入推断模型来实现更准确的真值推断，目前尚未进行过充分的研究。

Welinder 等(2010)在多维度众包标注推断模型中就试图引入样本特征进行概率建模(该模型的详细描述见 4.5.1 节)。这一工作仅仅针对鸟类图片的分类标注进行建模，将需要引入概率模型的样本特征定义为图片中的几个关键信息，如喙的形状、羽毛的颜色、尾巴的长度等。这就产生了一个悖论，因为通常这些关键信息的自动提取本身就是个难题。显然，若依靠人工标注，则该众包真值推断模型也就失去了存在的意义。若依靠自动特征抽取方法，如传统上的尺度不变特征变换(scale-invariant feature transform, SIFT)模型特征(Lowe, 2004)和当前的深度学习特征，则无法保证推断模型的工作效果。此外，该模型应用范围狭窄，只适用于特定的鸟类二分类标注任务，后续一些实证研究(Zheng et al., 2017)显示该模型在其他任务的数据集上表现并不优秀。

另外一种较为通用的方案是将样本的信息作为另外一种信息源，在真值推断后依靠这一信息源提供的信息来发现并修正集成标签中的错误。例如，Wang 等(2017)在众包标注数据中选择一个具有较高标签质量的子集来建立预测模型，从而估计样本的困难程度。该模型首先定义了输入空间 $\mathcal{X}$ 到 $\mathbb{R}^M$ 的核映射 $\boldsymbol{\Phi}:\mathcal{X}\to\mathbb{R}^M$，对于线性假设空间 $\mathcal{H}=\{\boldsymbol{x}\to\boldsymbol{h}\boldsymbol{\Phi}(\boldsymbol{x})+b:\boldsymbol{h}\in\mathbb{R}^M,b\in\mathbb{R}\}$，假设样本的难度取决于如下函数：

$$f(\boldsymbol{x})=\frac{1}{1+\mathrm{e}^{-(\boldsymbol{h}\cdot\boldsymbol{\Phi}(\boldsymbol{x})+b)}} \tag{4.6}$$

当其中的 $(\boldsymbol{h},b)$ 取得优化值 $(\boldsymbol{h}^*,b^*)$ 时，该函数的值就是样本 i 的难度，即 $d_i=f(\boldsymbol{x}_i)|_{(\boldsymbol{h}^*,b^*)}$。在选出的训练样本子集 $D=\{\boldsymbol{x}_1,\boldsymbol{x}_2,\cdots,\boldsymbol{x}_m\}$ 上，通过优化如下损失函数来获得 $(\boldsymbol{h}^*,b^*)$：

$$\min_{h,b}\ell(\boldsymbol{h},b)=\sum_{i=1}^{m}\left(f(\boldsymbol{x}_i)-\hat{d}_i\right)^2+\alpha\|\boldsymbol{h}\| \tag{4.7}$$

其中对于样本难度的估计则采用其上的众包标签和多数投票后的集成标签进行对比获得，即 $\hat{d}_i=\sum_{j=1}^{J}\mathbb{I}(l_{ij}\neq y_i)/J$。在预测出样本难度后，很容易对那些困难样本进行进一步处理。作者在这一通用方案上也做了一些工作，将在本书的第 8 章予以介绍。

3. 复杂众包标注的真值推断模型和算法

正如第 3 章所述，众包标注复杂性主要体现在如下方面。

1) 异构数据类型

单个标注任务可能包含了对异构数据类型的标注，其中异构数据类型包括类别数据、顺序数据、实数乃至向量(在图像中用来分割区域)等。在同一任务中，对于异构数据采用不同的模型进行真值推断可能相互影响，求得全局最优并不容易。

2) 标注数据的长尾特性

大多数的众包工作者只标注了少量的对象，很少的众包工作者标注了大量的对象。这就造成如果使用同样的推断算法，那么对这两类众包工作者的可靠度估计可能存在很大偏差，因此在推断中应该区分处理。对于那些从事任务较多、存在时间较长的众包工作者，其可靠度的估计应该迭代进行，从而体现其变化。

3) 数据之间存在多种潜在相关性

由于众包工作者存在一定的社区结构，其工作结果具有某种潜在的相关性。例如，具有类似背景的工作者在某些问题上的答案可能类似。同时，一些众包任务类的标注问题之间也存在着相关性。例如，在多标记(multi-label)标注任务中，标注对象上的标签可能具有固有的相关性。这就使得对这些相关性的充分发掘能够减少重复标签的数目同时在真值推断中提升准确度。

4) 非结构化复杂标注任务

为了最大化众包标注的效益，需求方会采用各种手段收集尽可能丰富的标注。例如，需求方要求众包工作者从不同的侧面(视图)完善对标注对象的描述，或者采用开放式问答的方式收集更具逻辑合理性的答案(或提供其判断的理由)。这些数据收集方式一方面增加了数据的多样性，体现众包“集众人之智慧”的根本优势，另一方面进一步揭示出工作者的差异性。对这些复杂的非结构化标注信息进行有效的真值推断和集成，将提供有关标注系统更为细节的信息。

4.3　真值推断的概率模型及 EM 求解

4.3.1　真值推断的求解框架

在不可知论假设下，真值推断算法通常只依赖于所观察到的众包标注结果来对众包标注系统的多个侧面的情况进行估计。其中，最重要的估计目标是众包工

作者的可靠度 r_j (也称为工作者的质量)。直观上，具有高可靠度的工作者，其工作产物的质量也较高，即标签值为其真值的可能性较高。除了工作者可靠度，真值推断还可以对众包任务本身的某些性质进行估计。例如，越简单的标注任务越可能获得真实标签。具有隐变量的概率估计方法一般具有迭代求解形式，通过设立优化目标，在迭代过程中逐步逼近最优点。因此，通用真值推断算法通常具有如算法 4-1 所示的求解框架(Zheng et al., 2017)。

算法 4-1 General Truth Inference Framework (GTIF) for Crowdsourcing

Input: crowdsourced label matrix L
Output: estimate of true value $\hat{y}_i$ for the label of instance $\boldsymbol{x}_i$, $1 \leqslant i \leqslant I$
　　estimate of the reliability r_j of crowd worker $\boldsymbol{u}_j$, $1 \leqslant j \leqslant J$
　　estimate of other property d_i of instance $\boldsymbol{x}_i$, $1 \leqslant i \leqslant I$

Initialize all workers' reliability $r_j (1 \leqslant j \leqslant J)$
while true do
　　for $1 \leqslant i \leqslant I$ **do** // Step 1: inferring the truth
　　　　Inferring $\hat{y}_i$ based on L and $r_j (1 \leqslant j \leqslant J)$
　　　　for $1 \leqslant j \leqslant J$ **do** // Step 2: inferring worker reliability
　　　　　　Inferring r_j based on L and $\hat{y}_i (1 \leqslant i \leqslant I)$
　　　　for $1 \leqslant i \leqslant I$ **do** // Step 3: inferring the others
　　　　　　Inferring d_i based on L, $r_j (1 \leqslant j \leqslant J)$ and $\hat{y}_i (1 \leqslant i \leqslant I)$
　　　　if Converged **then break**;
return $\hat{y}_i, d_i (1 \leqslant i \leqslant I)$ and $r_j (1 \leqslant j \leqslant J)$

首先，需要初始化工作者的可靠度，再进入迭代推断过程。在迭代过程中，必须进行样本标签真值的推断。它通常仅仅依赖于所获得的众包噪声标签 L，但在某些模型中还依赖于工作者的可靠度 $r_j (1 \leqslant j \leqslant J)$，除此之外，较少依赖于其他变量。然后，对于工作者的可靠度和样本其他特性进行估计在框架中通常是可选的。值得指出的是，对于某些真值推断模型，算法迭代过程中的三个步骤可能交织在一起，而不像框架中这样具有清晰的区分。由于推断模型中至少具有隐变量 $\boldsymbol{y}$ (样本标签)，因此采用 EM 算法进行求解成为一种广泛的选择。EM 算法(McLachlan and Krishnan, 2007)是一类通过迭代进行极大似然估计的优化算法，通常用于对包含隐变量或缺失数据的概率模型进行参数估计。EM 算法的标准计算框架由 E 步和 M 步交替组成。E 步在给定原有参数估计下和观测变量下，计算隐变量的条件概率期望；M 步通过最大化目标似然函数在当前观测值和原有参数值下的条件期望来更新参数；通过最大化目标函数来更新参数算法的收敛性可以确保迭代至少逼近局部极大值。

除了用可靠度来描述众包工作者的质量，还可以针对不同任务类型采用更为具体的质量建模方法。例如，在很多分类标注众包模型中(Dawid and Skene, 1979; Raykar et al., 2010; Kim and Ghahramani, 2012; Liu et al., 2012a; Venanzi et al., 2014)普遍采用混淆矩阵(confusion matrix)作为工作者质量的度量方法。K 分类问题混淆矩阵是一个 $K \times K$ 的矩阵，其中每个元素 π_{kd} 表示将真实标签为 k 类的样本标注为类 d 的概率。因此，对于完美工作者，其混淆矩阵是对角元素全部为 1 的方阵。在实数标注任务中 (Welinder et al., 2010)，通常使用偏倚(bias)和方差(variance)来描述工作者的质量。偏倚刻画了工作者对任务真值的过高或者过低估计，而方差则刻画了其在偏倚值周围的波动情况。例如，标注任务是估计图片中物体的高度，假设工作者 j 的答案服从正态分布 $\mathrm{N}(y_i+\tau_j,\sigma_j)$，即意味着该工作者对图像 $\boldsymbol{x}_i$ 上高度的判断高估或低估了 τ_j 且波动的方差为 σ_j 。一些研究(Joglekar et al., 2013；Li et al., 2014)发现不同的工作者在众包任务中所表现出来的信心并不相同，那些完成较多任务的工作者通常具有较高的信心，而他们所给出的答案的质量也普遍较高。Ma 等(2015)的工作利用了这一特性赋予那些完成任务较多的工作者更高的质量。Zhong 等(2015)的工作则进一步简化了工作者信心的描述，在工作者对自己答案并不确定时，只需要简单地提供一个特殊的 0 标签值即可。Bi 等(2014)所提出的模型还进一步建模了众包工作者的“投入”程度，以区分不假思索随意提供答案的“垃圾”工作者。该模型将每位工作者看成一个参数为 $\boldsymbol{w}_j$ 的线性分类模型，而“投入”程度 z_j 则为一个二元变量，当然工作者为“垃圾”工作者时($z_j=0$)以一个固定的低概率 b_j 产生标签，否则($z_j=1$)则以正常的线性分类模型产生标签。Kurve 等(2015)则对工作者的“意向”进行建模，以区分故意提供错误答案的恶意标注行为。工作者的质量还可以进行更精细的建模。例如，一些研究(Zhou et al., 2012; Fan et al., 2015)建模了工作者在每个任务上的质量，即其质量是一个 I 维向量 $\boldsymbol{r}_j=[r_j^{(1)},r_j^{(2)},\cdots,r_j^{(I)}]$，其中的每一个元素对应该工作者所标注的一个样本。另外一些研究(Ma et al., 2015; Zhao et al., 2015; Zheng et al., 2016)则建模了工作者在 K 个潜在主题上的质量 $\boldsymbol{r}_j=[r_j^{(1)},r_j^{(2)},\cdots,r_j^{(K)}]$ 。这一模型认为工作者在相同的主题下具有相同的可靠度。

与丰富多样的众包工作者质量建模不同，对于样本特性的建模方法则简单很多。最常见的样本特性是样本的难度。一些模型(Whitehill et al., 2009; Bi et al., 2014; Kurve et al., 2015; Ma et al., 2015)认为每个标注样本均具有一个难度指标，越困难的样本，工作者越容易对它做出错误的判断。例如，模型(Whitehill et al., 2009)使用实数 $d_i \in (0,+\infty)$ 定义样本 $\boldsymbol{x}_i$ 的“容易”程度，则工作者 $\boldsymbol{u}_j$ 对该样本做出正确判断的概率为 $P(l_{ij}=y_i \mid d_i,r_j)=1/[1+\exp(-d_i r_j)]$。除了定义样本的难度，一些模型(Ma et al., 2015; Zhao et al., 2015; Zheng et al., 2016)采用 K 维向量来建模样本所涉及的潜在主题。通常，主题的数目 K 是预先定义的。例如，一些研究(Fan et al., 2015; Ma et al., 2015)利用每个标注任务中的文本描述通过主题建模技术(Blei et al., 2003; Zhao et al., 2011)产生 K 维向量，而 Welinder 等(2010)的模型不需要外部文本信息就可以学得 K 维向量。众包工作者通常在与任务密切相关的主题上具有较高的标注质量。下面选择一些经典的基于 EM 算法求解的概率模型加以详细介绍。

4.3.2 ZenCrowd 模型

ZenCrowd 模型(Demartini et al., 2012)最先用来解决大量在线网页的实体链接相等性标注问题。若两个实体链接相等，则工作者标注为“correct (+1)”，否则标注为“incorrect(−1)”。虽然在原文中标签仅取二值，但是 ZenCrowd 模型本身并不限制标签的类别数目。ZenCrowd 模型是一种非常简单的概率模型，它将工作者的可靠性建模为[0,1] 区间的实数，即 $r_j = P(\boldsymbol{u}_j = \text{reliable}) \in [0,1]$。那么，工作者 $\boldsymbol{u}_j$ 在样本 $\boldsymbol{x}_i$ 上标记的标签 l_{ij} 具有后验概率：

$$P(l_{ij} \mid r_j, y_i) = r_j^{\mathbb{I}(l_{ij}=y_i)} \cdot (1-r_j)^{\mathbb{I}(l_{ij}\neq y_i)} \tag{4.8}$$

ZenCrowd 模型将最大化所有众包标签 L 的概率，即

$$P(L \mid \boldsymbol{r}) = \frac{1}{2}\prod_{i=1}^{I} \sum_{z\in\{+1,-1\}} \prod_{j=1}^{J} P(l_{ij} \mid r_j, y_i = z) \tag{4.9}$$

由于该目标函数是非凸的，ZenCrowd 模型使用 EM 算法来进行优化求解。在 E 步，ZenCrowd 模型计算每个众包工作者的可靠度：

$$r_j = P(\boldsymbol{u}_j = \text{reliable}) = \frac{\sum_{i=1}^{I} \mathbb{I}(l_{ij} = \hat{y}_i)}{\sum_{k=1}^{K}\sum_{i=1}^{I} t_{ik}} \tag{4.10}$$

在 M 步，ZenCrowd 模型使用众包工作者的可靠度来更新每个样本属于特定类别的概率：

$$P(y_i = c_k) = \frac{\prod_{j=1}^{J} P(\boldsymbol{u}_j = \text{reliable})^{\mathbb{I}(\hat{y}_i = c_k)}}{\sum_{k=1}^{K}\prod_{j=1}^{J} P(\boldsymbol{u}_j = \text{reliable})^{\mathbb{I}(\hat{y}_i = c_k)}} \tag{4.11}$$

算法收敛后，样本 $\boldsymbol{x}_i$ 上的“硬”标签为：$c_k = \underset{c_k \in C}{\operatorname{argmax}} P(y_i = c_k)$。ZenCrowd 模型的参数很少，因此在数据稀疏的情况下具有更好的表现。同时，该模型的复杂度只稍高于 MV 算法，因此具有较快的执行速度。

4.3.3　Dawid & Skene 模型

Dawid & Skene 模型(DS 模型)最早由英国剑桥大学统计系教授 Dawid 和 Skene 于 1979 年提出(Dawid and Skene, 1979)，提出时并没有出现众包系统，所给出的应用背景是解决多位医生对同一病症诊断的一致性问题。在该模型提出后的二十多年中，由于缺少大规模真实应用场景并未引起足够的关注，直到众包系统出现后，该模型被重新挖掘出并获得了广泛的关注，成为众包标签集成的经典方法。相关论文也在 2008 年后获得了大量的引用。

DS 模型是基于概率的生成模型，其概率图表示如图 4-1 所示。对于 J 个众包工作者，模型采用混淆矩阵 $\Pi = \{\Pi^{(j)}\}_{j=1}^{J}$ 建模工作者的可靠性。混淆矩阵元素 $\pi_{kd}^{(j)}$ 表示该工作者 j 将真实标签为 k 的样本标注为类 d 的概率，因此对于混淆矩阵，有 $\sum_{d=1}^{K} \pi_{kd}^{(j)} = 1$(也称为“和 1”条件)。

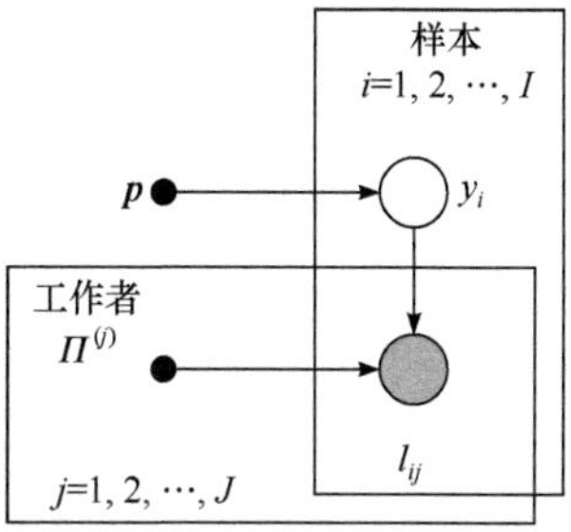

图 4-1　DS 模型的概率图表示
(空心圆表示隐变量)

假设样本 $\boldsymbol{x}_i$ 的真实标签 y_i 由参数为 $\boldsymbol{p} = \{p_1, p_2, \cdots, p_K\}$ 的 Multinoulli(多努利)组成，即有 $P(y_i = k \mid \boldsymbol{p}) = p_k (1 \leqslant k \leqslant K)$ 且 $\sum_{k=1}^{K} p_k = 1$。另外，根据混淆矩阵的定义，可以建立工作者在给定样本 $\boldsymbol{x}_i$ 的真实标签时提供的噪声标签的条件生成概率：$P(l_{ij} = d \mid y_i = k) = \pi_{kd}^{(j)}$。对于样本 $\boldsymbol{x}_i$，其上所有噪声标签的联合概率(似然)为

$$P(\boldsymbol{l}_i \mid \boldsymbol{p}, \Pi) = \sum_{k=1}^{K} P(y_i = k \mid \boldsymbol{p}) P(\boldsymbol{l}_i \mid y_i = k, \Pi) \tag{4.12}$$

其中，$P(\boldsymbol{l}_i \mid y_i = k, \Pi) = \prod_{j=1}^{J} \prod_{d=1}^{K} \left(\pi_{kd}^{(j)}\right)^{\mathbb{I}(l_{ij} = d)}$。

最终，所有样本的众包噪声标签的对数似然函数可以定义为

$$\ln P(L \mid \boldsymbol{p}, \Pi) = \sum_{i=1}^{I} \ln \left(p_k \prod_{j=1}^{J} \prod_{d=1}^{K} \left(\pi_{kd}^{(j)}\right)^{\mathbb{I}(l_{ij} = d)} \right) \tag{4.13}$$

该模型求解的目标是最大化众包噪声标签的对数似然(最大似然估计)。由于

存在隐变量，因此采用EM算法求解。在E步，在原有参数估计下，给定观测到的众包标签 L，计算隐变量 $\boldsymbol{y}$ (所有样本的标签真值)的条件概率期望。首先定义 $Q(\boldsymbol{\Psi},\boldsymbol{\Psi}^{\text{old}})=\mathbb{E}_{\boldsymbol{y}|L,\boldsymbol{\Psi}^{\text{old}}}\left[\ln P(L,\boldsymbol{y}|\boldsymbol{\Psi})\right]$，其中 $\boldsymbol{\Psi}=\{\boldsymbol{p},\Pi\}$，那么对每个隐变量 y_i 的概率使用贝叶斯定理求解如下：

$$\begin{aligned}&\mathbb{E}[\mathbb{I}(y_i=k)]=P(y_i=k\,|\,L,\boldsymbol{\Psi})\\&\propto P(L\,|\,y_i=k\,|\,\boldsymbol{\Psi})P(y_i=k\,|\,\boldsymbol{\Psi})=p_k\prod_{j=1}^{J}\prod_{d=1}^{K}\left(\pi_{kd}^{(j)}\right)^{\mathbb{I}(l_{ij}=d)}\end{aligned}\tag{4.14}$$

在M步，通过最大化上述 Q 函数来更新参数，即 $\boldsymbol{\Psi}^{\text{new}}=\arg\max_{\boldsymbol{\Psi}}Q(\boldsymbol{\Psi},\boldsymbol{\Psi}^{\text{old}})$。最大化 Q 函数即优化如下量：

$$\mathbb{E}_{\boldsymbol{y}}\left[\ln P(L,\boldsymbol{y}\,|\,\boldsymbol{\Psi})\right]=\sum_{i=1}^{I}\mathbb{E}_{y_i}\left[\ln P(\boldsymbol{l}_i,y_i\,|\,\boldsymbol{p},\Pi)\right]=\sum_{i=1}^{I}\mathbb{E}_{y_i}\left[\ln\left(P(\boldsymbol{l}_i\,|\,y_i,\Pi)P(y_i\,|\,\boldsymbol{p})\right)\right]\tag{4.15}$$

其中，$P(y_i\,|\,\boldsymbol{p})$ 为常数，即只需要最大化 $\sum_{i=1}^{I}\mathbb{E}_{y_i}\left[\ln P(\boldsymbol{l}_i\,|\,y_i,\Pi)\right]$，进一步推导可得

$$\begin{aligned}&\sum_{i=1}^{I}\mathbb{E}_{y_i}\left[\ln\prod_{k=1}^{K}\left(p_k\prod_{j=1}^{J}\prod_{d=1}^{K}\left(\pi_{kd}^{(j)}\right)^{\mathbb{I}(l_{ij}=d)}\right)^{\mathbb{I}(y_i=k)}\right]\\&=\sum_{i=1}^{I}\sum_{k=1}^{K}\mathbb{E}\left[\left[\mathbb{I}(y_i=k)\right]\left(\ln p_k+\sum_{j=1}^{J}\sum_{d=1}^{K}\mathbb{I}(l_{ij}=d)\ln\pi_{kd}^{(j)}\right)\right]\end{aligned}\tag{4.16}$$

使用拉格朗日乘子法优化参数 p_k，构造函数：

$$F_1=\sum_{i=1}^{I}\mathbb{E}_{y_i}\left[\ln P(\boldsymbol{l}_i\,|\,y_i,\Pi)\right]+\lambda\left(\sum_{k=1}^{K}p_k-1\right)\tag{4.17}$$

令此函数对 p_k 的偏导数为零，再使用“和1”条件 $\sum_{k=1}^{K}p_k=1$，有

$$\begin{aligned}&\frac{\partial F_1}{\partial p_k}=\frac{\sum_{i=1}^{I}\mathbb{E}\left[\mathbb{I}(y_i=k)\right]}{p_k}+\lambda=0\\&\Rightarrow\sum_{k=1}^{K}\sum_{i=1}^{I}\mathbb{E}\left[\mathbb{I}(y_i=k)\right]=-\lambda\sum_{k=1}^{K}p_k\\&\Rightarrow\lambda=-I\end{aligned}\tag{4.18}$$

最后可得 p_k 的估计为

$$\hat{p}_k = \frac{\sum_{i=1}^{I} \mathbb{E}\left[\mathbb{I}(y_i = k)\right]}{I} \tag{4.19}$$

使用拉格朗日乘子法优化参数 $\pi_{kd}^{(j)}$，构造函数

$$F_2 = \sum_{i=1}^{I} \mathbb{E}_{y_i}\left[\ln P(\boldsymbol{l}_i \mid y_i, \Pi)\right] + \lambda\left(\sum_{d=1}^{K} \pi_{kd}^{(j)} - 1\right) \tag{4.20}$$

令此函数对 $\pi_{kd}^{(j)}$ 的偏导数为零，再使用“和 1”条件 $\sum_{d=1}^{K} \pi_{kd}^{(j)} = 1$，有

$$\begin{aligned} &\frac{\partial F_2}{\partial \pi_{kd}^{(j)}} = \frac{\sum_{i=1}^{I}\left\{\mathbb{E}\left[\mathbb{I}(y_i = k)\right]\mathbb{I}(l_{ij} = d)\right\}}{\pi_{kd}^{(j)}} + \lambda = 0 \\ &\Rightarrow \sum_{d=1}^{K}\sum_{i=1}^{I}\left\{\mathbb{E}\left[\mathbb{I}(y_i = k)\right]\mathbb{I}(l_{ij} = d)\right\} = -\lambda \sum_{d=1}^{K} \pi_{kd}^{(j)} \\ &\Rightarrow \lambda = -\sum_{i=1}^{I} \mathbb{E}\left[\mathbb{I}(y_i = k)\right] \end{aligned} \tag{4.21}$$

最后可得 $\pi_{kd}^{(j)}$ 的估计为

$$\hat{\pi}_{kd}^{(j)} = \frac{\sum_{i=1}^{I}\left\{\mathbb{E}\left[\mathbb{I}(y_i = k)\right]\mathbb{I}(l_{ij} = d)\right\}}{\sum_{i=1}^{I} \mathbb{E}\left[\mathbb{I}(y_i = k)\right]} \tag{4.22}$$

其中，$\mathbb{E}\left[\mathbb{I}(y_i = k)\right]$ 已经在 E 步中求出。至此，在 M 步分别使用式(4.19)和式(4.22)更新参数 p_k 和 $\pi_{kd}^{(j)}$。EM 算法在目标函数 $Q(\boldsymbol{\Psi}, \boldsymbol{\Psi}^{\text{old}})$ 不再变化时收敛到局部最优。此时，对于每个样本 $\boldsymbol{x}_i$ 可以使用 $\mathbb{E}\left[\mathbb{I}(y_i = k)\right]$ 的最大值所对应的 k 作为其“硬”标签。

众所周知，EM 算法无法保证达到全局最优且其性能受初始值设置的影响。DS 模型在应用时通常假设样本属于每个类别的初始概率相等，即 $p_k = 1/K$，同时众包工作对各类别的正确判断均达到一定的准确度，例如，设置混淆矩阵的对角元素 $\pi_{kk}^{(j)}$=0.75，$1 \leqslant k \leqslant K$。另外，已经有研究(Zhang et al., 2014)尝试为 DS 模型提供更加优化的初始参数设置。在该研究中，首先根据谱方法将众包工作者划分成三组，然后对每组中工作者的混淆矩阵采用基于三阶经验矩的张量分解方法来估计它们的初始值。Li 等(2013)的研究工作则是对 DS 模型的收敛性和错误边界等理论进行了探讨。

4.3.4　Raykar & Yu 模型

基于上述 DS 模型，Raykar 等(2010)引入了贝叶斯统计的观点对众包工作者

的敏感度和特异度进行建模。在二分类标注情况下，敏感度表示工作者倾向于提供正类答案，而特异度则表示其倾向于提供负类答案。Raykar & Yu 模型(简称 RY 模型)除了进行真值推断，还建立了线性预测模型来预测未标注样本的类标签。这一线性预测分类模型可以从整个众包学习算法中剥离。因此，本节只讨论其真值推断部分。该模型基于贝叶斯后验概率估计，估计了敏感度、特异度和正类的概率：

$$P(\alpha_j \mid a_j^+, a_j^-) = \mathrm{B}(\alpha_j \mid a_j^+, a_j^-) \tag{4.23}$$

$$P(\beta_j \mid b_j^+, b_j^-) = \mathrm{B}(\beta_j \mid b_j^+, b_j^-) \tag{4.24}$$

$$P(p^+ \mid n^+, n^-) = \mathrm{B}(p^+ \mid n^+, n^-) \tag{4.25}$$

其中，α_j 和 β_j 分别为表示众包工作者 $\boldsymbol{u}_j$ 的敏感度和特异度参数； p^+ 为正类样本的先验概率；a_j^+ 和 a_j^- 分别为工作者 $\boldsymbol{u}_j$ 在当前推断为正类的数据样本上提供的正类标签和负类标签的数目； b_j^+ 和 b_j^- 分别为工作者 $\boldsymbol{u}_j$ 在当前推断为负类的数据样本上提供的正类标签和负类标签的数目；n^+ 和 n^- 分别为所有工作者在所有的数据样本上提供的正类标签和负类标签的数目。α_j、β_j 和 p^+ 的概率本身由 Beta 分布函数求出。

RY 模型的求解依然基于 EM 算法。在 E 步，计算每个样本 $\boldsymbol{x}_i$ 属于正类的概率，如下：

$$\mu_i = P(y_i = + \mid \boldsymbol{x}_i, L, \boldsymbol{\alpha}, \boldsymbol{\beta}, p^+) \propto \frac{p^+ a_i}{p^+ a_i + (1 - p^+) b_i} \tag{4.26}$$

其中，

$$a_i = \prod_{j=1}^{J} (\alpha_j)^{\mathbb{I}(l_{ij}=+)} (1 - \alpha_j)^{\mathbb{I}(l_{ij}=-)} \tag{4.27}$$

$$b_i = \prod_{j=1}^{J} (\beta_j)^{\mathbb{I}(l_{ij}=-)} (1 - \beta_j)^{\mathbb{I}(l_{ij}=+)} \tag{4.28}$$

在 M 步，更新敏感度、特异度参数和正类的先验概率：

$$\alpha_j = \frac{a_j^+ - 1 + \sum_{i=1}^{I} \mu_i l_{ij}}{a_j^+ + a_j^- - 2 - \sum_{i=1}^{I} \mu_i} \tag{4.29}$$

$$\beta_j = \frac{b_j^+ - 1 + \sum_{i=1}^{I} (1 - \mu_i)(1 - l_{ij})}{b_j^+ - b_j^- - 2 + \sum_{i=1}^{I} (1 - \mu_i)} \tag{4.30}$$

$$p^+ = \frac{n^+ - 1 + \sum_{i=1}^{I} \mu_i}{n^+ - n^- - 2 + I} \tag{4.31}$$

虽然对敏感度和特异度的定义通常是针对二分类任务提出的，研究论文中仍然给出了这一模型在多分类任务上的扩展方法。

4.3.5　GLAD 模型

上面几种模型均未考虑到样本标注的困难程度，但某些证据显示考虑到问题的困难程度的模型在某些时候具有一定作用(Brew et al., 2010; Wais et al., 2020)。GLAD 模型(Whitehill et al., 2009)针对用户的专业知识和问题的困难程度进行建模。

GLAD 模型使用参数 $1/\beta_i \in [0, +\infty)$建模每个样本 $\boldsymbol{x}_i$ 的困难程度，这个值越大说明该问题的建模越困难。同时，GLAD 使用参数 $\alpha_j \in (-\infty, +\infty)$建模众包工作者 $\boldsymbol{u}_j$ 的知识水平，该值越大说明该工作者具备越高的专业水平，$\alpha_j < 0$ 说明该工作者是一个“敌对的”(adversarial)工作者。

GLAD 模型使用了如下逻辑回归模型：

$$P(l_{ij} = y_i \mid \alpha_j, \beta_i) = \sigma(\alpha_j \beta_i) = \frac{1}{1 + \mathrm{e}^{-\alpha_j \beta_i}} \tag{4.32}$$

GLAD 模型仍然使用 EM 算法来估计隐变量。图 4-2 是 GLAD 模型的概率图表示。

在 E 步，GLAD 算法在给定上一轮迭代 M 步确定的两个参数$(\boldsymbol{\alpha}, \boldsymbol{\beta})$和观测到的众包标签的基础上，计算所有样本的正负类的后验概率：

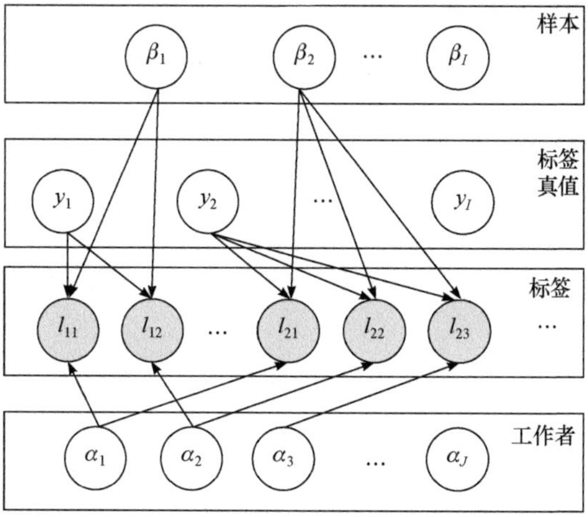

图 4-2　GLAD 模型的概率图表示

$$\begin{aligned} P(y_i \mid L,\boldsymbol{\alpha},\boldsymbol{\beta}) &= P(y_i \mid \boldsymbol{l}_i,\boldsymbol{\alpha},\beta_i) \\ &= \frac{1}{P(\boldsymbol{l}_i \mid \boldsymbol{\alpha},\beta_i)} P(y_i \mid \boldsymbol{\alpha},\beta_i) P(\boldsymbol{l}_i \mid y_i,\boldsymbol{\alpha},\beta_i) \\ &\propto P(y_i)\prod_{j=1}^{J} P(l_{ij} \mid y_i,\alpha_j,\beta_i) \end{aligned} \tag{4.33}$$

假设将正类定义为 1，负类定义为 0，则式(4.33)中，有

$$P(l_{ij} \mid y_i = 1,\alpha_j,\beta_i) = \sigma(\alpha_j\beta_i)^{l_{ij}}(1-\sigma(\alpha_j\beta_i))^{1-l_{ij}} \tag{4.34}$$

$$P(l_{ij} \mid y_i = 0,\alpha_j,\beta_i) = \sigma(\alpha_j\beta_i)^{1-l_{ij}}(1-\sigma(\alpha_j\beta_i))^{l_{ij}} \tag{4.35}$$

在 M 步，GLAD 算法使用梯度下降算法最大化标准辅助函数 Q，并且更新两个参数$(\boldsymbol{\alpha},\boldsymbol{\beta})$如下：

$$\begin{aligned} Q(\boldsymbol{\alpha},\boldsymbol{\beta}) &= \mathbb{E}[\ln P(L,\boldsymbol{y} \mid \boldsymbol{\alpha},\boldsymbol{\beta})] \\ &= \sum_{i=1}^{I}\mathbb{E}\left[\ln P(y_i)\right] + \sum_{i=1}^{I}\sum_{j=1}^{J}\mathbb{E}\left[P(l_{ij} \mid y_i,\alpha_j,\beta_i)\right] \\ &= \sum_{i=1}^{I}\left[p^1 \ln P(y_i = 1) + p^0 \ln P(y_i = 0)\right] \\ &\quad + \sum_{i=1}^{I}\sum_{j=1}^{J} p^1\left[l_{ij}\ln\sigma(\alpha_j\beta_i) + (1-l_{ij})\ln(1-\sigma(\alpha_j\beta_i))\right] \\ &\quad + \sum_{i=1}^{I}\sum_{j=1}^{J} p^0\left[(1-l_{ij})\ln\sigma(\alpha_j\beta_i) + l_{ij}\ln(1-\sigma(\alpha_j\beta_i))\right] \end{aligned} \tag{4.36}$$

其中，p^1 和 p^0 是从前一次迭代由 $(\boldsymbol{\alpha}^{\text{old}},\boldsymbol{\beta}^{\text{old}})$ 计算出的正负类的先验概率。在梯度下降算法最小化 Q 函数的过程中，式(4.36)的第一项 $\sum_{i=1}^{I}\left[p^1 \ln P(y_i = 1) + p^0 \ln P(y_i = 0)\right]$ 与参数 $(\boldsymbol{\alpha},\boldsymbol{\beta})$ 无关，因此可以消除。将 Q 函数分别对参数 α_j 和 β_i 求偏导可以得到

$$\frac{\partial Q}{\partial \alpha_j} = \sum_{i=1}^{I}\beta_i[p^1 l_{ij} + p^0(1-l_{ij}) - \sigma(\alpha_j\beta_i)] \tag{4.37}$$

$$\frac{\partial Q}{\partial \beta_i} = \sum_{j=1}^{J}\alpha_j[p^1 l_{ij} + p^0(1-l_{ij}) - \sigma(\alpha_j\beta_i)] \tag{4.38}$$

令上述两个偏导为零且将非偏导参数视为常数，则可求出参数 α_j 和 β_i 的更新形式。

研究同样给出了该模型在 K 元多分类情况下的形式。假设样本标签真值 $y_i = k$，则工作者 $\boldsymbol{u}_j$ 提供正确标注的概率为

$$P(l_{ij}=k \mid y_i=k,\alpha_j,\beta_i)=\sigma(\alpha_j\beta_i) \tag{4.39}$$

假设错误的标注均匀地分布在其余 $K-1$ 个类别上，那么对于任意错误类别 $k' \neq k$ ，有标注错误为 k' 的概率为

$$P(l_{ij}=k' \mid y_i=k,\alpha_j,\beta_i)=\frac{1}{K-1}(1-\sigma(\alpha_j\beta_i)) \tag{4.40}$$

那么样本 $\boldsymbol{x}_i$ 真值为 $y_i=k$ 时，其上任意众包标签 l_{ij} 的后验概率为(E 步)

$$P(l_{ij} \mid y_i=k,\alpha_j,\beta_i)=\sigma(\alpha_j\beta_i)^{\delta(l_{ij},k)}\left[\frac{1}{K-1}(1-\sigma(\alpha_j\beta_i))\right]^{1-\delta(l_{ij},k)} \tag{4.41}$$

其中，$\delta(a,b)$ 称为克罗内克 δ 函数，即 a 和 b 相等时值为 1，否则为 0。在 M 步则可以导出如下针对参数 $(\boldsymbol{\alpha},\boldsymbol{\beta})$ 的偏导函数：

$$\frac{\partial Q}{\partial \alpha_j}=\sum_{i=1}^{I}\sum_{k=1}^{K}p^k\left[(\delta(l_{ij},k)-\sigma(\alpha_j\beta_i))\beta_i+(1-\delta(l_{ij},k))\ln(K-1)\right] \tag{4.42}$$

$$\frac{\partial Q}{\partial \beta_i}=\sum_{j=1}^{J}\sum_{k=1}^{K}p^k\left[(\delta(l_{ij},k)-\sigma(\alpha_j\beta_i))\alpha_j+(1-\delta(l_{ij},k))\ln(K-1)\right] \tag{4.43}$$

4.4　复杂标注的真值推断模型

在现实众包标注任务中，除了上述单标签标注，也会遇到一些较为复杂的标注类型。例如，在计算机视觉中可能需要进行对象框选，或者同时标注同一对象的不同特性，在文本分类中也有类似的需求。图 4-3 给出了两种典型的应用。在第一种应用中，众包工作者需要对新闻所传达的情绪(愤怒、平静、厌恶、恐惧、高兴、悲伤、惊讶)进行二元判断。这和传统的多标签分类的设置一样(Gibaja and Ventura, 2015)。更一般的情形如图 4-3(b)所示，众包工作者需要回答的问题是“何动物在何地点做什么”，其中动物、地点、事件均有多种选择。这就是多分类多标签(multi-class multi-label, MCML)标注。它在经济成本上具有很好的优势，因为问题集中，需求者所要支付的费用较少。对于此类任务，可以针对每个标签逐一进行真值推断，但是这种方式要求工作者对每个标签进行标注。这在大型多标签任务中较难做到，因为一方面工作者不一定能够回答全部标签，另一方面如果按标签计费，需求者也希望在一定程度上节省成本。例如，当确定了图片中是“企鹅”时，环境中大概率有“冰雪”。因此，建模标签之间的相关性就成为一种多标签标注下的特殊需求。本节将讨论包括多标签标注在内的几种复杂众包标注的真值推断模型。

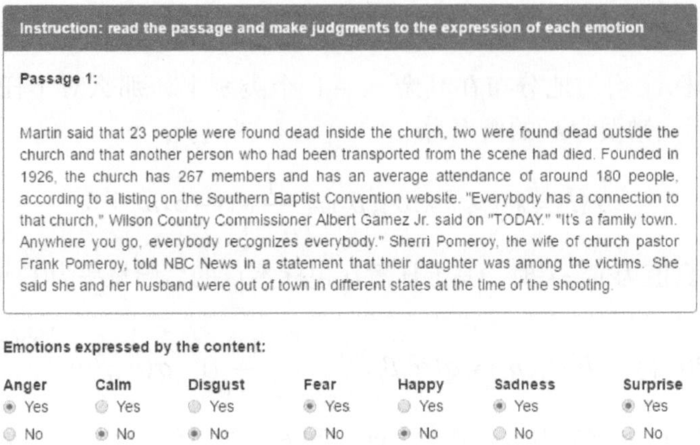

(a)

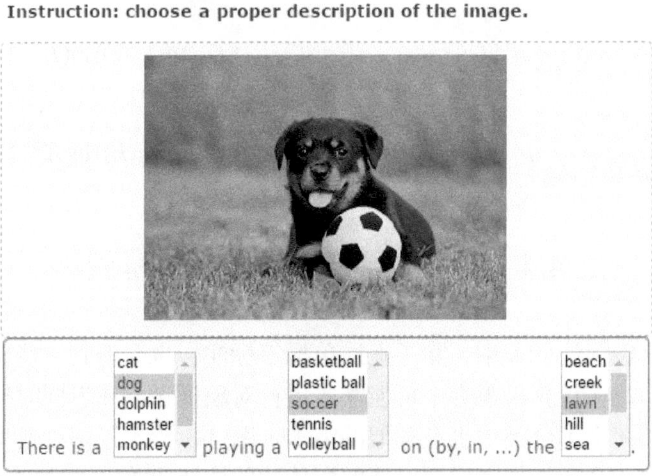

(b)

图 4-3　两个众包多标签标注的示例

4.4.1　OnlineWP 模型

美国加利福尼亚理工学院的 Welinder 和 Perona (2010)提出一种在线真值推断算法。该算法将标注对象的标签拓展为一个向量。这种向量标签在图像标注中有着广泛的应用，例如，可以圈定图像上特定对象的轮廓。假设样本 $\boldsymbol{x}_i$ 具有实数向量标签真值 $\boldsymbol{y}_i$，则该样本上某位工作者 $\boldsymbol{u}_j$ 给出的众包标注 $\boldsymbol{l}_{ij}$ 服从正态分布 $P(\boldsymbol{l}_{ij} \mid \boldsymbol{y}_i) = \mathrm{N}(\boldsymbol{l}_{ij} \mid \boldsymbol{y}_i, \Sigma)$，其中 $\Sigma = \sigma^2 E$ 为对角协方差矩阵。

该算法中的真值推断模型的概率图表示如图 4-4 所示。图中样本真值标签 $Y = \{\boldsymbol{y}_i\}_{i=1}^{I}$ 具有先验 $\boldsymbol{\zeta}$，工作者的可靠度 $R = \{\boldsymbol{r}_j\}_{j=1}^{J}$ 具有先验 $\boldsymbol{\alpha}$。在该模型中工作

者可靠度 $\boldsymbol{r}_j$ 也可以定义为向量。图中间平面中的“(i,j)-对”是一个与标注过程有关的先验，在真值推断过程中如果没有对标注过程进行特殊设置，则可以忽略这一先验。模型中所有变量的联合概率分布为

$$P(\boldsymbol{L},Y,R)=\prod_{i=1}^{I}P(\boldsymbol{y}_i\,|\,\boldsymbol{\zeta})\prod_{j=1}^{J}P(\boldsymbol{r}_j\,|\,\boldsymbol{\alpha})\prod_{\boldsymbol{l}_{ij}}P(\boldsymbol{l}_{ij}\,|\,\boldsymbol{y}_i,\boldsymbol{r}_j) \tag{4.44}$$

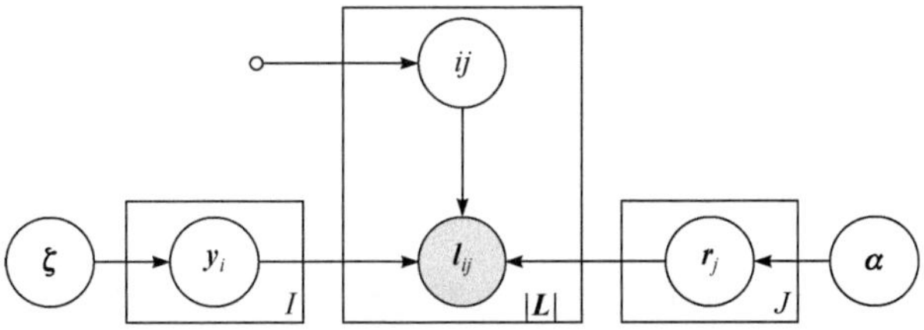

图 4-4 OnlineWP 模型的概率图表示

对于该模型中隐变量 Y 和参数 R 的求解仍然使用贝叶斯化的 EM 算法。在 E 步，假设工作者可靠度的当前估计值为 $\hat{R}$，计算 Y 的后验概率为

$$\hat{P}(Y)=P(Y\,|\,\boldsymbol{L},\hat{R})\propto P(Y)P(\boldsymbol{L}\,|\,Y,\hat{R})=\prod_{i=1}^{I}\hat{P}(\boldsymbol{y}_i) \tag{4.45}$$

其中，

$$\hat{P}(\boldsymbol{y}_i)=P(\boldsymbol{y}_i|\boldsymbol{\zeta})\prod_{j\in U_i}P(\boldsymbol{l}_{ij}\,|\,\boldsymbol{y}_i,\hat{\boldsymbol{r}}_j) \tag{4.46}$$

U_i 是那些对样本 $\boldsymbol{x}_i$ 进行标注的工作者子集。在 M 步，首先定义关于参数 R 的辅助函数 $Q(R,R^{\text{old}})$，通过最大化该辅助函数求得参数的更新值，即 $R^*=\underset{R}{\operatorname{argmax}}\,Q(R,R^{\text{old}})$。辅助函数 Q 的定义如下：

$$\begin{aligned}Q(R,R^{\text{old}})&=\mathbb{E}_{\boldsymbol{y}}\left[\ln P(\boldsymbol{L}\,|\,Y,R)+\ln P(R\,|\,\boldsymbol{\alpha})\right]\\&=\sum_{j=1}^{J}\left\{\ln P(\boldsymbol{r}_j\,|\,\boldsymbol{\alpha})+\sum_{i\in I_j}\mathbb{E}_{\boldsymbol{y}_i}\left[\ln P(\boldsymbol{l}_{ij}\,|\,\boldsymbol{y}_i,\boldsymbol{r}_j)\right]\right\}\end{aligned} \tag{4.47}$$

其中，I_j 是指工作者 $\boldsymbol{u}_j$ 标注的样本子集。

4.4.2 MCMLI 模型

首先，将单标签的真值推断的定义进行扩展。发布在众包系统上收集重复噪声标签的数据集用 $D=\left\{\langle\boldsymbol{x}_i,\boldsymbol{y}_i\rangle\right\}_{i=1}^{I}$ 表示，其中每个实例 $\boldsymbol{x}_i$ 与一个未知的真标签集 $\boldsymbol{y}_i$ 关联。每个 $\boldsymbol{y}_i$ 由 M 个标签组成，用 $\boldsymbol{y}_i=\left[y_1^{(1)},y_2^{(2)},\cdots,y_I^{(M)}\right]$ 表示。数据集 D 的

所有真实标签集用 $Y=\{\boldsymbol{y}_1,\boldsymbol{y}_2,\cdots,\boldsymbol{y}_I\}$ 表示。在实际应用中，因为所有实例通常都是从同一模板创建的，所以每个实例上标签的当前顺序是相同的。因此，可以简单地说“$y_i^{(m)}$ 是实例 $\boldsymbol{x}_i$ 的第 m 个标签”。对于不同的标签，它们通常具有不同数量的值，因为每个标签反映了实例的特定方面。让每个标签准确地与 K 个值相关联，即 $y_i^{(m)}\in\{1,2,\cdots,K\}$，其中 K 是标签具有的最大数量值。这在实践中没有任何不妥。例如，给定 $K=5$，如果第 m 个标签仅具有 3 个值，那么可以将 $y_i^{(m)}=4$ 和 $y_i^{(m)}=5$ 视为两个未观察到的值。概率模型将保证对于未观察值的所有概率始终为 0(即 $P(y_i^{(m)}=4)=P(y_i^{(m)}=5)=0$)，并且不会影响推断结果。注意，在简化过程中，$k\in\{1,2,\cdots,K\}$ 只是这个值的索引，因为不同标签值代表不同的内容。然而，可以很容易地通过添加上标来区分它们(即若 $m\neq n$，则有 $k^{(m)}\neq k^{(n)}$)。

总共有 J 名众包员工标记数据集。对于每个实例 $\boldsymbol{x}_i$，所有收集的噪声标签形成矩阵 $L_i^{J\times M}=[l_{i1},l_{i2},\cdots,l_{iJ}]^{\mathrm{T}}$，其中行元素 l_{ij} 中的每个元素(噪声标签) $l_{ij}^{(m)}=k\in\{0\}\cup\{1,2,\cdots,K\}$ 表示工作者 j 给实例 $\boldsymbol{x}_i$ 的第 m 个标签标注的值为 k。特别地，$l_{ij}^{(m)}=0$ 表示工作者 j 给实例 $\boldsymbol{x}_i$ 的第 m 个标签不标注任何值。整个数据集的所有众包标签由 $\boldsymbol{L}=\{L_1,L_2,\cdots,L_I\}$ 表示。

真值推断模型的主要目的是从收集的噪声标签 $\boldsymbol{L}^{I\times J\times M}$ 中推断出所有样本的真实标签 $Y^{I\times M}$，同时将总体推断错误率最小化，即

$$\varepsilon=\min\left\{\frac{1}{I\cdot M}\sum_{i=1}^{I}\sum_{m=1}^{M}\mathbb{I}\left(\hat{y}_i^{(m)}\neq y_i^{(m)}\right)\right\}\tag{4.48}$$

本书作者提出一种多分类多标签独立(MCMLI)模型，该模型是 DS 模型的直接扩展，假设标签之间相互独立。图 4-5 展示了该模型的概率图表示。MCMLI 模型同样是生成模型，具体介绍如下。

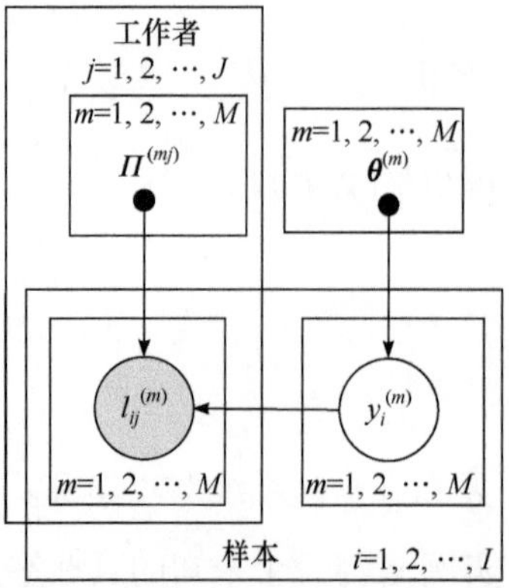

图 4-5 MCMLI 模型的概率图表示

1. 真实标签的生成

假设样本 $\boldsymbol{x}_i$ 每个标签 $y_i^{(m)}$ 均从参数为 $\boldsymbol{\theta}^{(m)}=[\theta_1^{(m)},\theta_2^{(m)},\cdots,\theta_K^{(m)}]$ 的 Multinoulli 分布中抽取，其中 Multinoulli 分布的参数 $\sum_{k=1}^{K}\theta_k^{(m)}=1$。这也就是，对于样本 $\boldsymbol{x}_i$ 的第 m 个标签，有 $P(y_i^{(m)}\mid\boldsymbol{\theta}^{(m)})=\prod_{k=1}^{K}\left(\theta_k^{(m)}\right)^{\mathbb{I}(y_i^{(m)}=k)}$。因此，样本的

M 维真标签向量 $\boldsymbol{y}_i$ 的概率为

$$P(\boldsymbol{y}_i \mid \Theta) = \prod_{m=1}^{M}\prod_{k=1}^{K}\left(\theta_k^{(m)}\right)^{\mathbb{I}(y_i^{(m)}=k)} \tag{4.49}$$

其中，$\Theta=[\boldsymbol{\theta}^{(1)},\boldsymbol{\theta}^{(2)},\cdots,\boldsymbol{\theta}^{(M)}]$ 是所有 Multinoulli 分布的参数集。

2. 众包标签的生成

MCMLI 模型仍然使用混淆矩阵来描述工作者的可靠度。因为样本有 M 个标签，因此工作者 j 的混淆矩阵集合表示为 $\Pi^{(j)}=[\Pi^{(1j)},\Pi^{(2j)},\cdots,\Pi^{(Mj)}]$。所有 J 位众包工作者的所有混淆矩阵表示为 $\tilde{\Pi}=[\Pi^{(1)},\Pi^{(2)},\cdots,\Pi^{(J)}]$。在矩阵 $\Pi^{(mj)}$ 中，每个元素 $\pi_{kd}^{(mj)}(1\leqslant k,d\leqslant K)$ 表示工作者 j 将第 m 个真值为 k 的标签标注为 d 的概率。因此，对于众包标签 $l_{ij}^{(m)}$，有 $P(l_{ij}^{(m)}=d \mid y_i^{(m)}=k)=\pi_{kd}^{(mj)}$，即在给定 $y_i^{(m)}=k$ 的条件下 $l_{ij}^{(m)}$ 服从参数为 $[\pi_{k1}^{(mj)},\pi_{k2}^{(mj)},\cdots,\pi_{kK}^{(mj)}]$ 的 Multinoulli 分布，其中 $\sum_{d=1}^{K}\pi_{kd}^{(mj)}=1$。

考虑被 J 个标注者标注的样本 $\boldsymbol{x}_i$，其所有众包标签的似然可以如下计算：

$$P\left(L_i \mid \tilde{\Pi},\Theta\right)=\sum_{k^{(1)}=1}^{K}\cdots\sum_{k^{(M)}=1}^{K}\left[P\left(y_i^{(\cdot)}\overset{12\cdots M}{=}k^{(\cdot)}\mid\Theta\right)P\left(L_i \mid y_i^{(\cdot)}\overset{12\cdots M}{=}k^{(\cdot)},\tilde{\Pi}\right)\right] \tag{4.50}$$

其中，$\left(y_i^{(\cdot)}\overset{12\cdots M}{=}k^{(\cdot)}\right)\overset{\text{def}}{=}\left(y_i^{(1)}=k^{(1)},k^{(2)},\cdots,y_i^{(M)}=k^{(M)}\right)$。这里使用上标$(m)$区别每个不同标签上的计算。假设样本上的真实标签相互独立，则有

$$P\left(y_i^{(\cdot)}\overset{12\cdots M}{=}k^{(\cdot)}\mid\Theta\right)=\theta_{k^{(1)}}^{(1)}\theta_{k^{(2)}}^{(2)}\cdots\theta_{k^{(M)}}^{(M)} \tag{4.51}$$

$$\begin{aligned}P\left(L_i \mid y_i^{(\cdot)}\overset{12\cdots M}{=}k^{(\cdot)},\tilde{\Pi}\right)&=\prod_{j=1}^{J}P\left(l_{ij}^{(1)},l_{ij}^{(2)},\cdots,l_{ij}^{(M)}\mid y_i^{(\cdot)}\overset{12\cdots M}{=}k^{(\cdot)},\tilde{\Pi}\right)\\&=\prod_{j=1}^{J}\left(\prod_{m=1}^{M}\prod_{d^{(m)}=1}^{K}\left(\pi_{k^{(m)}d^{(m)}}^{(mj)}\right)^{\mathbb{I}(l_{ij}^{(m)}=d^{(m)})}\right)\end{aligned} \tag{4.52}$$

最终，数据集中所有样本上的全部众包标签具有对数似然值：

$$\ln P\left(\boldsymbol{L}\mid\tilde{\Pi},\Theta\right)=\sum_{i=1}^{I}\ln\left(\sum_{k^{(1)}=1}^{K}\sum_{k^{(2)}=1}^{K}\cdots\sum_{k^{(M)}=1}^{K}\left[\prod_{m=1}^{M}\theta_{k^{(m)}}^{(m)}\prod_{j=1}^{J}\prod_{d^{(m)}=1}^{K}\left(\pi_{k^{(m)}d^{(m)}}^{(mj)}\right)^{\mathbb{I}(l_{ij}^{(m)}=d^{(m)})}\right]\right) \tag{4.53}$$

真值推断的目标就是对此似然值进行最大化。由于存在隐变量 $\boldsymbol{y}_i\,(1\leqslant i\leqslant I)$，采用 EM 算法进行优化。

3. EM 算法求解

在 E 步，在给定观察到的众包标签 $\boldsymbol{L}$ 和当前的模型参数 Ψ_1^{old} 的条件下，计算联合似然函数相对于隐变量 Y 的期望：

$$Q_1\left(\Psi_1,\Psi_1^{\text{old}}\right)=\mathbb{E}_{Y|\boldsymbol{L},\Psi_1^{\text{old}}}\left[\ln P(\boldsymbol{L},Y\,|\,\Psi_1)\right] \tag{4.54}$$

其中，$\Psi_1=\{\tilde{\Pi},\Theta\}$。应用贝叶斯定理，可以导出只需要计算 $\boldsymbol{y}_i$ 的后验概率分布：

$$\begin{aligned}P\left(y_i^{(\cdot)}\overset{12\cdots M}{=}k^{(\cdot)}|\boldsymbol{L},\Psi_1\right)&=\prod_{m=1}^{M}P\left(y_i^{(m)}=k^{(m)}|\boldsymbol{L},\Psi_1\right)\\&\propto\prod_{m=1}^{M}\theta_{k^{(m)}}^{(m)}\prod_{j=1}^{J}\prod_{d^{(m)}=1}^{K}\left(\pi_{k^{(m)}d^{(m)}}^{(mj)}\right)^{\mathbb{I}(l_{ij}^{(m)}=d^{(m)})}\end{aligned} \tag{4.55}$$

计算 $y_i^{(m)}=k^{(m)}$ 的边缘概率就是其期望：

$$\mathbb{E}\left[\mathbb{I}(y_i^{(m)}=k)\right]=P\left(y_i^{(m)}=k\right)=\sum_{y_i^{(m')}(\forall m'\in\{1,2,\cdots,M\}\setminus m)}P\left(y_i^{(m')}=k,\cdots\,|\,\boldsymbol{L},\Psi_1\right) \tag{4.56}$$

在 M 步，通过最大化函数 Q_1 的值来更新参数，即 $\Psi_1^{\text{new}}=\arg\max\limits_{\Psi_1}Q_1(\Psi_1,\Psi_1^{\text{old}})$。经过推导可得参数的更新公式为

$$\hat{\theta}_k^{(m)}=\frac{\sum_{i=1}^{I}\mathbb{E}\left[\mathbb{I}(y_i^{(m)}=k)\right]}{I} \tag{4.57}$$

$$\hat{\pi}_{kd}^{(mj)}=\frac{\sum_{i=1}^{I}\mathbb{E}\left[\mathbb{I}(y_i^{(m)}=k)\right]\mathbb{I}(l_{ij}^{(m)}=d)}{\sum_{i=1}^{I}\mathbb{E}\left[\mathbb{I}(y_i^{(m)}=k)\right]\mathbb{I}(l_{ij}^{(m)}\neq 0)} \tag{4.58}$$

EM 算法收敛后，样本 $\boldsymbol{x}_i$ 的真实标签 $\boldsymbol{y}_i$ 的“硬”值可以按其联合概率最大值推出，即

$$\hat{y}_i^{(1)},\hat{y}_i^{(2)},\cdots,\hat{y}_i^{(M)}=\underset{k^{(1)},k^{(2)},\cdots,k^{(M)}}{\operatorname{argmax}}\left\{\sum_{i=1}^{R}P(y_i^{(\cdot)}\overset{12\cdots M}{=}k^{(\cdot)}\,|\,\boldsymbol{L},\Psi_1)\right\} \tag{4.59}$$

4.4.3 MCMLD 模型

在多标签标注中，标签之间的相关性表现出极大的复杂性：一方面，真实标签之间存在相关性；另一方面，这种相关性反过来又会对众包标签的分布产生一些影响。如果工人知道真实标签之间的相关性，那么他们可以在不同的标签上相互检查自己的答案，以提高标签质量。

对于工作者 $\boldsymbol{u}_j$ 标记的实例 $\boldsymbol{x}_i$，如果使用 $P\left(l_{ij}, y_i\right)$ 的联合概率来建立众包和真实标签之间的相关性模型，并使用条件概率的链式规则求解，则会导致 $O\left(c \cdot I \cdot J \cdot K^M \cdot \left(K^J\right)^M\right)$ 的复杂性，这在计算上是不可行的。因此，“有没有一种简单的方法来建立标签之间的相关性模型，并且提高推断的准确性？”成为一个挑战性问题。

Zhang 和 Wu(2018)在 KDD-2018 国际数据挖掘顶级学术会议上提出一种基于混合模型的多分类多标签依赖(MCMLD)模型。混合模型在机器学习中是一种建模相关性的常见手段。在此模型中标签之间的相关性用聚类算法中的“软”簇(cluster)表示，如果几个标签在同一簇中的概率比较大，则它们之间的相关性比较强。图 4-6 展示了该模型的概率图表示。将每个样本 $\boldsymbol{x}_i$ 联系一个变量 z_i 以表明其所属簇的隶属度。给定簇的总数 R，样本 $\boldsymbol{x}_i$ 在第 r $(1 \leqslant r \leqslant R)$ 簇中的概率为 $P(z_i = r) = \omega_r$。因此，对于样本 $\boldsymbol{x}_i$，变量 z_i 也是从参数为 $\boldsymbol{\omega} = \{\omega_1, \omega_2, \cdots, \omega_R\}$ 的 Multinoulli 分布中抽取的，即 $P(z_i|\boldsymbol{\omega}) = \prod_{r=1}^{R} \omega_r^{\mathbb{I}(z_i=r)}$ 且 $\sum_{r=1}^{R} \omega_r = 1$。在此软聚类的设定下，对于众包标签 $l_{ij}^{(m)}$ 的生成也可以分配到 R 个簇中，即 $P(l_{ij}^{(m)} = d \mid y_i^{(m)} = k, z_i = r) = \pi_{kd}^{(rmj)}$，其中 $\sum_{r=1}^{R} \pi_{kd}^{(rmj)} = \pi_{kd}^{(mj)}$。相应地，还有 $\sum_{d=1}^{K} \pi_{kd}^{(rmj)} = \omega_r$ 且 $\sum_{r=1}^{R}\sum_{d=1}^{K} \pi_{kd}^{(rmj)} = 1$。

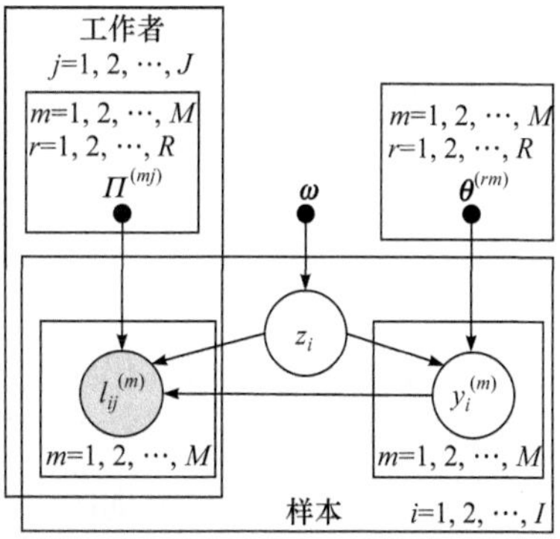

图 4-6　MCMLD 模型的概率图表示

1. 真实标签的生成

在 MCMLD 模型中，样本 $\boldsymbol{x}_i$ 的标签 $\boldsymbol{y}_i$ 以概率 $[\omega_1, \omega_2, \cdots, \omega_R]$ 从 R 个独立的簇中产生，即多个独立的 Multinoulli 分布的混合模型。因此，$\boldsymbol{y}_i$ 的概率为

$$P(\boldsymbol{y}_i \mid \boldsymbol{\Theta}, \boldsymbol{\omega}) = \sum_{r=1}^{R} \omega_r \prod_{m=1}^{M} \prod_{k=1}^{K} \left(\theta_{rk}^{(m)}\right)^{\mathbb{I}(y_i^{(m)}=k)} \tag{4.60}$$

其中，$\boldsymbol{\omega} = [\omega_1, \omega_2, \cdots, \omega_R]$ 称为“参数为 $\boldsymbol{\Theta} = [\Theta_1, \Theta_2, \cdots, \Theta_R]$ 的多个 Multinoulli 分布”的混合系数。对于样本 $\boldsymbol{x}_i$，$\boldsymbol{y}_i$ 和 z_i 的联合概率分布为

$$P(\boldsymbol{y}_i, z_i) = P(z_i) P(\boldsymbol{y}_i \mid z_i) = \prod_{r=1}^{R} \left[\omega_r \prod_{m=1}^{M} \prod_{k=1}^{K} \left(\theta_{rk}^{(m)}\right)^{\mathbb{I}(y_i^{(m)}=k)} \right]^{\mathbb{I}(z_i=r)} \tag{4.61}$$

2. 众包标签的生成

在混合模型下，真实标签是固定已知值的概率为

$$P\left(y_i^{(\cdot)} \overset{12\cdots M}{=} k^{(\cdot)} | \boldsymbol{\Theta},\boldsymbol{\omega}\right) = \sum_{r=1}^{R} \omega_r \theta_{rk^{(1)}}^{1} \theta_{rk^{(2)}}^{2} \cdots \theta_{rk^{(M)}}^{(M)} \tag{4.62}$$

相应地，数据集中的所有众包标签的对数似然为

$$\ln P\left(\boldsymbol{L} | \tilde{\boldsymbol{\Pi}},\boldsymbol{\Theta},\boldsymbol{\omega}\right) = \sum_{i=1}^{I} \ln\left\{ \sum_{k^{(1)}=1}^{K} \sum_{k^{(2)}=1}^{K} \cdots \sum_{k^{(M)}=1}^{K} \left[\sum_{r=1}^{R} \omega_r \prod_{m=1}^{M} \theta_{rk^{(m)}}^{(m)} \prod_{j=1}^{J} \prod_{d^{(m)}=1}^{K} \left(\pi_{k^{(m)}d^{(m)}}^{(rmj)} \right)^{\mathbb{I}(l_{ij}^{(m)}=d^{(m)})} \right] \right\} \tag{4.63}$$

3. EM 算法求解

EM 算法求解的目标仍然是上述似然值的最大化。但是，与前面所有模型都不同，MCMLD 模型中存在两种隐变量 Y 和 $\boldsymbol{z}$。

在 E 步，在给定观察到的众包标签 $\boldsymbol{L}$ 和当前的模型参数 Ψ_2^{old} 的条件下，计算联合似然函数相对于隐变量 Y 和 $\boldsymbol{z}$ 的期望：

$$Q_2\left(\Psi_2,\Psi_2^{\text{old}}\right) = \mathbb{E}_{Y,\boldsymbol{z}|\boldsymbol{L},\Psi_2^{\text{old}}}\left[\ln P(\boldsymbol{L},Y,\boldsymbol{z} | \Psi_2)\right] \tag{4.64}$$

其中，$\Psi_2=\{\tilde{\boldsymbol{\Pi}},\boldsymbol{\Theta},\boldsymbol{\omega}\}$。对于具有两种隐变量 $\boldsymbol{y}_i$ 和 z_i 的样本 $\boldsymbol{x}_i$，当观察到众包标签 $\boldsymbol{L}$ 时，必须根据贝叶斯定理计算 $\boldsymbol{y}_i$ 和 z_i 联合后验概率分布：

$$\begin{aligned} P\left(y_i^{(\cdot)} \overset{12\cdots M}{=} k^{(\cdot)}, z_i = r | \boldsymbol{L},\Psi_2\right) &\propto P\left(L_i \mid y_i^{(\cdot)} \overset{12\cdots M}{=} k^{(\cdot)}, z_i = r,\Psi_2\right) P\left(y_i^{(\cdot)} \overset{12\cdots M}{=} k^{(\cdot)}, z_i = r, | \boldsymbol{\Theta},\boldsymbol{\omega}\right) \\ &= \omega_r \prod_{m=1}^{M} \theta_{rk^{(m)}}^{(m)} \prod_{j=1}^{J} \prod_{d^{(m)}=1}^{K} \left(\pi_{k^{(m)}d^{(m)}}^{(rmj)} \right)^{\mathbb{I}(l_{ij}^{(m)}=d^{(m)})} \end{aligned} \tag{4.65}$$

可以从式(4.65)分别计算 $y_i^{(m)} = k^{(m)}$ 和 $z_i = r$ 的边缘概率分布(即它们的期望)：

$$\mathbb{E}\left[\mathbb{I}(y_i^{(m)} = k)\right] = \sum_{y_i^{(m')}(\forall m' \in \{1,2,\cdots,M\} \setminus m, \forall z_i)} P\left(y_i^{(m')} = k, \cdots | \boldsymbol{L},\Psi_2\right) \tag{4.66}$$

$$\mathbb{E}\left[\mathbb{I}(z_i = r)\right] = \sum_{y_i^{(m)}(\forall m \in \{1,2,\cdots,M\})} P\left(z_i = r, \cdots | \boldsymbol{L},\Psi_2\right) \tag{4.67}$$

这两个期望值在 M 步将被使用。

在 M 步，通过最大化函数 Q_2 的值来更新参数，即 $\Psi_2^{\text{new}} = \underset{\Psi_2}{\operatorname{argmax}}\, Q_2(\Psi_2,\Psi_2^{\text{old}})$。经过推导可得参数的更新公式为

$$\hat{\omega}_r = \frac{\sum_{i=1}^{I} \mathbb{E}\left[\mathbb{I}(z_i = r)\right]}{I} \tag{4.68}$$

$$\hat{\theta}_{rk}^{(m)} = \frac{\sum_{i=1}^{I} \left\{\mathbb{E}\left[\mathbb{I}(z_i = r)\right]\mathbb{E}\left[\mathbb{I}(y_i^{(m)} = k)\right]\right\}}{\sum_{i=1}^{I} \mathbb{E}\left[\mathbb{I}(z_i = r)\right]} \tag{4.69}$$

$$\hat{\pi}_{kd}^{(mj)} = \frac{\sum_{i=1}^{I} \mathbb{E}\left[\mathbb{I}(y_i^{(m)} = k)\right]\mathbb{E}\left[\mathbb{I}(z_i = r)\right]\mathbb{I}(l_{ij}^{(m)} = d)}{\sum_{i=1}^{I} \mathbb{E}\left[\mathbb{I}(y_i^{(m)} = k)\right]\mathbb{I}(l_{ij}^{(m)} \neq 0)} \tag{4.70}$$

EM 算法收敛后，样本 $\boldsymbol{x}_i$ 的真实标签 $\boldsymbol{y}_i$ 和簇归属 z_i 的“硬”值可以按其联合概率的最大值推出，即

$$\hat{y}_i^{(1)}, \hat{y}_i^{(2)}, \cdots, \hat{y}_i^{(M)} = \underset{k^{(1)}, k^{(2)}, \cdots, k^{(M)}}{\operatorname{argmax}} \left\{\sum_{r=1}^{R} P(y_i^{(\cdot)} \overset{12\cdots M}{=} k^{(\cdot)}, z_i = r \mid \boldsymbol{L}, \Psi_2)\right\} \tag{4.71}$$

$$\hat{z}_i = \underset{r}{\operatorname{argmax}} \left\{\sum_{k^{(1)}=1}^{K} \sum_{k^{(2)}=1}^{K} \cdots \sum_{k^{(M)}=1}^{K} P(y_i^{(\cdot)} \overset{12\cdots M}{=} k^{(\cdot)}, z_i = r \mid \boldsymbol{L}, \Psi_2)\right\} \tag{4.72}$$

4. 参数 R 的设置

在无监督场景下设置参数 R 的值成为该模型的另外一个关键问题。首先，将所有众包标签组合成二维矩阵 $\Gamma^{(I \cdot J)\times M}$。$\Gamma$ 中的每一行都可以视为一个数据点，其特征由众包工作者提供的 M 个标签组成。然后，在矩阵 Γ 上应用主成分分析(principal component analysis, PCA)算法。特征的维度将从 M 减小到 $M'(M' \leqslant M)$，这代表不相关的标签的数量。在实际应用中，在主成分分析中使用协方差矩阵的归一化特征值 $\boldsymbol{\eta} = \{\eta_1, \eta_2, \cdots, \eta_{M'}\}$ 来表示各成分的作用。若 η 是降序的，则令 $R = \underset{1 \leqslant m \leqslant M'}{\operatorname{argmin}} \left|\rho - \sum_{b=1}^{m} \eta_b\right|$。这意味着 R 分量对方差的贡献为 ρ，$\rho \in [0,1]$。设置 ρ 比直接设置 R 容易很多。例如，在应用中，可以认为如果 R 成分贡献了 70%的方差，那么它们是不相关的。

4.4.4 MCMLI-OC 模型和 MCMLD-OC 模型

尽管 MCMLI 模型和 MCMLD 模型能够推断出关于众包工作者可靠度的细粒度信息，但是这些模型均具有大量的参数，在标签稀疏时很可能表现不佳。为了减少参数数目，可以将每个标签所对应的混淆矩阵替换为单一参数，即将工作者

$\boldsymbol{u}_j$ 在所有 M 个标签上的可靠度定义为 $\boldsymbol{\zeta}_j = [\zeta_j^{(1)}, \zeta_j^{(2)}, \cdots, \zeta_j^{(M)}]$。这里将 J 个工作者的可靠度表示为 $\tilde{\boldsymbol{\zeta}} = [\boldsymbol{\zeta}_1, \boldsymbol{\zeta}_2, \cdots, \boldsymbol{\zeta}_J]$。当工作者 $\boldsymbol{u}_j$ 标注样本 $\boldsymbol{x}_i$ 的第 m 个真值为 k 的标签时，众包标签的生成概率为

$$P(l_{ij}^{(m)} \mid y_i^{(m)} = k) = \left(\zeta_j^{(m)}\right)^{\mathbb{I}\left(l_{ij}^{(m)}=k\right)} \left(\frac{1-\zeta_j^{(m)}}{K-1}\right)^{\mathbb{I}\left(l_{ij}^{(m)}\neq k\right)} \tag{4.73}$$

这被称为均匀单币(One-Coin)模型，即假设错误在其余 $K-1$ 个类别上均匀分布。式(4.73)在二分类时就是标准的 Bernoulli 分布。对于样本真实标签的生成也可以类似计算。

对应 MCMLI 模型，可以得到该模型的单币简化形式(MCMLI-OC 模型)。即在计算众包标注对数似然时，只需将式(4.53)中 $\prod\limits_{d^{(m)}=1}^{K} \left(\pi_{k^{(m)}d^{(m)}}^{(mj)}\right)^{\mathbb{I}(l_{ij}^{(m)}=d^{(m)})}$ 项替换为式(4.73)等号右侧部分，则有

$$\ln P\left(\boldsymbol{L} \mid \tilde{\boldsymbol{\Pi}}, \Theta, \tilde{\boldsymbol{\zeta}}\right) = \sum_{i=1}^{I} \ln \left\{ \sum_{k^{(1)}=1}^{K} \sum_{k^{(2)}=1}^{K} \cdots \sum_{k^{(M)}=1}^{K} \left[\prod_{m=1}^{M} \theta_{k^{(m)}}^{(m)} \prod_{j=1}^{J} \left(\zeta_j^{(m)}\right)^{\mathbb{I}\left(l_{ij}^{(m)}=k\right)} \left(\frac{1-\zeta_j^{(m)}}{K-1}\right)^{\mathbb{I}\left(l_{ij}^{(m)}\neq k\right)} \right] \right\} \tag{4.74}$$

这一模型仍然可以用 EM 算法求解。在 E 步，计算标签真值的联合概率分布：

$$\begin{aligned} P\left(y_i^{(\cdot)} \overset{12\cdots M}{=} k^{(\cdot)} | \boldsymbol{L}, \Theta, \tilde{\boldsymbol{\zeta}}\right) &= \prod_{m=1}^{M} P\left(y_i^{(m)} = k^{(m)} | \boldsymbol{L}, \Theta, \tilde{\boldsymbol{\zeta}}\right) \\ &\propto \prod_{m=1}^{M} \theta_{k^{(m)}}^{(m)} \prod_{j=1}^{J} \left(\zeta_j^{(m)}\right)^{\Im\left(l_{ij}^{(m)}=k\right)} \left(\frac{1-\zeta_j^{(m)}}{K-1}\right)^{\mathbb{I}\left(l_{ij}^{(m)}\neq k\right)} \end{aligned} \tag{4.75}$$

然后仍然可以使用式(4.56)计算出 $\mathbb{E}\left[\mathbb{I}(y_i^{(m)} = k)\right]$。在 M 步，参数 $\theta_k^{(m)}$ 计算公式 (4.57)不变，同时可以推导出工作者 $\boldsymbol{u}_j$ 的可靠度更新公式：

$$\hat{\zeta}_j^{(m)} = \frac{\sum\limits_{i=1}^{I} \mathbb{E}\left[\mathbb{I}(y_i^{(m)} = k)\right] \mathbb{I}(l_{ij}^{(m)} = k)}{\sum\limits_{i=1}^{I} \mathbb{E}\left[\mathbb{I}(y_i^{(m)} = k)\right] \mathbb{I}(l_{ij}^{(m)} \neq 0)} \tag{4.76}$$

对应 MCMLD 模型，也可以得到该模型的“单币”简化形式(MCMLD-OC 模型)，即使用如下公式计算众包标注的对数似然：

$$\ln P\left(\boldsymbol{L} \mid \tilde{\boldsymbol{\zeta}}, \boldsymbol{\Theta}, \boldsymbol{\omega}\right) = \sum_{i=1}^{I} \ln\left\{\sum_{k^{(1)}=1}^{K}\sum_{k^{(2)}=1}^{K}\cdots\sum_{k^{(M)}=1}^{K}\left[\sum_{r=1}^{R}\omega_r\prod_{m=1}^{M}\theta_{rk^{(m)}}^{(m)}\prod_{j=1}^{J}\left(\zeta_j^{(m)}\right)^{\mathbb{I}\left(l_{ij}^{(m)}=k\right)}\left(\frac{1-\zeta_j^{(m)}}{K-1}\right)^{\mathbb{I}\left(l_{ij}^{(m)}\neq k\right)}\right]\right\} \tag{4.77}$$

在 E 步计算真实标签的联合概率如下：

$$P\left(y_i^{(\cdot)} \overset{12\cdots M}{=} k^{(\cdot)}, z_i = r|\boldsymbol{L}, \tilde{\boldsymbol{\zeta}}, \boldsymbol{\Theta}, \boldsymbol{\omega}\right) \propto \omega_r\prod_{m=1}^{M}\theta_{rk^{(m)}}^{(m)}\prod_{j=1}^{J}\left(\zeta_j^{(m)}\right)^{\mathbb{I}\left(l_{ij}^{(m)}=k\right)}\left(\frac{1-\zeta_j^{(m)}}{K-1}\right)^{\mathbb{I}\left(l_{ij}^{(m)}\neq k\right)} \tag{4.78}$$

在 M 步，参数 ω_r 和 $\theta_{rk}^{(m)}$ 的计算公式(4.68)和式(4.69)不变，工作者 $\boldsymbol{u}_j$ 的可靠度更新公式如下：

$$\hat{\zeta}_j^{(rm)} = \frac{\sum_{i=1}^{I}\mathbb{E}\left[\mathbb{I}(y_i^{(m)}=k)\right]\mathbb{E}\left[\mathbb{I}(z_i=r)\right]\mathbb{I}(l_{ij}^{(m)}=k)}{\sum_{i=1}^{I}\mathbb{E}\left[\mathbb{I}(y_i^{(m)}=k)\right]\mathbb{I}(l_{ij}^{(m)}\neq 0)} \tag{4.79}$$

4.5　非 EM 求解的真值推断

基于 EM 求解的真值推断模型虽然获得了广泛的应用，但是也不可避免有其自身的缺陷。首先，随着模型变得越来越复杂，可能会超出 EM 算法的应用条件。其次，EM 算法只能获得局部最优且算法的性能与参数的初始设置密切相关。然而，现在还不具备相关理论来指导这些初始设置。最后，EM 算法的迭代效率也是一个无法控制的变量，阻碍了算法在大规模数据上的应用。而基于优化的真值推断技术则避免了使用 EM 算法，本节将介绍几个基于优化技术的真值推断模型。

4.5.1　CUBAM 模型

美国加利福尼亚理工学院的 Welinder 等(2010)提出了一种多维度真值推断模型。该模型的提出基于对图片中某种类型的鸟是否出现这一应用背景。因此，样本标签和众包标签均为二值标签，即 $l_{ij}, y_i \in \{0,1\}$。该模型需要使用样本本身的信息 $\boldsymbol{x}_i$，但是假设不同工作者 $\boldsymbol{u}_j$ 所看到的同一幅图像的信息是不同的(工作者有自己的主观认识)，建模为向量 $\boldsymbol{z}_{ij} = \boldsymbol{x}_i + \boldsymbol{n}_{ij}$，其中 $\boldsymbol{n}_{ij}$ 为一个既和样本相关也和工作者相关的“噪声”向量。该噪声向量可以进一步使用与该工作者相关正态分布的均方差 σ_j 来参数化。该模型将每位工作者参数化为一个向量 $\hat{\boldsymbol{w}}_j$，该向量与 $\boldsymbol{z}_{ij}$ 具有相同维度且将工作者的专业程度编码到高维空间。最终，众包标签 l_{ij} 的生成规则是将标量投影$\left(z_{ij}\cdot\hat{w}_j\right)$与预先设置的阈值$\hat{\tau}_j$进行比较，如果$\left(z_{ij}\cdot\hat{w}_j\right)-\hat{\tau}_j\geqslant 0$则$l_{ij}=1$，否则$l_{ij}=0$。因此，整个模型的联合概率分布为

$$\begin{aligned}P(L,\boldsymbol{y},X,\boldsymbol{z},\boldsymbol{\sigma},\hat{\boldsymbol{w}},\hat{\boldsymbol{\tau}})=&\prod_{j=1}^{J}P(\sigma_j)P(\tau_j)P(\hat{\boldsymbol{w}}_j)\\&\cdot\prod_{i=1}^{I}\left(P(y_i)P(\boldsymbol{x}_i\mid y_i)\prod_{j\in U_i}P(\boldsymbol{z}_{ij}\mid\boldsymbol{x}_i,\sigma_j)P(l_{ij}\mid\hat{\boldsymbol{w}}_j,\hat{\tau}_j,\boldsymbol{z}_{ij})\right)\end{aligned}\tag{4.80}$$

假设$\boldsymbol{x}_i$的标签真值y_i具有 Bernoulli 先验$P(y_i=1)=\beta$。给定y_i后样本本身特征$\boldsymbol{x}_i$服从正态分布$P(\boldsymbol{x}_i|y_i)=\mathrm{N}(\boldsymbol{x}_i\mid\boldsymbol{\mu}_y,E\theta_y^2)$。众包工作者对于样本的观测值$\boldsymbol{z}_{ij}$同样服从正态分布，即$P(\boldsymbol{z}_{ij}\mid\boldsymbol{x}_i,\sigma_j)=\mathrm{N}(\boldsymbol{z}_{ij}\mid\boldsymbol{x}_i,E\sigma_j^2)$。另外，将工作者看成线性分类器，即$\hat{\boldsymbol{w}}_j$为决策平面的方向，而$\hat{\tau}_j$为偏倚，则众包标签$l_{ij}$的判别模型为$l_{ij}=\mathbb{I}\left((\boldsymbol{z}_{ij}\cdot\hat{\boldsymbol{w}}_j)-\hat{\tau}_j\geqslant 0\right)$。进一步，可以将$l_{ij}=1$的后验概率用正态分布的累积分布函数$\Phi(\cdot)$表示出来，即

$$P\left(l_{ij}=1\mid\boldsymbol{x}_i,\sigma_j,\hat{\tau}_j\right)=\Phi\left(\frac{(\boldsymbol{z}_{ij}\cdot\hat{\boldsymbol{w}}_j)-\hat{\tau}_j}{\sigma_j}\right)\tag{4.81}$$

为了消除$\hat{\boldsymbol{w}}_j$的方向性限制(即$\left\|\hat{\boldsymbol{w}}_j\right\|^2=1$)，模型重新定义参数$\boldsymbol{w}_j=\hat{\boldsymbol{w}}_j/\sigma_j$以及$\tau_j=\hat{\tau}_j/\sigma_j$。然后，为参数$\boldsymbol{w}_j$和$\tau_j$分别赋予参数为$\alpha$和$\gamma$的高斯先验。最后，整个模型的概率图表示如图 4-7 所示，其联合概率分布为

$$P(L,X,\boldsymbol{w},\boldsymbol{\tau})=\prod_{j=1}^{J}P(\tau_j|\gamma)P(\boldsymbol{w}_j|\alpha)\prod_{i=1}^{I}\left(P(\boldsymbol{x}_i\mid\theta_y,\beta)\prod_{j\in U_i}P(l_{ij}\mid\boldsymbol{x}_i,\boldsymbol{w}_j,\tau_j)\right)\tag{4.82}$$

由于唯一可以观察到的变量是众包标签L，因此采用最大后验概率估计(MAP)来确定参数$(X,\boldsymbol{w},\boldsymbol{\tau})$的最优值，即

$$\begin{aligned}(X^*,\boldsymbol{w}^*,\boldsymbol{\tau}^*)&=\underset{X,\boldsymbol{w},\boldsymbol{\tau}}{\operatorname{argmax}}\left\{\ln P(X,\boldsymbol{w},\tau\mid L)\right\}\\&=\sum_{i=1}^{I}\ln P(\boldsymbol{x}_i\mid\theta_y,\beta)+\sum_{j=1}^{J}\ln P(\boldsymbol{w}_j\mid\alpha)+\sum_{j=1}^{J}\ln P(\tau_j\mid\gamma)\\&\quad+\sum_{i=1}^{I}\sum_{j\in U_i}\left[l_{ij}\ln\Phi((\boldsymbol{z}_{ij}\cdot\hat{\boldsymbol{w}}_j)-\hat{\tau}_j)+(1-l_{ij})\ln(1-\Phi((\boldsymbol{z}_{ij}\cdot\hat{\boldsymbol{w}}_j)-\hat{\tau}_j))\right]\end{aligned}\tag{4.83}$$

为了最大化式(4.83)，首先，固定参数X，用梯度上升法优化参数$(\boldsymbol{w},\boldsymbol{\tau})$；然后，固定参数$(\boldsymbol{w},\boldsymbol{\tau})$，用梯度上升法优化参数$X$。重复这一交替优化过程直到函数收敛。

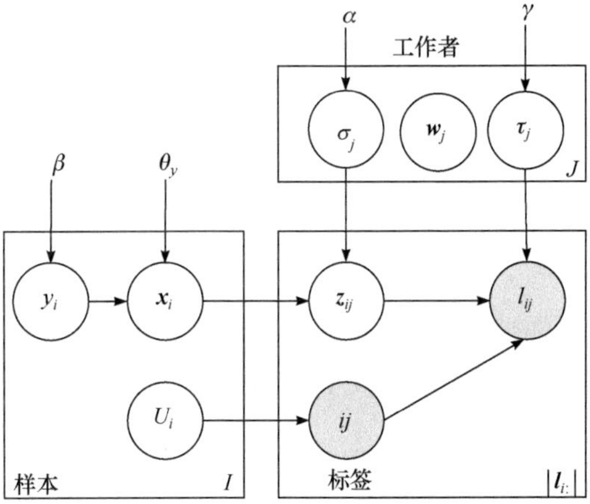

图 4-7　CUBAM 模型的概率图表示

4.5.2　Minimax 熵模型

微软雷德蒙研究院的周登勇提出了一种基于最小最大(Minimax)熵优化的真值推断模型(Zhou et al., 2012)。该模型借鉴了经典的 DS 模型中的混淆矩阵的概念，并且将这一概念从面向类别进行定义拓展到面向标注对象进行定义。由于该模型使用了张量表示混淆矩阵和众包标签，因此本节将重新定义样本真实标签、众包标签和工作者的混淆矩阵。

Minimax 熵模型将样本 $\boldsymbol{x}_i$ 的真实标签定义为向量 y_{id} (注：这里的表示是向量中的元素)，其元素值表示该样本 i 属于类 d 的概率；将工作者对所有样本的标注 $\boldsymbol{z}_{ji}$ 定义为张量分量 z_{jik}，其元素表示工作者 $\boldsymbol{u}_j$ “是否”将样本 $\boldsymbol{x}_i$ 标注为 k 类，若“是”，则该元素 $z_{jik}=1$，否则 $z_{jik}=0$。假设 $\boldsymbol{z}_{ji}$ 从矩阵 π_{ji} (即工作者 $\boldsymbol{u}_j$ 标注样本 $\boldsymbol{x}_i$ 的概率分布)中抽取。同样，π_{ji} 也可以表示为张量分量 π_{jik}，即工作者 $\boldsymbol{u}_j$ 将样本 $\boldsymbol{x}_i$ 标注为 k 类的概率。因此，Minimax 熵模型将从观察标签 $\boldsymbol{z}_{ji}$ 推断出 y_{id}。

该模型从先前研究的两种典型角度考虑以 π_{ji} 为基础的最大熵。从多数投票角度考虑，模型将限定 π_{ji} 的每列(每列代表一个样本)，即在样本上考虑所有工作者，那么对于每一类别 k，让 $\sum_j z_{jik}$ 与 $\sum_j \pi_{jik}$ 相匹配。而 DS 模型则将限定 π_{ji} 的每行(每行代表一位工作者)，即对于某一位工作者标注的所有样本，需要让 $\sum_i y_{id} z_{jik}$ 与 $\sum_i y_{id} \pi_{jik}$ 相匹配。因此，给定 y_{id}，构建以 π_{ji} 表示的最大熵，如下：

$$\begin{aligned}&\max_{\pi}\ -\sum_{j=1}^{J}\sum_{i=1}^{I}\sum_{k=1}^{K}\pi_{jik}\ln\pi_{jik}\\&\text{s.t.}\ \sum_{j=1}^{J}\pi_{jik}=\sum_{j=1}^{J}z_{jik},\ \forall i,k;\quad \sum_{i=1}^{I}y_{id}\pi_{jik}=\sum_{i=1}^{I}y_{id}z_{jik},\ \forall j,k,d\\&\quad\ \sum_{k=1}^{K}\pi_{jik}=1,\ \forall j,i;\quad \pi_{jik}\geqslant 0,\ \forall j,i,k\end{aligned}\tag{4.84}$$

推断 y_{id}，即模型需要选择 y_{id} 来最小化式(4.84)所表示的熵。直观上说，给定 y_{id} 让 π_{ji} 达到峰值意味着 z_{ji} 具有最小的随机性。因此，推断 y_{id} 可以表示为求 Minimax 熵：

$$\begin{aligned}&\min_{y}\max_{\pi}\ -\sum_{j=1}^{J}\sum_{i=1}^{I}\sum_{k=1}^{K}\pi_{jik}\ln\pi_{jik}\\&\text{s.t.}\ \sum_{j=1}^{J}\pi_{jik}=\sum_{j=1}^{J}z_{jik},\ \forall i,k;\quad \sum_{i=1}^{I}y_{id}\pi_{jik}=\sum_{i=1}^{I}y_{id}z_{jik},\ \forall j,k,d\\&\quad\ \sum_{k=1}^{K}\pi_{jik}=1,\ \forall j,i;\quad \pi_{jik}\geqslant 0,\ \forall j,i,k;\quad \sum_{d=1}^{K}y_{id}=1,\ \forall i;\quad y_{id}\geqslant 0,\ \forall i,d\end{aligned}\tag{4.85}$$

对于此类带有约束的优化问题，其求解方法是将其转化为对偶形式，然后使用坐标下降方法迭代优化。

4.5.3 KOS 模型

Karger 等(2014)利用类似信念传播的机制提出一种基于标注者可靠度的众包标签推断模型，即 KOS 模型。该模型将工作者与标注对象之间的关系组织成一个二部图。如果工作者 $\boldsymbol{u}_j$ 标注了样本 $\boldsymbol{x}_i$，则图上具有边 (i,j)，每条边 (i,j) 对应一个响应(众包标注) $l_{ij}\in\{+1,-1\}$，图上所有边的集合定义为ε，另外将图上节点 i 的邻接节点表示为 ∂i。该模型需要具有几个前提假设：首先，众包任务为二分类标注；其次，每位工作者标注的任务数具有最大限制 $\tau_{\max}$ 且 $\tau_{\max}\ll I$；最后，工作者 $\boldsymbol{u}_j$ 具有相对稳定的可靠度 p_j。

KOS 模型通过操作实值表示的任务消息 $\{x_{i\to j}\}_{(i,j)\in E}$ 和工作者消息 $\{u_{j\to i}\}_{(i,j)\in E}$ 来完成推断。任务消息 $x_{i\to j}$ 表示样本 $\boldsymbol{x}_i$ 为正样本的对数似然，而工作者消息 $u_{j\to i}$ 表示其可靠程度。模型将工作者消息初始化为独立的高斯随机变量。在第 k 次迭代中，上述两种消息按照以下公式进行更新：

$$x_{i\to j}^{(k)}=\sum_{j'\in\partial i\setminus j}l_{ij'}u_{j'\to i}^{(k-1)},\quad (i,j)\in\varepsilon\tag{4.86}$$

$$u_{j\to i}^{(k)}=\sum_{i'\in\partial j\backslash i}l_{i'j}x_{i'\to j}^{(k)},\quad (i,j)\in\varepsilon \tag{4.87}$$

在任务更新中，模型对于来自值得信任的工作者的答案给予更大的权重。在工作者更新中，如果给出的任务标签 $l_{i'j}$ 与模型所认为的该任务是“正”任务的概率(即 $x_{i'\to j}$)一致，那么模型将增加工作者的信心。直观上，工作者消息表示了模型对工作者可靠度的信心。最终，模型将通过对以工作者可靠度作为权重的所有众包标签进行求和来估计样本的标签真值：

$$\hat{y}_i^{(k)}=\text{sign}\left(\sum_{j\in\partial i}l_{ij}u_{j\to i}^{(k-1)}\right) \tag{4.88}$$

算法 4-2 描述了整个 KOS 模型的推断过程。在 KOS 模型中，如果每个样本恰好被 γ 位众包工作者标注，而每位众包工作者必须且只能标注 τ 个样本，则称为整个标注任务构成 (γ,τ)-规则二部图。这时该模型等价于低秩矩阵的奇异值分解问题。

算法 4-2　KOS 模型

Input:　ε, $\{l_{ij}\}_{(i,j)\in E}$, $k_{\max}$

Output: Estimated $\hat{y}_i$ for $\boldsymbol{x}_i$, $\forall i\in\{I\}$

1. **for all** $(i,j)\in E$ **do**
2. 　　Initialize $u_{j\to i}^{(0)}$ with random $z_{ij}\sim \mathrm{N}(1,1)$
3. **for** $k=1,2,\cdots,k_{\max}$ **do**
4. 　　**for all** $(i,j)\in\varepsilon$ **do** $x_{i\to j}^{(k)}=\sum_{j'\in\partial i\backslash j}l_{ij'}u_{j'\to i}^{(k-1)}$
5. 　　**for all** $(i,j)\in\varepsilon$ **do** $u_{j\to i}^{(k)}=\sum_{i'\in\partial j\backslash i}l_{i'j}x_{i'\to j}^{(k)}$
6. **for all** $i\in[I]$ **do** $\hat{y}_i=y_i^{(k)}=\text{sign}\left(\sum_{j\in\partial i}l_{ij}u_{j\to i}^{(k-1)}\right)$
7. **return** $\hat{y}_i,\forall i\in[I]$

4.5.4　SFilter 时序模型

Donmez 等(2010)提出一种随时间改变的众包真值推断模型 SFilter。该模型在一定条件下更加适用于动态系统，它假设每位众包工作者的准确度随着时间而变化。SFilter 的目标是过滤掉低质量的工作者。模型使用时序贝叶斯估计并假设准

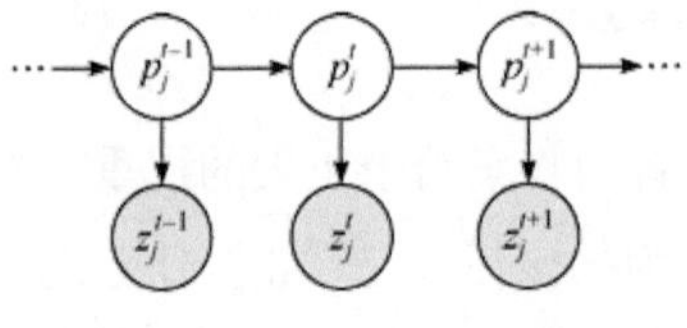

图 4-8　SFilter 隐马尔可夫模型

确度的最大变化率较小并且可知。假设 p_j^t 表示工作者 $\boldsymbol{u}_j$ 在 t 时刻的准确度，z_j^t 表示该工作者在 t 时刻提供的标签。工作者在 t 时刻标注准确度的后验概率为 $P(p_j^t \mid z_j^1, z_j^2, \cdots, z_j^t)$。SFilter 使用如图 4-8 所示的隐马尔可夫模型来对准确度的变化进行建模：

$$p_j^t = f_t(p_j^{t-1}, \varDelta_{t-1}) = p_j^{t-1} + \varDelta_{t-1}, \quad \varDelta \sim \mathrm{N}(0, \sigma^2) \tag{4.89}$$

该模型表示每位工作者在 t 时刻的准确仅依赖于其 $t-1$ 时刻的准确度，该工作者当前提供的标注仅依赖于当前的准确度。SFilter 假设其准确度值在区间(0.5, 1]区间，从状态 $t-1$ 转移到状态 t 的转移概率使用截断的高斯分布计算：

$$P(p_j^t \mid p_j^{t-1}, \sigma) = \frac{\dfrac{1}{\sigma}\phi\left(\dfrac{p_j^t - p_j^{t-1}}{\sigma}\right)}{\varPhi\left(\dfrac{1 - p_j^{t-1}}{\sigma}\right) - \varPhi\left(\dfrac{0.5 - p_j^{t-1}}{\sigma}\right)} \tag{4.90}$$

其中，ϕ 为标准高斯概率密度函数；$\varPhi$ 为累积概率函数。假设 z_{ij}^t 为标注者 $\boldsymbol{u}_j$ 在 t 时刻为样本 i 提供的标签，$z_{iJ(t)}^t$ 为其他标注者提供的标签，则有

$$P(z_{ij}^t \mid p_j^t, z_{iJ(t)}^t) = \sum_{y \in \{+1,-1\}} P(z_{ij}^t \mid p_j^t, y_i = y) P(y_i = y \mid z_{iJ(t)}^t) \tag{4.91}$$

其中，$P(y_i \mid z_{iJ(t)}^t)$ 使用从 $z_{iJ(t)}^t$ 获得的集成标签的概率进行计算：

$$P(y_i \mid z_{iJ(t)}^t) \propto P(y_i) P(z_{iJ(t)}^t \mid y_i) \propto P(y_i) \prod_{j \in J(t)} P(z_{ij}^t \mid y_i) \tag{4.92}$$

SFilter 算法的主要缺点为：只要有一个标签更新，该模型就要重新计算一遍，因此非常耗时，为了解决这一问题，研究人员同时也给出了一个增量算法。实验显示当标注者准确度在一定范围内变化时，SFilter 算法能够及时捕捉到这些变化。

4.5.5　BCC 模型和 cBCC 模型

Kim 和 Ghahramani(2012)为了集成多个分类器提出一种贝叶斯分类组合(BCC)模型。该模型虽然不是为众包真值推断而提出的，但是如果将众包工作者看成独立的分类器，则该模型可以直接应用到众包标签真值推断中。BCC 模型的概率图如图 4-9 所示。

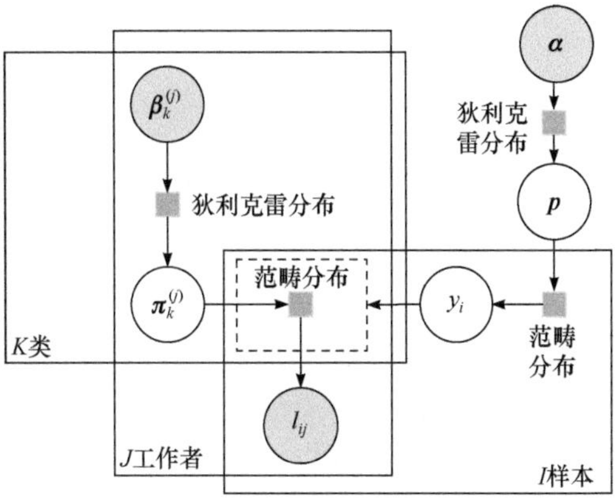

图 4-9　BCC 模型的概率图表示

BCC 模型假设样本 $\boldsymbol{x}_i$ 标签真值 y_i 从参数为 $\boldsymbol{p}$ 的 Multinoulli 分布中产生，即 $y_i \mid \boldsymbol{p} \sim \text{Multi}(y_i \mid \boldsymbol{p})$，其中 $\boldsymbol{p}$ 表示所有样本中各类的比例。工作者 $\boldsymbol{u}_j$ 对样本 $\boldsymbol{x}_i$ 的标注 l_{ij} 从参数为 $\boldsymbol{\pi}_k^{(j)}$ 的 Multinoulli 分布中产生，即

$$l_{ij} \mid \boldsymbol{\pi}^{(j)},\quad y_i \sim \text{Multi}(l_{ij} \mid \pi_{y_i}^{(j)}) \tag{4.93}$$

其中，$\boldsymbol{\pi}^{(j)} = \{\pi_1^{(j)}, \pi_2^{(j)}, \cdots, \pi_K^{(j)}\}$ 是工作者 $\boldsymbol{u}_j$ 混淆矩阵的行向量。也就是说样本的真实标签 y_i 在这里作为 Multinoulli 分布参数的选择子。在图 4-9 中使用了“门”(虚线框)来表示概率分布关系(Minka and Winn, 2008)。进一步假设所有的众包标签都是独立同分布的，则所有众包标签 L 的似然可以如下表示：

$$P(L \mid \boldsymbol{\pi}, \boldsymbol{y}, \boldsymbol{p}) = \prod_{i=1}^{I} \text{Multi}(y_i \mid \boldsymbol{p}) \prod_{j=1}^{J} \text{Multi}(l_{ij} \mid \pi_{y_i}^{(j)}) \tag{4.94}$$

那么给定观察到的众包标签 L，模型参数的后验概率分布为

$$P(\boldsymbol{\pi}, \boldsymbol{y}, \boldsymbol{p} \mid L) \propto P(L \mid \boldsymbol{\pi}, \boldsymbol{y}, \boldsymbol{p}) P(\boldsymbol{y} \mid \boldsymbol{p}) P(\boldsymbol{\pi}) \tag{4.95}$$

将参数 $\boldsymbol{p}$ 和 $\pi_k^{(j)}$ 分别赋予一个共轭先验分布(即狄利克雷分布)，则有 $\boldsymbol{p} \sim \text{Dir}(\boldsymbol{p} \mid \boldsymbol{\alpha})$ 以及 $\pi_k^{(j)} \sim \text{Dir}(\pi_k^{(j)} \mid \boldsymbol{\beta}_k^{(j)})$。那么，式(4.95)可以简化为

$$P(\boldsymbol{\pi}, \boldsymbol{y}, \boldsymbol{p} \mid L) \propto \text{Dir}(\boldsymbol{p} \mid \boldsymbol{\alpha}) \prod_{i=1}^{I} \left\{ \text{Multi}(y_i \mid \boldsymbol{p}) \prod_{j=1}^{J} \text{Multi}(l_{ij} \mid \pi_{y_i}^{(j)}) \text{Dir}(\pi_{y_i}^{(j)} \mid \boldsymbol{\beta}_{y_i}^{(j)}) \right\} \tag{4.96}$$

该模型的求解可以使用 Gibbs 采样算法(Geman S and Geman D, 1984)。由式 (4.94)可以得到采样的条件密度函数如下：

$$P(\boldsymbol{p} \mid \text{rest}) \propto \prod_{k=1}^{K} p_k^{|\{i \mid y_i = k, i=1,2,\cdots,I\}| + \alpha_k - 1} \tag{4.97}$$

$$P(\pi_k^{(j)} \mid \text{rest}) \propto \prod_{d=1}^{K} \left(\pi_{kd}^{(j)}\right)^{\left|\{i \mid y_i = k \wedge l_{ij} = d\}\right| + \beta_{kd}^{(j)} - 1} \tag{4.98}$$

$$P(y_i = k \mid \text{rest}) \propto p_k \prod_{j=1}^{J} \pi_{k, l_{ij}} \tag{4.99}$$

整个 Gibbs 采样的过程是：首先，初始化 $\boldsymbol{p}$ 和 $\boldsymbol{\pi}$ ；然后，按照式(4.97)～式(4.99)的顺序迭代采样 $\boldsymbol{p}$ 、$\boldsymbol{\pi}$ 和 $\boldsymbol{y}$ 。

Venanzi 等(2014)在 BCC 模型的基础上进行了扩展，提出一种社区化的 BCC 模型，即 cBCC 模型。该模型引入了工作者的社区结构概念。cBCC 模型的概率图表示如图 4-10 所示。假设工作者中存在 M 个社区，每个社区 m 关联一个混淆矩阵 $\pi^{(m)}$ 。变量 $m^{(j)}$ 表示工作者 $\boldsymbol{u}_j$ 的社区成员关系。假设 $m^{(j)}$ 由参数为 $\boldsymbol{h}$ 的 Multinoulli 分布产生：$m^{(k)} \mid \boldsymbol{h} \sim \text{Multi}(m^{(k)} \mid \boldsymbol{h})$，其中 $\boldsymbol{h}$ 表示所有工作者社区隶属的比例。另外，每个社区具有一个概率评分向量 $\boldsymbol{s}_k^{(m)}$，表示社区混淆矩阵行向量 $\pi^{(m)}$ 的第 k 行的对数概率。将 softmax 函数作用于社区评分 $\boldsymbol{s}_k^{(m)}$ 可以得到规范化指数版本的 $\boldsymbol{s}_k^{(m)}$，并且 cBCC 模型将社区混淆矩阵的第 k 行的概率定义为 $P(\pi_k^{(m)} \mid \boldsymbol{s}_k^{(m)}) = \delta(\pi_k^{(m)} - \text{softmax}(\boldsymbol{s}_k^{(m)}))$，其中 δ 是狄拉克 δ 函数。

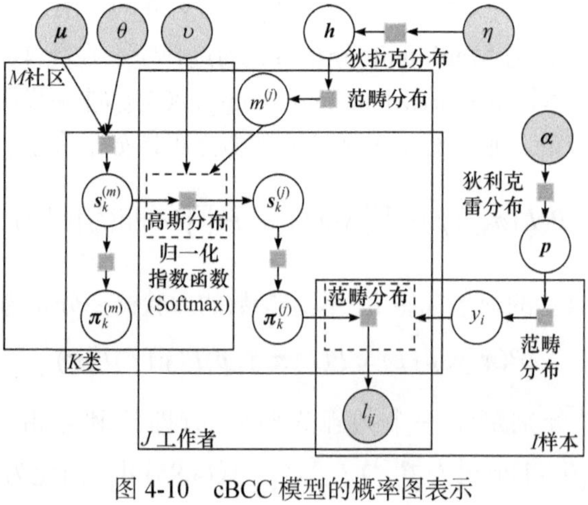

图 4-10　cBCC 模型的概率图表示

与 BCC 模型相比，cBCC 模型中社区和工作者的混淆矩阵并不独立。每位工作者 $\boldsymbol{u}_j$ 具有一个评分向量 $\boldsymbol{s}_k^{(j)}$ ，对于每个类别 k，该评分向量由其所属 $m^{(j)}$ 社区的评分向量 $\boldsymbol{s}_k^{(m^{(j)})}$ 通过多元高斯分布产生：

$$\boldsymbol{s}_k^{(j)} | \boldsymbol{s}_k^{(m^{(j)})} \sim \mathcal{N}(\boldsymbol{s}_k^{(j)} | \boldsymbol{s}_k^{(m^{(j)})}, \upsilon^{-1} I) \tag{4.100}$$

其中，υ 是表示社区混淆矩阵的各向同性逆方差的超参数。因此，$\pi_k^{(j)}$ 可以从规

范化指数版本的 $\boldsymbol{s}_k^{(j)}$ 导出：$P(\pi_k^{(j)} \mid \boldsymbol{s}_k^{(j)}) = \delta(\pi_k^{(j)} - \mathrm{softmax}(\boldsymbol{s}_k^{(j)}))$。

模型的目标是给定观察到的所有众包标签 L，推断参数 $\Theta = \{\boldsymbol{s}^{(m)}, \boldsymbol{\pi}^{(m)}, \boldsymbol{s}^{(j)}, \boldsymbol{\pi}^{(j)}, \boldsymbol{y}, \boldsymbol{p}\}$ 的后验概率分布。为了达成此目标，应用贝叶斯定理计算在给定 L 的条件下的参数 Θ 联合后验概率分布：

$$P(\Theta \mid L) \propto P(L \mid \boldsymbol{\pi}^{(j)}, \boldsymbol{y}) P(\boldsymbol{y} \mid \boldsymbol{p}) P(\boldsymbol{p}) P(\boldsymbol{\pi}^{(j)} \mid \boldsymbol{s}^{(j)}) P(\boldsymbol{s}^{(j)} \mid \boldsymbol{s}^{(m^{(j)})}) P(m^{(k)} \mid \boldsymbol{h}) P(\boldsymbol{h}) P(\boldsymbol{s}^{(m^{(j)})}) \tag{4.101}$$

参数 $\boldsymbol{h}$ 和 $\boldsymbol{s}_k^{(j)}$ 的先验可以分别由共轭分布 $\boldsymbol{h} \mid \boldsymbol{\alpha} \sim \mathrm{Dir}(\boldsymbol{h} \mid \boldsymbol{\alpha})$ 和 $\boldsymbol{s}_k^{(j)} \mid \boldsymbol{\mu}, \theta \sim N(\boldsymbol{s}_k^{(j)} \mid \boldsymbol{\mu}, \theta^{-1} E)$ 指定。假设众包标签独立产生，则由式(4.99)可以推导出以下联合后验概率分布：

$$\begin{aligned} P(\Theta \mid L) \propto \mathrm{Dir}(\boldsymbol{p} \mid \boldsymbol{\alpha}) \prod_{i=1}^{I} \Bigg\{ & \mathrm{Multi}(y_i \mid \boldsymbol{p}) \prod_{j=1}^{J} \Big\{ \mathrm{Multi}(l_{ij} \mid \pi_{y_i}^{(j)}) \\ & \cdot \delta(\pi_{y_i}^{(m^{(k)})} - \mathrm{softmax}(\boldsymbol{s}_{y_i}^{(m^{(k)})})) \mathrm{Dir}(\boldsymbol{h} \mid \boldsymbol{\alpha}) N(\boldsymbol{s}_{y_i}^{(j)} \mid \boldsymbol{s}_{y_i}^{(j)}, \upsilon^{-1} E) \\ & \cdot N(\boldsymbol{s}_{y_i}^{(m^{(k)})} \mid \boldsymbol{\mu}, \theta^{-1} E) \mathrm{Multi}(m^{(j)} \mid \boldsymbol{h}) \Big\} \Bigg\} \end{aligned} \tag{4.102}$$

为了计算每个参数近似边缘概率分布，cBCC 模型使用了变分消息传递算法(Winn and Bishop, 2005)。由于这个算法涉及更多变分推断，这里不再详细描述。

4.6 本章小结

众包标签的真值推断解决在无监督条件下使用观察到的众包标签推断样本标签真值以及标注系统其他相关特性的问题。它是众包学习领域中研究得最为深入的基础方向。除了多数投票这种最简单的推断模型外，绝大多数真值推断模型都是基于概率建模，利用最大似然估计或者最大后验概率估计来估算模型中的参数和变量。因此，频率学派和贝叶斯学派中的概率推断方法都可以用在此问题的求解上。由于存在隐变量，不少真值推断模型的求解使用了 EM 算法。同时，也有很多模型使用了概率模型中其他常用的求解算法，如梯度(坐标)下降、Gibbs 采样、矩阵奇异值分解、变分推断等。

第 5 章　面向众包标注数据的预测模型学习

5.1　引　　言

第 4 章介绍了几个真值推断模型，通过真值推断过程为每个训练样本赋予更加准确的集成标签，然后将这些集成标签作为样本真实标签的替代，便达成对未标注样本进行预测模型学习，这是最直接的两阶段学习模式。一种形式更优美的方法是直接学习法，顾名思义就是不通过真值推断直接利用众包标注数据构建预测学习模型，这有利于寻求全局最优解。在众包这一独特的标注环境下，面向众包标注数据的预测模型学习的研究越来越多。

本章主要介绍几个经典的面向众包标注数据的预测模型学习方法，如监督学习和主动学习，还简单介绍应用于知识迁移和深度学习的案例。

5.2　两阶段学习方案和直接学习方案

在机器学习相关社区，人们利用众包平台获取数据标注后，除了进行非监督的真值推断来获得更为准确的标注以外，利用这些标注进行监督(或者弱监督)学习从而获得对未标注样本进行预测的学习模型是另外一个重要任务。本节简要分析真值推断和预测模型学习两者之间的关系。

5.2.1　数据质量和学习模型质量

第 4 章探讨了利用真值推断方法来提升标注准确度的诸多方法。提升标注准确度也就是提升标注数据的质量，它是利用众包标注数据进行机器学习的基础。然而需要指出的是，标注数据的质量并不等同于利用这些数据所获得的预测模型的质量。因此，首先需要将两者进行明确的定义。

定义 5-1 (数据质量)　数据质量表示数据集中所有样本来源于众包平台的标注与这些标注(潜在的)真值之间的匹配准确度。

一般来说，对于某些领域(如医学影像)，即便标注来源于领域专家也不一定能够保证其值完全正确。然而，在绝大多数的众包学习研究中，通常任务标注的真值来源于无错误的专家(又称“先知”)。相对于质量可靠度较低的众包工作者，通常认为领域专家即“先知”，他们提供的标注具备非常高的正确概率。这些标注真值通常用来在研究中评价算法的性能。本章将众包标注限定于“类”标签这类最常见的标注形式。

相对于领域专家，来自互联网的众包工作者的业务水平、工作态度等参差不齐，因此造成了数据质量的低下。这些存在着一定比例错误的众包标签也称为“噪声标签”(noisy label)。而降低“噪声”在标签中的比例成为提升数据质量的直接手段。因此，为了便于预测模型的学习，提升数据质量成为一种最基本的措施。通常，高质量的标注数据更容易获得性能优秀的预测模型。另外，提高学习模型本身的抗噪性能也是另外一种思路。

定义 5-2(模型质量)　使用众包标注数据，利用监督(或者弱监督)学习算法建立预测学习模型。该预测学习模型对于未知样本的预测能力，就是预测模型的泛化性能。

虽然预测学习模型的质量与数据质量密切相关，但是两者并不相同。从应用上说，有些应用如信息检索可能并不一定需要建立预测学习模型。从方法上说，如果能够找到更加有针对性的数据挑选手段，两者的联系可能会变得更为松散。例如，如果使用支持向量机(support vector machine, SVM)作为分类器建立分类模型，只要那些支持向量样本上的标签被正确标注，则分类模型就会具有较高的性能，在一定程度上其他数据点的标签正确与否对性能影响可能十分有限。另外，如果学习模型本身采用一些噪声鲁棒的方法进行构建(Freund, 2001; Sukhbaatar et al., 2015)，那么可以在一定程度上容忍标签中存在少量错误。这意味着即便众包标签不完美，也有可能构建出良好的预测模型。因此，本章聚焦构建预测学习模型的方法。

5.2.2　两阶段学习方案

面向众包标注的数据构建预测学习模型的直接思路是采用两阶段(two-stage)学习方案。这种方案可以将真值推断和预测模型学习分别从方法中剥离出来。例如，Sheng 等 (2008)的早期工作通过多数投票推断出样本的集成标签，然后用该集成标签作为其真实标签的替代构建随机森林分类模型。Raykar 等 (2010)的经典工作所提出的方法利用真值推断后的集成标签构建了 logistic 回归模型且真值推断和回归模型可以相互独立。两阶段学习方案有其自身的优势：首先，将学习过程清晰地区分为真值推断和预测模型能够分别针对每个阶段分别进行性能优化，从而实现方法整体的性能提升；其次，从应用开发的角度，区分两个阶段可以使得模型结构更为清晰，有助于模型开发过程中的代码调试；再次，区分两个阶段可以在不同的应用领域中选择各自领域适合的预测模型学习算法，因此具有更为广泛的适用性；最后，从已有的研究结果来看，目前仍然既没有理论证明，也没有大规模实验数据表明将两个过程合二为一或者直接进行预测模型学习一定有助于提高最终预测模型的性能。然而，值得指出的是，将集成标签作为其真值的替代用来进行模型学习可能会丢失一部分标签分布信息，而合理地利用这些标签分布信息在某些情况下能够进一步提升预测模型的泛化性能。关于这一课题，将在第 9 章中再继续详细探讨。

5.2.3 直接学习方案

与较为直接的两阶段学习方案不同，有一些研究更加追求形式上的优雅性，试图不通过真值推断直接利用众包标注数据构建预测学习模型，并在构建学习模型的过程中确定样本的真实标签。这类研究代表了一种积极寻求统一的局部或者全局优化的思路，是众包预测模型学习的研究热点。Yan 等(2010b)最早将每位众包工作者建模为一个线性分类器，同时将样本的整体也建模为一个线性分类器，通过 EM 算法求解这些线性分类器的系数向量。类似地，Kajino 等也将众包工作者视为分类器构建了两种不同的学习模型：个人分类器模型(Kajino et al., 2012)和聚类个人分类器模型(Kajino et al., 2013)。这两个模型均为基于凸优化算法的 logistic 回归模型。将每位众包工作者建模为独立的线性分类器后，可以利用多任务(multi-task)学习范式对这些分类器进行建模，并且对目标函数进行全局优化。Proactive 学习方法(Donmez and Carbonell, 2008)是另外一种无须引入真值推断的预测模型学习方法，然而该模型只能在每个样本仅被两位众包工作者标注的情形下工作良好。Sheng 等(2019)提出了一种成对(pairwise)样本的模型训练方法，让每个样本分别作为带有不同权重的正类样本和负类样本同时参与预测模型学习。由此可见，虽然直接学习方案可能有利于寻求全局最优解，但也正是由于这一点，学习模型所受的限制比较强，导致领域通用性较弱。但是，随着卷积神经网络、循环神经网络等表示学习技术的发展，端到端的学习模型愈发受到重视，直接学习方案仍具备继续深入研究的前景。

5.3 众包监督学习

本节介绍几个经典的面向众包标注数据的预测模型学习方法，这些方法只考虑给定众包标注数据的静态环境下的学习问题。另外值得指出的是，学术界通常将众包预测模型学习归为弱监督学习(Zhou, 2018)。

5.3.1 Raykar & Yu 学习模型

Raykar 等(2010)在其经典的工作中，分别给出了基于最大似然估计和基于最大后验概率估计的 logistic 回归学习模型。这些模型首先针对工作者的敏感度和特异度进行建模。工作者 $\boldsymbol{u}_j$ 的敏感度和特异度参数分别定义为

$$\alpha_j = P\left[l^{(j)} = 1 \mid y = 1\right] \tag{5.1}$$

$$\beta_j = P\left[l^{(j)} = 0 \mid y = 0\right] \tag{5.2}$$

可见，α_j 和 β_j 的定义不依赖于样本。

考虑线性判别函数族：$\mathcal{F} = \{f_{\boldsymbol{w}}\}$，对于任意的 $\boldsymbol{x}, \boldsymbol{w} \in \mathbb{R}^d$，$f_{\boldsymbol{w}}(\boldsymbol{x}) = \boldsymbol{w}^{\mathrm{T}}\boldsymbol{x}$。最终的分类模型可以写成如下形式：当 $\boldsymbol{w}^{\mathrm{T}}\boldsymbol{x} > \gamma$ 时，$\hat{y} = 1$，否则 $\hat{y} = 0$。阈值 γ 决定了分类器的操作点。γ 从负无穷增加到正无穷，将得到接受者操作特征曲线(receiver operating characteristic，ROC)曲线。正类的概率被建模为作用于 $f_{\boldsymbol{w}}$ 的 logistic sigmoid 函数，即

$$P(y = 1 \mid \boldsymbol{x}, \boldsymbol{w}) = \sigma\left(\boldsymbol{w}^{\mathrm{T}}\boldsymbol{x}\right) \tag{5.3}$$

其中，logistic sigmoid 函数定义为 $\sigma(z) = 1/\left(1 + \mathrm{e}^{-z}\right)$。因此，分类模型为 logistic 回归模型。

整个模型的学习问题定义为：给定训练数据 $D = \{\boldsymbol{x}_i, l_{ij}, \cdots, l_{iJ}\}_{i=1}^{I}$，估计权重向量 $\boldsymbol{w}$、所有样本的标签真值 $y_1, y_2, \cdots, y_I$ 以及 J 个工作者的敏感度参数 $\boldsymbol{\alpha} = [\alpha_1, \alpha_2, \cdots, \alpha_J]$ 和特异度参数 $\boldsymbol{\beta} = [\beta_1, \beta_2, \cdots, \beta_J]$。

1. 最大似然估计

假设训练样本独立采样，则给定观测值 D，参数是 $\boldsymbol{\theta} = \{\boldsymbol{w}, \boldsymbol{\alpha}, \boldsymbol{\beta}\}$ 的似然函数为

$$P(D \mid \boldsymbol{\theta}) = \prod_{i=1}^{I} P(l_{i1}, l_{i2}, \cdots, l_{iJ} \mid \boldsymbol{x}_i, \boldsymbol{\theta}) \tag{5.4}$$

给定 α_j、β_j 和 y_i 并利用贝叶斯定理，似然函数可以写为

$$\begin{aligned} P(D \mid \boldsymbol{\theta}) = \prod_{i=1}^{I} \{ & P(l_{i1}, l_{i2}, \cdots, l_{iJ} \mid y_i = 1, \boldsymbol{\alpha}) P(y_i = 1 \mid \boldsymbol{x}_i, \boldsymbol{w}) \\ & + P(l_{i1}, l_{i2}, \cdots, l_{iJ} \mid y_i = 0, \boldsymbol{\beta}) P(y_i = 0 \mid \boldsymbol{x}_i, \boldsymbol{w}) \} \end{aligned} \tag{5.5}$$

假设 $l_{i1}, l_{i2}, \cdots, l_{iJ}$ 相互独立，因此有

$$P(l_{i1}, l_{i2}, \cdots, l_{iJ} \mid y_i = 1, \boldsymbol{\alpha}) = \prod_{j=1}^{J} P(l_{ij} \mid y_i = 1, \alpha_j) = \prod_{j=1}^{J} (\alpha_j)^{l_{ij}} (1 - \alpha_j)^{1 - l_{ij}} \tag{5.6}$$

$$P(l_{i1}, l_{i2}, \cdots, l_{iJ} \mid y_i = 0, \boldsymbol{\beta}) = \prod_{j=1}^{J} P(l_{ij} \mid y_i = 0, \beta_j) = \prod_{j=1}^{J} (\beta_j)^{1 - l_{ij}} (1 - \beta_j)^{l_{ij}} \tag{5.7}$$

似然函数可以写为

$$P(D|\boldsymbol{\theta})=\prod_{i=1}^{I}\left[a_i p_i+b_i\left(1-p_i\right)\right] \tag{5.8}$$

其中，

$$p_i=\sigma\left(\boldsymbol{w}^{\mathrm{T}}\boldsymbol{x}_i\right) \tag{5.9}$$

$$a_i=\prod_{j=1}^{J}(\alpha_j)^{l_{ij}}(1-\alpha_j)^{1-l_{ij}} \tag{5.10}$$

$$b_i=\prod_{j=1}^{J}(\beta_j)^{1-l_{ij}}(1-\beta_j)^{l_{ij}} \tag{5.11}$$

最大似然估计是通过最大化对数似然函数来寻求参数的最优值：

$$\boldsymbol{\theta}_{\mathrm{ML}}=\{\hat{\boldsymbol{\alpha}},\hat{\boldsymbol{\beta}},\hat{\boldsymbol{w}}\}=\arg\max_{\boldsymbol{\theta}}\ln P(\mathcal{D}|\boldsymbol{\theta}) \tag{5.12}$$

由于模型用有隐变量 $y_1,y_2,\cdots,y_I$ ，可以采用 EM 算法进行优化求解。EM 算法的 E 步求所有变量在给定参数值条件下的对数似然函数的期望，即

$$\mathbb{E}\left\{\ln P(D,\boldsymbol{y}|\boldsymbol{\theta})\right\}=\sum_{i=1}^{I}\mu_i\ln p_i a_i+\left(1-\mu_i\right)\ln\left(1-p_i\right)b_i \tag{5.13}$$

其中，$\mu_i=P(y_i=1|l_{i1},l_{i2},\cdots,l_{iJ},\boldsymbol{x}_i,\boldsymbol{\theta})$ 。根据贝叶斯定理

$$\mu_i\propto P(l_{i1},l_{i2},\cdots,l_{iJ}\,|\,y_i=1,\boldsymbol{\theta})\cdot P(y_i=1|\,\boldsymbol{x}_i,\boldsymbol{\theta})=\frac{a_i p_i}{a_i p_i+b_i\left(1-p_i\right)} \tag{5.14}$$

M 步根据当前 μ_i 和观测量 D ，通过最大化条件期望来估计模型参数。通过将式(5.9)的梯度等于零，得到以下对敏感度和特异度参数的估计：

$$\alpha_j=\frac{\sum_{i=1}^{I}\mu_i l_{ij}}{\sum_{i=1}^{I}\mu_i},\quad \beta_j=\frac{\sum_{i=1}^{I}\left(1-\mu_i\right)\left(1-l_{ij}\right)}{\sum_{i=1}^{I}\left(1-\mu_i\right)} \tag{5.15}$$

由于 sigmoid 函数是非线性的，没有 $\boldsymbol{w}$ 的封闭解，可以使用基于梯度上升的优化方法。模型使用由 $\boldsymbol{w}^{t+1}=\boldsymbol{w}^{t}-\eta H^{-1}\boldsymbol{g}$ 定义的 Newton-Raphson 更新来优化 $\boldsymbol{w}$，其中 $\boldsymbol{g}$ 是梯度向量，H 是 Hessian 矩阵，η 是步长。梯度向量可表示为

$$\boldsymbol{g}(\boldsymbol{w})=\sum_{i=1}^{I}\left[\mu_i-\sigma\left(\boldsymbol{w}^{\mathrm{T}}\boldsymbol{x}_i\right)\right]\boldsymbol{x}_i \tag{5.16}$$

Hessian 矩阵为

$$H(\boldsymbol{w})=-\sum_{i=1}^{I}\left[\sigma\left(\boldsymbol{w}^{\mathrm{T}}\boldsymbol{x}_i\right)\right]\left[1-\sigma\left(\boldsymbol{w}^{\mathrm{T}}\boldsymbol{x}_i\right)\right]\boldsymbol{x}_i\boldsymbol{x}_i^{\mathrm{T}} \tag{5.17}$$

E 步和 M 步可以迭代进行直到收敛，而对数似然在每次迭代后呈单调递增。对于初始化设置，可以使用多数投票策略：$\mu_i=(1/J)\sum_{j=1}^{J}l_{ij}$。由上述分析可见，该模型本质上是在估计一个带有概率标签 μ_i 的逻辑回归模型。因此，该模型仍然属于两阶段学习模型。

2. 最大后验概率估计

在标签较为稀疏或者具有某些先验知识的情况下，使用最大后验概率估计往往更加符合实际情况。4.3.4 节直接介绍了 RY 真值推断模型的贝叶斯后验概率估计形式，即敏感度参数 α_j、特异度参数 β_j 及样本为正的概率 p_i 的后验概率形式分别为式(4.23)、式(4.24)和式(4.25)。为了保证模型的完整性，假定权重 $\boldsymbol{w}$ 产生于均值为 0 且逆协方差矩阵为 Γ 的高斯分布，即 $p(\boldsymbol{w})=\mathcal{N}\left(\boldsymbol{w}\mid\boldsymbol{0},\Gamma^{-1}\right)$。假设 $\{\alpha_j\}$、$\{\beta_j\}$ 和 $\boldsymbol{w}$ 具有独立的先验，可以通过最大化观测值的后验概率来优化模型的参数，即

$$\hat{\boldsymbol{\theta}}_{\mathrm{MAP}}=\underset{\boldsymbol{\theta}}{\operatorname{argmax}}\{\ln P(D\mid\boldsymbol{\theta})+\ln P(\boldsymbol{\theta})\} \tag{5.18}$$

该目标函数仍然可以使用 EM 算法进行求解。在 EM 算法的求解过程中，参数 α_j 和 β_j 的更新方程分别为式(4.29)和式(4.30)，μ_i 值的计算方程仍然为式(5.14)。同理，可以使用 Newton-Raphson 法通过递推式 $\boldsymbol{w}^{t+1}=\boldsymbol{w}^{t}-\eta H^{-1}\boldsymbol{g}$ 优化更新 $\boldsymbol{w}$，梯度向量为

$$\boldsymbol{g}(\boldsymbol{w})=\sum_{i=1}^{I}\left[\mu_i-\sigma\left(\boldsymbol{w}^{\mathrm{T}}\boldsymbol{x}_i\right)\right]\boldsymbol{x}_i-\Gamma\boldsymbol{w} \tag{5.19}$$

Hessian 矩阵为

$$H(\boldsymbol{w})=-\sum_{i=1}^{I}\left[\sigma\left(\boldsymbol{w}^{\mathrm{T}}\boldsymbol{x}_i\right)\right]\left[1-\sigma\left(\boldsymbol{w}^{\mathrm{T}}\boldsymbol{x}_i\right)\right]\boldsymbol{x}_i\boldsymbol{x}_i^{\mathrm{T}}-\Gamma \tag{5.20}$$

3. 模型的扩展性

由于是两阶段模型，该方法既可以拓展到任何广义线性模型，也可以适用于任何用软概率标签进行训练的分类器。在 EM 算法的每一步中，分类器都使用从 μ_i 中采样的实例进行训练。模型的修改对于大多数概率分类器来说是较为容易的。对于不能调整训练算法的一般黑箱分类器，另一种方法是根据软标签复制训

练样本。例如，通过增加 8 个标签为确定性“1”的训练样本和 2 个标签为确定性“0”的训练样本，就可以有效地模拟一个概率标签 μ_i=0.8 。如果该模型不估计线性分类器参数 $\boldsymbol{w}$ ，则退化为 4.5.4 节所讨论的真值推断模型。另外，若样本上缺失某位工作者给出的标签，则只要在概率计算时跳过即可。

5.3.2 个人分类器模型

Kajino 等(2012)提出针对每位众包工作者建立个人分类器(personal classifier)模型，从而避免用隐变量来表示标签真值形成的非凸优化问题。该方法的基础模型仍然采用参数为 $\boldsymbol{w}_0$ 的 logistic 回归模型：

$$P(y=1|\boldsymbol{x},\boldsymbol{w}_0)=\sigma\left(\boldsymbol{w}_0^{\mathrm{T}}\boldsymbol{x}\right)=\left[1+\exp\left(-\boldsymbol{w}_0^{\mathrm{T}}\boldsymbol{x}\right)\right]^{-1} \tag{5.21}$$

同时，将每位工作者 $\boldsymbol{u}_j$ 的标注过程也建模为一个参数为 $\boldsymbol{w}_j$ 的 logistic 回归模型：

$$P(l_{ij}=1|\boldsymbol{x},\boldsymbol{w}_j)=\sigma\left(\boldsymbol{w}_j^{\mathrm{T}}\boldsymbol{x}\right),\quad j\in\{1,2,\cdots,J\} \tag{5.22}$$

此方法的假设之一是个人模型与基础模型具有以下形式的关联：

$$\boldsymbol{w}_j=\boldsymbol{w}_0+\boldsymbol{v}_j \tag{5.23}$$

其中，$\boldsymbol{v}_j$ 建模了个人分类器模型的能力和特性差异。值得注意的是，该模型将每位工作者视为一个任务，与 Evgeniou 和 Pontil(2004)提出的多任务学习模型非常相似。然而，两者的区别是，后者目标是获得不同任务的模型参数 $\{\boldsymbol{w}_j\}_{j=1}^J$ (在本方法语境中是个人分类器参数)，而本模型目标是获得带有参数 $\boldsymbol{w}_0$ 的基础分类模型。

1. 凸目标函数

为了以统计推断的方式解决模型参数 $\{\boldsymbol{w}_j\}_{j=1}^J$ 的估计问题，假设基分类器的参数 $\boldsymbol{w}_0$ 和众包工作者 $\boldsymbol{u}_j$ 的参数 $\boldsymbol{w}_j$ 由以下高斯分布生成：

$$\begin{aligned}&P(\boldsymbol{w}_0|\ \eta)\sim\mathrm{N}\left(\boldsymbol{0},\eta^{-1}E\right)\\&P(\boldsymbol{w}_j|\ \boldsymbol{w}_0,\lambda)\sim\mathrm{N}\left(\boldsymbol{w}_0,\lambda^{-1}E\right)\end{aligned} \tag{5.24}$$

其中，η 和 λ 是正常数。确定 $W=\{\boldsymbol{w}_j\}_{j=1}^J$ 后，每个众包标签 l_{ij} 由 $P(l_{ij}|\boldsymbol{x}_i,\boldsymbol{w}_j)$ 生成。给定训练样本及其众包标签 $\{X,L\}$ ， $\boldsymbol{w}_0$ 和 W 的后验分布为

$$P(W,\boldsymbol{w}_0|X,L,\eta,\lambda)\propto P(L|W,X)P(W|\boldsymbol{w}_0,\lambda)P(\boldsymbol{w}_0|\eta) \tag{5.25}$$

设 $F(\boldsymbol{w}_0,W)$ 为略去常数后的 $\boldsymbol{w}_0$ 和 W 的负对数后验分布：

$$F\left(\boldsymbol{w}_0,W\right)=-\sum_{j=1}^{J}\sum_{i\in I_j}\mathcal{L}\left(l_{ij},\sigma\left(\boldsymbol{w}_j^{\mathrm{T}}\boldsymbol{x}_i\right)\right)+\frac{\lambda}{2}\sum_{j=1}^{J}\|\boldsymbol{w}_j-\boldsymbol{w}_0\|^2+\frac{1}{2}\eta\|\boldsymbol{w}_0\|^2 \tag{5.26}$$

其中，$\mathcal{L}(s,t)=s\log t+(1-s)\log(1-t)$。这里目标函数 $F(\boldsymbol{w}_0,W)$ 是凸的。因此，通过求解凸优化问题，得到 $\boldsymbol{w}_0$ 和 W 的最大后验概率估计：

$$\text{minimize } F(\boldsymbol{w}_0,W),\ \text{ w.r.t. } \boldsymbol{w}_0 \text{ and } W \tag{5.27}$$

2. 优化算法

模型参数 $\{\boldsymbol{w}_j\}_{j=1}^J$ 之间条件独立，可以设计如下交替优化算法，重复针对 $\boldsymbol{w}_0$ 和 $\{\boldsymbol{w}_j\}_{j=1}^J$ 两个参数进行优化，直到收敛。

步骤 1(针对 $\boldsymbol{w}_0$ 的优化)：将 $\{\boldsymbol{w}_j\}_{j=1}^J$ 设为定值，则对于 $\boldsymbol{w}_0$ 的优化很容易得到关于它的封闭形式(closed-form)解：

$$\boldsymbol{w}_0^*=\frac{\lambda\sum_{j=1}^{J}\boldsymbol{w}_j}{\eta+J\lambda} \tag{5.28}$$

步骤 2(针对 $\{\boldsymbol{w}_j\}_{j=1}^J$ 的优化)：将 $\boldsymbol{w}_0$ 设置为定值，由于参数 $\{\boldsymbol{w}_j\}_{j=1}^J$ 相互独立，可以分别针对特定的 $j\in\{1,2,\cdots,J\}$ 进行优化。本方法的优化实现使用了 Newton-Raphson 更新，即有

$$\boldsymbol{w}_j^{\text{new}}=\boldsymbol{w}_j^{\text{old}}-\alpha\cdot H^{-1}\left(\boldsymbol{w}_j^{\text{old}}\right)\boldsymbol{g}\left(\boldsymbol{w}_j^{\text{old}},\boldsymbol{w}_0\right) \tag{5.29}$$

其中，$\alpha>0$ 为步长；梯度向量 $\boldsymbol{g}(\boldsymbol{w}_j,\boldsymbol{w}_0)$ 和 Hessian 矩阵 $H(\boldsymbol{w}_j)$ 分别为

$$\boldsymbol{g}\left(\boldsymbol{w}_j,\boldsymbol{w}_0\right)=-\left\{\sum_{i\in I_j}\left[l_{ij}-\sigma\left(\boldsymbol{w}_j^{\mathrm{T}}\boldsymbol{x}_i\right)\right]\boldsymbol{x}_i\right\}+\lambda\left(\boldsymbol{w}_j-\boldsymbol{w}_0\right) \tag{5.30}$$

$$H\left(\boldsymbol{w}_j\right)=\left\{\sum_{i\in I_j}\left[1-\sigma\left(\boldsymbol{w}_j^{\mathrm{T}}\boldsymbol{x}_i\right)\right]\sigma\left(\boldsymbol{w}_j^{\mathrm{T}}\boldsymbol{x}_i\right)x_{ik}x_{il}\right\}_{k,l}+\lambda E_d \tag{5.31}$$

x_{ik} 表示 $\boldsymbol{x}_i\in\mathbb{R}^d$ 的第 k 个元素；$\left[a_{kl}\right]_{k,l}$ 是一个 $D\times D$ 的矩阵；元素 (k,l) 为 a_{kl}。

5.3.3 聚类个人分类器模型

Kajino 等(2013)在个人分类器模型的基础上进一步考虑了众包工作者的群体特性，提出了聚类个人分类器(clustered personal classifier)模型。众包工作者在某些任务中表现出一定的集群特性。例如，最简单的情况是存在一部分“垃圾”工作者，他们总是随意给出答案。那么，“垃圾”工作者和非“垃圾”工作者就是两

个大的群体。在 Welinder 等(2010)的研究中，众包工作者也呈现出明显的三个聚簇。因此，聚类个人分类器模型能够在学习的过程中将众包工作者划分为不同聚簇，同时由于聚类正则化项是凸函数，整个学习问题可以使用凸优化技术求解，从而实现全局最优。

1. 模型

为了发现众包工作者中存在的潜在聚类，引入凸聚类惩罚作为正则化项，如下：

$$\Omega(\boldsymbol{w}_0, W) = \sum_{(j,k)\in\mathcal{K}} m_{jk} \| \boldsymbol{w}_j - \boldsymbol{w}_k \| \tag{5.32}$$

其中，$\mathcal{K} = \{(j,k) \mid 0 \leqslant j < k \leqslant J\}$，$m_{jk} > 0$ 为超参数(如可以设置 $m_{jk} = 1/J$)。用此聚类惩罚替代式(5.26)的第二项，就得到聚类个人分类器模型的优化函数：

$$\min_{\boldsymbol{w}_0, W} \mathcal{L}(W) + \mu\Omega(\boldsymbol{w}_0, W) + \frac{1}{2}\eta \| \boldsymbol{w}_0 \|^2 \tag{5.33}$$

其中，$\mathcal{L}(W) = -\sum_{j=1}^{J}\sum_{i\in I_j}\left[l_{ij}\log\sigma\left(\boldsymbol{w}_j^{\mathrm{T}}\boldsymbol{x}_i\right) + \left(1-l_{ij}\right)\log\left(1-\sigma\left(\boldsymbol{w}_j^{\mathrm{T}}\boldsymbol{x}_i\right)\right)\right]$，$\mu$ 是控制聚类强弱的超参数。若 μ 比较大，则个人分类器将融合。解决式(5.33)所定义的凸优化问题将同时学习到目标分类器和工作者的簇。目标分类器之所以可以获得，是因为正则项 Ω 定义了目标分类器和个人分类器之间的联系。众包工作者的集群之所以可以获得，是因为如果 μ 具有适当的大小，那么式(5.32)中的一些项将变成 0，即对于某些 $(j,k)\in\mathcal{K}$ 有 $\boldsymbol{w}_j = \boldsymbol{w}_k$，这和组 LASSO 方法 (Yuan and Lin, 2006)一致。当且仅当 $\boldsymbol{w}_j = \boldsymbol{w}_k$ 成立时，意味着工作者 j 和工作者 k 在同一个簇中。

聚类个人分类器模型具有两种用法：估计目标分类器和聚类工作者。估计目标分类器可以通过聚类个人分类器算法实现。聚类工作者可以通过将 μ 从 0 增加到任意大，重复运行聚类个人分类器算法，实现个人分类器的融合，从而以层次聚类的方式获得工作者簇。

2. 算法

算法 5-1 给出了求解优化公式(5.33)的具体步骤。该优化方法基于机器学习中广泛使用的交替方向乘子法 ADMM (Boyd et al., 2011)。直观地，该算法通过更新参数逐步收敛约束方程。对于所有的 $(j,k)\in\mathcal{K}$，首先引入一个新的变量 $\boldsymbol{u}_{jk} = \boldsymbol{w}_j - \boldsymbol{w}_k$ 使不可微项可分离并令 $U = \{\boldsymbol{u}_{jk}\}_{(j,k)\in\mathcal{K}}$。式(5.33)可以等价写为

$$\begin{aligned} &\min_{\boldsymbol{w}_0, W, U} \mathcal{L}(W) + \mu \sum_{(j,k)\in\mathcal{K}} m_{jk} \| \boldsymbol{u}_{jk} \| + \frac{1}{2}\eta \| \boldsymbol{w}_0 \|^2 \\ &\text{s.t.} \quad \boldsymbol{u}_{jk} = \boldsymbol{w}_j - \boldsymbol{w}_k, \quad \forall (j,k)\in\mathcal{K} \end{aligned} \tag{5.34}$$

约束优化(5.34)的增广拉格朗日函数$\mathcal{L}_\rho$为

$$\begin{aligned}\mathcal{L}_\rho\left(\boldsymbol{w}_0,W,U;\Phi\right)=&\mathcal{L}(W)+\mu\sum_{(j,k)\in\mathcal{K}}m_{jk}\|\boldsymbol{u}_{jk}\|+\frac{1}{2}\eta\|\boldsymbol{w}_0\|^2\\&+\sum_{(j,k)\in\mathcal{K}}\boldsymbol{\phi}_{jk}^{\mathrm{T}}\left[\boldsymbol{u}_{jk}-(\boldsymbol{w}_j-\boldsymbol{w}_k)\right]+\frac{\rho}{2}\sum_{(j,k)\in\mathcal{K}}\|\boldsymbol{u}_{jk}-(\boldsymbol{w}_j-\boldsymbol{w}_k)\|^2\end{aligned}\tag{5.35}$$

其中，令$\Phi=\{\boldsymbol{\phi}_{jk}\in\mathbb{R}^d\}_{(j,k)\in\mathcal{K}}$为拉格朗日乘数的集合，$\rho$是一个正常数。算法将重复与$\left(\boldsymbol{w}_0,W\right)$、$U$及$\Phi$相关的三个更新，直到收敛。具体的更新推导不再赘述。

算法 5-1 Clustered Personal Classifiers

Input: $\mu,\left\{m_{jk}\mid(j,k)\in\mathcal{K}\right\},\eta,\rho,$ and (X,L)

Output: $\boldsymbol{w}_0$ and W

1. Initialize $\boldsymbol{w}_j=\mathbf{0}$ for all $j\in\{0,1,2,\cdots,J\}$ and $\boldsymbol{u}_{jk}=\boldsymbol{\phi}_{jk}=\mathbf{0}$ for all $(j,k)\in\mathcal{K}$
2. **repeat**
3. $(\boldsymbol{w}_0,W)\leftarrow\arg\min_{\boldsymbol{w}_0,W}\mathcal{L}_\rho(\boldsymbol{w}_0,W,U,\Phi)$
4. $\boldsymbol{v}_{jk}\leftarrow\rho(\boldsymbol{w}_j-\boldsymbol{w}_k)-\boldsymbol{\phi}_{jk}$ for all $(j,k)\in\mathcal{K}$
5. $\boldsymbol{u}_{jk}\leftarrow\max\left(0,\dfrac{\|\boldsymbol{v}_{jk}\|-\mu m_{jk}}{\rho\|\boldsymbol{v}_{jk}\|}\right)\boldsymbol{v}_{jk}$ for all $(j,k)\in\mathcal{K}$
6. $\boldsymbol{\phi}_{jk}\leftarrow\boldsymbol{\phi}_{jk}+\rho(\boldsymbol{u}_{jk}-(\boldsymbol{w}_j-\boldsymbol{w}_k))$ for all $(j,k)\in\mathcal{K}$
7. **until** the objective function converges
8. **return** $\boldsymbol{w}_0$ and W

聚类个人分类器算法的空间复杂度是$O(J(dJ+I))$，且算法中除更新“6.”外的每个步骤的时间复杂度是$O(dJ^2)$。Personal Classifier 方法的空间复杂度是$O(J(d+I))$，其时间复杂度也小于更新“6.”的时间复杂度。因此，该算法复杂性更高。

一般情况下，由于在学习阶段没有真实的标签可用并且无法使用标准的交叉验证技术，任何方法都很难选择适合的超参数来进行众包学习。一种工程化的手段是，使用一种启发式准则，其中超参数的值由专家创建的小型测试集中算法表现最佳的状态来确定。尽管这种启发式方法可能会导致过拟合问题，但它或多或少地有助于调优参数。

5.3.4 Bi 多维度模型

不少真值推断模型除了建模工作者的可靠度还同时建模其投入(dedication)程度以及样本难度等相关参数。Bi 等(2014)提出的多维度学习模型不仅能够直接从众包标注数据中学习到对样本的分类模型，也可以同时学习工作者的专业水平、投入程度以及样本难度等参数。Bi 多维度模型是一个生成模型。

1. 标签真值的生成

该模型同样假设每个样本 $\boldsymbol{x}_i$ 的标签真值 $y_i \in \{0,1\}$ 由系数为 $\boldsymbol{w}_0$ 的 logistic 回归模型生成：

$$P\left(y_i=1 \mid \boldsymbol{w}_0, \boldsymbol{x}_i\right)=\sigma\left(\boldsymbol{w}_0^{\mathrm{T}} \boldsymbol{x}_i\right)=\frac{1}{1+\exp(-\boldsymbol{w}_0^{\mathrm{T}} \boldsymbol{x}_i)} \tag{5.36}$$

为了避免过拟合，可以为 $\boldsymbol{w}_0$ 增加一个正态先验：

$$\boldsymbol{w}_0 \sim \mathrm{N}\left(\mathbf{0}, \frac{1}{\gamma} E\right) \tag{5.37}$$

其中，$\gamma>0$ 是一个常数(可以使用验证集对其进行调优)。当然，这里也可以使用其他先验。例如，若 $\boldsymbol{w}_0$ 是稀疏的，则可以使用拉普拉斯(Laplace)先验。

2. 众包工作者的专业水平和投入程度

工作者 j 未能正确标注 $\boldsymbol{x}_i$ 通常出于两个原因：首先，众包工作者可能已经尽了最大的努力去标注，但由于专业水平不足，仍然标注错了。假设工作者 j 的众包标注 l_{ij} 也来源于一个 logistic 回归模型：

$$P\left(l_{ij}=1 \mid \boldsymbol{w}_j, \boldsymbol{x}_i\right)=\sigma\left(\boldsymbol{w}_j^{\mathrm{T}} \boldsymbol{x}_i\right) \tag{5.38}$$

其中，$\boldsymbol{w}_j$ 是工作者对 $\boldsymbol{w}_0$ 的估计并从以下正态分布中采样：

$$\boldsymbol{w}_j \mid \boldsymbol{w}_0, \delta_j \sim \mathrm{N}\left(\boldsymbol{w}_0, \delta_j^2 E\right) \tag{5.39}$$

较小的 δ_j 意味着 $\boldsymbol{w}_j$ 可能接近于 $\boldsymbol{w}_0$，因此工作者 j 是一个专家，反之，则缺乏专业知识。当没有关于工作者的专门知识的额外信息可用时，可以使用 $\{\delta_j\}_{j=1}^J$ 的均匀超先验。

工作者 j 未能正确标注 $\boldsymbol{x}_i$ 的第二个原因是他没有致力于这项任务，甚至没有看清 $\boldsymbol{x}_i$ 就随意给出了一个答案。在这种情况下，他根据一些默认的判断随机地进行标注。这可以用另一个 Bernoulli 分布来模拟：

$$P\left(l_{ij}=1\mid b_j\right)=b_j,\quad b_j\in[0,1] \tag{5.40}$$

同样，当没有关于工作者默认标签判断的额外信息时，将使用$\{b_j\}_{j=1}^{J}$的均匀先验。

对于样本$\boldsymbol{x}_i$，将这两个原因按照一定的概率z_{ij}合并起来，则有

$$P\left(l_{ij}=1\mid \boldsymbol{x}_i,\boldsymbol{w}_j,b_j,z_{ij}\right)=P\left(l_{ij}=1\mid \boldsymbol{x}_i,\boldsymbol{w}_j\right)^{z_{ij}}P\left(l_{ij}=1\mid b_j\right)^{1-z_{ij}} \tag{5.41}$$

直观上，专家工作者应该有一个准确的预测模型(δ_j很小)并且专注于任务(对大多数$\boldsymbol{x}_i$，有$z_{ij}=1$)，而“垃圾”工作者在大多数情况下，要么有一个较大的δ_j，要么$z_{ij}=0$。

3. 合并样本困难程度

样本的难度会极大地影响标注质量，如果样本描述模糊或太难，即使是专家也可能不得不随机猜测，从而表现得好像他没有仔细看过样本。相反，如果样本非常简单，即使是“垃圾”工作者(尤其是懒惰的那些)也能很快做出正确的决定。为了在工作者j上模拟这种效应，将$\boldsymbol{x}_i$的难度纳入z_{ij}的建模之中。直观地说，如果$\boldsymbol{x}_i$难以标注，z_{ij}应该接近于 0。从式(5.41)中看到，做出的标注与工作者j的决策模型无关。对于样本难度的度量使用如下方法 (Tong and Koller, 2002)：如果$\boldsymbol{x}_i$接近工作者j的决策边界，工作者j就认为$\boldsymbol{x}_i$是困难的，从而得到z_{ij}上的 Bernoulli 分布：

$$P\left(z_{ij}=1\mid \boldsymbol{x}_i,\boldsymbol{w}_j,\lambda_j\right)=2\sigma\left(\lambda_j\frac{\|\boldsymbol{w}_j^{\mathrm{T}}\boldsymbol{x}_i\|^2}{\|\boldsymbol{w}_j\|^2}\right)-1 \tag{5.42}$$

其中，$\|\boldsymbol{w}_j^{\mathrm{T}}\boldsymbol{x}_i\|/\|\boldsymbol{w}_j\|$是$\boldsymbol{x}_i$到工作者$j$的决策边界$\boldsymbol{w}_j^{\mathrm{T}}\boldsymbol{x}_i=0$的距离，$\lambda_j\geqslant 0$表示工作者$j$对样本难度的敏感度。根据每位工作者的专业知识(反映在$\boldsymbol{w}_j$上)，一位工作者可能认为样本$\boldsymbol{x}_i$是困难的，而另一位工作者可能认为它很容易。此外，一个小的λ_j会使一个简单的样本(带有大的$\|\boldsymbol{w}_j^{\mathrm{T}}\boldsymbol{x}_i\|/\|\boldsymbol{w}_j\|$)看起来困难，工作者$j$将更多地依赖默认判断，反之亦然。由于只对$\lambda_j\|\boldsymbol{w}_j^{\mathrm{T}}\boldsymbol{x}_i\|/\|\boldsymbol{w}_j\|$的值感兴趣，为了简化推断，将式(5.42)重新参数化为

$$P\left(z_{ij}=1\mid \boldsymbol{x}_i,\boldsymbol{w}_j,\lambda_j\right)=2\sigma\left(\lambda_j\|\boldsymbol{w}_j^{\mathrm{T}}\boldsymbol{x}_i\|^2\right)-1 \tag{5.43}$$

得到$\boldsymbol{w}_j$后，工作者j对样本困难度的敏感度可以恢复为$\lambda_j\|\boldsymbol{w}_j\|^2$。

该学习模型的概率图表示如图 5-1 所示。

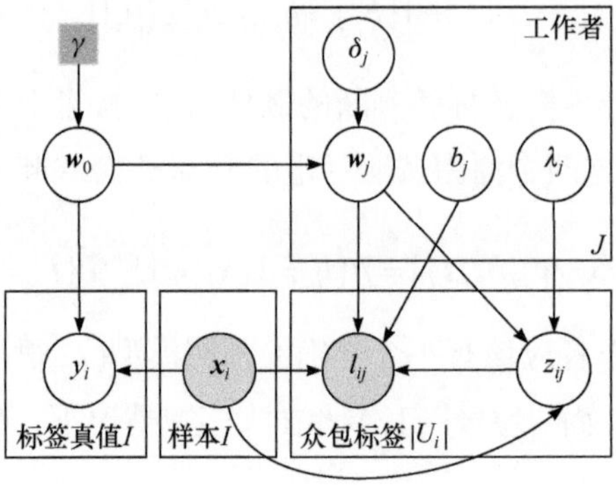

图 5-1　Bi 多维度模型的概率图表示

4. 模型求解

该模型仍然可以通过 EM 算法推断求解模型的参数 $\Theta=\{\boldsymbol{w}_0,\{\boldsymbol{w}_j\}_{j=1}^J,\{b_j\}_{j=1}^J,\{\lambda_j\}_{j=1}^J\}$。在求解过程中，将众包标签集 L 作为观测数据，$Z=\{z_{ij}\}_{i=1,j=1}^{i=I,j=J}$ 作为隐变量。完整数据的似然函数可以写为

$$\begin{aligned}\mathcal{L}(L,Z)&=P(L,Z\mid X,\Theta)=P(L\mid Z,X,\{\boldsymbol{w}_j,b_j\}_{j=1}^J)P(Z\mid X,\{\boldsymbol{w}_j,\lambda_j\}_{j=1}^J)\\&=\prod_{i=1}^{I}\prod_{j\in U_i}P\left(l_{ij}\mid z_{ij},\boldsymbol{w}_j,\boldsymbol{x}_i,b_j\right)P\left(z_{ij}\mid \boldsymbol{w}_j,\boldsymbol{x}_i,\lambda_j\right)\end{aligned}\tag{5.44}$$

假设众包工作者独立进行标注，则所有参数 Θ 的后验概率分布为

$$\begin{aligned}&P(\boldsymbol{w}_0,\{\boldsymbol{w}_j\}_{j=1}^J,\{\delta_j\}_{j=1}^J,\{\lambda_j\}_{j=1}^J,\{b_j\}_{j=1}^J\mid X,L,Z)\\&\propto\mathcal{L}(L,Z)P(\boldsymbol{w}_0)\prod_{j=1}^{J}P(\boldsymbol{w}_j\mid \boldsymbol{w}_0,\delta_j)P(\delta_j)P(\lambda_j)P(b_j)\end{aligned}\tag{5.45}$$

E 步：对式(5.44)取对数，计算 z_{ij} 的期望，

$$\overline{z}_{ij}\overset{\text{def}}{=\!=}\mathbb{E}[z_{ij}]=\frac{1}{Q_{ij}}P(l_{ij}\mid \boldsymbol{w}_j,\boldsymbol{x}_i)P(z_{ij}=1\mid \boldsymbol{w}_j,\boldsymbol{x}_i,\lambda_j)\tag{5.46}$$

其中，$Q_{ij}=P(z_{ij}=1\mid \boldsymbol{w}_j,\boldsymbol{x}_i,\lambda_j)P(l_{ij}\mid \boldsymbol{w}_j,\boldsymbol{x}_i)+P(z_{ij}=0\mid \boldsymbol{w}_j,\boldsymbol{x}_i,\lambda_j)P(l_{ij}\mid b_j)$。可以看出，$\overline{z}_{ij}$ 是否接近 1 受到样本难度的影响($P(z_{ij}=1\mid \boldsymbol{w}_j,\boldsymbol{x}_i,\lambda_j)$)以及由当前估计函数 $\boldsymbol{w}_j$ ($P(l_{ij}\mid \boldsymbol{w}_j,\boldsymbol{x}_i)$)生成的 l_{ij} 的置信度的双重影响。

M 步：迭代地进行参数更新，当最小化当前参数时，其他参数保持不变。

(1) 更新 $\boldsymbol{w}_j$：对于 $\boldsymbol{w}_j$ 的优化子问题为

$$\min_{\boldsymbol{w}_j} \frac{1}{\delta_j^2}\| \boldsymbol{w}_j - \boldsymbol{w}_0 \|^2 - \sum_{i:j\in U_i} \left\{ \overline{z}_{ij} l_{ij} \log\sigma(\boldsymbol{w}_j^{\mathrm{T}}\boldsymbol{x}_i) + \overline{z}_{ij}(1-l_{ij})\log[1-\sigma(\boldsymbol{w}_j^{\mathrm{T}}\boldsymbol{x}_i)] \right. \\ \left. + \overline{z}_{ij}\log[2\sigma(\lambda_j \| \boldsymbol{w}_j^{\mathrm{T}}\boldsymbol{x}_i \|^2)-1] + (1-\overline{z}_{ij})\log[2-2\sigma(\lambda_j \| \boldsymbol{w}_j^{\mathrm{T}}\boldsymbol{x}_i \|^2)] \right\} \tag{5.47}$$

使用梯度下降法使其最小化，相对于 $\boldsymbol{w}_j$ 的梯度为

$$\frac{w}{\delta_j^2}(\boldsymbol{w}_j - \boldsymbol{w}_0) - \sum_{i:j\in U_i} \left\{ \overline{z}_{ij}[l_{ij} - \sigma(\boldsymbol{w}_j^{\mathrm{T}}\boldsymbol{x}_i)]\boldsymbol{x}_i + \frac{[\overline{z}_{ij} - 2\sigma(v_{ij})+1]\sigma(v_{ij})\lambda_j \boldsymbol{w}_j^{\mathrm{T}}\boldsymbol{x}_i\boldsymbol{x}_i}{2\sigma(v_{ij})-1} \right\} \tag{5.48}$$

其中，$v_{ij} = \lambda_j \| \boldsymbol{w}_j^{\mathrm{T}}\boldsymbol{x}_i \|^2$。

(2) 更新 $\boldsymbol{w}_0$：对于 $\boldsymbol{w}_0$ 的优化子问题为

$$\min_{\boldsymbol{w}_0} \sum_{j=1}^{J} \frac{1}{\delta_j^2} \| \boldsymbol{w}_j - \boldsymbol{w}_0 \|^2 + \gamma \| \boldsymbol{w}_0 \|^2 \tag{5.49}$$

它具有封闭形式的解：

$$\boldsymbol{w}_0 = \left(\sum_{j=1}^{J} \frac{1}{\delta_j^2} \boldsymbol{w}_j \right) \left(\gamma \sum_{j=1}^{J} \frac{1}{\delta_j^2} \right)^{-1} \tag{5.50}$$

$\boldsymbol{w}_0$ 是所有 $\boldsymbol{w}_j$ 的加权平均值，那些来自专家(带有小的 δ_j)的贡献更大。

(3) 更新 δ_j：对于 δ_j 的优化子问题为

$$\min_{\delta_j} \frac{1}{\delta_j^2} \| \boldsymbol{w}_j - \boldsymbol{w}_0 \|^2 + \log\ \det\left(\delta_j^2 E\right) = \min_{\delta_j} \frac{1}{\delta_j^2} \| \boldsymbol{w}_j - \boldsymbol{w}_0 \|^2 + 2d\log\delta_j \tag{5.51}$$

令对 δ_j 的导数为零，则有

$$\delta_j = \frac{\| \boldsymbol{w}_j - \boldsymbol{w}_0 \|}{\sqrt{d}} \tag{5.52}$$

(4) 更新 b_j：对于 b_j 的优化子问题为

$$\max_{b_j} \sum_{i:j\in U_i} (1-\overline{z}_{ij})[l_{ij}\log b_j + (1-l_{ij})\log(1-b_j)] \tag{5.53}$$

通过让它相对于 b_j 导数为零，可以得到 b_j 的封闭形式解：

$$b_j = \frac{\sum_{i:j\in U_i} (1-\overline{z}_{ij}) l_{ij}}{\sum_{i:j\in U_i} (1-\overline{z}_{ij})} \tag{5.54}$$

(5) 更新 λ_j：对于 λ_j 的优化子问题为

$$\max_{\lambda_j} \sum_{i:j\in U_i} \overline{z}_{ij} \log\left(2\sigma(\lambda_j \| \boldsymbol{w}_j^{\mathrm{T}} \boldsymbol{x}_i \|^2)-1\right)+(1-\overline{z}_{ij})\log\left(2-2\sigma(\lambda_j \| \boldsymbol{w}_j^{\mathrm{T}} \boldsymbol{x}_i \|^2)\right) \tag{5.55}$$

同样，这个问题也可以通过投影梯度($\lambda_j \geqslant 0$)来解决，相对于 λ_j 的梯度由式(5.56)给出：

$$\sum_{i:j\in U_i} \frac{[\overline{z}_{ij}-2\sigma(v_{ij})+1]\sigma(v_{ij})\| \boldsymbol{w}_j^{\mathrm{T}} \boldsymbol{x}_i \|^2}{2\sigma(v_{ij})-1} \tag{5.56}$$

5. 模型的扩展

当众包任务是一个多元分类问题时，可以简单地用 Multinoulli 分布代替 Bernoulli 分布。类似地，对于回归问题，可以使用正态分布代替。对于二分类问题，除了用最简单的线性 logistic 回归模型，也可以使用其非线性的核函数版本。在式(5.36)中将 $\boldsymbol{w}_0^{\mathrm{T}} \boldsymbol{x}_i$ 替换为 $\sum_{s=1}^{I} \alpha_0^{(s)} \ker(\boldsymbol{x}_s, \boldsymbol{x}_i)$，其中 $\ker(\cdot,\cdot)$ 为适合的核函数。同样，在式(5.38)中将 $\boldsymbol{w}_j^{\mathrm{T}} \boldsymbol{x}_i$ 替换为 $\sum_{s=1}^{I} \alpha_j^{(s)} \ker(\boldsymbol{x}_s, \boldsymbol{x}_i)$，其中 $\boldsymbol{\alpha}_j=[\alpha_j^{(1)},\alpha_j^{(2)},\cdots,\alpha_j^{(I)}]$ 作为工作者 j 对于 $\boldsymbol{\alpha}_0=[\alpha_0^{(1)},\alpha_0^{(2)},\cdots,\alpha_0^{(I)}]$ 的估计，同样，$\boldsymbol{\alpha}_j$ 从正态分布 $\mathrm{N}(\boldsymbol{\alpha}_0, \delta_j^2 E)$ 中采样。

5.4 众包主动学习

5.4.1 主动学习概述

主动学习是一种在学习过程中动态获取样本标签并使其加入训练集，通过训练集的不断扩展和模型迭代更新实现以较低成本快速提升模型性能的学习范式(Steeles, 2010)。在传统的主动学习中，假设存在一个可以给出完美标签的“先知”，因此主动学习问题就归结为选择何种策略向“先知”查询标签的问题。这种策略首先与样本的产生方式有关。例如，如果样本是某种数据流，在没有缓存的假设情况下，查询策略需要决定当前的样本是送往“先知”处查询标签，还是直接丢弃；如果样本非常稀少，查询策略需要合成新的样本进行标签查询；如果手头已有的样本量相当充足，那么就可以在样本中选择一些进行标签查询，这种场景称为基于池(pool-based)的主动学习。对于众包标注，大多数应用场景属于第三类，即需求方已经有大量的原始数据，需要选择一部分数据进行预测模型学习。

基于池的主动学习场景下的查询策略也称为样本选择策略(Fu et al., 2013)。传统主动学习的样本选择策略可以分为两大类：基于独立同分布样本信息的策略和基于样本相关性的策略。前者主要考虑样本本身的信息量。例如，通过置信度、边际距离、熵等度量选择最不确定的样本(Settles and Craven, 2008)，选择能引起当前模型性能变化最大的样本(Settles et al., 2008)，或选择那些最小化平方差损失的样本(Aminian, 2005)等。后者还需要考虑样本之间的关系，例如，通过相似度度量考虑样本特征之间的相关性以选择那些更典型的代表样本(Zhou et al., 2009)，或者在多标签学习中考虑样本标签之间的相关性选择那些与其他标签相关性低的标签(Yang et al., 2009)等。

众包标注数据的主动学习面临着更多挑战。众包环境下没有提供完美标签的“先知”，从众包工作者处获得的标签噪声远高于“先知”提供的标签，因此已有的这些样本选择策略均需要重新设计。另外，由于众包环境存在着多个甚至大量的众包工作者，工作者的选择也是需要考虑的问题之一。而两者的组合就具有了更大的变化空间。如果是多标签标注问题，还得加上对样本标签的选择。如果再进一步考虑标注单价(不同工作者价格不同或者不同 HIT 价格不同)和总标注成本的优化，则问题会变得异常复杂。图 5-2 展示了一种众包主动学习的通用框架。在该框架中，对样本的选择优先于对工作者的选择。与传统主动学习不同，选出的样本可能是从未被标注的样本，也可能是已经携带了一些众包标注但需要再获得更多众包标注的样本。在选择出样本后，针对该样本选择合适的工作者进行标注。在学习过程中，预测模型可以在获得标签后立刻更新，也可以累积一定的标签变化后进行更新，以降低学习时间。整个主动学习过程在用完所有预算，预测模型达到某种既定性能指标，或者预测模型性能无法进一步提升时停止。

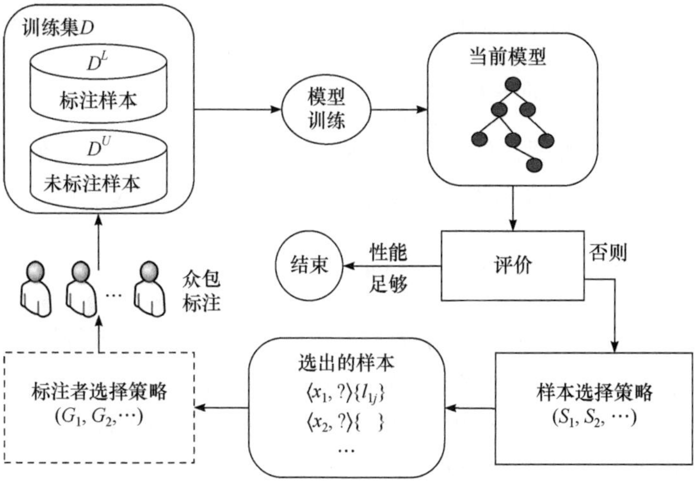

图 5-2　众包主动学习的通用框架

主动学习与众包标注学习有着天然的联系。首先，选择重复标注策略即意味付出多倍的经济成本，主动学习选择样本子集进行标注，而且被标注的样本也不需要具备同样多的众包标签，这会显著降低标注成本。其次，从预测模型构建的角度来看，模型的性能不一定与样本的数量成正比。例如，选择 SVM 作为分类算法，只要能够选出靠近决策平面的支持向量样本，就可以获得性能较高的分类器。因此，主动学习更有利于快速提升分类器性能。再次，众包工作者的标注质量并非常数，它会随着标注任务的进行产生波动(Jung et al., 2014)，而主动学习则提供了处理这种波动的机制。最后，主动学习的动态特性与众包标注的交互过程可以相互配合，从而设计出更有利于获得优质结果的人机交互形式。例如，主动学习过程中对于样本信息量的度量，可以选择出代表性的样本，这些样本在获得可靠度高的标注后，可以作为示例显示在交互界面上，从而帮助工作者更加准确地做出判断。因此，在众包学习的研究中，主动学习是预测模型学习的热点研究方向之一。

5.4.2　样本选择和工作者选择

Sheng 等(2008)的早期工作从标注样本选择的角度探讨了五种不同类型的众包主动学习样本选择策略。

1. 轮询策略

轮询(Round-Robin)策略是最简单的样本选择策略。该策略只考虑了样本上众包标签的数目，每次选择一个最少数目的样本进行众包标签获取。该策略在样本数量较大时会覆盖所有样本，从而失去了主动学习方法具备“挑选样本”的能力。因此，该策略几乎不会在真实的系统中使用，只能作为一种基线方法参与实验对比。

2. 基于标签异构性的策略

样本标签的异构性通常使用信息熵来衡量。假设样本 $\boldsymbol{x}_i$ 上多数类的标签占比为 p_i，那么该策略总是选择具有最大异构性的样本进行标签获取，即

$$x_i^* = \underset{\boldsymbol{x}_i \in X}{\operatorname{argmax}} \; - p_i \log p_i - (1-p_i)\log(1-p_i) \tag{5.57}$$

此策略总是选择那些众包标签集中大类占比接近 50%的样本进行标签获取。因此，在某些情况会有一部分样本获得非常多的标签。例如，样本 $\boldsymbol{x}_1\{+,-\}$ 与 $\boldsymbol{x}_2\{+,+,+,+,+,-,-,-,-,-\}$ 具有相同的异构性，选择前者似乎比较合理，但是后者也还是会被继续选择。信息熵策略没有考虑到样本众包标签集中标签的数目，从而不能区分这两种情况。

3. 基于标签不确定度的策略

为了进一步考虑众包标签集中的标签数目，可以从贝叶斯统计的角度重新定义样本标签不确定度的度量。例如，样本 $\boldsymbol{x}_1\{+,-\}$ 与 $\boldsymbol{x}_2\{+,+,+,+,+,-,-,-,-,-\}$ 上两种标签的比例没有区别，但是两者对于“$p^+=0.5$”这一事实的可靠度并不相同。后者明显比前者更可靠，因为后者经过了十位众包工作者的判断才形成这一事实，而前者只是两位众包工作者的工作结果。因此，基于标签不确定度的策略(简称 LU 策略)使用 Bernoulli 分布的先验 Beta 分布来定义样本上标签的不确定性：

$$\mathrm{LU}(\boldsymbol{x}_i)=\min\left\{I_{0.5}\left(n_i^+ +1,n_i^- +1\right),1-I_{0.5}\left(n_i^+ +1,n_i^- +1\right)\right\} \tag{5.58}$$

其中，n_i^+ 和 n_i^- 为样本 $\boldsymbol{x}_i$ 上正标签与负标签的数目，而函数 $I_v(\alpha,\beta)$ 为 Beta 分布的尾，即

$$I_v\left(\alpha,\beta\right)=\sum_{j=\alpha}^{\alpha+\beta-1}\frac{(\alpha+\beta-1)!}{j!(\alpha+\beta-1-j)!}v^j(1-v)^{\alpha+\beta-1-j} \tag{5.59}$$

该策略选择具有最大标签不确定度(LU 值)的样本进行标签获取。

4. 基于学习模型不确定度的策略

在主动学习构建预测模型的过程中，预测模型本身对未标注样本的评价是另外一种设计策略。基于学习模型不确定度的策略(简称 MU 策略)采用了主动学习中常用的委员会投票方式来确定样本对当前模型的不确定度。利用训练样本构建 M 个预测模型 $\{H_m(\boldsymbol{x})\}_{m=1}^M$，则样本 $\boldsymbol{x}_i$ 的学习模型不确定性度量为

$$\mathrm{MU}(\boldsymbol{x}_i)=0.5-\left|\frac{1}{M}\sum_{m=1}^{M}p(+\mid\boldsymbol{x}_i,H_m)-0.5\right| \tag{5.60}$$

该策略选择具有最大学习模型不确定度(MU 值)的样本进行标签获取。

5. 基于混合不确定度的策略

基于混合不确定度的策略(简称 LMU 策略)同时考虑了样本的标签不确定度和学习模型不确定度，其样本 $\boldsymbol{x}_i$ 的不确定性度量为

$$\mathrm{LMU}(\boldsymbol{x}_i)=\sqrt{\mathrm{LU}(\boldsymbol{x}_i)\cdot\mathrm{MU}(\boldsymbol{x}_i)} \tag{5.61}$$

该策略选择具有最大混合不确定度(LMU 值)的样本进行标签获取。

上述工作并没有考虑工作者的选择问题。Yan 等(2011)的工作则在样本选择的同时考虑了工作者选择问题。这一工作仍然使用 logistic 回归为每位众包工作者进行建模，即认为每个众包标签 l_{ij} 服从如下正态分布：

$$P(l_{ij} \mid \boldsymbol{x}_i, y_i) = \mathrm{N}(l_{ij}; y_i, \sigma(\boldsymbol{x}_i)) \tag{5.62}$$

对于二分类问题，每个众包工作者的 logistic 函数为

$$\sigma_j(\boldsymbol{x}_i) = [1 + \exp(-\boldsymbol{w}_j^{\mathrm{T}} \boldsymbol{x}_i - \gamma_j)]^{-1} \tag{5.63}$$

对整个众包数据集最终构建的预测模型为 $p(y_i = 1 \mid \boldsymbol{x}_i) = [1 + \exp(-\boldsymbol{w}_0^{\mathrm{T}} \boldsymbol{x}_i - \beta)]^{-1}$。在预测模型学习过程中可以使用 EM 算法对参数 $\Theta = \{\boldsymbol{w}_0, \beta, \{\boldsymbol{w}_j\}, \gamma_j\}$ 进行估计，具体过程见 Yan 等(2011)的文献。在主动学习过程中，选择那些 $p(y = 1 \mid \boldsymbol{x})$ 接近 0.5 的样本进行标注。显然，这一策略类似于上述学习模型不确定度的策略。给定样本 $\boldsymbol{x}$，每位工作者的 logistic 回归函数提供了其置信度的信息。因此，理想情况下，需要找到可以优化如下函数的 $(\boldsymbol{x}^*, j^*)$：

$$\min_{\boldsymbol{x}, j} \ \tilde{\sigma}(\boldsymbol{x}, j) \tag{5.64}$$

其中，$\tilde{\sigma}(\boldsymbol{x}, j) = \sigma_j(\boldsymbol{x}) = [1 + \exp(-\boldsymbol{w}_j^{\mathrm{T}} \boldsymbol{x} - \gamma_j)]^{-1}$。

由于该函数是非凸且不可微的,在主动学习过程中直接求解此问题非常困难。然而,由于函数 $f(x) = (1 + \exp(-x))^{-1} (x \in \mathbb{R})$ 是单调非减的,可以考虑如下双凸(bi-convex)优化问题:

$$\begin{aligned} &\min_{\boldsymbol{x}, \boldsymbol{p}} \ C(\boldsymbol{w}_0' \boldsymbol{x} + \beta)^2 + \boldsymbol{p}'[\boldsymbol{w}_1, \boldsymbol{w}_2, \cdots, \boldsymbol{w}_J]' \boldsymbol{x} + \boldsymbol{p}' \boldsymbol{\gamma} \\ &\text{s.t. } C \geqslant 0, \ \boldsymbol{p} \geqslant \boldsymbol{0}, \ \sum_j p_j = 1 \end{aligned} \tag{5.65}$$

其中，$\boldsymbol{p} = [p_1, p_2, \cdots, p_J]$，$\boldsymbol{\gamma} = [\gamma_1, \gamma_2, \cdots, \gamma_J]$。这里 C 是两个竞争性目标(最不确定的样本和工作者最确信的样本)之间的权衡，$\boldsymbol{p}$ 在最小化方差的优化过程中自动确定，可以看成各工作者重要性的权重。这一优化问题可以通过任何 Newton 或者 Quasi-Newton 方法求解。

求解问题(5.65)会得到一个优化的 $\boldsymbol{x}_{\text{tem}}$，而这个样本并不一定在整个样本集中。因此，需要找到其最相似的样本进行选择。最终，该主动学习的过程由算法 5-2 所示。

算法 5-2 Multi-Labeler Active Learning (MLAL)

Input: parameters $\boldsymbol{w}_0, \beta, \{\boldsymbol{w}_j, \gamma_j\}_{j=1}^J, C$ and number of steps K

Output: prediction model $H(\boldsymbol{x})$

1. $s = 1$
2. **while** $s \leqslant K$ **do**
3.   Obtain $\boldsymbol{x}_{\text{tem}}$ using Eq. (5.65)

---

4. Find the nearest point $\boldsymbol{x}^*$ to $\boldsymbol{x}_{\text{tem}}$
5. Use Eq. (5.63) to find the most reliable worker j^*
6. Let worker j^* label point $\boldsymbol{x}^*$ and add it to the training set
7. Re-train prediction model $\mathcal{H}(\boldsymbol{x})$ and update $\boldsymbol{w}_0,\beta,\{\boldsymbol{w}_j,\gamma_j\}_{j=1}^J$
8. $s:=s+1$
9. **end while**
10. **return** $H(\boldsymbol{x})$

5.4.3 成本约束的 Proactive 学习

Donmez 和 Carbonell(2008)提出的主动学习方法主要从成本优化的角度进行样本和工作者的选择。在这一研究中，众包工作者分为 K 种不同类型，每种类型的标注成本 $C_k(1\leqslant k\leqslant K)$ 不同。主动学习的目标是在限定的总成本 B 下，最大化信息增益：

$$\begin{aligned}&\max_{S\subseteq D^U}\ \mathbb{E}[V(S)]-\lambda\left(\sum_{k=1}^{K}t_k\cdot C_k\right)\\&\text{s.t.}\ \sum_{k=1}^{K}t_k\cdot C_k=B,\quad \sum_{k=1}^{K}t_k=|S|\end{aligned}\tag{5.66}$$

其中，$\mathbb{E}[V(S)]$ 是从未标注总体 D^U 中抽样出的标注样本集 S 的信息量的期望，函数 $V(\cdot)$ 是任意一种主动选项策略评价指标(如不确定度、期望误差等)，t_k 是第 k 类工作者被选取的次数，λ 是控制式(5.66)中两项权重的因子(可以简单设置为 $\lambda=1$)。由于 S 是 D^U 的子集，所以式(5.66)是个组合优化问题。因此，较为可行的方案是通过贪心策略进行近似求解，即每一步选取一个样本和一位工作者并最大化目标函数：

$$(\boldsymbol{x}^*,k^*)=\underset{\boldsymbol{x}\in D^U,k\in K}{\operatorname{argmax}}\ \mathbb{E}_k[V(\boldsymbol{x})]-C_k\tag{5.67}$$

Donmez 等随后给出了三种具体的应用场景，涉及不同类型的工作者。本书仅以最典型的场景为例介绍其方法。在这一场景下，众包工作者被分为两大类：可靠(reliable)工作者(永远给出正确答案，但是单价较高)和易错(fallible)工作者(单价较低)。在式(5.66)中 $\mathbb{E}_k[V(\boldsymbol{x})]$ 是样本相对于 k 类工作者的信息量期望。这一期望可以通过工作者答案的正确概率具体化，那么式(5.66)可以写为

$$(\boldsymbol{x}^*,k^*)=\underset{\boldsymbol{x}\in D^U,k\in K}{\operatorname{argmax}}\ P(\text{correct}\mid\boldsymbol{x},k)V(\boldsymbol{x})-C_k\tag{5.68}$$

其中，大括号中的部分称为效用值(utility score)。因为效用值和成本值的定义范围

不同，所以需要对其进行归一化。为了避免归一化操作，重新定义效用值如下：

$$U(\boldsymbol{x},k)=P(\text{correct}\mid\boldsymbol{x},k)V(\boldsymbol{x})/C_k \tag{5.69}$$

为了计算效用值，需要估计样本的 $P(\text{correct}\mid\boldsymbol{x},k)$。已知该众包标注场景中有两类工作者 $k\in\{\text{reliable, fallible}\}$。可靠工作者总是能够给出正确答案，所以 $P(\text{correct}\mid\boldsymbol{x},\text{reliable})=1$。对于易错工作者，系统要求其在提供答案的同时提供自己的自信度。系统内部设置一个自信度阈值，当工作者的自信度打分高于此阈值时，会增加答案的正确性，否则会降低答案的正确性。Proactive 学习模型通过一个主动学习前的聚类分析过程来确定 $P(\text{correct}\mid\boldsymbol{x},\text{fallible})$ 的估计值。算法 5-3 中给出 Proactive 学习过程的伪代码。

算法 5-3　Proactive Learning (Scenario 2) (ProactL-S2)

Input: labeled (unlabeled) data D^L (D^U), entire (clustering) budget B (B_c), two types of workers, each with a cost $C_k, k\in\{\text{reliable, fallible}\}=K$
Output: prediction model $H(\boldsymbol{x})$

```
Cluster D^U into r = B_c / C_falliable clusters
Let x_t^c be the data point closest to its cluster centroid, ∀t = 1,2,⋯,T
Obtain label l_t^(c) for each cluster centroid x_t^c from a fallible worker
Identify {x_1^c, x_2^c, ⋯, x_h^c} for which the fallible worker has high confidence
Estimate P̂(correct | x, fallible) using Eq. (5.70)
Update D^L = D^L ∪ {x_t^c, l_t^c}_{t=1}^h, D^U = D^U \ {x_t^c, l_t^c}_{t=1}^h
Cost spent so far C_T = B_c
while C_T < B do
    Train H(x) on D^L
    ∀k ∈ K, x ∈ D^U  Û(x,k) = P(correct | x,k)V(x)/C_k
    Choose k* = argmax_{k∈K, x∈D^U} (max Û(x,k))
    Choose x* = argmax_{x∈D^U} Û(x,k*)
Update D^L = D^L ∪ {x*, y*}, D^U = D^U \ {x*, y*} where is the correct label with probability P(correct | x*, k*)
end while
return H(x)
```

算法的 1～5 行采用聚类分析估算 $\hat{P}(\text{correct} \mid \boldsymbol{x}, \text{fallible})$。首先，将所有未标注样本聚成 r 个簇，每簇中取聚类中心最近的点 $\boldsymbol{x}_t^c$ 从易错工作者处获取标签。易错工作者在提供标签的同时也提供对自己答案信心的度量。因此，对比自信度阈值，可以获得那些高自信度的样本。$\hat{P}(\text{correct} \mid \boldsymbol{x}, \text{fallible})$ 的估计如下：

$$\hat{P}(\text{correct} \mid \boldsymbol{x}, \text{fallible}) = \frac{0.5}{Z} \exp\left(\frac{h(\boldsymbol{x}_t^c, l_t^c)}{2} \ln \frac{md - \| \boldsymbol{x}_t^c - \boldsymbol{x} \|}{\| \boldsymbol{x}_t^c - \boldsymbol{x} \|} \right), \quad \forall \boldsymbol{x} \in C_t \quad (5.70)$$

其中，Z 为归一化因子；$\boldsymbol{x}_t^c$ 为距离簇 C_t 的中心最近的样本点；$h(\boldsymbol{x}_t^c, l_t^c) \in \{-1, 1\}$，当 $\boldsymbol{x}_t^c$ 所获得的标签的置信度低于阈值时，该值为−1，否则，该值为 1；初始状态时，标签正确的概率设置为 0.5；若 $h(\boldsymbol{x}_t^c, l_t^c) = -1$，则降低这一概率，否则，升高这一概率；$md = \max\limits_{\boldsymbol{x}_t^c, \boldsymbol{x}} \| \boldsymbol{x}_t^c - \boldsymbol{x} \|$ 为任意一个样本与任意一个聚类中心之间距离的最大值。

算法的 8～14 行是主动学习的迭代过程。由于每步的意义已经非常明确，这里不再赘述。值得一提的是，在算法中虽然工作者类型只有两种，但是每种类型可以有多位工作者。在算法实现过程中，对于同一类型中的工作者，可以轮流让他们提供标注，这并不会改变算法的策略机制和计算。清晰起见，算法中省略了这些细节。

5.4.4　Re-active 学习

5.4.2 节中的方法考虑了标签不确定性和学习模型不确定性的采样策略。下一个需要众包标注的样本从总体 $D = D^L \cup D^U$ 中依据规则无差异地采样。样本在下一轮所获得的众包标签简单地加入该样本的众包标签集合，参与下一轮的学习过程。5.4.3 节中的方法则完全在未标注样本集 D^U 中采样下一个众包标注的样本。Lin 等(2016)详细分析了基于标签不确定度、基于学习模型不确定度、两者混合以及基于期望错误缩减(Roy and McCallum, 2001)的样本采样策略，指出这些策略均无法避免使主动学习陷入“无法继续进行学习模型优化”的陷阱。为了解决这一问题，Lin 等详细分析了如何在“为已有众包标签的样本提供更多的标签”以及“引入新的未标注样本进行标签获取”之间进行权衡，同时提出一种新的基于影响力的采样方法。

影响力采样方法选择那些对于当前学习模型具有最大影响的样本进行下一轮标注。设 h_L 为使用某种学习算法 $\mathcal{A}$、标签集 L 以及集成函数 f 所训练出的学习模型。定义给定众包标签 l，样本 $\boldsymbol{x}_i$ 的影响力 $\psi_l(\boldsymbol{x}_i)$ 为“将额外标签 l 加到 $\boldsymbol{x}_i$ 的众包标签集中后，模型对于样本空间 $\mathcal{D}$ 预测结果的变化的概率”，即 $\psi_l(\boldsymbol{x}_i) = p_{\boldsymbol{x} \sim \mathcal{D}}(h_L(\boldsymbol{x}) \neq$

$h_{L\oplus\{\boldsymbol{x}_i,l\}}(\boldsymbol{x}))$。

算法 5-4 描述了计算样本 $\boldsymbol{x}_i$ 影响力的框架。首先，利用已经标注的样本训练出一个基线学习模型 h_L。其次，假设样本 $\boldsymbol{x}_i$ 收到了一个为零的负标签后，训练出学习模型 h_{L0}；假设样本 $\boldsymbol{x}_i$ 收到了一个为 1 的正标签后，训练出学习模型 h_{L1}。然后，在样本总体 D 中取样本 $\boldsymbol{x}_j$，利用这个样本被 h_{L0} 和 h_{L1} 两个模型预测的结果与基线模型 h_L 的预测结果之间进行比较，计算出样本 $\boldsymbol{x}_i$ 在加入“0”标签和加入“1”标签后的影响力 $\psi_0(\boldsymbol{x}_i)$ 和 $\psi_1(\boldsymbol{x}_i)$。最后，算法返回 weightedImpact($\psi_0(\boldsymbol{x}_i)$, $\psi_1(\boldsymbol{x}_i)$) 作为 $\boldsymbol{x}_i$ 的总体影响力。

算法 5-4　Computation of Impact of an Example $\boldsymbol{x}_i$ (CIE)

Input: Learning algorithm $\mathcal{A}$, $\boldsymbol{x}_i \in D$, aggregation function f, L

Output: Total impact of example $\boldsymbol{x}_i$, $\psi(\boldsymbol{x}_i)$

Initialize $\psi_0 = 0,\ \psi_1 = 0$

$L_1 = L \oplus \{(\boldsymbol{x}_i,1)\}, L_0 = L \oplus \{(\boldsymbol{x}_i,0)\}$

$h_L =$ re-train$(\mathcal{A}, f, L)$

$h_{L1} =$ re-train$(\mathcal{A}, f, L_1)$

$h_{L0} =$ re-train$(\mathcal{A}, f, L_0)$

for $\boldsymbol{x}_j \in$ sample(D) **do**

　　if $h_{L0}(\boldsymbol{x}_j) \neq h_L(\boldsymbol{x}_j)$ **then** $\psi_0 = \psi_0 + 1/|D|$ **end if**

　　if $h_{L1}(\boldsymbol{x}_j) \neq h_L(\boldsymbol{x}_j)$ **then** $\psi_1 = \psi_1 + 1/|D|$ **end if**

end for

$\psi =$ weightedImpact(ψ_0, ψ_1)

return ψ

Lin 等实验研究了 weightedImpact(·) 函数的实现方法，认为采用 $\psi = \max(\psi_0, \psi_1)$ 的简单实现效果最好。在算法中如何将新的众包标签加入样本的众包标签集(即操作 $\oplus$)并进行标签集成是另外一个值得讨论的问题。实现 $\oplus$ 操作的最直接方法是将这个众包标签加入样本 $\boldsymbol{x}_i$ 的众包标签集 $\boldsymbol{l}_i$。然而，这种实现会使得算法较为短视，因为对于既定的众包标签集，加入一个额外的众包标签可能对集成后的标签 $f(\boldsymbol{l}_i)$ 没有影响。例如，f 使用多数投票，当众包标签集为{1,1}时，加入任何一种标签都不会对其集成结果有影响。这种短视行为会产生问题，因为如果需要纠正标注错误，就需要为同一样本获取大量标签。为了减轻这个问题，Re-active 学习使用了一种称为“pseudo-lookahead”的方法。

当基于影响力的采样方法从 D^L 中选取样本 $\boldsymbol{x}_i$ (注意上述短视的问题在样本从 D^U 中选取时并不存在)，$\oplus$ 操作并不简单地将新的众包标签 l_i^{new} 加入 $\boldsymbol{x}_i$ 的众包标签集，而是直接将其众包标签集的集成结果 $f(\boldsymbol{l}_i)$ 替换为 l_i^{new}，即用 l_i^{new} 参与模型训练。设 ρ 为将集成标签 $f(\boldsymbol{l}_i)$ 翻转为 l_i^{new} 时需要新的额外众包标签的最小数量。若 l_i^{new} 与 $f(\boldsymbol{l}_i)$ 相等，则 $\rho=0$。然后，在函数 weightedImpact(·) 的实现中，当使用 $\psi_{l_i^{\text{new}}}$ 时，需要进行额外的修正：$\psi_{l_i^{\text{new}}}=\psi_{l_i^{\text{new}}}/\max(1,\rho)$。直观上，当使用集成标签 l_i^{new} 训练模型时，采用提出的 pseudo-lookahead 方法计算单个标签影响力的正则化值。

使用基于影响力的采样方法，当数据集中的众包标签增多后，算法会弱化单个标签的影响力，特别是对于那些已经具有大量众包标签的样本，再加入新的众包标签也不会使其具有影响力，因此这些样本就不会再次被选到。反之，那些没有众包标签或者具有很少量众包标签的样本会产生较大的影响力，也就更容易被选择。因此，基于影响力采样策略更加全面地考虑了样本上的标签分布对当前预测模型性能的影响，比基于不确定度的采样更能够在已众包标注的样本和未众包标注的样本之间进行平衡。

5.4.5 STAL 模型

主动学习的动态特性使得学习过程中可以考虑多种因素来主动引导学习模型的性能提升。Fang 等(2012)提出了一种称为自教学(self-taught)主动学习方法(简称 STAL 模型)。STAL 采用概率模型来建模工作者的知识，在学习过程中，弱工作者可以从其他强工作者处学习自己不具备的知识来扩展自己的知识集，最终实现标注质量的提升和学习模型性能的提升。STAL 主要解决三个问题：样本选择策略选择那些最富信息含量的样本，工作者选择策略选择那些最可靠的工作者进行标注，自教学过程扩充工作者的知识集。

1. 问题定义

继续沿用本书中的一些通用定义，样本集为 X，真实标签集为 Y，众包标签集为 L。为了刻画工作者的能力，假设工作者标注样本 $\boldsymbol{x}_i$ 的可靠度取决于该工作者的知识集是否能覆盖此样本。

定义 5-3(概念)　概念表示共享同一语义类别的实体集合。例如，sports 这个概念可以表示与运动相关的一些新闻文档(也就是实体)。给定一个数据集，存在一组概念(如 $\{c_1=\text{sports},\ c_2=\text{entertainment},\ c_3=\text{political}\}$)表示该数据集的整体概念空间 $\mathcal{C}$。

定义 5-4(知识集)　工作者 $\boldsymbol{u}_j$ 的知识集 $\mathcal{K}_j \in \mathcal{C}$ 表示该工作者进行标注所依赖的概念集合。例如，$\mathcal{K}_j = \{c_1 = \text{sports}, c_2 = \text{entertainment}\}$ 意味着该工作者知识集拥有两个概念。

定义 5-5(标签错误)　如果一个涵盖在工作者 $\boldsymbol{u}_j$ 知识集中的样本被提交给 $\boldsymbol{u}_j$ 标注，那么该工作者所提供的标签一定正确，否则，如果 $\boldsymbol{u}_j$ 的知识集不能涵盖该样本，工作者只能根据自己当前的知识猜测其标签。这个猜测的标签可能出错。

给定多个弱工作者和固定的标注预算(简单地定义为总的标签获取次数)，STAL 的目标是从 X 中选择最富信息量的样本进行标注，利用标注样本训练分类模型并最大化该模型的分类准确度。

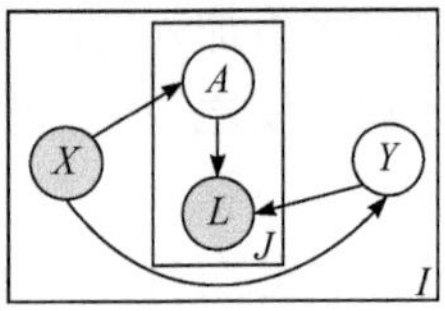

图 5-3　STAL 模型的概率图表示

2. 基于可靠度的工作者建模

STAL 仍然使用概率模型对工作者的可靠度和标注过程进行建模。图 5-3 展示了该模型的概率图表示。模型中有四类变量 X 、L 、Y 和 A 。前三类变量的意义在本书中是一致的，这里不再赘述。A 是众包工作者的可靠度，其中 $a_{ij} \in A$ 表示工作者 $\boldsymbol{u}_j$ 在样本 $\boldsymbol{x}_i$ 上的不确定度。上述概率图表示的联合分布的概率密度为

$$P(X,L,Y,A) = \prod_{i=1}^{I} P(z_i \mid \boldsymbol{x}_i) \prod_{i=1}^{I} \prod_{j=1}^{J} P(a_{ij} \mid \boldsymbol{x}_i) P(l_{ij} \mid y_i, a_{ij}) \tag{5.71}$$

由此模型可以推断出每个样本 $\boldsymbol{x}$ 的真实标签 y (即 $P(y \mid \boldsymbol{x})$)以及每位工作者相对于每个样本 $\boldsymbol{x}$ 的不确定度(即 $P(a \mid \boldsymbol{x})$)。

在 STAL 模型中，a 定义为工作者相对于样本的不确定性，a 越小表示工作者对该样本越有信心。因此，工作者对样本的可靠度可以定义为 $1/a$ 。因为工作者所提供的标签 l 是样本真实标签 y 在不确定度 a 下的一个偏移(offset)，众包标签的概率分布可以使用均值为标签真值 y 、方差为不确定度 a 的正态分布进行建模，即 $P(l_{ij} \mid a_{ij}, y_i) = \mathrm{N}(y_i, a_{ij})$ 。

在如图 5-3 所示的概率图表示中，样本 $\boldsymbol{x}_i$ 的真实标签仅仅依赖于其自身。因此，可以简单地使用 logistic 回归模型捕捉 $\boldsymbol{x}_i$ 与 y_i 之间的关系：$P(y_i \mid \boldsymbol{x}_i) = (1 + \exp(-\boldsymbol{w}_0^{\mathrm{T}} \boldsymbol{x}_i - \lambda))^{-1}$ 。下面需要进一步建模工作者的知识以及工作者相对于不同概念和不同样本的不确定度。由于不同工作者的知识集可能不同，STAL 使用带权重的概念表示定义每位工作者 $\boldsymbol{u}_j$ 的知识集为 $\mathcal{K}_j = \{\alpha_{c_1}^j, \alpha_{c_2}^j, \cdots, \alpha_{c_t}^j\}$ ，其中 $\alpha_{c_t}^j$ 表示工作者 $\boldsymbol{u}_j$ 标注概念 c_t 时的信心。$\alpha_{c_t}^j = 0$ 说明工作者不具备标注概念 c_t 的知识。因为样本 $\boldsymbol{x}$ 可能属于一

个或者多个概念，STAL 使用 $P(c_t \mid \boldsymbol{x})$ 表示样本属于概念 c_t 的隶属度。对于数据集中全部 T 个概念，样本针对每个概念的隶属度构成集合 $M_{\boldsymbol{x}} = \{P(c_1 \mid \boldsymbol{x}), P(c_2 \mid \boldsymbol{x}), \cdots, P(c_T \mid \boldsymbol{x})\}$。对于工作者 $\boldsymbol{u}_j$，其标注样本 $\boldsymbol{x}_i$ 的不确定度定义为

$$P(a_{ij} \mid \boldsymbol{x}_i) = \left[1 + \exp\left(\sum_{t=1}^{T} \alpha_{c_t}^{j} P(c_t \mid \boldsymbol{x}_i) + q\right)\right]^{-1} \tag{5.72}$$

有了知识集模型后，考虑概念集 $\mathcal{C}$。假设每个样本属于一个或多个概念，而每个概念可以表示为一个高斯分布。那么整个数据集中的样本可以表示为 T 个概念的混合高斯分布：

$$P(\boldsymbol{x}) = \sum_{t=1}^{T} w_t g(\boldsymbol{x} \mid \boldsymbol{\mu}_t, \Sigma_t) \tag{5.73}$$

其中，w_t 为高斯分量权重($\sum_{t=1}^{T} w_t = 1$)，$g(\boldsymbol{x} \mid \boldsymbol{\mu}_t, \Sigma_t)$ 为 d 维高斯密度函数，且

$$g(\boldsymbol{x} \mid \boldsymbol{\mu}_t, \Sigma_t) = \frac{1}{(2\pi)^{d/2} \mid \Sigma_t \mid^{1/2}} \exp\left[-\frac{1}{2}(\boldsymbol{x} - \boldsymbol{\mu}_t)\Sigma_t^{-1}(\boldsymbol{x} - \boldsymbol{\mu}_t)\right] \tag{5.74}$$

$\boldsymbol{\mu}_t$ 为均值向量，Σ_t 为协方差矩阵。那么，给定数据集中的所有概念，样本 $\boldsymbol{x}$ 相对于概念 c_t 的隶属度为

$$P(c_t \mid \boldsymbol{x}) = \mathrm{N}(\boldsymbol{x} \mid \boldsymbol{\mu}_t, \Sigma_t) \tag{5.75}$$

3. 概率模型的求解

对于式(5.71)所定义的最大似然估计，因为具有隐变量 Y 和 A，仍然可以使用 EM 算法求解。在上述模型中，需要学习两组参数 $\Theta = \{\Upsilon, \Psi\}$，其中 $\Upsilon = \{\boldsymbol{w}_0, \lambda\}$，$\Psi = \{\mathcal{K}_j, q_j\}_{j=1}^{J}$。EM 求解过程如下。

E 步：在当前的模型参数估计值下，计算隐变量似然的对数期望。假设已经获得了工作者参数的估计值，则计算标签真值的后验概率如下：

$$\hat{P}(y_i) = P(y_i \mid \boldsymbol{x}_i, A, L) \propto P(y_i, A, L \mid \boldsymbol{x}_i) \tag{5.76}$$

其中，

$$P(y_i, A, L \mid \boldsymbol{x}_i) = \prod_{j=1}^{J} P(a_{ij} \mid \boldsymbol{x}_i) P(l_{ij} \mid y_i, a_{ij}) P(y_i \mid \boldsymbol{x}_i) \tag{5.77}$$

M 步：为了估计模型的参数，在给定隐变量当前 E 步所得出的概率估计下，

最大化隐变量的对数似然值，即 $\Theta^* = \underset{\Theta}{\operatorname{argmax}}\, Q(\Theta,\hat{\Theta})$，其中 $\hat{\Theta}$ 是前一次迭代对参数的估计值，且

$$\begin{aligned} Q(\Theta,\hat{\Theta}) &= \mathbb{E}_Y[\log P(\boldsymbol{x}_i, A, L \mid y_i)] \\ &= \sum_{i,j} \mathbb{E}_{y_i}\left[\log P(a_{ij} \mid \boldsymbol{x}_i) + \log P(l_{ij} \mid y_i, a_{ij}) + \log P(y_i \mid \boldsymbol{x}_i)\right] \end{aligned} \tag{5.78}$$

STAL 模型使用 L-BFGS Quasi-Newton 法(Nocedal and Wright, 2006)来优化式(5.78)以获得对参数的更新。

4. 主动学习策略

主动学习的目标是使用最少的标注样本获得最准确的分类模型。STAL 采用常见的不确定度样本采样策略。通过图模型获得的后验概率 $P(y \mid \boldsymbol{x})$ 选择最具信息量的样本，即

$$\boldsymbol{x}^* = \underset{\boldsymbol{x} \in X}{\operatorname{argmax}} -\sum_{y_i} P(y_i \mid \boldsymbol{x}_i) \log P(y_i \mid \boldsymbol{x}_i) \tag{5.79}$$

选定样本后，算法选择可以为此样本提供最准确标签的工作者。给定样本，工作者对此样本的可靠度可以由式(5.72)计算，所以算法选择具有最小 $P(a_{ij} \mid \boldsymbol{x}^*)$ 值的工作者，即

$$j^* = \underset{1 \leqslant j \leqslant J}{\operatorname{argmin}}\, P(a_{ij} \mid \boldsymbol{x}^*) \tag{5.80}$$

自学习过程期望用最可靠工作者的知识去扩充最不可靠工作者的知识集。用 X^j 表示那些可以被工作者 $\boldsymbol{u}_j$ 准确标注的样本。那么 X^j 中的样本就决定了工作者 $\boldsymbol{u}_j$ 的知识集。如果可以使用被其他工作者标注的高质量样本扩展 X^j，那么最终会增强工作者 $\boldsymbol{u}_j$ 的标注能力。因此，由于选择的工作者 j^* 在样本 $\boldsymbol{x}^*$ 上具有最高的准确度，那么可以用其提供的标签以及样本 $\boldsymbol{x}^*$ 来扩充在该样本 $\boldsymbol{x}^*$ 上具有最低准确度的工作者 j^w 的标注样本集(注：样本集决定了知识集的大小)。上述过程形式化如下：

$$X^{j^w} \leftarrow X^{j^w} \cup \{(\boldsymbol{x}^*, l_{\boldsymbol{x}^* j^*})\}, \quad j^w = \underset{1 \leqslant j \leqslant J}{\operatorname{argmax}}\, P(a_{ij} \mid \boldsymbol{x}^*) \tag{5.81}$$

算法 5-5 详细描述了整个主动学习的关键步骤。

算法 5-5　Self-Taught Active Learning from Crowds (STAL)

Input: Candidate pool X ; Workers $\{\boldsymbol{u}_j\}_{j=1}^{J}$; maxQueries

Output: prediction model $h(\boldsymbol{x}) = (1+\exp(-\boldsymbol{w}_0^{\mathrm{T}}\boldsymbol{x}_i - \lambda))^{-1}$

1. Initialize model by randomly labeling a small portion of instances and compute the initial parameters Θ
2. numQueries: = 0
3. Initialize the knowledge X^j of each labeler j, $1 \leqslant j \leqslant J$
4. **while** numQueries ⩽ maxQueries **do**
5. Get $\boldsymbol{x}^*$ by Eq. (5.79)
6. Get j^* by Eq. (5.80)
7. Request $\boldsymbol{x}^*$'s label from j^* and get $(\boldsymbol{x}^*, l_{\boldsymbol{x}^* j^*})$
8. Get j^w and perform $X^{j^w} \leftarrow X^{j^w} \cup \{(\boldsymbol{x}^*, l_{\boldsymbol{x}^* j^*})\}$ by Eq.(5.81)
9. $\mathcal{L} \leftarrow \mathcal{L} \cup \{(\boldsymbol{x}^*, l_{\boldsymbol{x}^* j^*})\}$
10. Re-train model $h(\boldsymbol{x})$ using an EM algorithm
11. numQueries: = numQueries + 1
12. **end while**
13. **return** $h(\boldsymbol{x})$

5.5　其他众包学习范式

随着研究的深入，众包学习与机器学习的各种学习范式的融合不断增加。众包本身是一种应用环境，在这种独特的标注环境下，各种学习范式都有了新的内涵，也出现了新的挑战性问题。本节介绍的两项研究成果分别涉及学习过程中的知识迁移与众包深度学习。

5.5.1　众包学习中的知识迁移

众包标注始终需要一定的成本，特别是对于某些单价较高的困难标注任务，需求方总是期望使用最低的成本获得最大的收益。然而，标注样本过少将直接导致对于标注系统的参数的估计偏差过大，从而不利于学习出性能优异的模型。Fang 等(2014)提出了缓解这一问题的新思路：利用那些大量存在的非同一领域的未标注样本来提升众包主动学习的性能。这一使用迁移学习提升众包标注的思路具有典型的现实应用场景。例如，大多数博客均为用户产生内容，其用词和写作的规范化较低，因此进行分类标注需要仔细阅读全文，代价较高。然而，大量的新闻报道用语通常较为规范。如果能够从博客和新闻中学习出共享的公共潜在主题特征，那么将会比单从博客抽取特征进行学习更加有益。

1. 问题定义

为了进行知识迁移，需要对样本进行重新定义。设需要标注的数据集为目标领域数据集 $D^t=\{\boldsymbol{x}_1^t,\boldsymbol{x}_2^t,\cdots,\boldsymbol{x}_{I_t}^t\}$，而另一用来知识迁移的无标注数据集为源领域数据集 $D^s=\{\boldsymbol{x}_1^s,\boldsymbol{x}_2^s,\cdots,\boldsymbol{x}_{I_s}^s\}$。在源领域中每个样本 $\boldsymbol{x}\in D^s$ 可能服从与目标领域不同的分布。为了建模工作者的标注能力，假设工作者标注样本 $\boldsymbol{x}\in D^t$ 的可靠度取决于该工作者是否具备必要的专业知识对样本 $\boldsymbol{x}$ 的高层表示 $\boldsymbol{x}'$ 进行正确判断。本质上说，高层表示 $\boldsymbol{x}'$ 是样本在高层模式集合上学习到的投影。因此，工作者的专业知识定义为这些高层模式的加权组合。基于这一专业知识的定义，在主动学习中可以选择具有最好专业知识的工作者进行标注。

给定目标领域数据 D^t 和 J 位工作者以及未标注的源领域数据 D^s，主动学习的目标是选择目标领域中最富信息的样本交给最可靠的工作者进行标注，并保证在此过程中基于这些众包标注的数据所训练的预测模型具有最高的分类准确度。

2. 工作者专业知识建模

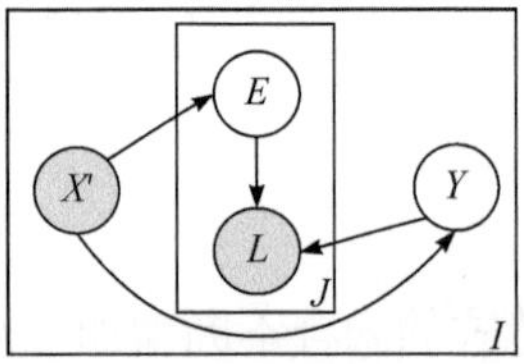

图 5-4　目标领域众包标注建模的概率图表示

工作者专业知识建模方法的概率图表示如图 5-4 所示。工作者 $\boldsymbol{u}_j$ 的专业知识为向量 $\boldsymbol{e}_j$，其元素 e_{ij} 表示该工作者在样本 $\boldsymbol{x}_i$ 上的专业知识的度量。为了更好地刻画工作者的专业知识，模型引入变量 X' 来表示样本 X 的高层特征。因为 X' 是从 X 学到的投影，所以可以在某些潜在区域更好地揭示出工作者的隐含专业知识。相应地，整个概率图模型的联合概率分布可以表示为

$$P(X',L,Y,E)=\prod_{i=1}^{I_t}P(y_i\mid\boldsymbol{x}_i')\prod_{j\in U_i}P(e_{ij}\mid\boldsymbol{x}')P(l_{ij}\mid y_i,e_{ij})\tag{5.82}$$

在模型中，因为 $\boldsymbol{x}_i'$ 是样本原始特征 $\boldsymbol{x}_i$ 的 K 维投影，即 $\boldsymbol{x}_i'=\left(x_i'^{(1)},x_i'^{(2)},\cdots,x_i'^{(K)}\right)$，所以可以将工作者专业知识度量 e_{ij} 表示为这些高层特征的加权线性组合：

$$e_{ij}=\sum_{k=1}^{K}e_j^k x_i'^{(k)}+v_j\tag{5.83}$$

给定样本的高层特征表示 $\boldsymbol{x}_i'$，使用 logistic 回归定义工作者 $\boldsymbol{u}_j$ 相对于 $\boldsymbol{x}_i'$ 的专业知识为如下条件概率：

$$P(e_{ij} \mid \boldsymbol{x}_i') = \left[1 + \exp\left(\sum_{k=1}^{K} e_j^k x_i'^{(k)} + v_j\right)\right]^{-1} \tag{5.84}$$

对于样本 $\boldsymbol{x}_i'$，假设其标签真值只依赖于自身，可以简单地使用 logistic 回归模型去计算其标签真值的条件概率：

$$P(y_i \mid \boldsymbol{x}_i') = [1 + \exp(-\boldsymbol{\gamma}^{\mathrm{T}} \boldsymbol{x}_i' - \lambda)]^{-1} \tag{5.85}$$

假设工作者 $\boldsymbol{u}_j$ 给样本 $\boldsymbol{x}_i'$ 提供的众包标签 l_{ij} 取决于其专业知识 e_{ij} 和样本的标签真值 y_i。将众包标签 l_{ij} 及其真值 y_i 之间的关系用高斯分布建模如下：

$$P(l_{ij} \mid e_{ij}, y_i) = \mathrm{N}(y_i, e_{ij}^{-1}) \tag{5.86}$$

直观上说，如果工作者有更好的能力 e_{ij} 来标注样本 $\boldsymbol{x}_i'$，则高斯分布的方差 e_{ij}^{-1} 将会更小。那么，其所提供的众包标签 l_{ij} 将会更加接近其真值 y_i。至此，式(5.82)中的项均可以得到计算。下面讨论样本 $\boldsymbol{x}_i$ 的高层特征表示 $\boldsymbol{x}_i'$ 的计算方法。

使用迁移学习获得样本新的高层特征表示不但有助于获得更准确的关于工作者专业知识的估计，而且也会提高主动学习的性能。这里的目标是发现简洁的高层特征表示，该表示保留原始特征之间的某些强相关性从而最大限度地减少源域和目标域的差异。为了达成这一目标，可以使用稀疏编码(Lee et al., 2007)，将输入向量表示为一组基向量的线性组合。这一组基向量捕捉了输入数据的高层模式。具体来说，给定源领域中的未标注数据 $\{\boldsymbol{x}_1, \boldsymbol{x}_2, \cdots, \boldsymbol{x}_{l_s}\}$，$\boldsymbol{x}_i \in \mathbb{R}^d$，优化如下问题：

$$\begin{gathered} \min \sum_i \left\| \boldsymbol{x}_i - \sum_j a_i^j \boldsymbol{b}_j \right\|^2 + \beta \| \boldsymbol{a}_i \|_1 \\ \text{s.t. } \| \boldsymbol{b}_j \| \leqslant 1, \quad \forall j \in 1, 2, \cdots, k \end{gathered} \tag{5.87}$$

该公式中 $\{\boldsymbol{b}_1, \boldsymbol{b}_2, \cdots, \boldsymbol{b}_k\} (\boldsymbol{b}_j \in \mathbb{R}^d)$ 是基向量的集合。对于输入数据 $\boldsymbol{x}_i$，$\boldsymbol{a}_i = \{a_i^1, a_i^2, \cdots, a_i^k\} (\boldsymbol{a}_i \in \mathbb{R}^k)$ 是对应于基向量 $\boldsymbol{b}_j$ 的系数 a_i^j 构成的稀疏向量。公式中的第二项是 L_1 正则化项，它可以强制系数向量 $\boldsymbol{a}_i$ 变得稀疏(Ng, 2004)。

为了找到源领域和目标领域共享的高层模式，可以通过使用同一组基向量重构两个领域的方式进行稀疏编码，定义如下优化目标：

$$\begin{aligned} &\min \sum_{\boldsymbol{x}_i^s \in D^s} \left(\left\| \boldsymbol{x}_i^s - \sum_j a_i^j \boldsymbol{b}_j \right\|^2 + \beta_1 \| \boldsymbol{a}_i \|_1 \right) + \sum_{\boldsymbol{x}_i^t \in D^t} \left(\left\| \boldsymbol{x}_i^t - \sum_j a_i^j \boldsymbol{b}_j \right\|^2 + \beta_2 \| \boldsymbol{a}_i \|_1 \right) \\ &\text{s.t. } \| \boldsymbol{b}_j \| \leqslant 1, \quad \forall j \in 1, 2, \cdots, k \end{aligned} \tag{5.88}$$

其中，$\{\boldsymbol{b}_1,\boldsymbol{b}_2,\cdots,\boldsymbol{b}_k\}(\boldsymbol{b}_j\in\mathbb{R}^d)$ 是两个领域共享基向量的集合。该优化问题是凸的，可以很有效地通过迭代方法求解(Lee et al., 2007)。最终，可以得到每个目标领域样本 $\boldsymbol{x}_i$ 的高层特征表示 $\boldsymbol{x}_i'=\{a_i^1,a_i^2,\cdots,a_i^k\}$，该特征表示是共享基向量 $\{\boldsymbol{b}_1,\boldsymbol{b}_2,\cdots,\boldsymbol{b}_k\}$ 的稀疏线性组合。

至此，式(5.82)中所需的信息均已获得，则可以使用 EM 算法来进行模型推断。由概率图表示可知模型中具有隐变量 Y，其他均为参数 $\Theta=\{\gamma,\lambda,\boldsymbol{e}_j,v_j\}$ $(1\leqslant j\leqslant J)$。EM 求解过程如下。

E 步：在当前的模型参数估计值下，计算隐变量似然的对数期望。假设已经获得了工作者参数的估计值，则计算标签真值的后验概率如下：

$$\hat{P}(y_i)=P(y_i\mid\boldsymbol{x}_i',A,L)\propto P(y_i,\boldsymbol{e}_i,\boldsymbol{l}_i\mid\boldsymbol{x}_i') \tag{5.89}$$

其中，

$$P(y_i,\boldsymbol{e}_i,\boldsymbol{l}_i\mid\boldsymbol{x}_i')=P(y_i\mid\boldsymbol{x}_i')\prod_{j\in U_i}P(e_{ij}\mid\boldsymbol{x}_i')P(l_{ij}\mid y_i,e_{ij}) \tag{5.90}$$

M 步：为了估计模型的参数，在给定隐变量当前 E 步所得出的概率估计下，最大化隐变量的对数似然值，即 $\Theta^*=\underset{\Theta}{\operatorname{argmax}}\,Q(\Theta,\hat{\Theta})$，其中 $\hat{\Theta}$ 是前一次迭代对参数的估计值且

$$\begin{aligned}Q(\Theta,\hat{\Theta})&=\mathbb{E}_Y[\log P(\boldsymbol{x}_i',\boldsymbol{e}_i,\boldsymbol{l}_i\mid y_i)]\\&=\sum_{i,j}\mathbb{E}_{y_i}\left[\log P(e_{ij}\mid\boldsymbol{x}_i')+\log P(l_{ij}\mid y_i,e_{ij})+\log P(y_i\mid\boldsymbol{x}_i')\right]\end{aligned} \tag{5.91}$$

可以使用 L-BFGS Quasi-Newton 法(Nocedal and Wright, 2006)来优化式(5.91)以获得对参数的更新。

3. 主动学习策略

主动学习策略选择最富信息量的样本交给最可靠的工作者进行标注。首先，选择样本。给定目标领域中的未标注样本 $\boldsymbol{x}_i$，使用式(5.88)计算其高层特征表示 $\boldsymbol{x}_i'=\{a_i^1,a_i^2,\cdots,a_i^k\}$，然后选择具有最大信息量的样本。这里仍然使用最大不确定度采样策略，不确定度由后验概率 $P(y_i\mid\boldsymbol{x}')$ 计算：

$$i^*=\underset{i\in D^t}{\operatorname{argmax}}-\sum_{y_i}P(y_i\mid\boldsymbol{x}_i')\log(y_i\mid\boldsymbol{x}_i') \tag{5.92}$$

因为后验概率 $P(y_i\mid\boldsymbol{x}')$ 的计算已经考虑了多位工作者及其专业知识，所以上述工作者选择策略所选出的样本从所有工作者的角度来看具有最大的信息量。其次，选择工作者。在选出样本后，需要交给具有最高准确度的工作者标注。根据式(5.83)计算每位工作者的置信度，然后选择在此样本上具有最高置信度的工作者：

$$j^* = \underset{1 \leqslant j \leqslant J}{\operatorname{argmax}} \sum_{k=1}^{K} e_j^k a_{i^*}^k + v_j \tag{5.93}$$

整个主动学习过程由算法 5-6 给出。

算法 5-6　Active Learning with Knowledge Transfer (ALKT)

Input: Target dataset $D^t = D_t^u(\text{unlabeled}) + D_t^l(\text{labeled})$; Workers $\{\boldsymbol{u}_j\}_{j=1}^J$;

Source dataset D^s; Total number of queries allowed Budget

Output: Labeled instance set $\mathcal{L}$ and parameters Θ

1. Perform transfer learning to calculate $\boldsymbol{x}_i'$ for each $\boldsymbol{x}_i \in D^t$ by Eq. (5.88)
2. Train an initial model with labeled target data and initialize Θ
3. $q := 0$
4. **while** $q \leqslant$ Budget **do**
5. $i^* \leftarrow$ the most informative instance from D_t^u by Eq. (5.92)
6. $j^* \leftarrow$ the most confident worker for instance $\boldsymbol{x}_{i^*}$ by Eq. (5.93)
7. $(\boldsymbol{x}_{i^*}, l_{i^* j^*}, u_{j^*}) \leftarrow$ query instance $\boldsymbol{x}_{i^*}$'s label from worker u_{j^*}
8. $\mathcal{L} \leftarrow \mathcal{L} \cup \{(\boldsymbol{x}_{i^*}, l_{i^* j^*}, u_{j^*})\}$
9. $\Theta \leftarrow$ re-train the model using the updated labeled data
10. $q := q + 1$
11. **end while**
12. **return** $\mathcal{L}$ and Θ

5.5.2　众包深度学习

近十几年来，深度学习技术(LeCun et al., 2015)的研究和应用取得了长足的进展，因此开发高效的算法、从众包标注中学习的深度神经网络，对领域的发展具有一定的意义。

Rodrigues 和 Pereira(2018)提出一种从众包标注中学习的深度神经网络，可以同时进行真值推断和预测模型学习。众所周知，最简单的众包深度学习仍然可以使用两阶段学习模式。然而，这种学习方式在深度学习场景下不仅开销巨大而且不好调优。深度学习通常需要大量的样本来优化网络参数。如果使用基于 EM 的真值推断算法估计整个训练样本的真实标签，在样本量很大的情况下，运行耗时过大；若分批估计则累积的误差将变大，连局部最优也无法保证。因此，有必要开发直接学习算法。

Rodrigues 和 Pereira 提出在深度学习网络中增加群体层(crowd layer)以从众包标签中学习深度神经网络。增加这一层的思路比较直接。群体层将深度神经网络的输出(对于分类来说是 softmax 层，对于回归来说是线性层)作为自己的输入，以学习一个工作者特定的从输入层到不同众包工作者标签的映射。该映射捕捉了工作者的可靠度和偏置。通过这种方式，之前的输出层就成为在不同工作者之间共享的瓶颈层(bottleneck layer)。图 5-5 展示了一种简单的四元分类 J 位众包工作者的具有这种瓶颈层结构的卷积神经网络。

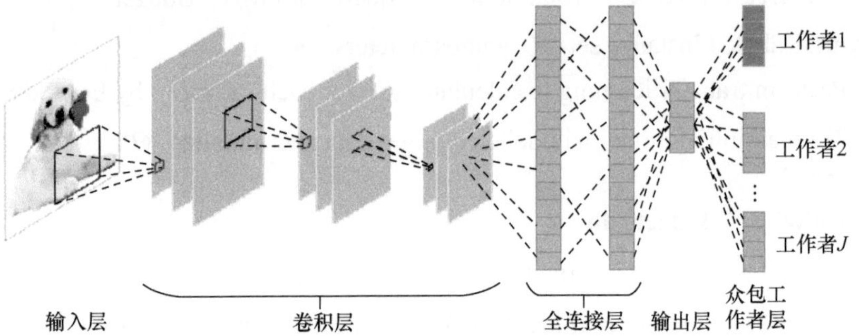

图 5-5　用于对 4 个类和 J 位工作者进行分类的具有瓶颈结果的卷积神经网络

然后，这一模型的思路是，当使用一个给定的工作者的众包标签在整个神经网络中传播误差时，群体层根据该工作者的可靠度通过缩放和调整偏倚的方式来调整来自其众包标签的梯度。在这一过程中，瓶颈层接收来自不同工作者标签的调整过的梯度，并通过网络的其余部分进一步对其进行聚合和反向传播。事实证明，通过这一群体层，网络能够解决不可靠工作者的问题，甚至纠正其标注中的系统偏差。而且，所有这些都可以在反向传播框架内自然完成。

进一步形式化，令 $\boldsymbol{\sigma}$ 为具有任意结构的深度神经网络的输出。不失一般性，假设向量 $\boldsymbol{\sigma}$ 对应于 softmax 层的输出，$\boldsymbol{\sigma}_c$ 对应于输入实例属于类 c 的概率。然后，将群体层中每个注释者的激活函数定义为 $\boldsymbol{a}^j = f_j(\boldsymbol{\sigma})$，其中 f_j 是众包工作者特定的函数，群体层的输出简单地设置成激活函数 $o_c^j = e^{a_c^j} \Big/ \sum_{l=1}^{C} e^{a_l^j}$ 的 softmax 函数。

然后，问题只剩下如何定义函数 $f_j(\boldsymbol{\sigma})$。对于分类问题，合理的假设是考虑矩阵变换 $f_j(\boldsymbol{\sigma}) = W^j \boldsymbol{\sigma}$，其中 W^j 是工作者特定的矩阵。给定工作者 j 的预期标签 $\boldsymbol{o}^j$ 与其实际提供的标签 $\boldsymbol{l}^j$ 之间的代价函数 $E(\boldsymbol{o}^j, \boldsymbol{l}^j)$，可以计算激励 $\boldsymbol{a}^j$ 处的梯度 $\partial E / \partial \boldsymbol{a}^j$ 并将其反向传播到瓶颈层，从而得到

$$\frac{\partial E}{\partial \boldsymbol{\sigma}} = \sum_{j=1}^{J} W^j \frac{\partial E}{\partial \boldsymbol{a}^j} \tag{5.94}$$

然后，瓶颈层的梯度向量自然会成为根据不同工作者的标签所得到的梯度的加权和。此外，如果工作者倾向于将 c 类标记为 l 类(标注偏置)，则实际上矩阵 W^j 可以相应地调整梯度。对于缺少某些工作者标签的问题，可以通过将它们的梯度贡献设置为零轻松解决。至于估计工作者权重 $\{W^j\}_{j=1}^J$，由于它们参数化了从瓶颈层 $\boldsymbol{\sigma}$ 的输出到工作者预期标签 $\{\boldsymbol{o}^j\}_{j=1}^J$ 的映射，可以使用标准随机优化技术，如 SGD 或 Adam(Kingma and Ba, 2015)。一旦网络训练完成，就可以除去群体层，从而将瓶颈层 $\boldsymbol{\sigma}$ 的输出暴露出来，该输出可以轻松地用于未标注的实例进行预测。

上述方法一个明显的关注点是可识别性(identifiability)。因此，重要的是不要过度参数化 $f_j(\boldsymbol{\sigma})$，因为添加超出必要参数的可能会使瓶颈层 $\boldsymbol{\sigma}$ 的输出失去作为共享的真值估计的可解释性。另一个重要方面是参数初始化。通过实验发现的最佳实践是群体层使用单位(恒等)初始化方法，即加性(additive)参数设置为零、标量参数设置为 1、乘积矩阵设置为单位矩阵等。另一种解决方案是使用正则化来强制群体层的参数接近单位量(identity)。但是，在某些情况下，这可能会带来一些负面影响。例如，对于一个非常有偏见的工作者，则不希望强迫其矩阵 W^j 接近单位矩阵。最后，值得一提的是，与基于 EM 方法的两阶段学习方法一样，此方法存在一个隐含的前提假设，即随机或对抗性的工作者不构成大多数(通过众包平台提供了质量控制措施，在实践中这一点是可以保证的)，否则在那种情况下群体层的表现不会比随机猜测好。

最后，该众包深度学习框架通用性很好，除了用于分类任务，还可以无须修改地直接应用于序列标记问题，或者考虑群体层中每位工作者的单变量标量和偏倚参数进行修改，并适用于回归问题。

5.6　本 章 小 结

在机器学习相关领域，人们从众包平台获得数据标注后的主要目的之一就是利用这些众包标注数据训练出可以对未标注样本进行预测的学习模型。为了提高预测模型的质量，最直接的方式是使用两阶段学习模式，即先通过真值推断过程为每个训练样本赋予更加准确的集成标签，然后将这些集成标签作为样本真实标签的替代参与预测模型训练过程。两阶段模式的最大优势是，将众包学习的标签质量和模型训练过程进行分离，使得可以分别针对两者进行优化。特别是，人们可以在预测模型的训练过程中针对领域和数据特点选择各种不同的学习算法。相比之下，那种将真值推断和预测模型训练统一到同一优化框架下的学习方法的灵活性会弱很多。例如，本章大部分内容都是基于统一优化框架的众包学习算法，而相关研究均是基于最简单的 logistic 回归来构建预测模型。能否将真值推断与更加复杂的学习算法构建于统一的众包学习框架下仍然是一个未知的挑战性问题。但不可否认的是，统一优化框架下的众包学习模型提供了寻求全局优化的可能，因此相比于启发式的两阶段学习模式，它具有更优美、更理论化的表现形式，更加吸引学术界的关注。

由于众包模式本身的开放、动态、不确定和成本有限特性，主动学习成为组织众包学习过程的自然选择。与传统的主动学习不同，众包主动学习过程不具备提供完美标注的“先知”，取而代之的是多个可靠度不一的众包工作者。因此，众包主动学习过程充满了复杂性和不确定性，所要考虑的因素变得更多。其学习策略也从单纯的样本选择扩展到工作者选择。除了本章介绍的几个典型的主动学习方法，另外一些关于众包学习方法的研究 (Long et al., 2013; Rodrigues et al., 2014) 也会简要讨论主动学习策略。这些策略与本章介绍的主动学习策略大同小异，因此不再赘述。

与真值推断相比，面向众包标注数据的预测模型学习的研究空间更大，而目前的研究也只是处在起步状态。除了本章最后介绍的迁移学习和深度学习，越来越多的学习范式将在众包标注环境下被进一步深入研究，从而形成众包半监督学习(Atarashi et al., 2018)、众包多视图学习(Zhou and He, 2017)、众包机器教学(Zhang et al., 2020)等研究成果。

第 6 章　众包学习数据集与工具

6.1　引　　言

早期研究人员基本都是利用 MTurk 或者 CrowdFlower 众包平台收集众包标签进行实验验证。但是这种方式实验成本较高，且收集到的数据并不一定能恰好反映所提出方法的优势。现在更为普遍的做法是直接获取公开发表的数据集进行实验。众包学习所面临的环境较为复杂，现有的机器学习实验工具(库)均无法直接支持众包学习。一些研究人员开发了面向众包学习的开源实验工具，但均使用 Java 语言开发，实验环境再提供一定的框架和接口给用户。评价指标是针对算法或者参数好坏的定量指标。在诸多的评价指标中，大部分指标只能片面地反映模型的部分性能特性，具体学习任务合理地选择评价指标才能得出模型是否优秀的正确结论。

本章收集并介绍众包学习中所用到的实验工具，包括二十多项研究中公开发布的真实众包标注数据集、三种众包开源实验环境和一些常用的评价指标。这些数据集不仅具有众包标签，而且其中大多数数据集至少有一部分样本具有标签真值，以方便评估模型和算法的性能。三种实验环境均提供了不少真值推断算法的实现。对模型进行合理的评价需要根据领域的特点选择合适的评价指标，本章还介绍本书中经常使用的分类评价指标和回归评价指标。

6.2　众包学习数据集

虽然众包标注可以看成一种用户产生的内容，但是与传统的社会化标签(social tag，一种典型的用户产生内容)还是有显著区别。众包标注数据来源于需求方的现实需求，其标注过程通常伴随着众包工作者对经济回报的期望。众包工作者在提交工作结果后，需求方通常需要简单验证其答案并确认支付工作者酬劳。因为引入了经济收益，众包标注的质量通常高于传统的社会化标签。然而，事实并非总是如此。首先，现有的众包平台的质量控制机制必须具有一定的弹性以吸引更多的参与者，因此不可能对每位众包工作者的情况都进行严格的审核。其次，对于众包工作者个人，获得报酬是他们参与问题的主要动机，因此无法保证他们对每个问题的回答都尽心尽责。最后，需求方对答案的验证也仅仅是粗粒度地过滤错误，因此与专家标注相比，众包标注的质量低很多。

众包学习研究人员通常利用商业众包平台收集众包标签进行实验验证。这种方式的弊端一是实验成本较高，二是收集到的数据并不一定能恰好反映所提出方法的优势(即模型与现实并不一定能够匹配)。因此，对于刚进入本领域的研究人员，获取公开发表的数据集进行实验是最为经济可行的做法。本章列举一些来自真实众包标注任务的数据集，这些数据集不仅具有众包标签，而且其中至少有一部分样本具有标签真值。这些标签真值通常由领域专家提供，以方便评估算法的性能。为了帮助读者获得更多信息，本章将这些数据集的原始下载地址以脚注的方式提供。如果脚注中的地址无法下载，读者可以从作者的个人网站①下载这些数据集。

6.2.1 情感判断

现阶段人工智能的发展水平对于目标对象的情感倾向性判断的准确度仍然十分有限，特别在无监督条件下准确度更低。因此，情感判断(sentiment judgment)是最常见的一类众包标注，下面列举几个情感判断众包数据集：

(1) Sentiment Popularity 数据集②由 Venanzi 等(2015)创建，简称 SP 数据集。该数据集包含对于 500 条电影评论所抽取的句子的正负极性判断。这些句子被来自 MTurk 平台的 143 位众包工作者标注了 10000 次。数据集每一行的构成是工作者 ID、任务 ID、众包标签、真实标签以及任务时间。

(2) Weather Sentiment 数据集③也由 Venanzi 等创建，简称 WS 数据集。该数据集包含对 300 条与天气相关的推特条目的情感极性判断。这些条目被来自 MTurk 平台的 110 位众包工作者标注了 6000 次。判断的类别选项包括 negative (0)、neutral (1)、positive (2)、tweet not related to weather (3)、can't tell (4)，数据集每一行的构成是工作者 ID、任务 ID、众包标签、真实标签以及任务时间。

(3) Face Sentiment 数据集④由 Mozafari 等于不同年度创建(Mozafari et al., 2014; Mozafari et al., 2012)，简称 FS 数据集。该数据集包含对 584 幅人脸图像的表情判断。这些图像共被众包工作者标注了 5256 次，平均每幅图像标注 9 次。众包工作者在 neutral、happy、sad、angry 四种标签中选择一种。

(4) iPhone Sentiment 数据集同样由 Mozafari 等创建，简称 iPhS 数据集。该数据集包含对 1000 条与苹果手机 iPhone 相关的推特条目的情感极性判断。这些条目被来自 MTurk 平台的 83 位众包工作者标注了 5000 次。判断的类别选项仅包括 negative (0)和 positive (1)。

---

① 作者为本书创建的众包标注数据集下载地址为 https://wocshare.sourceforge.io。

② https://eprints.soton.ac.uk/376544。

③ https://eprints.soton.ac.uk/376543。

④ https://web.eecs.umich.edu/~mozafari/datasets/crowdsourcing/index.html(iPhS 数据集也在此)。

(5) Affective Text 数据集[①]由 Snow 等(2008)在 Strapparava 和 Mihalcea (2007)构建的情感标注数据集的基础上，利用 MTurk 平台进行众包标注而获得，简称 Affective 数据集。每位众包工作者需要为每个新闻标题在 6 种情感上给出评分。这 6 种情感分别是 Anger、Disgust、Fear、Joy、Sadness 及 Surprise。除此之外，众包工作者还要给出一个综合情感强度(Valence)评分。Snow 等从 Strapparava 和 Mihalcea 所构建的 SemEval 测试集中选择了 100 条新闻标题，为所有的新闻标题收集了 1000 个众包标签，即每个标题条目被 10 位众包工作者标注。对于每个情感类别，工作者需要给出[0, 100]区间的评分来表示其强弱；对于 Valence 虚拟情感，工作者需要给出[−100, 100]区间的评分。因此，Affective 数据集实际上包含 7 个子数据集。

(6) CrowdFlower Sentiment Analysis 数据集[②]作为 2013 年国际人工计算(Human Computation)会议的 Crowdsourcing at Scale 竞赛任务发布，简称 SAJ2013 数据集。该数据集的标注任务是对“谈论天气”相关推特条目进行情感判断。数据集包含 98979 个条目(其中 300 个具有标签真值)，每个条目至少被 5 位工作者标注，共收集到 500000 个答案。工作者判断的类别选项为 Negative(0)、Neutral(0)、Positive(2)、irrelevant(3)、cannot tell(4)。

(7) Sentiment Polarity 数据集[③]由 Rodrigues 等(2013)创建，简称 Polarity 数据集。它的标注任务来源于 Pang 和 Lee(2005)对 RottenTomatoes(烂番茄影评网)[④]上影评信息的抽取语句进行“新鲜度”的判断。标注分为两个类别，正类表示“fresh”，负类表示“rotten”。整个数据集包括 5000 条语句并由来自 MTurk 平台上的 203 位众包工作者标注了 27747 次。工作者的平均准确度为 77.12%。

(8) Company Sentiment 数据集由 Zheng 等(2017)收集，简称 CS 数据集。该数据集包含对 1000 条“与公司相关”的推特条目(如 The recent products of Apple is amazing!)的情感极性判断。如果该推文表达了对相关公司的正面观点，则回答“yes”(正类)，否则回答为“no”(负类)。收集时将 20 个问题集成到一个 HIT 中并将其分发给 20 位众包工作者。这 1000 条推特条目的标签真值包含 528 个正类和 472 个负类。数据集收集了来自 85 位众包工作者所提供的 20000 个答案。

6.2.2　相关性评估

相关性评估是整个信息检索的基础，特别是对网页内容的相关性评估，由于涉及各种不同类型的媒体(文本、图片、视频等)，对机器智能仍然具有相当的挑战。而人类目前在相关性评估上仍然具备较大的优势。因此，利用众包标注进行

① https://sites.google.com/site/nlpannotations。

② https://sites.google.com/site/crowdscale2013/shared-task(FEJ2013 数据集也在此)。

③ https://eden.dei.uc.pt/~fmpr/download.php?file=mturk-datasets.tar.gz(Music 数据集也在此)。

④ https://www.rottentomatoes.com。

相关性评估成为信息检索领域研究者的常见做法。下面是几个相关性评估的众包数据集。

(1) Text Retrieval Conference 2010 数据集①作为文本检索会议 TREC 2010 中相关性反馈专题的一部分(Buckley et al., 2010)，为众包工作者提供了预先设定的专有评价界面和相关主题的描述信息(Grady and Lease, 2010)，简称 TREC 2010 数据集。众包工作者判断主题和给定的文档之间的相关性。相关性包含五个有序分类：highly relevant(2)、relevant(1)、non-relevant(0)、unknown(−1)、broken link(−2)。整个数据集包含 20232 个样本(其中 3276 个样本具有标签真值)，被 722 位工作者标注了 98453 次，平均每个样本被标注 4.87 次。

(2) Adult Content 2 数据集②出现在 Ipeirotis 等(2010)的文献中，简称 Adult2 数据集。该数据集包含了 MTurk 平台上的工作者对网页中成人内容进行(G、PG、R、X)分类的标注信息。MTurk 平台上的工作者查看网页然后按照网页上出现的成人内容将网页分为四类。该数据集共有 11040 个样本(其中 1517 个样本具有标签真值)，被标注了 92721 次，平均每个样本标注 8.40 次。

(3) Web Search 数据集③由微软的众包算法研究组创建。任务是判断一对网址内容的相关性。判断评分为五个等级(0～4)，其中 0 为最不相关，4 为强相关。整个数据集包含 2665 个样本(其中 2652 个样本具有标签真值)，被 177 位工作者标注了 15567 次，平均每个样本被标注 5.84 次。

(4) Product Same 数据集来源于 Wang 等(2012)的文献，简称 Product 数据集，它包含了 8315 条对“两种产品描述是否指同一产品”的问题样本，如“Sony Camera Carrying-LCSMX100 and Sony LCS-MX100 Camcorder are the same?”。众包工作者需要回答“T”或“F”。所有样本的标签真值包含 1101 个正类和 7034 个负类。整个数据集包含了从 176 位众包工作者处收集的 24945 个答案，平均同一问题被 3 位众包工作者标注。

6.2.3　图像分类

图像分类是众包标注最早的应用领域之一，著名的大型图片分类数据库 ImageNet④就是使用众包标注生成的(但是，ImageNet 目前已经不提供原始的从众包工作者处获得的标注)。因此，图片分类也有不少公开的众包标注数据可用。

(1) Dog 数据集仍然由微软的众包算法研究组创建。任务是判断图片中的狗属于哪个品种，其中品种类别包括 Norfolk Terrier、Norwich Terrier、Irish Wolfhound

① http://www.ischool.utexas.edu/~ml/data/trec-rf10-crowd.tgz。

② https://github.com/ipeirotis/Get-Another-Label/tree/master/data/AdultContent2(SpamCF 和 SpamMT 数据在此)。

③ http://research.microsoft.com/en-us/projects/crowd(Dog 数据集也在此)。

④ http://www.image-net.org。

以及 Scottish Deerhound。该数据集包括 807 幅图像(均有标签真值)，被众包工作者标注了 8070 次，每幅图像标注 10 次。

(2) Duck 数据集[①]由 Welinder 和 Perona(2010)创建。该数据集包含了对 108 幅图像中的鸟类“是否鸭子”的判断。该数据集的样本均有标签真值，它们总共被标注了 4212 次，平均每个样本被标注了 39 次。

(3) Ten Dog Breeds 数据集由 Bi 等(2014)创建，简称 Dog10 数据集。该数据集包含 10 个二分类子数据集，每个二分类子数据集包含约 300 幅狗的图像，其中大约有一半的图像上的狗属于某一特定类型(正类)，剩下的一半则是与这种类型相似的其他不同类型的狗(负类)。这 10 个子数据集分别是 Chihuahua、SpanielJ、Maltese、Pekinese、Shih-Tzu、SpanielB、Papillon、ToyTerrier、Ridgeback 以及 Afghan。整个数据集由 21 位众包工作者标注，平均每位工作者标注 90 次左右。Bi 等还用卷积神经网络生成了这些图像的特征。

(4) Duchenne Smile 数据集由 Whitehill 等(2009)创建，简称 WVSCM 数据集。它的任务是判断图像中人物的笑是“Duchenne 笑”(由于开心而发自内心的真笑)，还是“非 Duchenne 笑”(出于社交和礼节性的笑)。对于这两种不同形式的笑，专家通常是根据眼周围的眼轮肌的运动方式来进行判断的。整个数据集包含 160 幅图像，并从 20 位 MTurk 平台上的众包工作者处收集了 3572 个标签。根据专家提供的标注(真值)，其中有 58 幅图像属于 Duchenne 笑。

(5) Fashion 10000 数据集[②]由 Loni 等(2014)创建，简称 Fashion 数据集。该数据集包含了 32398 幅图像，这些图像通常与服装和时尚饰品相关。Loni 等在 MTurk 平台上创建了超过 8000 个 HIT，每个 HIT 包含 4 幅图像。众包工作者进行标注时需要回答如下 6 个问题：①图像是否与服装及时尚饰品相关？(是、否、不确定)；②该服装是否属于某种特定类别？(是、否、不确定)；③图像中人数？(无人、一个人、多个人)；④是否是专业模特？(是、否、不可用)；⑤图像中被穿着的服饰是否引起购买欲望？(是、否、无人、不可用)；⑥服饰是否正式？(男性正式、女性正式、男性不正式、女性不正式、不可用)。该数据集最终从众包工作者处收集到了 97194 个答案，平均每个问题 3 个答案。

6.2.4　自然语言处理

早在 2008 年，Snow 等(2008)就开始验证众包标注能否胜任自然语言处理的标注任务。这一工作首次证实了使用重复标注方案并选择较为优化的真值推断模型(该项研究中对比了简单的多数投票模型和 DS 模型的标签集成性能差异)所获得的集成标签能够满足常见的几个自然语言处理任务。因此，Snow 等收集的关于

① https://github.com/welinder/cubam。

② http://skuld.cs.umass.edu/traces/mmsys/2014/user05.tar(此数据集较大共 9.4GB)。

自然语言处理的数据集在后续的众包真值推断研究中被广泛使用。下面对 Snow 收集的相关数据集进行简要介绍。

(1) Recognizing Textual Entailment 数据集，简称 RTE 数据集，包含了对 800 个语句中所蕴含的假设的判断。该项任务最早由 Dagan 等(2005)提出。提供给众包工作者的问题包括两句话和一个二分类选项(是、否)。问题是“第二句话所述的假设是否蕴含在第一句话中”。例如，“油价下降”这一假设蕴含在“原油价格暴跌”这一语句中，但是并不蕴含在“上周政府宣布计划提升油价”这句话中。整个数据集包含了 8000 条答案，即每个问题被 10 位众包工作者所标注。

(2) Word Similarity 数据集，简称 WordSim 数据集，它包含了对 30 对单词相似度的评分。评分的区间是[0,10]，且允许小数。每个单词对收集 10 个众包标签。整个数据集包含从 10 位众包工作者那里获得的 300 个标签。这些单词对的专家标注得分来自于 Miller 和 Charles(1991)的文献。然而，专家标注的评分区间是[0, 4]。因此，在对比专家标注得分时需要将两者进行尺度上的统一。然而，这种不一致的尺度有可能会造成正负类别的偏差，本书对这一问题进行了深入研究，详细讨论见 7.2.2 节。

(3) Temporal Ordering 数据集，简称 TempOrder 数据集，它包含了对 462 个事件描述中的动词对之间的时间顺序的判断。这些“事件描述对”抽取于“时间银行”语料库 (Pustejovsky et al., 2003)且仅包括“strictly before”和“strictly after”两种时间顺序。众包工作者被要求在这两个选项中进行选择。每个事件动词被 10 位众包工作者标注，整个数据集包含 4620 个答案。

(4) Word Sense Disambiguation 数据集，简称 WSD 数据集，它包含了对 177 个单词的词义消歧判断。所选的预料来源于 SemEval 词义消歧任务(Pradhan et al., 2007)。在每个 HIT 中，提供给众包工作者包含某关键词(如“president”)的一段话(如“Robert E. Lyons III...was appointed president and chief operating officer...”)，然后要求工作者在相关的答案中进行选择(如“1. executive officer of a firm, corporation, or university”“2. head of a country (other than the U.S.)”“3. head of the U.S., President of the United States”)。每个样本被 10 位众包工作者标注，整个数据集包含 1770 个答案。

6.2.5 事实评估

事实评估包含的范围很广。在本书中，如果一个 HIT 包含了多种类型的信息，不能归为以上四类，就认为是一种事实评估任务。在事实评估中，众包工作者需要对任务进行主观判断，而这种判断可能与众包工作者本身的背景密切相关(如对音乐风格的判断、对自身喜好的判断等)。因此，在这类任务上相比于机器，人类可能会提供更加理性的答案。这里介绍几个事实评估众包标注数据集。

(1) Fact Evaluation Judgment 数据集，简称 FEJ2013 数据集，它是 HCOMP 2013 会议的“Crowdsourcing at Scale”竞赛任务发布的数据集。该数据集的标注

任务是判断“图像中的人是否进入或者毕业于某个机构”(如“史蒂芬·霍金毕业于牛津大学？”)。数据集包含 42624 个条目(576 个具有标签真值)，每个条目至少被 5 位工作者标注，共收集到 216725 个答案。工作者判断的类别选项为 Correct、Wrong 及 Ambiguous。

(2) HIT Spam 包含了两个数据集 SpamCF 和 SpamMT，它们分别采集于 CrowdFlower 和 MTurk 平台，其任务是对判断一个已经完成的 HIT 是否是众包工作者随意完成的(即“垃圾”)。SpamCF 数据集包含 150 位众包工作者标注的 100 个样本。负类样本数是正类样本数的 2 倍左右，但是负标签的数目是正标签数目的 10 倍左右。SpamMT 数据集一共收集到 28354 个众包标签，其中正标签为 12589 个，负标签 15765 个。

(3) Music Genre(Music)数据集仍然由 Rodrigues 等创建，其任务是对歌曲风格的判断。该数据集包含了 1000 首歌曲片段(片段时长 30s)，分为 10 种曲风(classical、country、disco、hiphop、jazz、rock、blues、reggae、pop、metal)，每种曲风包含 100 个样本。这些样本被来自 MTurk 平台的 44 位众包工作者标注了 2946 次。众包工作者的平均准确度为 73.28%。

(4) Gender Hobby(Hobby)数据集①由 Mo 等(2013)创建。该数据集的主题是关于不同性别的不同爱好。众包工作者需要回答两大类问题，第一类问题关于“运动”，第二类问题关于“烹饪/化妆”。众包工作者每接受一个 HIT 需要回答 10 个问题，每类问题占一半。每个问题提供了两组答案，工作者可以从这两组答案中进行选择或者简单地回答“不知道”。最终的数据集包含 57 位众包工作者对 112 个问题提供的 1400 个答案。

6.3　众包学习实验工具

相较于传统的机器学习，众包学习所面临的环境更为复杂。现有的机器学习实验工具(库)均无法直接支持众包学习。为了促进本领域研究的发展，一些研究人员开发了面向众包学习的开源实验工具。下面对这三种众包学习实验工具进行简要介绍。

6.3.1　SQUARE

1. 简介

SQUARE(Statistical QUality Assurance Robustness Evaluation)②由美国得克萨斯大学奥斯汀分校的 Lease 教授课题组开发(Sheshadri and Lease, 2013)。与任何基

① http://kxmo.me/static/GenderHobbyDataSet.zip。
② http://ir.ischool.utexas.edu/square。

准测试的工具一样，SQUARE 的目标是评估真值推断新方法的相对优势，了解本领域需要进一步研究之处以及评估本领域随时间推移的技术进展。SQUARE 包括已经实现或者集成的多个真值推断算法、用来测试这些算法的基准数据集、相关的测试结果、应用程序接口等。SQUARE 使用 Java 程序设计语言开发，但是没有提供图形用户界面，用户必须通过 API 调用其功能。

SQUARE 实现或者集成了 MV、DS、RY、GLAD、CUBAM、ZenCrowd 6 种真值推断算法，同时包含 10 个真值众包标注数据集③，分别是 FS、RTE、SpamCF、TempOrder、Duck、WVSCM、Adult2、WSD、TREC2010、TREC2010-B。

2. 软件的运行模式

SQUARE 软件有三种运行模式，分别是非监督(unsupervised)模式、轻量监督(light-supervision)模式以及完全监督(full-supervision)模式。带有监督的两种模式主要针对那些具有(超)参数设置的模型(如 DS、RY、CUBAM 等)，可以预先通过训练样本确定其(超)参数的初始值。非监督模式是指真值推断前无任何关于模型或者潜在数据分布的信息，所有的(超)参数均使用没有任何倾向性的均匀先验。轻量监督模式是指在真值推断前已经具有一些(超)参数的估计值。例如，在 DS 或者 RY 模型中，事先知道正负类大概所占的百分比数，或者在 RY 模型中知道工作者更倾向于提供负标签等。将模型参数的先验值提前设置，可能会得到更好的推断性能(前提是这些先验值确实符合数据集的真实情况)。完全监督模式是从全体众包标注数据集中独立同分布地抽取出一部分样本。这些样本从领域专家处获得标签真值。这些标签真值参与确定模型的各种参数(如工作者的可靠度等)。这样在对那些没有真值的样本进行推断时，就可以更加准确地设置模型的(超)参数，从而获得更好的推断性能。

SQUARE 的作者在上述三种模式下，将 6 种真值推断算法在 10 个数据集上进行了全面的测试。测试结果表明，如果事先知道一些先验知识(轻量监督模式和完全监督模式)，则复杂模型(如 RY、CUBAM 等)的性能会较无监督模式下有所提升；经典方法 DS 及其扩展 RY 的综合性能最好，但是无法确定到底在何种情况下哪种模型表现最佳；没有出现推断性能特别亮眼的模型。因此，SQUARE 的作者认为有必要利用更多的模拟数据集，同时全面调整模型的参数设置，从而进一步揭示这些模型的潜在性能特点。

3. 使用方法

SQUARE 使用 Java 程序设计语言开发提供了丰富的 API 给用户使用。如果用户不使用 Java 语言进行编程，也可以通过如下命令行的方式使用 SQUARE。

③ 在该软件中，FS、TempOrder、TREC2010-B 数据集分别名为 BM、TEMP、HC(B)。

```
org.square.qa.analysis.Main --responses [responsesFile]
        --category [categoriesFile]
        --gold [goldFile]
        --categoryPrior [categoryPriorFile]
        --numIteration [numIterations]
        --method <Majority|Bayes|Raykar|Zen|All>
        --saveDir [saveDirectory]
        --nfold [n]
        --estimation <unsupervised|semisupervised|supervised>
```

众包工作者对样本的标注存放在[responsesFile]文件中，该文件每一行是一个众包标注，其格式是“工作者 ID\tab 样本 ID\tab 标签”。[categoriesFile]文件是对标注类别的说明，类别从 0 开始编号，每行一个类别 ID。[goldFile]文件存放样本的标签真值，其每一行的格式是“样本 ID\tab 标签真值”，提供该文件后 SQUARE 会使用标签真值分析算法性能。[numIterations]用来控制基于 EM 的真值推断算法的最大迭代次数(默认值为 50 次)。“--method”指明需要调用的真值推断算法。[saveDirectory]目录用来存放运行结果。因此，用户可以对这个目录下生成的文件(均为文本文件)进行分析从而获得模型运行的详细信息(包括模型的参数、样本分布、众包标注分布、隐变量的值等所有信息)。“--estimation”用来指明 SQUARE 工作的模式，而在监督模式下可以使用“--nfold”指明用来获得参数设置值的交叉验证的次数。

6.3.2　BATC

1. 简介

BATC(Benchmark for Aggregate Techniques in Crowdsourcing)④是 Hung 等开发的面向众包标签集成的基准测试工具(Nguyen et al., 2013)，其目标是实现如下三大功能。①选择合适的众包标注集成技术。每种技术都有其独特的性能特点，没有一种技术能在所有的场景下都可以胜出。BATC 的标注行为模拟为特定场景下选择合适的技术提供方便。②选择适合的参数。BATC 可以允许用户改变参数的设置同时可视化地观察其影响。通过实证观测，用户可以为其应用选择合适的参数配置。③降低开发复杂度。因为众包平台很少支持标注集成，所以应用开发人员需要重新实现现有的标注集成算法。然而，对于应用开发者，理解这些技术可能成为一种挑战。将 BATC 作为一种重用框架，可以显著减少开发人员开发工

④ https://code.google.com/archive/p/benchmarkcrowd。

作量。

BATC 使用 Java 程序设计语言开发，实现了多种标签集成算法，提供了一套交互式图形用户界面，极大地方便了用户使用。BATC 本身没有提供真实的众包标注数据集，但实现了生成模拟数据集的丰富功能。

2. 系统设计

图 6-1 展示了 BATC 的体系结构。BATC 采用基于组件的体系结构风格，自底向上分为三层，分别是数据访问层、计算层和应用层。底层数据访问层抽象了底层数据对象，它读取数据并转换成统一的形式供上层使用。最高层的应用层实现用户交互，它读取用户的配置并以可视化的形式返回计算层的结果。计算层包括集成模块与模拟模块两部分，其中集成模块在接收到数据访问层的数据后调用相关标签集成算法进行计算并评价计算结果，而模拟模块则模拟了各种类型的众包标注过程，来生成合成数据集供算法评测使用。

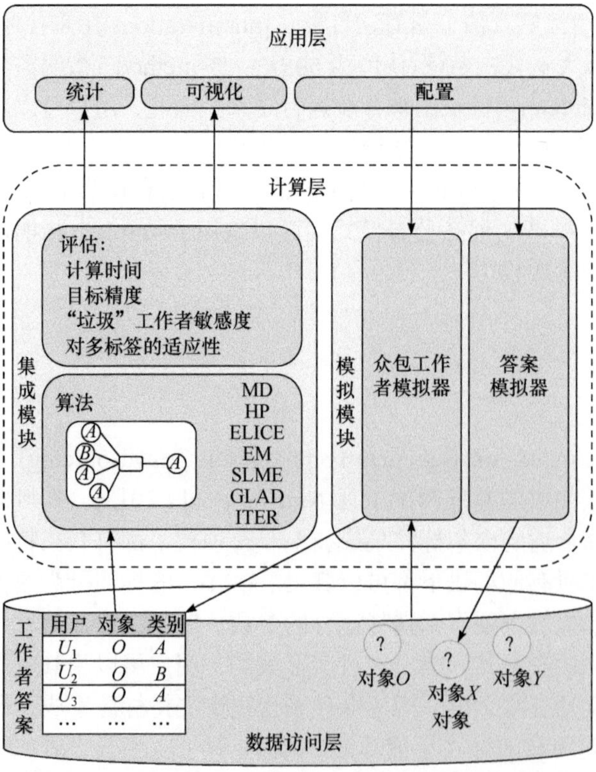

图 6-1　BATC 的体系结构(Nguyen et al., 2013)

集成模块主要实现了非迭代型和迭代型众包标注集成算法。非迭代型众包标注集成算法包括 MV、HP(Lee et al., 2010)和 ELICE(Khattak and Salleb-Aouissi, 2011)。HP 和 ELICE 均为 MV 的扩展，它们使用部分专家标注来设置陷阱问题，利用这些陷阱问题，或者过滤掉低质量的工作者(HP)，或者评估工作者的可靠度(ELICE)。迭代型众包标注集成算法[5]包括 DS、GLAD、RY 和 KOS(参见第 4 章)。

3. 实现细节

模拟众包标注过程是 BATC 的显著特色之一，它包括工作者模拟和答案生成模拟。BATC 模拟了五种类型的工作者，分别是 Expert、Normal Worker、Sloppy Worker、Uniform Spammer 和 Random Spammer。以二分类标注为例，这五种工作者的关系可以用图 6-2 表示。图中，Expert Worker 具有专业水平的领域知识，绝大多数情况下能做出正确的判断，其可靠度处于区间[0.9, 1]；Normal Worker 具有平均教育水平并可以做出基本正确的判断，但是他们时常也会犯错，可靠度处于区间[0.6, 0.9]；Sloppy Worker 是那些受教育水平较低的工作者，他们只能偶尔判断正确，可靠度处于区间[0.1, 0.4]，但是其错误不是故意而为的；Uniform Spammer 总是以很高的概率给出某一种答案，因此其可靠度分布具有两种形式：敏感度 $\in[0.8,1]$、特异度 $\in[0,0.2]$ 和敏感度 $\in[0,0.2]$、特异度 $\in[0.8,1.0]$。Random Spammer 总是随机给出两种答案之一。

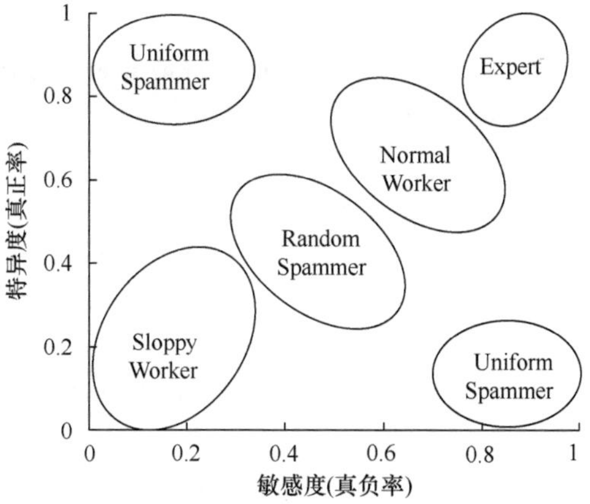

图 6-2　BATC 所模拟的五种类型工作者(Hung et al., 2013)

答案生成模拟为二分类和多分类任务生成众包标签。对于二分类任务，通常使用双币(two-coin)模型，即为每位工作者定义敏感度(sensitivity)和特异度(specificity)两种度量。如果真实标签是正类，那么工作者以敏感度的概率提供正

⑤ 在 BATC 的原始论文中，MV、DS、RY 和 KOS 分别被称为 MD、EM、SLME 和 ITER(图 6-1)。

标签；如果真实标签是负类，那么工作者以特异度的概率提供负标签。对于多分类任务，BATC 使用均匀错误分布答案生成策略。这种策略首先假设工作者 $\boldsymbol{u}_j$ 具有可靠度 $r_j \in [0,1]$。如果给定样本的标签真值具有 K 个候选，那么该工作者将以概率 r_j 提供正确标签，而在其给出的所有错误标签中，除了真值外的 $K-1$ 个候选值出现的概率均为 $(1-r)/(K-1)$。

BATC 的另一大特点是提供了交互式图形用户界面以方便用户生成模拟数据并进行算法评估。图 6-3 展示了 BATC 的图形用户界面。从界面上可以看到用户可以指定任意数目的五类众包工作者进行标注，可以设置问题的数目、标签的类别个数、陷阱问题个数、回答每个问题的众包工作者数目等信息，最后指定所要评估的算法以及性能评价指标等。运行完毕后，BATC 将绘制出所对比的算法的性能折线图，非常清晰地展示算法性能的比较结果。

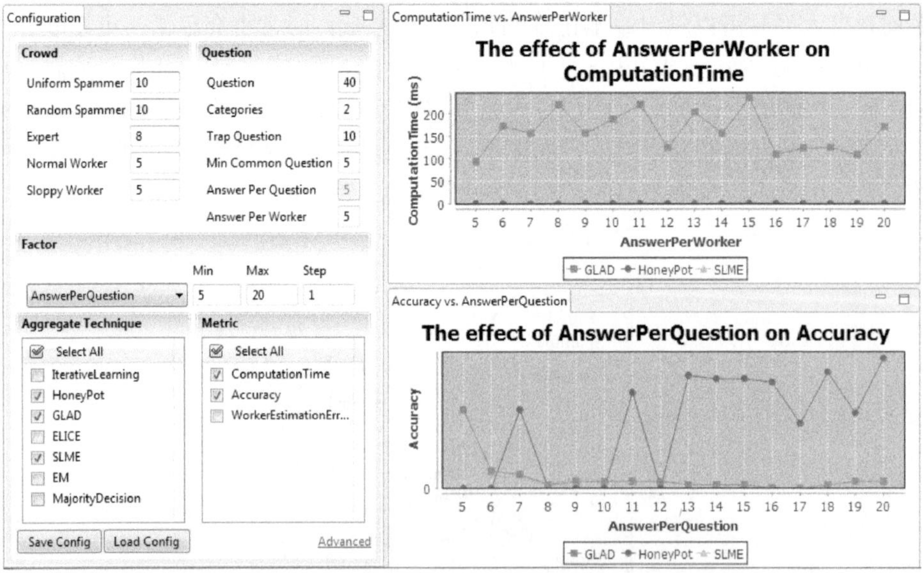

图 6-3　BATC 的交互式图形用户界面(Nguyen et al., 2013)

6.3.3　CEKA

1. 简介

CEKA(Crowd Environment and its Knowledge Analysis)是本书作者开发的面向对象的众包学习研究工具(Zhang et al., 2015b)，主要针对上述两种众包学习实验工具只涉及真值推断而忽略了预测模型学习的缺陷而提出，仍然使用 Java 程序设计语言开发，在设计和实现上完全遵循面向对象的方法，在源代码层面可以与广为流行的机器学习开源工具 WEKA(Witten and Frank, 2005)无缝地集成，从而方便在真值推断后实现各种预测模型学习任务。此外，在真值推断上，CEKA 实现了更多的算法及评价指标。

2. 设计原则与系统结构

CEKA 的设计遵循三个基本原则:①更倾向于集成已有算法而不是重新实现。除非文献中所提出的算法没有公布源代码，否则 CEKA 总是优先集成原作者提供的源代码而不是重新实现这些算法。在这一过程中，CEKA 所要做的是将原有代码进行 Java 语言封装并实现统一的输入输出以方便用户使用。②无缝兼容 WEKA。当包含众包标注数据的文件读取到内存之中并形成 Dataset 对象后，该 Dataset 对象及其内部所包含的 Example 对象可以直接被 WEKA 的代码所使用(如进行模型训练和交叉验证)，即 CEKA 中的 Dataset 类和 Example 类分别是 WEKA 中的 Instances 类和 Instance 类的子类。③可扩展性。由于面向众包的机器学习是刚出现不久的活跃研究领域，很多主题尚未被触及。为了便于今后研究的拓展，CEKA 的核心在实现中非常注重其可扩展性。

图 6-4 展示了 CEKA 的体系结构。相比于 SQURE 和 BATC，CEKA 的体系结构包含了更大的蓝图，企图支持整个面向众包标注的知识发现过程(包括分析、推断和预测模型学习)。CEKA 同样采用层次化体系结构风格。在数据层，CEKA 不但支持众包标注所需要工作者答案(response)文件和标签真值(gold)文件，还扩展了 WEKA 中最常用的 arff(x)文件。arff(x)文件用来描述样本及其特征。这些文件读入内存后会生成既可以进行众包学习也可以调用 WEKA 功能进行预测建模的 Dataset 和 Example 对象。

在推断与学习层，CEKA 提供了更多的真值推断算法。这些算法不仅包括经典的 MV、DS、RY、GLAD、KOS、ZenCrowd、Adaptive Weighted MV (AWMV)算法，也包括 PLAT 算法(Zhang et al., 2015a)和 GTIC 算法(Zhang et al., 2016)等(参见第 7 章)。那些在真值推断后获得的错误集成标签可使用标签处理算法进行过滤或者修正，只要这些标签处理算法能够充分利用真值推断所提供的信息(参见第 8 章)。因此，CEKA 也实现了一些噪声处理算法用来支持这一方向的研究。这些噪声处理算法包括分类过滤(classification filtering, CF)算法 (Gamberger et al., 1999)、迭代分割滤波(iterative partition filtering, IPF)算法(Khoshgoftaar and Rebours, 2007)、多分区过滤(multiple partition filtering, MPF)算法(Khoshgoftaar and Rebours, 2007)、投票过滤(voting filtering, VF)算法(Brodley and Friedl, 1999)、标签打磨纠正(polishing label correction, PLC)算法(Teng, 1999)、自训练误标纠正(self-training correction, STC)算法(Triguero et al., 2014)等。

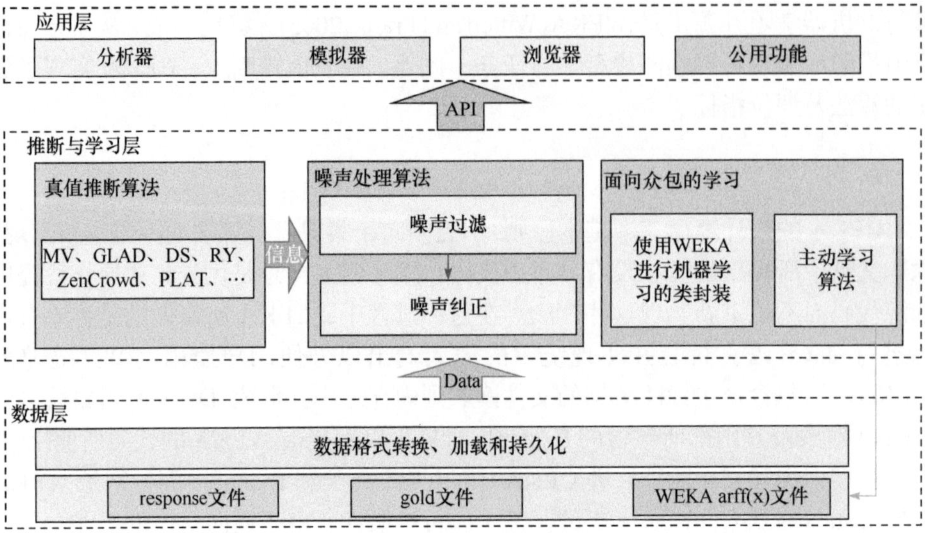

图 6-4　CEKA 的体系结构

在应用层，CEKA 提供了许多实用功能。例如，提供了准确率、召回率、精确率、*F*-score、ROC 曲线下面积(简称 AUC)、多分类 AUC(简称 M-AUC)等性能评价指标以及洗牌、分割、合并等数据集操作功能。

3. 应用示例

CEKA 可以方便在 Windows 和 Linux 系统上部署运行。对于所集成的 GLAD 算法，CEKA 已经完成了其 Windows 移植。图 6-5 展示了一个简单的包括真值推断、标签噪声纠正和性能评估的编程示例。在该示例中(正如 DS 算法所示)，所有的真值推断算法提供了简单统一的接口函数 doInference，该函数将为每个样本赋予一个集成标签。具有集成标签的数据集可以用来训练预测模型。Dataset 类完全兼容于 WEKA 中的 Instances 类。因此，Dataset 对象可以直接作为参数传给 WEKA 中的分类器进行模型训练。本示例使用了 WEKA 中的序列最小优化(SMO)分类器在已获得集成标签的数据集上构建了 ClassificationFilter 标签噪声过滤器。该噪声过滤器能将数据集分为低噪声水平的清洁子集 subData[0]和高噪声水平的子集 subData[1]。然后，构建自训练纠正算法，利用 subData[0]训练出的 SMO 分类器纠正 subData[1]中的标签噪声。最后，利用 DatasetManipulator 数据集操作对象将 subData[1]子集中的样本加入 subData[0]子集中，从而实现两个子数据集的合并。性能统计类 PerformanceStatistic 可以直接应用于 subData[0]对象，以获得本次实验的各种性能统计。

```
String respPath=D:/adult.response.txt; // labels obtained from crowd
String arffPath=D:/adult.arffx;         // ground truth and features
Dataset data = loadFile(respPath, null, arffPath);
// infer the ground truth by Dawid & Skene's algorithm
DawidSkene dsAlgo = new DawidSkene(50);
dsAlgo.doInference(data);
// noise filtering with the CF algorithm
Classifier [] classifiers = new Classifier[1];
Classifiers[0] = new SMO();              // SMO Classifier in WEKA
ClassificationFilter noiseFilter = now ClassificationFilter(10);
Dataset[] subData = null;                // cleansed and noise data sets
cf.FilterNoise(data, classifiers[0]);   // conduct noise filtering
subData[0] = noiseFilter. getCleansedDataset();
subData[1] = noiseFilter. getNoiseDataset();
// noise correction with STC algorithm
SelfTrainCorrection stc = new SelfTrainCorrection(subData[0], subData[1], 1.0);
stc.correction(classifiers[0]);          // correct mislabeled data
// combining two data sets and then evaluate performance
DatasetManipulator.addAllExamples(subData[0], subData[1]);
PerformanceStatistic perfStat = new PerformanceStatistic();
perfStat.stat(subData[0]);
```

图 6-5　CEKA 基本应用的示例代码

6.3.4　实验工具研发挑战

虽然研究人员近年来做出了一些有益的尝试去开发众包学习实验环境，但是由于众包学习本身的复杂性和机器学习技术的快速发展，实验环境的开发仍然面临诸多挑战。

1. 编程语言

上述三种众包学习开源实验工具均开发于 2015 年之前。当时，机器学习领域的编程语言较为丰富，除了 MATLAB，Java 则更加面向实用场景。很多大数据平台和编程环境(如 Hadoop、MapReduce 等)都使用 Java 语言开发，而 Hadoop 项目中也包括了基于 Java 语言的机器学习库 Mahout。因此，上述众包学习开源工具也顺应潮流，使用 Java 语言进行开发。

2015 年后，随着深度学习的异军突起，机器学习所使用的编程语言也逐渐转向更加动态和弱类型的编程语言 Python。目前，Python 语言自身就提供了丰富的机器学习库，再加上 Pytorch、TensorFlow 等广为流行的深度学习库，Python 成为机器学习研究最受青睐的语言。因此，开发支持 Python 语言的众包学习环境并使其能够与 Python 机器学习库、Pytorch、TensorFlow 等深度学习库协同工作成为一种首要需求。

2. 模拟行为

BATC 对众包工作者的分类模拟令人印象深刻。然而，众包标注行为的模拟仍然有很大的扩展空间。现有对工作者可靠度的建模，一旦模型建立完成，针对同一工作者的相关参数就成为定值。例如，二分类的双币模型中敏感度和特异度对于某一工作者即定值。但是，在真实的系统中，这些参数均为时间的变量。工作者参与任务的时长会影响其可靠度。直观上，任务开始时由于工作者不太熟悉业务，可靠度相对较低，随着任务的进行，该工作者对业务越来越熟悉，其可靠度会有一定的提升，然而过长的工作时间或者过于枯燥的工作内容也会引起工作者的倦怠，造成可靠度再一次降低。这一过程的精确模拟对设计新的主动学习算法(工作者选择策略)具有重要的意义。

另外，众包工作者还可以具有现实意义上的社区结构。在一个大型的众包标注任务中，众包工作者可以查看自己感兴趣的人的工作结果，从而进行自我教学，以提高自身工作能力。这样同一社区内的工作者就会呈现出趋同性。当然，也有一些恶意工作者会故意提供错误答案。这些复杂情况的建模和模拟对研究现实众包系统的学习问题也非常有意义。

3. 系统接口

真实众包系统的接口是目前所有众包实验工具所缺失的功能。然而，这一接口对于某些与众包主动学习相关的机器学习方法的研究至关重要。例如，在主动学习中，一般的方法都会去寻找具有最高可靠度的工作者来完成标注。现实情况下，如果该工作者拒绝了承担相关任务或者由于暂时不在线错过了相关任务，对学习模型有何种影响？有些主动学习方法通过交互式协议的设计引入了机器教学能力，将精挑细选的教学示例连同问题同时推送给工作者，以提升工作者的业务水平，这种方式是否真的能够起到明显的教学效果？还有一些主动学习方法具有比较高的计算耗时，在推荐下一个标注任务的过程中让工作者长时间等待会不会影响其工作质量？这些问题的回答，都要求所设计的众包实验环境能够与真实的众包系统协同工作，实验环境必须提供一定的框架和接口给用户(研究人员)，让其能够将自己的实验过程嵌入其中。

4. 交互和可视化分析

交互和可视化分析历来是开源软件的弱项。虽然 BATC 提供了图形用户界面的交互和可视化分析，但是其呈现的信息仍然十分有限。可视化分析的精髓并不一定是用各种图形展示出实验最终结果，而是能够通过图形提供关于整个学习过程更深刻的洞察。例如，某些真值推断模型具有大量的参数和超参数。在模型推断完成后，这些(超)参数是否具有较为合理的值？是不是存在某些(超)参数的值在推断过程中始终没变？系统中是否存在某些具有异常值的变量？这些都是深入分析模型并进行进一步优化的基础。可视化能够使这些问题的回答变得一目了然，也能够提供关于工作者群体和样本群体分布的更多信息。当然，如果算法还涉及时序建模，则可视化会让整个时序过程清晰地展示在用户面前。

6.4　性能评价指标

众包真值推断与预测模型学习都是典型的机器学习算法，因此本节简要回顾与本书内容有关的机器学习性能评价指标。评价指标是针对将相同的数据输入不同的算法模型或者输入不同参数的同一种算法模型，而得到的这个算法或者参数好坏的定量指标。在诸多的评价指标中，大部分指标只能片面地反映模型的部分性能特性，只有根据具体学习任务合理地选择评价指标才能得出模型是否优秀的正确结论。

6.4.1　二分类问题的评价指标

二分类是分类问题的基本形式，任何形式的多分类问题都可以转化成二分类问题。在二分类问题中，通常使用混淆矩阵来描述评价模型性能的测试样本的标签真值与预测模型(或推断模型)给出的预测(估计)值之间的关系。给定一定数量的测试样本，模型的混淆矩阵如表 6-1 所示。该矩阵是一个 2×2 的方阵，其中每个元素对应属于该测试结果类型的测试样本的数目。测试结果分为四种类型：

(1) 真正例(true positive, TP)，即被模型预测为正的正样本数目；

(2) 假正例(false positive, FP)，即被模型预测为正的负样本数目；

(3) 假负例(false negative, FN)，即被模型预测为负的正样本数目；

(4) 真负例(true negative, TN)，即被模型预测为负的负样本数目。

表 6-1　二分类问题的混淆矩阵

真值 \ 预测值	正例	负例
正例	TP	FN
负例	FP	TN

有了这四种类型的测试样本，可以定义如下一些简单评价指标。

1. 准确率

准确率是分类问题中最为简单直接的评价指标，准确率的定义是预测正确的样本数占总样本数的比例，即

$$\mathrm{acc}=\frac{\mathrm{TP}+\mathrm{TN}}{\mathrm{TP}+\mathrm{TN}+\mathrm{FP}+\mathrm{FN}} \tag{6.1}$$

仅用准确率评价算法模型，在数据类别分布不均衡的情况下有明显的弊端。例如，100 个测试用例由 98 个负例和 2 个正例构成，如果模型的预测输出永远都

是负类，则模型的准确率为 0.98。从数值上看该模型已经非常准确，但事实上，这样的模型没有任何预测能力。

2. 精确率和召回率

精确率又称精准率、查准率，它针对预测结果而言，是指在所有被预测为正的样本中实际真值为正的样本所占的比例，即在预测为正样本的结果中，有多少把握可以预测正确。精确率的计算公式为

$$P = \frac{\mathrm{TP}}{\mathrm{TP} + \mathrm{FP}} \tag{6.2}$$

召回率又称查全率，它针对预测中使用的样本而言，含义是在实际真值为正的样本中被预测为正的样本所占的比例，其计算公式如下：

$$R = \frac{\mathrm{TP}}{\mathrm{TP} + \mathrm{FN}} \tag{6.3}$$

精确率和召回率在应用中各有侧重。例如，在股票趋势预测中，用户关心的是预测为上升趋势的股票究竟有多少能够真正上升，因此使用精确率更为合理。而在是否患某种疾病的预测中，则希望那些真正患病的样本不要预测错误，因此更关心召回率。精确率和召回率是一对此消彼长的度量。例如，在信息检索系统中，如果想让所检索的内容尽可能与检索的关键词相关，那么只能向用户返回那些强相关的内容，这样就会漏掉一部分同样与检索关键词相关(可能是弱相关)的内容，召回率就低了；如果想让用户获得更多的内容，那么哪怕有点关联的内容都需要返回给用户，宁可错杀一千，不可放过一个，这样精确率就很低了。

3. *F*-score

正是由于精确率(P)和召回率(R)是一对此消彼长的度量，仅使用任何一个都无法全面反映模型的性能。为了综合这两个度量，可以使用 *F*-score(又称 *F*-measure)，它是 P 和 R 值的加权调和平均。假设召回率的重要性是精确率重要性的 β 倍，则得到 *F*-score 的一般公式为

$$F_\beta = (1+\beta)^2 \frac{PR}{\beta^2 P + R} = \frac{(1+\beta^2)\mathrm{TP}}{(1+\beta^2)\mathrm{TP} + \beta^2\mathrm{FN} + \mathrm{FP}} \tag{6.4}$$

在实践中，最常用的是 $\beta = 1$ (召回率和精确率同等重要)时的 F_1-score：

$$F_1 = 2\frac{PR}{P+R} = \frac{2\mathrm{TP}}{2\mathrm{TP}+\mathrm{FN}+\mathrm{FP}} \tag{6.5}$$

4. 敏感度和特异度

敏感度和特异度分别表明模型对真实正例和负例的预测能力，经常用于医学

领域。例如，在医学检测领域，敏感度表示在有病(阳性)人群中检测出阳性的概率，因此敏感度与召回率、查全率、真正率(TPR)是同义词，其计算公式为式(6.3)。特异度表示在无病(阴性)人群中检测出阴性的概率。无病人群中检出阴性的概率越高，证明试剂越是特别针对阳性样本，这也就是“特异度”名称的由来。特异度的计算公式为

$$\text{specificity} = \frac{\text{TN}}{\text{TN} + \text{FP}} \tag{6.6}$$

特异度又称真负率(TNR)。

6.4.2　ROC 曲线与 AUC

众所周知，某些指标(如准确率)显著受到样本类别不平衡的影响，因此应用起来具有一定的局限。本节介绍的 ROC 曲线和 AUC 则不会受到样本类别不平衡的影响。

首先，除了敏感度(召回率、真正率)，需要定义另外一个评价指标，即假正率(false positive rate)，它表示所有负例中预测为正例的比例，即

$$\text{FPR} = \frac{\text{FP}}{\text{TN} + \text{FP}} \tag{6.7}$$

真正率(TPR)和假正率(FPR)都是基于真值来定义的，也就是说，它们分别在真实情况的正例和负例中观察相关概率。正因为如此，无论样本是否平衡，这些概率都不会被影响。例如，若总样本中 90%是正例，10%是负例，显然类别是严重不平衡的。但是，TPR 只关注 90%正例中有多少是被正确预测的，而与那 10%的负例无关。同理，FPR 只关注 10%负例中有多少是被错误预测的，也与那 90%的正例无关。可见，从真实情况的各个结果角度出发就可以避免类别不平衡的问题。

ROC 曲线最早应用于雷达信号检测领域，用于区分信号与噪声，后来被用于评价模型的预测能力。

众所周知，分类器的输出一般为实值或者概率。通过，设定一个阈值来划分正负类，高于阈值为正类，反之为负类。当这个阈值发生变动时，预测结果随之发生变化，那么混淆矩阵也会随之变化，最终导致评价指标的值发生变化。ROC 曲线以 FPR 为横坐标，TPR 为纵坐标，是一条通过改变阈值后得到的所有坐标点(FPR,TPR) 的连线。曲线越靠左上角，分类器性能越佳。真实情况下，由于阈值的设置是由样本点决定的，离散化阈值使得曲线呈现出如图 6-6 所示的锯齿状。当然数据越多，阈值划分得越细，则曲线越光滑。图中直线 $y = x$ 表示的意义是：对于不论真实情况是正例还是负例，分类器预测为正例的概率是相等的。而人们

期望分类器达到的效果是，对于真实情况为正例的样本，分类器预测为正例的概率(即 TPR)，要大于真实情况为负例而预测类别为正例的概率(即 FPR)，即 $y>x$。因此，对于正常的分类模型，大部分 ROC 曲线在 $y=x$ 上方。

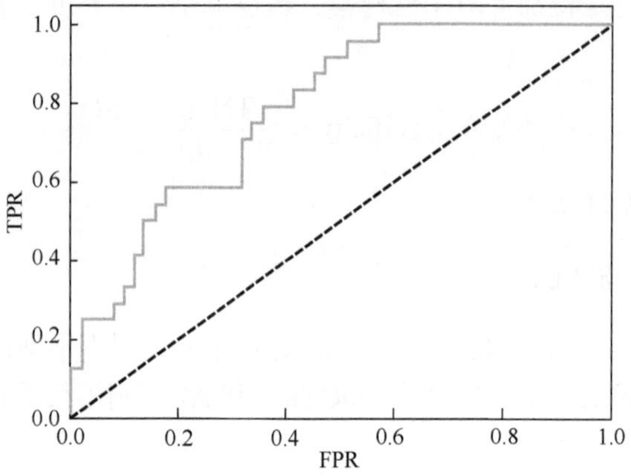

图 6-6　ROC 曲线及 AUC(= 0.79)

ROC 曲线绘图过程很简单：给定 m 个正例，n 个负例，根据分类器对正类的预测结果由大到小进行排序，先把分类阈值设为最大，使得所有样例均预测为负例，此时 TPR 和 FPR 均为零，再将分类阈值按顺序依次设为每个样例的预测值，即依次将每个样本划分为正例。不妨设前一个点的坐标为 (x,y)，若当前为真正例，对应标记点为 $(x,y+1/m)$，表示正例中又多一个预测正确；若当前为假正例，则标记点为 $(x+1/n,y)$，表示负例中有一个被预测为正例，然后依次连接各点。特殊情况，当有多个样本的预测值相等时，应在原坐标 (x,y) 的基础上沿横纵坐标移动多次获得对应标记点。在图中，点 (0,0) 表示所有样本均预测为负例；点 (0,1) 表示所有样本正确分类，即正例与负例均预测正确；点 (1,1) 表示所有样本预测为正例；点 (1,0) 表示所有样本分类错误。算法 6-1 描述了 ROC 曲线绘制及 AUC 的计算过程。

算法 6-1　ROC and AUC (ROC_AUC)

Input: $m+n$ test data points (m positive and n negative), predicted scores and true_labels for the test data points

Output: AUC (also plot a ROC)

1. $y\_\text{step}:=1.0/m$, $x\_\text{step}:=1.0/n$, $y\_\text{sum}:=0$
2. current_points.add(0.0,0.0)
3. **sort** scores in descent order

```
    i := 1
    while  i < scores.length  do
        dx := dy := 0 ;  pre_point := current_points[i - 1]
        if  true_labels[i] == positive
            then  dy := y_step
            else  dx := x_step ;  y_sum := y_sum + pre_point.y
        current_points.add(pre_point.x + dx, pre_point.y + dy)
        i := i + 1
    end while
    Use  current_points  to plot a curve
    return  AUC := y_sum * x_step
```

AUC 指 ROC 曲线下面积的大小，可以利用梯形面积公式估算：

$$\mathrm{AUC}=\frac{1}{2}\sum_{i=1}^{m+n-1}(x_{i+1}-x_i)(y_i+y_{i+1}) \tag{6.8}$$

利用 AUC 可对所有可能的分类阈值的效果进行综合衡量。计算面积可以看成随机从样本中选取一对正负例，其中正例的预测结果大于负例的概率，即 $\mathrm{AUC}=p(\hat{y}_{\mathrm{pos}}>\hat{y}_{\mathrm{neg}})$，其中 $\hat{y}_{\mathrm{pos}}$ 和 $\hat{y}_{\mathrm{neg}}$ 分别是随机一对正例和负例的预测值。假设将测试集的正例和负例按照模型预测值从小到大排序，则对于第 i 个正例，它的排序为 k_i，那么说明排在这个正例前面的样本有 k_i-1 个，其中正例有 $i-1$ 个，负例有 k_i-i 个。这也就是说，对于第 i 个正例，其预测值比随机取的一个负例大的概率为 $(k_i-i)/n$。对于总数为 $m\times n$ 个正负例对，计算所有比较中正例概率大于负例概率的情况，可以得到公式：

$$\mathrm{AUC}=\frac{\sum\limits_{i\in\mathrm{pos}}(k_i-i)}{m\times n} \tag{6.9}$$

由于 $\sum i$ 的值只和正例个数有关，即 $\sum\limits_{i\in\mathrm{pos}} i=1+2+\cdots+m=0.5m(m+1)$，所以式 (6.9)可以写为

$$\mathrm{AUC}=\frac{\left(\sum\limits_{i\in\mathrm{pos}}k_i\right)-0.5m(m+1)}{m\times n} \tag{6.10}$$

用 AUC 判断分类器(预测模型)优劣的标准为：AUC 的值越大，说明该分类器的性能越好。$\mathrm{AUC}=1$时，预测模型是完美分类器，采用这个模型时，存在至少

一个阈值能得出完美预测。但是绝大多数场合，不存在完美分类器。真实场景中 ROC 曲线一般都会在直线 $y=x$ 的上方，即 $0.5<\text{AUC}<1$，此时优于随机猜测。当 $\text{AUC}<0.5$ 时，模型预测结果比随机猜测还差，但只要总是反向预测就优于随机猜测。

6.4.3 多分类问题的评价指标

多分类问题的模型的评价指标可以转化为二分类时的模型评价指标进行计算。准确率指标在多分类情况下仍然是分类正确的样本数占总样本数的比例。而其他指标则根据计算方法的不同分为两大类，即 Macro 和 Micro 指标。

1. Marco-P、Marco-R 和 Macro-F_1

将多分类进行“一对其余”(one-vs-the-rest)的转化，即对于每个类别让其作为“正类”，余下的 $K-1$ 个类别作为“负类”，这样一个 K 分类问题就转换为 K 个二分类问题，产生 K 个混淆矩阵。这时，对于每个混淆矩阵可以计算精准率和召回率。Macro 指标的计算方法是对每个混淆矩阵所计算出的指标做平均，即

$$\text{Macro-}P=\frac{1}{K}\sum_{i=1}^{K}P_i \tag{6.11}$$

$$\text{Macro-}R=\frac{1}{K}\sum_{i=1}^{K}R_i \tag{6.12}$$

$$\text{Macro-}F_1=2\frac{\text{Macro-}P\cdot\text{Macro-}R}{\text{Macro-}P+\text{Macro-}R} \tag{6.13}$$

2. Micro-P、Micro-R 和 Micro-F_1

Micro 指标的计算方法是直接对 K 类混淆矩阵($K\times K$ 方阵)的 TP、FP 和 FN 进行考虑。以表 6-2 所示的三分类问题的混淆矩阵为例。对于该次测试，总的 TP 为表中对角线元素之和，即 $\text{TP}=\text{TP(Cat)}+\text{TP(Fish)}+\text{TP(Hen)}$。对于预测值为 Cat，其 FP(Cat) 为元素 6 和 3，因此 $\text{FP(Cat)}=9$。同样，对于预测值为 Fish，其 $\text{FP(Fish)}=1+0=1$，对于预测值为 Hen，其 $\text{FP(Hen)}=1+2=3$。可见，总的 FP 为所有非对角线元素之和。因此，使用这些 TP、FP 和 FN 可以计算 Micro 指标如下：

$$\text{Micro-}P=\frac{\sum_{i=1}^{K}\text{TP}_i}{\sum_{i=1}^{K}\text{TP}_i+\sum_{i=1}^{K}\text{FP}_i} \tag{6.14}$$

$$\text{Micro-}R=\frac{\sum_{i=1}^{K}\text{TP}_i}{\sum_{i=1}^{K}\text{TP}_i+\sum_{i=1}^{K}\text{FN}_i} \tag{6.15}$$

$$\text{Micro-}F_1 = 2\frac{\text{Micro-}P \cdot \text{Micro-}R}{\text{Micro-}P + \text{Micro-}R} \tag{6.16}$$

表 6-2　三分类问题的混淆矩阵示例

真值	预测值		
	Cat	Fish	Hen
Cat	4	1	1
Fish	6	2	2
Hen	3	0	6

下面继续观察 FN 的值。对于真值为 Cat 的样本，其 $\text{FN(Cat)} = 1+1=2$；对于真值为 Fish 的样本，其 $\text{FN(Fish)} = 6+2=8$；对于真值为 Hen 的样本，其 $\text{FN(Hen)} = 3+0=3$。显然，这些元素仍然是非对角线元素。因此，有 $\sum_{i=1}^{K}\text{FN}_i = \sum_{i=1}^{K}\text{FP}_i$。最终，可以发现 Micro-$P$、Micro-$R$ 和 Micro-F_1 的值相等。Micro 指标相对于 Macro 指标更加适合于数据类别分布不平衡的情况。

3. M-AUC

对于多分类情况下 AUC 指标的计算，Hand 和 Till (2001)提出一种简单的“成对”类别度量指标，即多分类 AUC(简称 M-AUC)。M-AUC 对每一对类别(不妨设为 c_i 和 c_j)的 AUC 指标取平均值，即

$$\text{M-AUC} = \frac{2}{K(K-1)}\sum_{i<j}\text{AUC}(c_i, c_j) \tag{6.17}$$

6.4.4　回归的性能指标

对于回归的性能指标，一般使用平均绝对误差(mean absolute error，MAE，又称 L_1 范数损失)和平均平方误差(mean squared error，MSE，又称 L2 范数损失)来度量。假设测试集中有 n 个测试样本，则 MAE 和 MSE 计算如下：

$$\text{MAE} = \frac{1}{n}\sum_{i=1}^{N}\left|y_i - \hat{y}_i\right| \tag{6.18}$$

$$\text{MSE} = \frac{1}{n}\sum_{i=1}^{N}(y_i - \hat{y}_i)^2 \tag{6.19}$$

相比 MSE，MAE 对于异常点有更好的鲁棒性。但是，MAE 也存在一个严重的问题(特别是对于神经网络)，即更新的梯度始终相同。这也意味着，即使对于很小的损失值，梯度也很大，不利于模型在学习后期的收敛。

6.5 本章小结

利用 MTurk 或者 CrowdFlower 众包平台收集众包标签进行实验验证成本通常较高，因此本章介绍了二十多项研究中公开发布的真实众包标注数据集。这些数据集不仅具有众包标签,而且其中大多数数据集至少有一部分样本具有标签真值，以方便评估模型和算法的性能。鉴于原研究人员提供的下载链接可能失效，本书作者收集了这些数据集并提供了新的下载地址，以供非商业使用。随着众包研究的深入，越来越多的论文可能发布新的数据集，本书作者也会持续收集和整理这些数据集，以促进领域的研究发展。

本章还介绍了三种众包开源实验环境，这些实验环境均提供了不少真值推断算法的实现。但是现有实验环境的不足之处在于这些环境均为 Java 语言开发，与现在以 Python 为主流的机器学习算法实现的融合比较困难。因此，开发 Python 版本的实验工具也是当前值得研究社区投入精力去做的一件事情。

对模型进行合理的评价需要根据领域的特点选择合适的评价指标。本章介绍了本书中经常使用的分类评价指标和回归评价指标。在机器学习的教材中，对于评价指标的介绍较本章丰富许多，本书限于篇幅不再一一介绍，在实际工作中，研究者可以根据需要选择更多的指标。然而，本章对于某些关键指标的计算方法(如 ROC 曲线的绘制、AUC、Macro 和 Micro 指标等)给出了非常具体的描述，以帮助初学者掌握和理解这些指标的具体含义。

第 7 章　面向偏置标注的众包标签真值推断

7.1　引　　言

真值推断算法若要获得良好的效果，需要满足两个前提假设：一个是每位众包工作者的准确度应该高于随机猜测；另一个是众包工作者的“误标”在各类样本中均匀分布。第一个假设在实际系统中通常成立，因为绝大多数情况下，众包工作者的判断总比随机猜测高。而第二个假设往往不能成立。由于缺乏专业知识，存在个人偏好或者其他一些原因，大多数工作者要么根据自己的常识做出判断，要么盲目跟从他人的观点。对于二分类标注任务，这里不妨假设少数派(minority)是正类，工作者通常在少数派上更容易产生错误。

以二分类标注任务为例，具有偏置(bias)的工作者通常以很高的概率给出某种标签。当一种观点完全压倒另一种观点时，多数投票(MV)算法就会失效。偏置不同于个体错误，它通常呈现一种系统化的趋势。工作者可能非常仔细地完成工作，但是仍然具有一定的偏置。例如，判断一个网页是否包含“少儿不宜”的内容时，为了最大限度地保护未成年人，家长往往采用非常严格的策略，将那些正常的网页也归为有害的。类似地，在指出一个新闻标题是否具备某种情感色彩的判断中，普通人可能很难指出其潜在的倾向性：一方面，他们没有足够的专业知识来做出准确的判断；另一方面，新闻标题通常伪装出一种公正的立场，并不显式地表现出某种倾向性。因此，偏置标注可以认为是众包标注潜在的基本特性之一。

本章首先从实际众包标注数据出发系统地分析偏置标注现象，深入研究偏置标注对现有主流的以 EM 算法为基础的真值推断模型的性能影响。其次，在此基础上提出一种估计偏置程度以自动调整正负类划分的启发式算法，用来解决二分类众包标注任务中偏置标注的真值推断问题。最后，基于聚类分析技术，提出一种解决多分类众包标注任务中偏置标注的真值推断算法。

7.2　偏置标注问题

本章对偏置标注问题的研究始于最基本的二分类标注任务。为了简化模型，假设每位众包工作者对数据集 D 中的每个样本均进行了标注。

7.2.1 二分类偏置标注问题定义

定义 7-1(总体标注质量) 工作者 $\boldsymbol{u}_j$ 的总体标注质量定义为该标注者赋予样本 $\boldsymbol{x}_i$ 的标签等于其真实标签的概率，表示为 $p_j = P(l_{ij} = y_i \mid \boldsymbol{x}_i, \boldsymbol{l}_{:j})$ 。该质量可以通过真实标签的准确度进行估计：

$$\hat{p}_j = \frac{1}{I}\sum_{i=1}^{I}\mathbb{I}(l_{ij} = y_i) \tag{7.1}$$

在二分类标注任务下，工作者 $\boldsymbol{u}_j$ 赋予样本错误标签的概率为 $1 - p_j$ 。

定义 7-2(集成标签质量) 样本 $\boldsymbol{x}_i$ 的集成标签质量定义为其集成标签等于其真实标签的概率，表示为 $q_i = P(\hat{y}_i = y_i \mid \boldsymbol{x}_i, L)$ 。

二分类偏置标注问题是指工作者在不同的类别上表现出不同的质量。不妨假设负类在样本总体中占多数，正类则占少数。工作者 $\boldsymbol{u}_j$ 在正例上的标注质量为 $p_{\mathrm{P}}^{(\mathrm{j})}$ ，在负例上的标注质量为 $p_{\mathrm{N}}^{(\mathrm{j})}$ 。在众包系统中，工作者独立完成标注任务，同时任务之间也是独立的，因此有

$$p_{\mathrm{P}}^{(j)} = P(l_{ij} = y_i \mid \boldsymbol{x}_i, \boldsymbol{l}_{:j}, y_i = \text{“+”}) = P(l_{ij} = y_i \mid \boldsymbol{x}_i, y_i = \text{“+”}) \tag{7.2}$$

$$p_{\mathrm{N}}^{(j)} = P(l_{ij} = y_i \mid \boldsymbol{x}_i, \boldsymbol{l}_{:j}, y_i = \text{“−”}) = P(l_{ij} = y_i \mid \boldsymbol{x}_i, y_i = \text{“−”}) \tag{7.3}$$

方便起见，这里省略表示众包工作者的上标 j。当偏置标注发生时， p_{N} 和 p_{P} 之间存在着明显的差异，即 $p_{\mathrm{N}} - p_{\mathrm{P}} > \delta$ 。在实际中 $\delta \geqslant 0.2$。当然为了使多噪声标签能够提升整体的数据质量，需要保证 $p_j > 0.5$ 。偏置标注问题的目标是，估计每个样本的集成标签 $\hat{y}_i$ 并最小化期望风险： $P(\hat{y}_i \neq y_i \mid \boldsymbol{x}_i, L : p_{\mathrm{P}}, p_{\mathrm{N}})$ 。

7.2.2 真实数据集中的偏置标注现象

本节所描述的数据集均收集于 MTurk 平台。为了评估算法的性能，数据集中的所有样本也同时被领域专家标注。这些专家标注的标签作为真实标签用来评估数据集的特性和真值推断算法的性能。

由于不同众包工作者具有不同的标注质量，为了描述其行为，定义如下指标：平均总体标注质量($\bar{p}$)、负类上的平均标注质量($\bar{p}_{\mathrm{N}}$)、正类上的平均标注质量($\bar{p}_{\mathrm{P}}$)、负标签的数目(#ln)和正标签的数目(#lp)。在真实标签已知的情况下三种标注质量可以用准确度来定义，公式如下：

$$\bar{p} = \frac{1}{J}\sum_{j=1}^{J}\frac{1}{I}\sum_{i=1}^{I}\mathbb{I}(l_{ij} = y_i) \tag{7.4}$$

$$\bar{p}_{\mathrm{N}} = \frac{1}{J}\sum_{j=1}^{J}\frac{1}{\sum_{i=1}^{I}\mathbb{I}(y_i = \text{“}-\text{”})}\sum_{i=1}^{I}\mathbb{I}(l_{ij} = y_i \,\&\, y_i = \text{“}-\text{”}) \tag{7.5}$$

$$\bar{p}_{\mathrm{P}} = \frac{1}{J}\sum_{j=1}^{J}\frac{1}{\sum_{i=1}^{I}\mathbb{I}(y_i = \text{“}+\text{”})}\sum_{i=1}^{I}\mathbb{I}(l_{ij} = y_i \,\&\, y_i = \text{“}+\text{”}) \tag{7.6}$$

1. Affective 数据集

原先的 Affective 数据集是由 Strapparava 和 Mihalcea(2007)创建的标注任务。在该标注任务中，每个标注者需要为每个新闻标题在六种情感上给出评分。这六种情感分别是 Anger、Disgust、Fear、Joy、Sadness 和 Surprise。除此之外，还要给出一个综合情感 Valence 的评分。Snow 等(2008)从 SemEval 测试集中选择了 100 条新闻标题，并收集了 1000 个众包标签，也就是说每个样本被 10 位工作者标注。对于每个情感，工作者需要给出一个在[0,100]区间的评分，对于 Valence 标注者，需要给出一个在[−100, 100]区间的评分。为了与 0/1 分类的度量标准相一致，每个非专家工作者标注的情感评分依据[0, 50)和[50, 100]分别映射到负类和正类。对于 Valence 上的二分类标注，将在[−100, 0]上的评分映射为负类，在(0, 100]上的评分映射为正类。同时将 Valence 看成一类虚拟的情感，所有的 7 种类型的标签构成 7 个独立的子数据集。

首先，将专家评分和非专家评分重新调整到同一尺度。然后，在专家得分上使用最小熵准则来分割区间。定义 t_i 是评分为 s_i 的样本出现的次数，然后将这些评分从小到大依次排列，得到长度为 n 的序列：$S = \{s_0, s_1, \cdots, s_{n-1} \mid s_i < s_j, 0 \leqslant i < j \leqslant n-1\}$。假设给定的数据集共有 I 个样本，则对于列表 S，最小熵分割点位置 k 为

$$k^{\mathrm{ME}} = \operatorname*{argmin}_{0 \leqslant k \leqslant n-1}\left|\sum_{i=0}^{k}\frac{t_i}{I}\log\frac{t_i}{I} - \sum_{j=k+1}^{n}\frac{t_j}{I}\log\frac{t_j}{I}\right| \tag{7.7}$$

最小熵的分割点为 $m = s_{k^{\mathrm{ME}}}$。表 7-1 展示了 7 个情感数据集在最小熵分割点下的统计信息。这个分割点导致了底层数据分布的不平衡。从表 7-1 中可以观察到，在 7 个子数据集上负类的平均标注质量远高于正类的平均标注质量。两种标注质量的平均差距达到了 62.4 个百分点。

表 7-1 Affective 数据集中 7 个子数据集的标注质量信息

情感数据集	$\bar{p}$ / %	$\bar{p}_N$ / %	$\bar{p}_P$ / %	#*n*/#*p*	#ln/#lp
Anger	71.9	93.3	31.7	65/35	852/148
Disgust	75.8	90.1	34.5	74/26	839/161
Fear	76.8	95.8	23.5	72/28	897/103
Joy	69.5	95.2	20.6	65/35	891/109
Sadness	72.3	93.6	36.3	62/38	807/193
Surprise	55.7	88.8	20.1	52/48	864/136
Valence	63.4	87.0	40.5	48/52	736/264
平均值	69.3	92.0	29.6	62.6/37.4	841/159

2. Adult 数据集

Adult2 数据集出现在 Ipeirotis 等(2010)的文献中，它包含了 MTurk 平台上的工作者对网页中成人内容进行(G、PG、R、X)分类的标注信息。MTurk 平台上的工作者查看网页然后按照网页上出现的成人内容将网页分为四类。原数据集中有不少不一致性，本书对数据集进行了如下处理：①去掉了那些没有真值的网站；②去掉了那些没有被标注的网站。最终的数据集包含了 269 位工作者为 333 个网站提供的 3317 个标注，称为 Adult 数据集。

对这些样本进行二元分类：不含成人内容(标注为 G)的站点作为负类，含有成人内容的站点(标注为 PG、R、X)作为正类。根据领域专家提供的真实标签，数据集含有 187 个负例，146 个正例，数据底层类分布基本平衡。从表 7-2 中关于标注质量的统计信息显示，Adult 数据集上负类的标注质量也明显高于正类的标注质量，其差异高达 24.6 个百分点。从众包工作者处获得的负标签的总数近似于正标签的 2 倍(即 2106:1211)。

3. WordSim 数据集

WordSim 数据集包含 30 个单词对，按照上下文相似度从高到低排序 (Miller and Charles, 1991)，这些单词对被领域专家以一个在[0, 4]区间的实数进行评分。Snow 等(2008)将这些单词对发布到 MTruk 平台上，每个单词对收集 10 个众包标签。整个任务包含从 10 位标注者那里获得的 300 个标签。

在 Miller 和 Charles(1991)的文献中，以相似度排序的单词对具有一个以专家评分 2.17 的分水岭，在这个评分点对应的单词对 “brother lad” 在大多数上下文中具有较高的相似度。下一个单词对 “brother monk” (得分为 2.02)显然并非同义词。为了进行二元分类，将那些得分在[2.17, 4]区间的样本作为负例，将得分在[0, 2.17)区间的样本作为正例。这样分类的依据是对普通工作者来说，判断一个同义词是否具有上下文相似度比判断一个非同义词是否具有上下文相似度简单。因为同义词和上下文相似度并非同一概念。对于那些由众包工作者给出的评分，具有在[0, 5)得分区间上的样本作为正例，具有在[5, 10]得分区间上的样本作为负例。注意 Snow 等(2008)在 MTurk 平台上收集的这些标签的评分范围是[0, 10]。

WordSim 数据集的标注质量统计信息列于表 7-2。整个数据集具备相当数量的正负样本。同样很明显，尽管正负类上的标注质量都高于 50%，负类上的标注质量仍然比正类上的标注质量高出 10.1 个百分点。

表 7-2　其他 6 个数据集的标注质量信息

数据集	$\bar{p}$ / %	$\bar{p}_N$ / %	$\bar{p}_P$ / %	#*n*/#*p*	#ln/#lp
Adult	74.6	71.5	46.9	187/146	2106/1211
WordSim	84.8	90.1	80.0	14/16	158/142
TREC2010	67.2	71.1	37.4	1774/1493	12537/5938
Duck	66.6	75.0	59.9	100/140	5291/4309
iPhS	49.1	58.8	26.2	490/510	3594/1406
SpamCF	69.4	91.9	5.10	69/31	2119/178

4. TREC2010 数据集

Trec2010 数据集作为文本检索会议 TREC2010 中相关性反馈专题的一部分(Buckley et al., 2010)，为众包工作者提供了预先设定的专有评价界面和相关主题的描述信息(Grady and Lease, 2010)。众包工作者判断页面文档之间相关或者不相关。本书清洗了原始数据，去掉了那些没有真值的文档(标签为“−1”)和那些连接已经崩溃的文档(标签为“−2”)，将标签为“相关”的文档作为负例，将标签为“不相关”的文档作为正例。整个数据集包含由 722 位众包工作者标注的 3267 个样本(含 1774 个负例和 1493 个正例)。工作者提供了 18475 个标签(平均每个样本 6 个标签)。表 7-2 给出该数据集的标注质量统计信息。数据表明，众包工作者倾向于给出负类标签，负类上的标注质量比正类上的标注质量高 33.7 个百分点。在这个数据集上总体标注质量和正类上的标注质量都非常低。与 Adult 数据集一样，这个数据集中样本的标签数差异很大，其数目从 1 个到超过 1000 个。

5. 其他三个二分类数据集

很多二分类标注的数据集也是偏置的且有些具有非常严重的偏置。Duck 数据集(Welinder et al., 2010)包含对图像中是否有鸭子的判断。iPhS 数据集(Mozafari et al., 2012)包含 MTurk 平台标注者对推特数据的{0, 1}标注，其中 0 表示负类，1 表示正类。该数据集包含了 83 位标注者，标注了 1000 个样本。数据集的底层类分布是平衡的，但是负类样本上获得的标签数目是正类样本上的 2 倍左右。SpamCF 数据集(Ipeirotis et al., 2010)包含对一个 HIT 是不是“垃圾”的二元判断。该数据集包含 150 位工作者标注的 100 个样本。负类样本数是正类样本数的 2 倍左右，但负标签的数目却是正标签数目的 10 倍左右。正样本上的标注质量低到了 5.1%。这三个数据集的标注质量统计信息仍然列于表 7-2 中。

6. 讨论

偏置标注是众包标注的内在特性之一。由以上分析可以看出偏置是一个广泛存在的问题。对几个典型数据集分析可以发现，引起偏置的原因如下。①由专家标注者和非专家(众包)标注者之间尺度的不同而引起的偏置，如 Affective 相关的数据集。②缺乏专业知识会引起偏置标注。对于一个普通众包工作者，其可能不具备电影内容分级系统评级标准的专业知识。他们可能无法正确区分哪些内容应被划归到家长指导(PG)级别，哪些内容应被划归到限制级别(R)。在 Adult 数据集中，很多 PG 级和 R 级的样本被划归到普通级别(G)。③工作者行为的偏差会引起偏置标注。SpamCF 数据集包含的任务是让用户阅读一个 HIT 所产生的日志，通过该日志判断该 HIT 是不是一个“垃圾”HIT。由于日志系统包含了太多的信息，普通工作者没有耐心对其进行仔细分析，导致他们都简单地给出否定的答案。除此之外，众包工作者本身的偏好也属于行为偏差的一种。

偏置标注的严重性往往和底层的类分布有所关联。但是底层数据分布的不平衡性并非为引起偏置标注的主导性因素。如果底层类分布是不平衡的，那么偏置标注更有可能以比较高的概率发生(如 Affective、Adult 和 SpamCF 数据集)。这是因为，如果一些情况本身就比较稀少，那么普通人就更加难以有足够的知识和经验做出准确判断。通常，标注的不平衡性要比底层数据的不平衡性更加严重。表 7-1 和表 7-2 中的数据显示负/正标签的比例#ln/#lp 通常比负/正样本数#n/#p 的比例大(如 Affective 和 SpamCF)，其结果造成集成标签为“正”样本变得更加稀少。另外，注意到有些数据集底层类分布是很平衡的(如 WordSim、Trec2010 和 iPhS)，但是偏置标注仍然存在，如平衡数据集 iPhS 上的#ln/#lp 比值为 2.56。

7.2.3 偏置标注对真值推断的影响

1. 对多数投票算法的影响

首先，分析偏置标注对多数投票(MV)算法的影响。假设数据集包括比例为 d 的真实标签为正的样本和比例为 $1-d$ 的真实标签为负的样本。已经假定正样本为少数派，则有 $d \leqslant 0.5$。真实标签为正的样本数目为 dI，真实标签为负的样本数目为 $(1-d)I$。如果所有的标注者遵循同样的标注质量模型，即标注质量为 p，那么数据集中误标样本数为 $(1-p)I$。因此有

$$(1-p_{\mathrm{P}})dI+(1-p_{\mathrm{N}})(1-d)I=(1-p)I \tag{7.8}$$

p_{N} 和 p_{P} 之间的关系为

$$p_{\mathrm{N}}=\frac{p-dp_{\mathrm{P}}}{1-d},\quad p_{\mathrm{N}}>p_{\mathrm{P}}, p>0.5 \text{ 且 } d\leqslant 0.5 \tag{7.9}$$

在 MV 算法中，一个样本的最终标签的类别取决于重复标签集中各类标签的数目。为了让 MV 算法更好地工作，简单假设每个样本具有 2N+1(奇数)个多噪声标签，则集成的标签质量符合 Bernoulli 分布模型：

$$q=\sum_{i=N+1}^{2N+1}\binom{2N+1}{i}p^{i}(1-p)^{2N+1-i} \tag{7.10}$$

它是正确的标签比错误的标签多的情形的概率之和。

在偏置标注下正例和负例上的误标的概率不同。为了研究完成 MV 真值推断后数据集中的正例和负例的变化情况，将式(7.10)分别应用到正负样本上，同时使用不同的标注质量(p_{P} 和 p_{N})。当一个样本被 2N+1 个标注者标注时，集成标注质量可以基于样本的真实标签计算如下：

$$q_{\mathrm{P}}=\sum_{i=N+1}^{2N+1}\binom{2N+1}{i}p_{\mathrm{P}}^{i}(1-p_{\mathrm{P}})^{2N+1-i},\quad \text{真实类别为“+”} \tag{7.11}$$

$$q_{\mathrm{N}}=\sum_{i=N+1}^{2N+1}\binom{2N+1}{i}p_{\mathrm{N}}^{i}(1-p_{\mathrm{N}})^{2N+1-i},\quad \text{真实类别为“–”} \tag{7.12}$$

在此情况下，由于集成标签不确定，最终数据集中的类分布也是变化的。可以计算出集成标签是“正”的样本的数目(N_{P})和集成标签是“负”的样本的数目(N_{N})如下：

$$N_{\mathrm{P}}=dIq_{\mathrm{P}}+(1-d)I(1-q_{\mathrm{N}}) \tag{7.13}$$

$$N_{\mathrm{N}}=(1-d)Iq_{\mathrm{N}}+dI(1-q_{\mathrm{P}}) \tag{7.14}$$

为了描述最终数据集中的数据分布，引入参数 $\alpha\,(0\leqslant\alpha\leqslant 1)$来表示 N_{P} 和 N_{N} 的比值。若数据集中的类分布是完全平衡的，则有 $\alpha=1$。α 定义如下：

$$\alpha=\frac{N_{\mathrm{P}}}{N_{\mathrm{N}}}=\frac{dq_{\mathrm{P}}+(1-d)(1-q_{\mathrm{N}})}{(1-d)q_{\mathrm{N}}+d(1-q_{\mathrm{P}})} \tag{7.15}$$

为了更好地刻画偏置的程度，再定义一个辅助变量 V(在实验模拟中)来控制偏置的程度。变量 $V(0\leqslant V\leqslant 1)$定义为在正样本上出现的错误占所有错误的比例。给定标注质量为 p，数据集的大小为 I，所有的错误数目是 $(1-p)I$。V 描述了这些错误在两类上的分布：$V(1-p)I$ 个错误发生在正类上，$(1-V)(1-p)I$ 个错误发生在负类上。该变量可表示偏置程度，特别是在平衡的数据集上：越大的 V 表示偏置的程度越严重。根据 V 的定义有如下关系：

$$p_{\mathrm{P}}=\frac{d-(1-p)V}{d}=\frac{d+Vp-V}{d} \tag{7.16}$$

$$p_{\mathrm{N}}=\frac{(1-d)-(1-p)(1-V)}{1-d}=\frac{p+V-Vp-d}{1-d} \tag{7.17}$$

如果使用了辅助变量 V 来模拟控制偏置的水平，给定 p 和 d 则可以方便地用式 (7.16)和式(7.17)来计算 p_{P} 和 p_{N}。

这里只考虑一种极端的情况，原始数据的底层类分布是完全平衡的(即 $d=0.5$)，所有的错误均发生在正例上(即 $V=1$，$p_{\mathrm{N}}=1$，$q_{\mathrm{N}}=1$)。在这种情况下，若 $p=0.5$，则 $p_{\mathrm{P}}=0$。这表明在最终的数据集中将不会出现正样本。若 $0.5<p\leqslant 1$，则 $p_{\mathrm{P}}=2(p-0.5)$。N_{P} 和 N_{N} 的最终比例 α 为

$$\alpha=\frac{N_{\mathrm{P}}}{N_{\mathrm{N}}}=\frac{\sum_{i=N+1}^{2N+1}\binom{2N+1}{i}(2p-1)^{i}(2-2p)^{2N+1-i}}{2-\sum_{i=N+1}^{2N+1}\binom{2N+1}{i}(2p-1)^{i}(2-2p)^{2N+1-i}} \tag{7.18}$$

图 7-1 显示了在这种极端情况下，随着标注质量 p 的不同，α 和样本标签数之间的关系。因为所有的错误均发生在正样本上，当众包工作者的质量较低($p\leqslant 0.7$)时，在正样本上的标注质量 p_{P} 远低于总体标注质量 p。当 $p_{\mathrm{P}}\leqslant 0.5$ 时，应用 MV 算法将导致集成质量的进一步降低。其结果是，随着标注者数目的增多，最终的数据集中，正样本数量降低甚至消失。$p=0.75$ 是一个平衡点。当 $p<0.75$ 时，无论为每个样本收集多少标签，最终数据集的类分布不再变化。当 $p\geqslant 0.75$ 时，MV 算法才开始在一定程度上利用正标签达到正面效果。

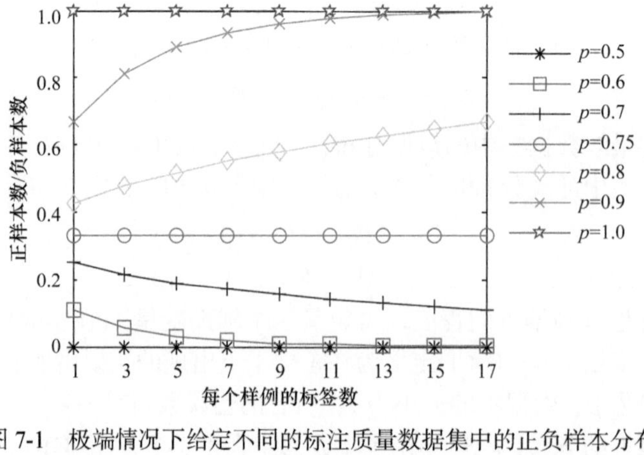

图 7-1　极端情况下给定不同的标注质量数据集中的正负样本分布

2. 对 EM 算法影响的实证研究

Zhang 等(2017)通过实验研究了在上述真实的偏置标注众包数据集上典型的基于 EM 的真值推断算法的性能表现。表 7-3 列出了以准确度作为对比指标的 5 种真值推断算法，即 MV、ZenCrowd(Demartini et al., 2012)、GLAD (Whitehill et al., 2009)、RY(Raykar et al., 2010)、DS(Dawid and Skene, 1979)，在 8 个偏置标注数据集上的实验结果。表中加粗数据表示最好的实验结果，斜体数据表示最差的实验结果。

表 7-3　在准确度指标上算法在 8 个偏置数据集上的对比结果　(单位：%)

数据集	MV	ZenCrowd	GLAD	RY	DS
Fear	81.0	*80.0*	82.0	82.0	**83.0**
Valence	68.0	*67.0*	*67.0*	**75.0**	74.0
Adult	*84.4*	*84.4*	*84.4*	**88.0**	*84.4*
WordSim	**90.0**	*86.7*	*86.7*	*86.7*	**90.0**
TREC2010	64.2	58.8	*57.8*	67.8	**69.2**
Duck	**68.8**	*58.8*	59.6	60.0	60.8
iPhS	49.7	49.8	*49.3*	50.3	**50.7**
SpamCF	66.0	66.0	66.0	66.0	66.0
平均值	71.5	*68.9*	69.1	72.0	**72.3**

由实验结果可以发现：在四种 EM 算法中，RY 和 DS 算法具有较好的性能；ZenCrowd 和 GLAD 的性能都不高，甚至低于普通 MV 算法的性能；RY 和 DS 并不在所有的数据集上都优于 MV 算法。因此，EM 算法并非在所有情况下均优于 MV 算法。在偏置标注的情况下，EM 算法很容易由于众包工作者的偏向性而急速陷入局部最优。

7.3　自动阈值估计推断算法

实验发现 MV 算法在大多数情况下性能并不一定比 EM 算法差，且它还具有快速、稳定的良好特质，因此是非常简单和有效的算法。MV 算法使用 0.5 作为正负类划分的依据，在二分类任务中只要有一种意见超过半数，推断结果就是这种占主导地位的意见。当出现偏置标注时，该阈值便不再有效。从 7.2 节的实证研究中可以发现，偏置是一种群体化的趋势。因为大众群体的表现有趋同性，所以它不同于普通的单体错误。这就为动态调整阈值提供了现实的可能。本书提出的 PLAT 算法(Zhang et al., 2015a)就是一种动态阈值估计算法。通过动态地估计正负类的划分阈值，在偏置标注的情况下确定每个样本的类别归属。

给定样本 $\boldsymbol{x}_i$，它的众包噪声标签集中包含 $L_{\mathrm{P}}^{(i)}$ 个正标签和 $L_{\mathrm{N}}^{(i)}$ 个负标签，定义两个符号表示众包噪声标签集中正负标签出现的频率如下：

$$\mathrm{Freq}_{\mathrm{pos}}^{(i)} = \frac{L_{\mathrm{P}}^{(i)}}{L_{\mathrm{P}}^{(i)} + L_{\mathrm{N}}^{(i)}} = 1 - \mathrm{Freq}_{\mathrm{neg}}^{(i)} \tag{7.19}$$

因为上述公式将被应用到训练集中的每个样本上，所以在下述的讨论中上标 i(样本的索引)将被省略。若样本标签的真值是正，则可以使用 $\mathrm{Freq}_{\mathrm{pos}}$ 来估计 p_{P}(正样本上的标注质量)；若样本标签的真值是负，则使用 $\mathrm{Freq}_{\mathrm{neg}}$ 来估计 p_{N}(负样本上的标注质量)。

$$\hat{p}_{\mathrm{P}} = \mathrm{Freq}_{\mathrm{pos}}^{+} = \frac{L_{\mathrm{P}}}{L_{\mathrm{P}} + L_{\mathrm{N}}}, \quad \text{真实标签} y_i = \text{“+”} \tag{7.20}$$

$$\hat{p}_{\mathrm{N}} = \mathrm{Freq}_{\mathrm{neg}}^{-} = \frac{L_{\mathrm{N}}}{L_{\mathrm{P}} + L_{\mathrm{N}}}, \quad \text{真实标签} y_i = \text{“−”} \tag{7.21}$$

其中，上角标“+”和“−”代表样本的标签类别的真值。假设一个样本具有众包噪声标签集{−, −, +, −, −, +, −}，若该样本的真实标签是“+”，则可以简单估计 $\hat{p}_{\mathrm{P}} = 2/7$；若该样本的真实标签是“−”，则可以简单估计 $\hat{p}_{\mathrm{N}} = 5/7$。

若样本标签的真值未知，则上述 $\mathrm{Freq}_{\mathrm{pos(neg)}}$ 的上角标被省略。这里的难点是样本标签的真值未知，当获得一个样本的众包噪声标签集后，式(7.20)和式(7.21)谁适用并不知道。例如，假设有两个样本均具有相同的众包噪声标签集{+, −, −, −, −}，若样本标签的真值是“+”，则 $\hat{p}_{\mathrm{P}}$ 是 0.2，否则 $\hat{p}_{\mathrm{N}}$ 是 0.8。然而，这里并不能确定 $\hat{p}_{\mathrm{P}}$ 和 $\hat{p}_{\mathrm{N}}$ 中哪个该应用到这两个样本上。因此，当决策时，必须统一标准。所以，PLAT 算法选择 $\mathrm{Freq}_{\mathrm{pos}}$ 作为决策标准。

在偏置标注环境下，众包工作者在不同类别上的标注质量不同。假设类间(between-class)的质量可区分，而类内(within-class)质量均匀分布。由于众包工作者通常容易在小类上具有更高的出错概率，有 $p_{\mathrm{N}} > p_{\mathrm{P}}$。$p_{\mathrm{N}}$ 和 p_{P} 之差可以定义为

$$\delta = p_{\mathrm{N}} - p_{\mathrm{P}} = \frac{(V-d)(1-p)}{d(1-d)}, \quad \text{使用} V \text{表示} \tag{7.22}$$

其中，d 为样本中标签真值为正的样本所占的比例；V 为误标发生在正类上的比例。

当面临一个未知类别的样本时，潜在的真实类标签决定了多噪声标签集中出现“+”的概率。例如，当偏置程度不高(即 δ 较小)或者标注质量较高(即 p 较大)时，可以预见如果该样本标签的真值是正，噪声标签集中将会出现很多的“+”。因此，这里定义正负样本出现“+”的概率之差 S 为

$$S = \mathrm{Freq}_{\mathrm{pos}}^{+} - \mathrm{Freq}_{\mathrm{pos}}^{-} = \hat{p}_{\mathrm{P}} - (1 - \hat{p}_{\mathrm{N}}) = \hat{p}_{\mathrm{P}} - [1 - (\delta + \hat{p}_{\mathrm{P}})] = 2\mathrm{Freq}_{\mathrm{pos}}^{+} + \delta - 1 \tag{7.23}$$

在上述方程中，$S>0$ 表示正样本比负样本的噪声标签集中包含更多的“+”，即

$$2\text{Freq}_{\text{pos}}^{+}+\delta-1>0\Rightarrow\text{Freq}_{\text{pos}}^{+}>\frac{1-\delta}{2}\tag{7.24}$$

因此，定义阈值 T 为

$$T=\frac{1-\delta}{2}\tag{7.25}$$

算法将计算每个样本的 Freq_{pos} 值(注意：这里并不知道样本的真实标签)。若样本的 $\text{Freq}_{\text{pos}}>T$，则可以预测该样本的标签为正。这一预测相对安全，因为 $0\leqslant T\leqslant 0.5$。因此，对于那些具有 $\text{Freq}_{\text{pos}}>T$ 的样本，其集成标签将为正。若 $\text{Freq}_{\text{pos}}\leqslant T$，则情况更为复杂一些，因为有可能那些在正样本上出现的“+”比那些在负样本上出现的“+”还要少。例如，有可能一个正样本的众包噪声标签集为$\{+,-,-,-,-\}$($p_{\text{P}}=0.2$)，而一个负样本的众包噪声标签集为$\{+,+,-,-,-\}$($p_{\text{N}}=0.6$)。因此，如何分类这样的样本非常困难。PLAT 算法基于如下观察：

(1) 尽管有时候负样本的多噪声标签集包含更多的“+”，但是大多数情况下负样本的多噪声标签集包含较少的“+”，这是因为众包工作者在负样本上的正确率高于在正样本上的正确率。因此，如果一个样本的众包噪声标签集中全是“–”，则是负样本的概率比是正样本的概率要大得多。

(2) 类似的道理，当样本的 $\text{Freq}_{\text{pos}}(<T)$接近于 T 时，有理由相信该样本属于正类。

(3) 一个重要的信息是每个类中的样本数目。尽管并不知道两类样本确切的数目，但是在做预测时，让正例的数目少于负例的数目是一种明智的选择，因为这里假设正类是小类，代表更加不寻常的情况。

如果在决策前，能够获知 p、p_{P}(或者 p_{N})和 d 的真值，则可以使用式(7.25)计算阈值 T，然后使用上述规则进行真值推断。但是，事先并不知道这些值的相关信息，所以需要自动预测 T 的不可知论算法。在详细解释算法之前，这里先通过一个案例来演示算法的流程。

7.3.1　案例研究

虽然无法获知 p、p_{P}(或者 p_{N})和 d 的真值，但是基于上述讨论，可以利用 Freq_{pos} 值分布来指导 T 的估计。使用 UCI 机器学习数据库(Black and Merz, 1998)中的 Mushroom 数据集来模拟和观测 Freq_{pos} 的分布。模拟的参数设置为：$p=0.7$，$V=0.8$，#labelers = 9，$d=0.482$。原始的数据集包含 5686 个样本，其中有 2678 个正样本、3008 个负样本。众包工作者对每个样本标注一次，因此每个样本包含 9 个噪声标签。对于每个样本，计算其 Freq_{pos} 值，然后将具有相同(或者在一个微小范围内变化的)Freq_{pos} 值的那些样本聚为一簇。

表 7-4 显示了模拟的 $Freq_{pos}$ 值的分布情况。表格的第二列将具有相同(似)$Freq_{pos}$ 值的样本数目加和。表格的最后一列给出了这些样本在训练集中的索引号，这些索引号将被 PLAT 算法使用。表格的第三列给出了这些样本被 PLAT 算法预测的结果。

表 7-4　模拟的 $Freq_{pos}$ 值的分布

$Freq_{pos}$	合计	预测结果	索引号
0.000	997	负样本(Negative)	1, 2, 7, 15, …
0.111	1196	负样本(Negative)	0, 3, 6, 8, …
0.222	835	负样本(Negative)	4, 5, 13, 16, …
0.333	617	正样本(Positive)	28, 65, 71, …
0.444	668	正样本(Positive)	29, 77, 132, …
0.556	721	正样本(Positive)	49, 531, 726, …
0.667	439	正样本(Positive)	287, 1820, 2962, …
0.778	172	正样本(Positive)	2963, 2964, 2971, …
0.889	54	正样本(Positive)	2960, 2996, 3048, …
1.000	7	正样本(Positive)	3011, 3933, 3945, …

将每个 $Freq_{pos}$ 值所对应的样本数目以菱形标注的线画在图 7-2 中。此图称为正频率分布(positive frequency distribution, PFD)图。从图 7-2 中可以发现两个最大值点，在这两个最大值点附近聚集了很多样本。将这两个最大值点称为 peak1 和 peak2。在这两个峰值之间，存在一个最小值点，该点附近的样本较少，这一点称为低谷(valley)。如果选择低谷点的 $Freq_{pos}$ 值作为阈值 T 的估计，其值为 0.333，它非常接近于使用式(7.22)和式(7.25)计算出的理论值 0.309。

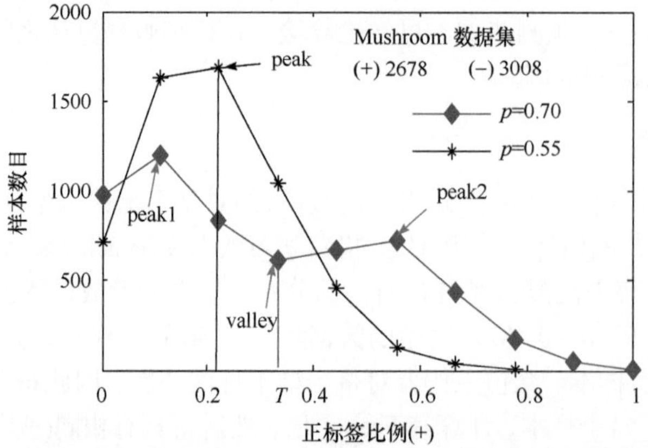

图 7-2　两个不同标注质量 p 下具有不同正标签比例的样本数目的分布

为什么可以发现两峰值点？因为偏置标注，两类上的标注质量存在显著差异。样本的多噪声标签集中的标签越多，这种区别就越明显，因此，存在定理 7-1。

定理 7-1　如果 $1-p_{\mathrm{N}}$ 和 p_{P} 的值有显著的不同，在 PFD 图中将会出现可区分的两个峰，其中一个 $\mathrm{Freq}_{\mathrm{pos}}$ 接近于 0(<0.5)代表负样本的中心，另外一个代表正样本的中心。

证明　给定一个样本 $\boldsymbol{x}_i$ 的众包噪声标签集($\boldsymbol{l}_i$)的大小是 $R(=L_{\mathrm{P}}+L_{\mathrm{N}})$，那么具有 k 个正标签的概率(p_k)服从二项分布：

$$p_k^+ = B(k;R,p_{\mathrm{P}}) = \binom{R}{k} p_{\mathrm{P}}^k (1-p_{\mathrm{P}})^{R-k}, \quad y_i = \text{“+”}$$

$$p_k^- = B(k;R,1-p_{\mathrm{N}}) = \binom{R}{k} (1-p_{\mathrm{N}})^k p_{\mathrm{N}}^{R-k}, \quad y_i = \text{“−”}$$

对于二项分布，其概率密度的最大值出现在 k 就是其期望。对于正样本，概率密度的最大值出现在 $k = R\cdot p_{\mathrm{P}}$；对于负样本，概率密度的最大值出现在 $k = R\cdot(1-p_{\mathrm{N}})$。因此，将会有两个峰值出现在 PFD 图上。在这两个峰值之间会出现低谷(valley)。在这个低谷点，有 $p_k^+ = p_k^-$，这意味着

$$B(k;R,p_{\mathrm{P}}) = B(k;R,1-p_{\mathrm{N}})$$
$$\Rightarrow k = \frac{R(\log p_{\mathrm{N}} - \log(1-p_{\mathrm{P}}))}{\log p_{\mathrm{P}} + \log p_{\mathrm{N}} - \log(1-p_{\mathrm{P}}) - \log(1-p_{\mathrm{N}})}$$

当偏置程度不高(如工作者具有较高的标注质量 p 或者小的 δ)时，PFD 图上会出现两个峰。当偏置非常严重时，$1-p_{\mathrm{N}}$ 和 p_{P} 的值将会非常接近。因此，PFD 图中将不会出现明显的两个峰。此时，图中将会出现一个具备非常多的样本数的单峰，而且这个单峰的 $\mathrm{Freq}_{\mathrm{pos}}$ 的值非常接近于 0(<0.5)。在这种情况下，这个单峰代表负样本和正样本已经混淆在一起。在模拟中，如果设置 $p=0.55$，将会得到图 7-2 中标星的线。如果将这个峰值对应的 $\mathrm{Freq}_{\mathrm{pos}}$ 值作为阈值 T 的估计，其值为 0.220。该值与使用式(7.22)和式(7.25)计算出的理论值 0.213 也非常接近。

通过这个案例研究可以得到的初步结论为，在不同的情况下阈值 T 的估计值都非常接近由式(7.22)和式(7.25)计算出的理论值。但是这里仍然存在两个主要的问题没有回答：①通常情况下，不同的众包工作者具备不一样的标注质量 p，因此在上述 PFD 图中(参考图 7-2)表示正标签频率的曲线上会出现多个最大值和最小值点，那么如何选择两个峰值和低谷；②如果已经获得阈值 T 的估计值，如何推断出每个样本的最终集成标签。在接下来的算法详细描述中，这两个问题将得到解答。

7.3.2 正标签频率阈值算法

为了更加准确地描述正标签频率阈值(PLAT)算法，引入如下数据结构：

(1) SAMPLE_SET 包含了算法所要处理的所有样本(即数据集 D)，每个样本包含一个众包噪声标签集。

(2) FREQ_TABLE 包含了表 7-4 中所描述的不同的 Freq_{pos} 值。首先计算出所有样本的 Freq_{pos} 值(为了方便，使用 f 表示)，然后将那些 f 相同或者差距在一个微小范围内(如 0.001)的样本聚集在一起。对于 f 的每一个值，在表中建立一行。每个 f 联系到 Items 和 Category 信息。Item*s* 包含那些具有相同(近) f 值的所有样本，Category 表示这些样本最终被归于何类别。这些值可以通过操作 ITEMS(f_i)和 CATEGORY(f_i)获得。

(3) LIST_X 存放被标记为 X 的样本。其中 X 可以是 POS 或者 NEG。

算法 7-1 描述了 PLAT 算法的关键步骤：首先计算 SAMPLE_SET 中每个样本的 f 值，然后将它们置于 FREQ_TABLE 中，接着将 FREQ_TABLE 中的行按照 f 的升序进行排序(第 1～5 行)。开始的时候所有的样本都设置为负样本。第 8 行调用了一个关键的辅助过程 EstimateThresholdPosition 来获得 FREQ_TABLE 中某一行的位置。该位置对应的 f 值将临时作为阈值 T 的估计。这个值 f 作为阈值位置的 Freq_{pos} 值，并表示为 f_t。EstimateThresholdPosition 同时会返回两个值 N_L 和 N_R。这两个值分别代表 $f \leqslant f_t$ 的样本数目和 $f > f_t$ 的样本数目。算法使用这两个值来预测最大可能的正样本数目 P_{max} (第 9 行)。获得了这个关键位置后，算法将使用样本的 Freq_{pos} 值来决定样本最后的类别归属(POS 或者 NEG)。在这个过程中，算法使用一个变量 N_P(第 11 行)来记录当前被归为正样本的样本数目，以保证这个数目不超过 P_{max}。

算法 7-1 Positive Label frequency Threshold (PLAT)

Input: SAMPLE_SET D
Output: LIST_POS and LIST_NEG
1. **for each** $i \in$ SAMPLE_SET **do**
2.   calculate f_i and insert it into FREQ_TABLE
3.   initialize final labels of examples to be NEG
4. **end for**
5. **sort** (FREQ_TABLE) in ascending order of f
6. N := **sizeof** (SAMPLE_SET)
7. $N_L := N_R := 0$
8. t := EstimateThresholdPosition(FREQ_TABLE, N, N_L, N_R)
9. $P_{max} := (N_L - N_R) * N_R / (N_L + N_R) + N_R$

10. k := **sizeof** (FREQ_TABLE) − 1
11. N_P := 0　　　　　// current number of positive examples
12. **while** $k > t$ **do**　　// classify $f_k > f_t$ into the positive
13. 　　CATEGORY(f_k) := POS
14. 　　N_P := N_P + **sizeof** (ITEMS(f_k)), k := k − 1
15. **end while**
16. $f_m := (f_0 + f_t) * \theta$　　// θ is set to 0.5
17. $k := t$　　　　// increase number of positive examples
18. **while** $f_k > f_m$ & N_P + **sizeof** (ITEMS(f_k)) < P_{max} **do**
19. 　　CATEGORY(f_k) := POS
20. 　　N_P := N_P + **sizeof** (ITEMS(f_k)), k := k − 1
21. **end while**
22. **for** i := 0 to **sizeof** (FREQ_ TABLE) − 1 **do**
23. 　　insert ITEMS(f_i) into LIST_POS(NEG) according to CATEGORY(f_i)
24. **end for**
25. **return** LIST_POS and LIST_NEG

一旦确定了阈值 T(也就是 $T=f_t$)，则 FREQ_TABLE 中的 Freq_{pos} 值会被划分为如图 7-3 所示的几个区间。算法直接将那些 Freq_{pos} 值大于阈值 T 的样本分类为正样本(第 12～15 行)。对于那些 Freq_{pos} 值小于或者等于阈值 T 的区间，算法计算这一区间的中值(f_m)(第 16 行)。算法认为那些 Freq_{pos} 值大于 f_m 而且接近 T 的样本划分为正样本的概率更高(第 18～21 行)，剩下的样本(即它们的 $\text{Freq}_{pos} \leqslant f_m$ 或者接近 f_m)成为负样本的概率更高。算法的伪代码显示，在决定时那些在区间(f_m, T]中的样本的最终类的归属需要考虑到最终数据集中正负样本的比例。算法最后将根据预测的类别将样本存放在 LIST_POS 或者 LIST_NEG 表之中。

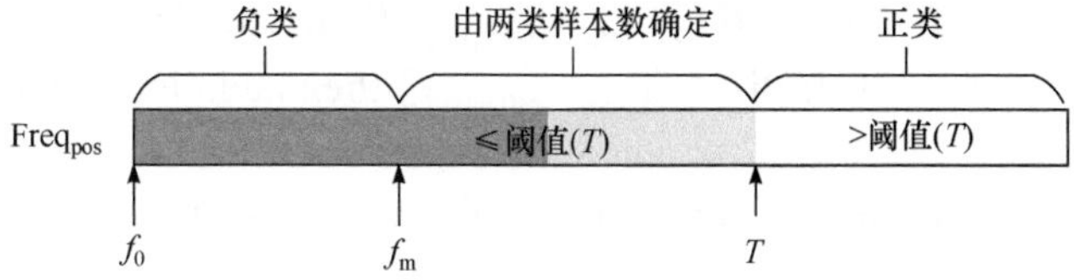

图 7-3　Freq_{pos} 值的划分及它们潜在的类别

7.3.3　阈值估计算法

在上述 PLAT 算法中，过程 EstimateThresholdPosition 将给出 FREQ_TABLE 中某一行的位置。该位置对应的 f 值将临时作为阈值 T 的估计。算法 7-2 描述了阈值估计的关键步骤。

EstimateThresholdPosition 是 PLAT 算法的一个辅助过程。这个过程旨在找

到两个二项分布 $B(k; R, p_{\mathrm{P}})$和 $B(k; R, 1-p_{\mathrm{N}})$(参见图 7-2)的峰(如果存在)。这两个峰值分别代表正负样本的分布中心。当 FREQ_TABLE 按照f_i的升序排序后，算法首先计算所有的最小值和最大值位置(第 2～7 行)。在计算这些最小值和最大值时，算法引入一个函数 diff(来消除由数据抖动带来的计算差异。在函数 diff)中，ε是一个常数，它受 FREQ_TABLE 大小的影响。第一个峰(P_1)包含了最大数目的样本，这些样本满足其 $\mathrm{Freq_{pos}}$ 值小于 0.5 的限制。这一峰值包含了大量负样本，它们的标注质量p_{N}大于 0.5 并且 $1-p_{\mathrm{N}}$(即 $\mathrm{Freq_{pos}}$)小于 0.5(第 8 行)。类似地，第二个峰(P_2)同样包含了大量的样本，这些样本满足其 $\mathrm{Freq_{pos}}$ 值大于 P_1 的 $\mathrm{Freq_{pos}}$ 值的限制(第 9 行)。如果多噪声标签集的偏置程度很大，那么 P_2 不一定存在。如果 P_1 和 P_2 都被找到，那么算法将在这两个峰值之间寻找一个低谷(valley)，它包含最少数目的样本。这个低谷的 $\mathrm{Freq_{pos}}$ 值将被考虑作为阈值的估计(它在 FREQ_TABLE 表中对应的位置表示为 t)。如果找不到这一低谷，那么 P_1 的位置将被作为阈值(第 10、11 行)。一旦阈值位置被确定，则可以将那些$f>f_t$的样本归为正例。因为假设正样本是少数派，所以算法调整 t 来满足这一限制(第 12～15 行)。

算法 7-2　EstimateThresholdPosition

Input:　sorted FREQ_TABLE, N maxima_set = Φ, minima_set = Φ
Output: position t in sorted FREQ_TABLE whose value is treated as threshold T, N_{L} and N_{R}

1. add position 0 into maxima_set
2. **for** i:=1 to **sizeof** (FREQ_TABLE) – 2 **do**
3. 　　a := **sizeof** (ITEMS(f_i)) –**sizeof** (ITEMS(f_{i-1}))
4. 　　b := **sizeof** (ITEMS(f_{i+1})) – **sizeof** (ITEMS(f_i))
5. 　　**if** $a \geqslant 0$ & $b \leqslant 0$ & **diff** (f_i,$f_{\text{minima\_set(last)}}$) **then** add i into maxima_set
6. 　　**if** $a \leqslant 0$ & $b \geqslant 0$ & **diff** ($f_{\text{maxima\_set(last)}}$, f_i) **then** add i into minima_set
7. **end for**
8. $P_1 := \arg\max_j\{\mathbf{sizeof}(\mathrm{ITEMS}(f_j)) \mid f_j < 0.5, j \in \text{maxima\_set}\}$
9. $P_2 := \arg\max_k\{\mathbf{sizeof}(\mathrm{ITEMS}(f_k)) \mid f_k > f_{P_1}, k \in \text{maxima\_set}\}$ or P_2 is not found
10. **if** P_1 & P_2 are found
　then　$\text{valley} := \arg\min_l\{\mathbf{sizeof}(\mathrm{ITEMS}(f_l)) \mid f_{P1} < f_l < f_{P2}, l \in \text{minima\_set})$
11. **if** valley found **then** t := valley **else** $t := P_1$
12. $N_{\mathrm{L}} := \sum_{i=0}^{t} \mathbf{sizeof}(\mathrm{ITEMS}(f_i))$

---

while $N_L < N/2$ **do**
  $t := t+1$; $N_L := N_L$ + **sizeof** (ITEMS(f_t))
end while
$N_R := N - N_L$
return t, N_L and N_R

Note: bool **diff** $(l, s) \overset{\text{def}}{=} (l-s) < \varepsilon$? false : true
where $\varepsilon=0.03*N/$**sizeof** (FREQ_TABLE) and $l \geqslant s$

7.3.4 实验设置

为了验证 PLAT 算法的性能，将它与 MV、ZenCrowd、GLAD、RY、DS 算法在 7.2 节所述的偏置标注数据集上进行对比。由于实验数据集中的底层类分布是不平衡的，而通常希望真值推断算法在大小类上表现出良好的综合性能，因此实验不仅使用准确度(ACC)，同时使用 AUC 作为评价指标(均为百分数)。

对于 MV、ZenCrowd 和 RY 算法，使用 SQUARE (Sheshadri and Lease, 2013)中的实现，GLAD 算法使用其作者所提供的实现 (Whitehill et al., 2009)，DS 算法使用 Ipeirotis 的实现(Ipeirotis et al., 2010)。各算法中参数的初始值均使用论文作者提供代码的默认值，表 7-5 列出了这些初始值。

表 7-5 真值推断算法参数初始化设置

算法	参数初始值
MV	无参数
ZenCrowd	$P(\boldsymbol{u}_j = \text{reliable}) = P(\boldsymbol{u}_j = \text{unreliable}) = 0.5$
GLAD	$\alpha_j = \beta_i = 1.0, 1 \leqslant j \leqslant J, 1 \leqslant i \leqslant I$
RY	$\alpha_j = \beta_j = 0.5, 1 \leqslant j \leqslant J$
DS	$\pi_{pq}^{(j)} = 0.9, p = q; \pi_{pq}^{(j)} = 0.1, p \neq q, 1 \leqslant j \leqslant J$
PLAT	无参数

7.3.5 实验结果与分析

表 7-6 和表 7-7 分别展示了 MV、ZenCrowd、GLAD、RY、DS 以及 PLAT 算法在 7.2 节所述的 13 个偏置标注数据集上准确度(ACC 指标)和 AUC 指标的实验

对比结果。从这些实验数据可以观察到：①在所有 13 个数据集上，PLAT 算法在准确度指标上胜出了 7 次，在 AUC 指标上胜出了 8 次，具有最高的性能表现；与最基础的 MV 算法相比平均准确度提升了 5.5 个百分点，平均 AUC 提升了 8.4 个百分点；与第二名 RY 算法比平均准确度提升了 2.7 个百分点，平均 AUC 提升了 2.1 个百分点。②RY 算法弱于 PLAT 算法，但是它仍然在所有的基于 EM 的算法中具有最好的性能表现，这是因为 RY 算法使用贝叶斯方法对众包工作者的敏感度和特异度进行建模，而敏感度和特异度实际上就是针对正负类的倾向性。因此，RY 算法在一定程度上可以建模工作者的偏置，在偏置标注数据集上自然具有其他先前算法所不具备的优势。③作为经典的基于最大似然估计的 DS 算法也具有不错的性能表现，因为它使用混淆矩阵可以对工作者的标注特性进行全面的刻画，虽然不能突出偏置建模，但是模型的表现并不太差，特别是在准确度指标上和 RY 不相上下。④MV 算法在某些情况下的表现并不一定差，特别是在某些数据集上(如 WordSim 和 Duck)的表现甚至优于 RY 和 DS 两种算法，因此，简单、快速的 MV 算法并没有丧失实用性。⑤ZenCrowd 算法具有和 MV 算法类似的性能表现，因此，在偏置标注下使用单一参数建模对性能的提升作用有限。GLAD 算法的性能表现在所有算法中最差。

表 7-6　真值推断算法在 13 个偏置标注数据集上的对比结果(ACC 指标)　(单位：%)

数据集	MV	ZenCrowd	GLAD	RY	DS	PLAT
Anger	*70.0*	*70.0*	*70.0*	78.0	79.0	**85.0**
Disgust	79.0	79.0	*77.0*	79.0	**80.0**	79.0
Fear	*75.0*	*75.0*	*75.0*	79.0	**80.0**	**80.0**
Joy	*66.0*	*66.0*	*66.0*	**77.0**	75.0	75.0
Sadness	76.0	77.0	*74.0*	**82.0**	80.0	81.0
Surprise	53.0	*52.0*	*52.0*	58.0	57.0	**66.0**
Valence	66.0	*65.0*	*65.0*	73.0	72.0	**78.0**
Adult	*84.4*	*84.4*	*84.4*	**88.0**	*84.4*	87.1
WordSim	**90.0**	*86.7*	*86.7*	*86.7*	**90.0**	**90.0**
TREC2010	64.2	58.8	*57.8*	67.8	**69.2**	64.6
Duck	68.8	*58.8*	59.6	60.0	60.8	**76.7**
iPhS	49.7	49.8	*49.3*	50.3	50.7	**51.4**
SpamCF	66.0	66.0	66.0	66.0	66.0	66.0
平均值	69.9	68.3	*67.9*	72.7	72.6	**75.4**

表 7-7　真值推断算法在 13 个偏置标注数据集上的对比结果(AUC 指标)　(单位：%)

数据集	MV	ZenCrowd	GLAD	RY	DS	PLAT
Anger	*57.1*	*57.1*	*57.1*	70.0	71.6	**79.4**
Disgust	59.9	59.9	*54.4*	67.2	68.0	**69.2**
Fear	*46.3*	47.8	*46.3*	63.8	**64.5**	59.5
Joy	51.0	*50.2*	*50.2*	**73.7**	69.6	68.1
Sadness	60.1	61.2	*58.4*	**71.9**	71.8	70.8
Surprise	54.4	*52.6*	*52.6*	60.2	58.3	**69.2**
Valence	75.9	*74.6*	*74.6*	81.5	80.2	**83.7**
Adult	81.5	81.7	81.4	86.1	*78.6*	**86.4**
WordSim	**85.3**	*83.0*	83.3	*83.0*	**85.3**	**85.3**
TREC2010	66.3	61.1	*60.3*	70.0	**71.2**	67.4
Duck	70.4	*61.6*	62.4	62.5	63.5	**77.3**
iPhS	51.2	51.3	*50.8*	51.6	52.1	**52.5**
SpamCF	58.5	58.5	58.5	58.5	58.5	58.5
平均值	62.9	61.6	*60.8*	69.2	68.7	**71.3**

结合表 7-2 做进一步分析，表 7-2 包含了两种类型的数据集：高标注质量的数据集(WordSim 和 Adult)和低标注质量的数据集(TREC2010、Duck、iPhS 和 SpamCF)。对于高标注质量的数据集(WordSim 和 Adult)，使用 MV 算法和 EM 算法后的集成标注质量比平均标注质量有少许提升(表 7-2 中 WordSim 和 Adult 的平均标注质量分别为 84.8%和 74.6%)。对于低标注质量的数据集(TREC2010、Duck、iPhS 和 SpamCF)，四种 EM 算法对标注质量的提高没有帮助。ZenCrowd 和 GLAD 集成后的标注质量比平均标注质量更差(表 7-2 中 TREC2010、Duck、iPhS 和 SpamCF 的平均标注质量分别为 67.2%、66.6%、49.1%和 69.4%)。

最终可以得到如下结论：①在偏置标注数据集上 RY 和 DS 要优于 ZenCrowd 和 GLAD；②当平均标注质量在合理的范围内(70%～85%)时，现有的 EM 算法对于提升集成标注质量的帮助十分有限，当平均标注质量更低时，这些 EM 算法集成后的数据，其集成标注质量并未获得提升，甚至有的时候低于平均标注质量；③基于统计的启发式算法 PLAT 在偏置标注环境下具有最好的性能。

7.4　基于聚类的多分类真值推断

PLAT 算法在二分类任务上的效果很好，但是无法处理多分类的情况。直观上说，将一个多分类问题转化为一系列二分类问题应该能够提升收集到的数据的质量。但是这类转化在众包标注环境下将引起成本的急剧增加，并不具备现实可行性。另外，多元分类的偏置标注现象通常难以刻画和建模，因为众包工作者偏向的类别可能并不一致。因此，需要开发新的适应偏置标注环境下多分类任务的真值推断算法。

本节首先详细阐述需要提出新的算法的动机；接着描述本书提出的基于聚类分析的真值推断(GTIC)算法的核心步骤——概念层特征生成，并通过一个实例研究阐述为什么 GTIC 算法相对于已有算法在偏置标注环境下具有优势；然后给出 GTIC 算法的伪代码并进行详细解释。

7.4.1 动机

提出新的多分类任务下的真值推断算法的原因主要表现在以下三个方面：

首先，除了基线算法 MV，只有很少量的算法能够适用于多分类真值推断，如经典的 DS 算法和 ZenCrowd 算法。这两个算法都利用了 EM 算法来优化最大众包标签似然估计目标函数。EM 算法广为诟病的一个缺点是设置算法参数的初始值十分困难。不合适的参数初始值将会引起算法陷入局部最优点。不幸的是，DS 算法和 ZenCrowd 算法的研究中均没有讨论到这一问题，这使得这些算法在真实数据集上的运行结果往往存在很大的不稳定性。由于使用最大似然估计(MLE)目标函数来分析算法运行的结果非常困难，如何设置这些算法的初始参数成为一个难题。因此，希望新的算法必须易于设置参数。

其次，一个 MLE 算法的概率生成函数是否能够很好地适配现实情况？很可能不行！例如，DS 算法中所用的混淆矩阵，在类别过大而样本不足的情况下，混淆矩阵会变得非常稀疏，从而影响估计的准确度。因此，正如本章实验所显示的那样，这些基于 MLE 和 EM 的算法在不同的数据集上的性能并不一致，很难判断一般情况下究竟哪个算法更好。另外，既然基于 MLE 和 EM 的算法并不一定能够对现实情况进行很好的建模，在处理偏置标注问题上它们会面临更大的困难。目前，还没找到多分类推断上进行偏置建模的好方法。

最后，基于上述提到的原因，本节采用一种全新的思路来解决众包标注中多分类的真值推断问题。当样本被多位众包工作者标注时，新算法将这些噪声标签当作来自不同源的信息，每个源从高层概念上描述了该样本。从这些多源信息中，可以抽取特征来描述该对象。这些特征不同于该样本的原始(original)特征(又称该样本的“物理”特征)。这些从样本的众包噪声标签中抽取的特征又可以称为“概念层”特征。新方法希望从这些概念层特征中发现模式，通过这些模式来决定该样本的类别归属。当众包工作者的观点发生了改变(或具有偏置)时，概念层特征的值和所发现的模式也相应地发生改变。真值推断过程仅仅依赖于这些模式。从长远来看，概念层特征可以和物理特征配合工作。然而，为了与现有的真值推断算法进行公平的比较，本章所提出的方法中只用到了概念层特征。如何利用物理特征来提升标签质量将在第 8 章中进一步讨论。

7.4.2　原理和特征生成

1. 生成特征

给定样本 $\boldsymbol{x}_i$，其众包噪声标签集为 $\boldsymbol{l}_i$。$\boldsymbol{l}_i$ 包含了属于类 c_1 到类 c_K 的多个噪声标签，在 $\boldsymbol{l}_i$ 中类别为 c_k 的标签出现了 N_k 次(即 $N_k=\sum_{j=1}^{J}\mathbb{I}(l_{ij}=c_k)$)。参数 θ_k 表示该样本属于类别 k 的概率，则有

$$\boldsymbol{\theta}=[\theta_1,\theta_2,\cdots,\theta_K],\quad 0\leqslant\theta_k\leqslant1,\ \sum_{k=1}^{K}\theta_k=1 \tag{7.26}$$

参数 $\boldsymbol{\theta}$ 的先验概率服从 Dirichlet 分布：

$$\mathrm{Dir}(\boldsymbol{\theta}\mid\boldsymbol{\alpha})=\frac{\Gamma\left(\sum_{k=1}^{K}\alpha_k\right)}{\prod_{k=1}^{K}\Gamma(\alpha_k)}\prod_{k=1}^{K}\theta_k^{(\alpha_k-1)},\quad \boldsymbol{\alpha}=(\alpha_1,\alpha_2,\cdots,\alpha_k),\ \alpha_k>0 \tag{7.27}$$

对于多噪声标签集为 $\boldsymbol{l}_i$ 的样本 $\boldsymbol{x}_i$，参数 $\boldsymbol{\theta}$ 的后验概率为

$$\begin{aligned}P(\boldsymbol{\theta}\mid\boldsymbol{l}_i)\ \propto\ P(\boldsymbol{l}_i\mid\boldsymbol{\theta})P(\boldsymbol{\theta})\ &\propto\ \prod_{k=1}^{K}\theta_k^{N_k}\theta_k^{\alpha_k-1}\\&=\mathrm{Dir}(\boldsymbol{\theta}\mid\alpha_1+N_1,\alpha_2+N_2,\cdots,\alpha_k+N_k)\end{aligned} \tag{7.28}$$

可以使用带有式(7.26)约束条件的拉格朗日乘子来推导后验概率模型。这样可得到以似然度、先验、约束条件的和的对数的目标函数如下：

$$\ell(\boldsymbol{\theta},\lambda)=\sum_{k}N_k\log\theta_k+\sum_{k}(\alpha_k-1)\log\theta_k+\lambda\left(1-\sum_{k}\theta_k\right) \tag{7.29}$$

分别对参数 λ 和 θ_k 求导数，得到

$$\begin{cases}\dfrac{\partial\ell}{\partial\lambda}=1-\sum_{k}\theta_k=0\\[2ex]\dfrac{\partial\ell}{\partial\theta_k}=\dfrac{N_k+\alpha_k-1}{\theta_k}-\lambda=0\end{cases} \tag{7.30}$$

使用式(7.26)中“加和为 1”的限制条件求解参数 λ：

$$\begin{aligned}&\sum_k (N_k + \alpha_k - 1) = \lambda \sum_k \theta_k \\ &\Rightarrow \lambda = N + \alpha_0 - K\end{aligned} \tag{7.31}$$

因此，最大后验概率估计(MAP)为

$$\hat{\theta}_k = \frac{N_k + \alpha_k - 1}{N + \sum_{j=1}^{K} \alpha_j - K} \tag{7.32}$$

式(7.32)给出了样本属于类 k 的概率估计的最一般形式。在该公式中超参数 $\boldsymbol{\alpha}$ 可以设置成能提供某些信息的先验值。由于 GTIC 算法是不可知论算法，在上述公式中，$\mathrm{Dir}(\boldsymbol{\theta}|\boldsymbol{\alpha})$ 使用不能提供任何信息的(non-informative)均匀先验，即 $\alpha_1 = \alpha_2 = \cdots = \alpha_K = 1$。在此情况下，$\theta_k$ 就是标签 c_k 的频率。本章所提出的方法的原理是基于对样本的概率向量 $\boldsymbol{\theta}_s$ 的相似性的度量。对于一个样本，将它的 θ_k 看成第 k 个特征，然后用聚类算法将相似的样本聚成一簇，在相同的簇中的样本具有相同的类标签。

2. 实例研究

在式(7.32)中，当 $\alpha_k = 1$ 且 $1 \leqslant k \leqslant K$ 时，该样本属于 c_k 类的概率可以用其众包噪声标签集中 c_k 类的标签的频率进行估计，即 θ_k。MV 算法将最大概率的类赋予该样本，即 $\kappa = \underset{k}{\operatorname{argmax}}\, \theta_k$。GTIC 算法可以克服在多分类环境下 MV 算法过于简单的缺陷。为了详细解释这一方法，使用数据集 Valence5(参见 7.4.4 节)进行一个实例研究。Valence5 数据集包含 5 个类别。通过对 MV 算法结果进行分析可以发现很多属于 c_2 和 c_4 的样本被推断为 c_3，但是 GTIC 算法对这些样本的推断是正确的。表 7-8 列举了三组典型的样本。

表 7-8　数据集 Valence5 中的三组样本

EID	TL	MV	GTIC	$\{\theta_1, \theta_2, \theta_3, \theta_4, \theta_5\}$
37	c_2	c_3	c_2	{0.1, 0.4, 0.5, 0.0, 0.0}
39	c_2	c_3	c_2	{0.3, 0.2, 0.5, 0.0, 0.0}
52	c_2	c_3	c_2	{0.3, 0.3, 0.4, 0.0, 0.0}
61	c_2	c_3	c_2	{0.1, 0.3, 0.6, 0.0, 0.0}
89	c_2	c_3	c_2	{0.1, 0.3, 0.6, 0.0, 0.0}

续表

EID	TL	MV	GTIC	$\{\theta_1, \theta_2, \theta_3, \theta_4, \theta_5\}$
26	c_4	c_3	c_4	{0.0, 0.0, 0.5, 0.3, 0.2}
29	c_4	c_3	c_4	{0.0, 0.1, 0.5, 0.3, 0.1}
30	c_4	c_3	c_4	{0.0, 0.0, 0.6, 0.3, 0.1}
60	c_4	c_3	c_4	{0.0, 0.0, 0.6, 0.3, 0.1}
97	c_4	c_3	c_4	{0.0, 0.0, 0.6, 0.4, 0.0}
4	c_3	c_3	c_3	{0.1, 0.0, 0.8, 0.0, 0.0}
6	c_3	c_3	c_3	{0.0, 0.1, 0.8, 0.1, 0.0}
20	c_3	c_3	c_3	{0.0, 0.0, 1.0, 0.0, 0.0}
23	c_3	c_3	c_3	{0.0, 0.2, 0.8, 0.0, 0.0}
31	c_3	c_3	c_3	{0.1, 0.2, 0.7, 0.0, 0.0}

表 7-8 中，EID 表示样本的标识，TL 表示样本的类标签的真值。每一组包含 5 个样本。GTIC 算法对这三组的推断均正确。这三组中的两组被 MV 算法推理错误。MV 算法将这些样本全部推理为 c_3。从表 7-8 中容易发现，所有的样本的参数 θ_3 均具有最大值。因此，MV 算法全部将这些样本推断为 c_3。这个数据集呈现出一种典型的偏置标注现象。众包工作者倾向于以很高的概率给出 c_3。因此，大量类为 c_3 的标签淹没了另外两个类(c_2 和 c_4)的标签，阻碍了 MV 算法正确地将这些属于类 c_2 和 c_4 样本推断正确。然而，GTIC 算法采用了另外一种策略，即从众包噪声标签集中发现模式。

为了将每组所有 5 个样本的特征向量可视化，以表 7-8 中的数据为依据，在图 7-4 中绘出每组 5 个样本的梯形图(stair chart)，图例中的数字是样本的 ID。梯形图类似于直方图(histogram)，但它更容易同时观察多个样本的值。在图中，标有圆圈的线表示所有 5 个样本的频率(θ_k)的平均值。这条线显示了每个类的综合"模式"。从图 7-4 中可以发现，每一类具有自己特定的模式。尽管类 c_2 (图 7-4(b))的模式中 θ_3 仍然具有最大值，如同类 c_3(图 7-4(c))的模式，但是这两个类的模式的形状差别很大。类似地，类 c_4 的模式也和类 c_3 的模式不同。本章提出的方法使用了聚类算法，可以发现数据集中的模式，同时将数据根据这些模式聚类成不同的簇。这就是本方法可以处理偏置标注的原理。无论标注者的偏置程度如何，只要在不同的类别上表现出差异，这些模式总可以被发现和聚类。图 7-4(a)和(e)分别显示了另外两个类 c_1 和 c_5 的模式。这两个模式也显示出了不一样的形态。正如本章实验部分所显示，GTIC 算法的性能显著高于其他算法。

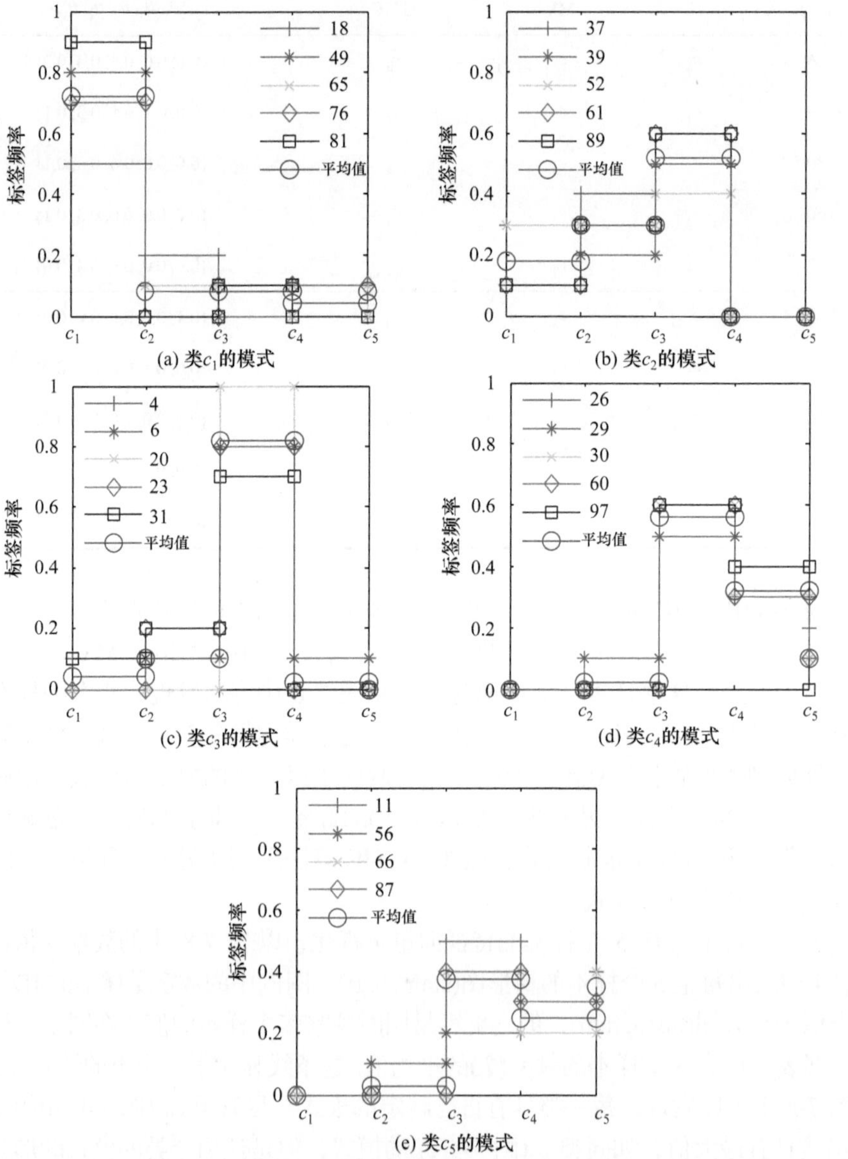

图 7-4　属于 5 个类别的样本的梯形图和模式

3. 一个附加特征

为了进一步提升 GTIC 算法真值推断的性能，可以产生第 K+1 个特征(表示为 θ_z)，其计算公式如下：

$$\theta_z = \frac{1}{K}\sum_{k=1}^{K-1}(\theta_{k+1} - \theta_k) \tag{7.33}$$

这个特征捕捉了在梯形图中从第二“相”(phase)开始的当前“相”和前一“相”之间的差异。然后对这些差异求均值。在 K+1 个特征产生后，样本 $\langle \boldsymbol{x}_i, y_i \rangle$ 现在则可以使用另外一种表示 $\langle \boldsymbol{x}'_i, y_i \rangle \overset{\text{def}}{=} \langle [\theta_1, \theta_2, \cdots, \theta_K, \theta_z], y_i \rangle$，这里 $[\theta_1, \theta_2, \cdots, \theta_K, \theta_z]$ 即生成的概念层特征部分。这些特征向量将用于聚类，y_i 是样本未知的真实标签。

增加这个生成特征的原因是进一步增加相似模式之间的区分性，以便这些相似的模式能够正确地聚类。基于实验研究，该特征能够提高算法的性能。

7.4.3 GTIC 算法

算法 7-3 提供了一个框架来使用聚类推断样本的估计标签。在 GTIC 算法中任何合适的聚类方法都可能使用。本章描述了 GTIC 算法的一个特化版本，其中聚类方法为 *k*-means。GTIC 算法包含了三个主要步骤：特征生成(第 1 行)、聚类(第 2、3 行)和类赋值(第 4～6 行)。

第一步，GTIC 算法在样本的众包噪声标签集上应用式(7.32)和式(7.33)产生概念层特征。

第二步，GTIC 算法使用带有经典 Euclidean 距离的 *k*-means 聚类算法将所有的样本聚成多个簇。因为算法的目标是确定每个样本的类别归属，所以 *k*-means 算法中的参数 K 恰好设置为类别数目。在传统的 *k*-means 算法中，K 个初始聚类中心点是随机设置的。GTIC 算法利用了多噪声标签集中的信息选择初始的中心点。具体来说，GTIC 算法选择 K 个初始中心点，每个初始中心点是一个样本，该样本属于 K 类中的一类，而且这 K 个样本分别属于不同的类。对于属于类 k 的样本，该样本以非常大的概率属于类 k。因此，这 K 个样本所在的簇就潜在地映射到 K 个类别上。在本章的实验中，简单地选择具有最大 θ_k 值的样本作为初始聚类中心。如果一个样本已经被选择作为聚类中心，那么以 θ_k 降序排列的下一个样本将被选择，以此类推。K 个初始聚类中心点产生后，GTIC 运行标准的 *k*-means 聚类算法形成 K 个簇。

算法 7-3　Ground Truth Inference using Clustering (GTIC)

Input: A data set D where each example $\boldsymbol{x}_i$ has a multiple noisy label set and has no true label, the number of class K

Output: A data set D where each example $\boldsymbol{x}_i$ has an estimated label

1. For each $\boldsymbol{x}_i$ in D, use Eqs. (7.32) and (7.33) to generate its K+1 features, i.e., $\boldsymbol{\theta}^{(i)} = [\theta_1^{(i)}, \theta_2^{(i)}, \cdots, \theta_K^{(i)}, \theta_z^{(i)}]$

---

2. Select a K-centroid set Φ based on the $\boldsymbol{\theta}_s$ of the examples
3. Run the k-means clustering algorithm with Euclidean distance by setting Φ as the initial centroids
4. For each cluster s sized $M^{(s)}$ obtained from k-means, create a vector $\boldsymbol{\tau}^{(s)}$ whose element $\tau_k^{(s)}$ is calculated using $\tau_k^{(s)} = \sum_{i=1}^{M^{(s)}} \theta_k^{(i)}$, where $1 \leqslant s \leqslant K$
5. For each cluster s, based on its vector $\boldsymbol{\tau}^{(s)}$, assign this cluster with the class $\kappa^{(s)}=\underset{k}{\operatorname{argmax}}\{\tau_k^{(s)}\}$ under the constraint that a cluster is mapped to one and only one class
6. Assign each $\boldsymbol{x}_i$ an inferred label according to the label of each cluster
7. **return** D

当K个簇获得后，GTIC 算法进入第三个步骤——将每个簇映射到特定的类别。对于一个由 k-means 算法创建的具有$M^{(s)}$的样本的簇s，算法创建一个有K个元素的向量$\boldsymbol{\tau}^{(s)}$，其中每个元素$\tau_k^{(s)}$计算为$\tau_k^{(s)} = \sum_{i=1}^{M^{(s)}} \theta_k^{(i)}$。然后，选择最大的元素作为类别赋给这个簇。在实践过程中，这一过程可以从那些具有最大样本数的簇开始直到那些具有最小样本数目的簇。通过这种方式保证在类赋值过程中一个类别被赋予且仅仅被赋予一个簇。同一簇中的所有样本均赋予同样的类别作为它们的集成类标签，不同簇中的样本将被赋予不同的集成类标签。所以，GTIC 算法可以防止由偏置标注行为引起的在标签真值推断过程中出现的小类消失的问题。

7.4.4 实验数据集与设置

1. 实验数据集

实验中使用的 10 个真实众包数据集的基本信息列于表 7-9 中。因为开放访问的数据集通常只有较少的类别数目(少于 6 个类别)，为了最大限度地评价所提出的算法，本书作者创建并收集了多达 16 个类别的数据集。因为可用于研究的多分类标注实际数据集比较少，实验中将某些数据集在合理的条件下进行转换，将一个数据集转换为多个具有不同类别数目的数据集。这 10 个数据集的类别数目、样本类别分布和每个样本的平均标注次数差异明显。除了 TREC2010 数据集和 Adult2 数据集，其余数据集的详细信息如下。

表 7-9　实验使用的 10 个多元分类众包数据集

数据集	类别数	样本数	标签数	标注者数	平均标签数	每类样本数
FEJ2013	3	576	2902	48	5.04	{19, 531, 26}
TREC2010	3	3267	18475	722	5.66	{5932, 7131, 5412}
Adult2	4	333	3317	269	9.96	{187, 61, 36, 49}
SAJ2013	5	300	1720	461	5.73	{57, 70, 72, 92, 9}
Valence5	5	100	1000	38	10.00	{13, 27, 23, 28, 9}
Aircrowd6	6	593	1588	50	2.68	{98, 99, 80, 101, 103, 112}
Valence7	7	100	1000	38	10.00	{8, 21, 18, 10, 23, 19, 1}
Leaves9	9	359	3208	81	8.94	{48, 48, 48, 16, 32, 48, 48, 42, 29}
Aircrowd11	11	1231	24620	154	20.00	{106, 106, 87, 110, 120, 115, 93, 116, 109, 120, 149}
Leaves16	16	672	6720	84	10.00	{48, 48, 48, 48, 16, 48, 48, 16, 32, 48, 48, 48, 48, ,48, 32, 48}

HCOMP 2013 会议的专题讨论会“Crowdsourcing at Scale”发布了两个竞赛任务的数据集：事实评价判断数据集(FEJ2013)和情感分析判断数据集(SAJ2013)，其中数据集 FEJ2013 包含众包工作者对维基百科上图片相关性的判断，数据集 SAJ2013 包含了众包工作者对“讨论天气”的推特条目的情感的判断。

两个 Valence 相关的数据集来自 Snow 等(2008)收集的情感标注。因为标签是数值类型且在[−100, 100]区间，本书根据对此区间的不同划分创建了两个不同的多分类数据集 Valence5 和 Valence7。在数据集 Valence5 中，该区间被等分成 5 个类(Strong negative、Negative、Neutral、Positive、Strong positive)。在数据集 Valence7 中，区间被等分成更细的 7 个类(Strong negative、Negative、Weak negative、Neutral、Weak positive、Positive、Strong positive)。

本书在 MTurk 平台上收集了四个具有更多类别的数据集。首先，使用 Caltech-256 数据集 (Griffin et al., 2007)的一个子集 Air11，它包括翅膀的 11 类动物。将这个数据集中的样本发布到 MTurk 平台上让众包工作者标注，形成数据集 Aircrowd11。由于该数据集具有非常高的标注质量，为了在不同质量的数据集上验证所提出的 GTIC 算法，进一步抽取该数据集中的六个类的样本，这些样本的标注混淆度较高，即它们都来自标注质量不高(< 80%)的那些工作者。这个数据集称为 Aircrowd6。

本书还创建了一个具有 16 个类别的数据集 Leaves16。这个数据集中的样本抽取于具有 100 个种类的叶子数据集(Mallah et al., 2013)[⑥]。将属于 16 个不同树种类别的样本发布到 MTurk 平台上，要求每个众包标注者通过查看示例选择最匹配

⑥ http://archive.ics.uci.edu/ml/datasets/One-hundred+plant+species+leaves+data+set。

的类别赋予每个样本。Leaves16 数据集的质量非常低。为了评价 GTIC 算法在不同质量数据集上的性能，在 Leaves16 数据集上抽取了具有 9 个类别的子数据集称为 Leaves9。数据集 Leaves9 中的工作者具有很高的标注质量。

2. 实验设置

GTIC 算法基于 WEKA (Witten and Frank, 2005)中的 SimpleKMeans 算法进行实现。对 SimpleKMeans 算法的实现进行简单修改就能使其在 *k*-means 迭代的开始接受一个初始化的聚类中心集合。对于 SimpleKMeans 算法的其他参数，则使用 WEKA 中的默认设置。上述算法均用 Java 语言实现。对于每个数据集，所有样本均用于真值推断，并且根据领域专家提供的标签真值来计算准确度和多分类 AUC(M-AUC) (Hand and Till, 2001)评价指标。对比的算法仍然是常见的 MV、ZenCrowd 和 DS 真值推断算法。

7.4.5 实验结果与分析

1. 准确度指标对比

不同的任务具有不一样的困难程度，不同的标注者具有不一样的正确率。所有这些因素都会引起数据集标注质量的差异，这些差异会影响真值推断算法的性能。根据 GTIC 算法的原理，这一算法在低标注质量数据集上的期望性能表现应该更好，因为它能够将具有相似形状直方图的样本聚成一簇。因此，这里将实验结果展现为两组，即低标注质量数据集组和高标注质量数据集组，以准确度指标是否小于 85%进行划分。这里使用基线算法 MV 得到所有样本的集成标签，然后与其真值进行对比，得到衡量数据质量的准确度指标。

表 7-10 显示了在 6 个低标注质量数据集上的实验结果。显然，除了 TREC2010，GTIC 在其他 5 个数据集上具有最好的性能。从这些实验结果容易得出如下结论。①在所有 6 个数据集上，GTIC 算法的性能显著高于基线算法 MV。GTIC 算法的准确度平均比 MV 算法高 6.05 个百分点。对于那些标注质量大于 70%的数据集(Adult2 和 Aircrowd6)，GTIC 算法的性能比 MV 算法高 2 个百分点左右；对于那些标注质量小于 50%的数据集，GTIC 算法对性能的提升最高达 18 个百分点(数据集 Valence5)。②GTIC 算法的性能同样优于基于 MLE 的 DS 算法和 ZenCrowd 算法。GTIC 算法在 5 个数据集上的表现优于 DS 算法，在全部 6 个数据集上的表现优于 ZenCrowd 算法。GTIC 算法的准确度平均比 DS 算法高 3.49 个百分点，比 ZenCrowd 算法高 10.50 个百分点。③DS 算法在 4 个数据集上的表现超过 ZenCrowd。DS 算法的准确度的平均值比 ZenCrowd 算法高 7.01 个百分点。这是因为 DS 算法的模型比 ZenCrowd 算法更加复杂。DS 建模了所有标注者的混淆矩

阵和所有类别的概率。ZenCrowd 算法仅仅用了两个参数{good, bad}来建模标注者的可靠度。④令人诧异的是，虽然 ZenCrowd 算法比 MV 算法复杂，但是最简单直接的基线算法 MV 却在 4 个数据集上优于 ZenCrowd 算法，并且在另外两个数据集上的性能也和 ZenCrowd 算法接近。总之，GTIC 算法具有最优的性能，紧接着是 DS 算法，ZenCrowd 算法甚至要差于基线算法 MV。GTIC 算法在低标注质量数据集上的性能远远超过其他算法。

表 7-10 低标注质量数据集上的准确度(单位：%)

数据集	类别数	MV	DS	ZenCrowd	GTIC
TREC2010	3	44.20	**51.27**	*30.98*	45.48
Adult2	4	75.68	*73.57*	75.98	**77.78**
Valence5	5	36.00	40.00	*32.00*	**54.00**
Aircrowd6	6	80.10	*76.90*	81.45	**81.96**
Valence7	7	20.00	29.00	*9.00*	**32.00**
Leaves16	16	60.42	61.01	*60.27*	**61.46**
平均值	—	52.73	55.29	*48.28*	**58.78**

表 7-11 显示了在高标注质量数据集上的实验结果。在这 4 个数据集上，四个对比算法各赢了一次。从实验结果可以得到如下结论：①在高标注质量数据集上简单的 MV 算法工作得很。②复杂的 DS 算法并不一定比 MV 算法好，例如，在数据集 FEJ2013 和 SAJ2013 上，DS 算法表现差于 MV 算法。模型越复杂，得到较差结果的风险越大。③MV 算法、ZenCrowd 算法和 GTIC 算法的性能无显著差异，它们都表现得很好。对于那些高标注质量的数据集，属于不同类别的样本具有显著可以区分的直方图。*k*-means 算法很容易将具有相同潜在类标签的样本聚成一簇，算法的效果几乎等同于 MV 算法。对于少量几个具有混淆类别归属的样本，*k*-means 算法将基于相似度度量寻找其最有可能的簇。在大多数情况下，这一方法要比仅仅根据具有最大值的特征来确定样本的类别归属好。

表 7-11 高标注质量数据集上的准确度(单位：%)

数据集	类别数	MV	DS	ZenCrowd	GTIC
FEJ2013	3	**90.28**	*87.67*	90.10	89.76
SAJ2013	5	86.67	*76.67*	**87.67**	85.67
Leaves9	9	*90.53*	91.92	90.81	**92.20**
Aircrowd11	11	*97.24*	**97.89**	97.32	97.40
平均值	—	91.18	*88.54*	**91.48**	91.26

在这 10 个数据集上，如果将每种方法与基线算法 MV 比较，会发现 GTIC 算法在 8 个数据集上比 MV 算法好。在数据集 FEJ2013 和 SAJ2013 上，GTIC 算法比 MV 算法分别低 0.52 个百分点和 1.00 个百分点。DS 算法在 6 个数据集(TREC2010、Valence5、Valence7、Leaves16、Leaves9 和 Aircrowd11)上表现优于 MV 算法。与 GTIC 算法相比，DS 算法的性能表现不一致。在 Saj2013(低 10.00 个百分点)和 Aircrowd6(低 3.20 个百分点)上 DS 算法的性能比 MV 算法低很多。尽管 ZenCrowd 算法在低标注质量数据集上比 MV 算法表现差(平均低 4.45 个百分点)，在高标注质量的数据集上却和 MV 算法表现差不多。如同 DS 算法，ZenCrowd 算法表现也不稳定。它在低标注质量数据集上显著差于 MV 算法。因此，无论在低标注质量数据集还是在高标注质量数据集上，GTIC 算法均具有最稳定的准确度表现。

2. M-AUC 指标对比

由于数据集本身类分布的不平衡和标注者标注的偏置，希望推断算法在大类和小类上均具有较好的性能。这类似于传统的不平衡数据学习。在不平衡数据学习中，准确度指标不能很好地描述分类器的性能。这里面临类似的情况，需要度量推断算法在不同类别上的平衡能力，也就是无论一个类别包含多少样本，算法最好能够保证一定量的样本被正确地推断出来。因此，使用针对多元分类的 M-AUC 指标来评价算法性能。

表 7-12 显示了在低标注质量数据集上的实验结果(M-AUC)。从该结果可以得到如下结论：①除了 Leaves16 数据集上仅仅比 ZenCrowd 算法低 0.09 个百分点，GTIC 算法在其他 5 个数据集上全面胜出其他方法，在这三个具有明显标注偏置的数据集 Adult2、Valence5 和 Valence7 上，GTIC 算法分别超过 MV 6.12 个百分点、7.29 个百分点和 3.55 个百分点，在其他数据集上，GTIC 算法也稍高于 MV 算法，平均增加 0.39 个百分点；②与基线算法 MV 相比，DS 算法和 ZenCrowd 算法表现相当差，DS 算法比 MV(GTIC)算法平均低 4.26 个百分点(7.29 个百分点)，ZenCrowd 算法比 MV(GTIC)算法平均低 7.50 个百分点(10.53 个百分点)，在偏置标注数据集上这两个算法表现更差；③GTIC 算法在大类和小类上均具有较高的准确度，因此，在大多数数据集上它具有更高的 M-AUC 值。例如，在 TREC2010 数据集上，DS 算法在大类 c_1(占 47.79%)上具有更高的准确度(73.81%)，但是在小类 c_2(占 12.35%)准确度只有 3.59%。这两个类上 GTIC 算法的准确度分别为 48.36% 和 49.02%。因此，GTIC 算法在此数据集上 M-AUC 指标高于 DS 算法。

表 7-12　低标注质量数据集上的 M-AUC

数据集	类别数	MV	DS	ZenCrowd	GTIC
TREC2010	3	60.09	50.92	*44.73*	**60.50**

续表

数据集	类别数	MV	DS	ZenCrowd	GTIC
Adult2	4	78.44	*78.35*	82.14	**84.56**
Valence5	5	78.68	79.08	*75.68*	**85.97**
Aircrowd6	6	94.92	*75.60*	95.21	**95.56**
Valence7	7	55.51	57.89	*24.65*	**59.06**
Leaves16	16	*86.22*	86.43	**86.44**	86.35
平均值	—	75.64	71.38	*68.14*	**78.67**

表 7-13 显示了在高标注质量数据集上所有的算法几乎具有相同的 M-AUC 值。在数据集 Saj2013 上，GTIC 算法比其他算法高 2.0 个百分点左右，即平均性能高于其他算法。因此，表 7-10～表 7-13 均体现了一致的结论。

表 7-13 高标注质量数据集上的 M-AUC

数据集	类别数	MV	DS	ZenCrowd	GTIC
FEJ2013	3	**49.30**	*48.98*	49.28	49.27
SAJ2013	5	92.74	*90.02*	91.23	**94.11**
Leaves9	9	*98.30*	98.58	98.36	**98.67**
Aircrowd11	11	99.74	**99.81**	99.76	*99.73*
平均值	—	85.02	*84.35*	84.66	**85.45**

7.5 本章小结

采用众包方式收集样本标签具有快速、低成本的优势。但是，由于众包标注的开放特性，众包工作者的可靠性无法保证，因此需要从多位众包工作者处收集针对同一样本的多个标注，并采用真值推断算法估计出样本的真实标签。众包工作者在标注时通常具有系统性的倾向性，导致所标注的类别不平衡。这种偏置标注现象使得现有真值推断算法性能急剧降低。

偏置标注情况下，当标注质量不高时(70%～85%)，基于 EM 的算法虽然能够一定程度上提升集成标签质量，但是提升的幅度非常有限；当标注质量低于 70% 时，这些 EM 类算法非但不能提升集成标签质量，反而存在降低其质量的可能性。本章提出基于统计的启发式正标签频率阈值(PLAT)算法，不但能够显著提升集成标签质量，还能自动估计划分正负样本的阈值并推断每个样本的标签类别。PLAT 算法无需标注者质量、底层数据分布以及偏置水平等先验知识，因此具有最广泛的适用性。实验显示，PLAT 算法能够有效地处理偏置标注问题，获得很高的推断性能。

在多分类众包任务上，本章提出基于聚类分析且仅使用样本众包噪声标签集的真值推断算法 GTIC。GTIC 算法与经典的 MV 算法、DS 算法和 ZenCrowd 算法在 10 个具有不同类别数目、不同样本数目、不同类别分布、不同标注质量、不同标注分布的实际数据集上进行比较，实验结果显示在准确度指标和 M-AUC 指标上，GTIC 算法在低标注质量数据集上明显优于 MV 算法、DS 算法和 ZenCrowd 算法。在标注质量较高的数据集上，GTIC 算法与其他算法一样同样具有相当高的性能。GTIC 算法的初始参数设置简单，在所有算法中具有最好的稳定性。

第 8 章　基于机器学习模型的众包标签噪声处理

8.1　引　　言

虽然众包真值推断算法通过引入冗余标签机制有效地提升了标签质量，但是这些算法的性能差异、适用场景以及集成标签是否足够准确以至于能否训练出优秀的预测模型一直是本领域的开放性问题之一。在开发 SQUARE 众包学习工具的过程中，Sheshadri 和 Lease (2013)同时进行了一些实证研究，比较了数十个真实众包数据集上不同推断算法的性能并得出结论——在不可知假设(即没有先验知识可以利用)前提下所对比的真值推断算法的性能没有显著性差异。根据这项研究的实验结果，这些真值推断算法在准确度和 *F*-score 指标上的差异小于 0.04(指标的值在[0, 1]区间，下同)。随后，关于真值推断算法的一些基准测试研究(Muhammadi et al., 2015；Zheng et al., 2017)也得到了类似的结果。因此，仅通过设计新颖的无监督真值推断算法已经很难再进一步提高集成标签的质量。这也就意味着，经过真值推断算法，虽然每个样本获得了一个更准确的集成标签，但是数据集中仍然存在不少的误标样本，即标签中仍然存在噪声。

在传统的机器学习研究中，面对标签中的噪声，通常有两种处理方式：一是建立噪声容忍的学习模型 (Miao et al., 2015; Duan and Wu, 2016)；二是寻求清理噪声的自动化方法。第一种方式通常与所要构建的学习模型密切相关，因此该类方法一般是“模型特定”的并且“容忍”噪声的限度通常并不太高。第二种方式一般与学习模型之间的关系更加松散，因此适应性更强。尽管有大量证据表明，将错误标签区分开来可能非常困难(Weiss, 1998)，但目前研究人员仍然找到了一些可行的标签噪声清理方法。例如，基于测量和阈值的方法(Gamberger et al., 1996; Sun et al., 2007)用特定量度(如信息熵等)评估每个实例。若根据此度量评估的实例的得分超过预定义阈值，则该实例的标签将被视为异常。基于模型影响的方法(Ekambaram et al., 2016; Malossini et al., 2006)通过分析样本对学习模型的影响来检测错误标记的实例。基于 *K* 近邻的方法利用 *K* 近邻分类器的特征来检查标签噪声。众所周知，*K* 近邻分类器通常对标签噪声敏感，特别是对小的邻域尺寸更加敏感(Okamoto and Yugami, 1997)。基于 *K* 近邻的方法可以区分那些与近邻相比异常的数据点且不会导致额外的错误(Delany and Cunningham, 2004)。当然，上述这些方法通常是特定(ad hoc)的。另外，还有一类更加通用的基于预测模型进行标签噪声过滤的方法，如分类过滤算法(Gamberger et al., 1999)、投票过滤算法(Brodley and Friedl, 1999)等。

然而，这些传统的噪声处理方法能否直接应用到众包标注学习中？能否结合众包领域的特点提出更加适合的噪声处理方法？这些问题都非常值得研究。本书在这些问题上做了一些初步的探索：①研究了传统的噪声处理方法能否直接应用到众包标签集成中，以进一步降低集成标签中的误标；②提出了一种基于监督预测模型的众包噪声识别和纠正方法，该方法利用众包标注数据中的高标注质量数据建立可靠的预测模型，让预测模型反作用于众包标签本身，准确发现并纠正集成标签中错误的标签；③提出了一种基于非监督聚类的众包标签噪声识别和纠正方法，该方法利用众包数据集中样本特征进行聚类分析，从而确定集成标签中的错误并进行纠正。

8.2 传统机器学习的噪声处理方法

机器学习中的标签噪声处理方法的研究最早出现在 20 世纪 80 年代。噪声处理首先需要识别数据集中的标签噪声，在识别出标签噪声后，可以将那些判断为噪声标签的样本过滤掉，从而提升剩余数据集的标签质量，而更积极一点的处理方法是对噪声样本进行标签纠正。噪声过滤相对于噪声纠正简单不少，因此有很多研究提出了各种噪声过滤算法，如 Multiedit (Devijver, 1980)、Depuration (Sánchez et al., 2003)、分类过滤算法 (Gamberger et al., 1999)、迭化分割滤波算法 (Khoshgoftaar and Rebours, 2007)等。这些噪声过滤方法虽然比较有效，但是几乎都面临着过度清理(over-cleansing)的问题，即那些并非噪声的样本也被识别为噪声进而被过滤掉(Frénay and Verleysen, 2013)。该缺点在众包标注环境下通常难以接受。众包标注通常需要一定的成本，因此大量过滤掉潜在的噪声会使得剩下用于模型学习的样本减少，造成预算的浪费和模型性能的下降。因此，噪声标签纠正方法更加适合众包环境。然而，相对于比较丰富的标签噪声过滤方法，标签噪声纠正方法的研究比较少，因此两种基于传统机器学习的标签噪声纠正算法——自训练算法和基于聚类的纠正算法(Nicholson et al., 2016)被提出。本节首先介绍传统的噪声过滤和标签打磨纠正算法，然后详述这两种标签纠正算法，最后给出一些实验结果。

8.2.1 分类过滤(CF)算法

分类过滤(CF)算法(Gamberger et al., 1999)是一种最简单的利用分类预测模型来过滤误标样本的算法。算法 8-1 描述了 CF 算法的基本步骤。算法的输入是训练样

本集 D 和样本分块数目 n(通常设为 10),输出是被认定为噪声标签的样本子集 D^N 。算法首先将 D 划分成 n 个不相交的子集 $D_1, D_2,\cdots,D_n$ 。然后，对每个子集中的样本逐一处理。处理的方法是，假设被处理的样本 $\langle \boldsymbol{x},y\rangle$ 在数据集 D_i 中，那么将余下的 $n-1$ 个子集合并成 D_{P} 。利用 D_{P} 中的样本训练出分类模型 H_{P} ，并用此分类模型预测样本 $\langle \boldsymbol{x},y\rangle$ 的标签，即 $H_{\mathrm{P}}(\boldsymbol{x})$ 。如果预测出的标签和训练样本原有的标签不一致，那么认为该标签是噪声标签，将这一样本放入噪声标签样本集 D^N 中。

算法 8-1　Classification Filter (CF)

Input: A training dataset D, n (number of subsets, typically 10)
Output: D^N (detected noisy subset of D)
Form n disjoint almost equally sized subsets D_i, where $\bigcup_i D_i = D$
$D^N \leftarrow \phi$
for $i := 1,2,\cdots,n$ **do**
　　Form $D_{\mathrm{P}} \leftarrow D \setminus D_i$
　　Induce H_{P} based on instances in D_{P}
　　for each instance $\langle \boldsymbol{x},y\rangle$ D_i **do**
　　　　if $H_{\mathrm{P}}(\boldsymbol{x}) \neq y$ **then** $D^N \leftarrow D^N \cup \{\langle \boldsymbol{x},y\rangle\}$
　　end for
end for
return D^N

可见，该算法是非常“激进”的，那些所有预测标签与原有标签不一致的样本全部归为噪声样本，而无论本次预测本身是否准确。该算法简单明了、便于扩展。例如，可以采用更多的划分策略来进行更为合理的数据集分割，同时采用构建集成分类器的方法来提高内部预测模型本身的预测准确度，从而缓解“过渡清理”问题。

8.2.2　标签打磨纠正算法

标签打磨纠正(PLC)算法源自于 Teng 提出的数据打磨方法 (Teng, 1999)。原始的方法将样本的特征和标签同等对待，通过在一定范围内改变这些值来修正数据中的错误，从而提高数据质量。这里将数据打磨方法限定到只打磨标签。算法 8-2 描述了算法的主要步骤。

算法 8-2 Polishing Label (PL)

Input: A training dataset D, votes (number of classifiers that need to agree)
Output: D' (new training dataset after polishing)

$D^N \leftarrow$ Classification_Filter$(D, 10)$
classifiers $\leftarrow$ created from D using 10-fold cross-validation
for each instance $\langle \boldsymbol{x}, y\rangle \in D^N$ **do**
　　if $\exists$ class c s.t. classify(classifiers, $\boldsymbol{x}$, c) $\geqslant$ votes
　　　　then $y \leftarrow c$ and update $\langle \boldsymbol{x}, y\rangle$ in D^N
end for
return $D' = D \oplus D^N$

算法首先使用分类过滤算法滤出那些具有噪声标签的样本子集 D^N，然后在原数据集上采用 10 折交叉验证的方法构建 10 个分类器。对 D^N 中的每个样本以及每种可能的标签类别 c 调用方法 classify(classifiers, $\boldsymbol{x}$, c)，该方法返回预测 $\boldsymbol{x}$ 为类别 c 的分类器的数目。若该数目大于预先设定的分类器预测一致性阈值 votes，则认为类别 c 为样本 $\boldsymbol{x}$ 的正确类别。这里算法进行了简化，在实现过程中如果有多个类别 c 引起函数 classify 的返回值大于阈值，则选择使得该返回值最大的那个类别 c 即可。在处理完 D^N 中所有噪声标签样本后，用 D^N 中新的样本(标签)来更新原数据集 D 中对应的样本(即操作符 $\oplus$ 的含义)，从而形成最终打磨后的数据集 D'。在标签纠正算法中，研究者关心的是经过纠正算法处理过的原数据集中的噪声标签是否减少。

8.2.3 自训练误标纠正算法

自训练(self-training)误标纠正(STC)算法的总体思路类似于标签打磨纠正算法，其区别在于用来进行误标样本标签预测的算法不同。同样，首先使用噪声标签过滤算法将原始数据集 D 中的噪声标签样本分离出来形成 D^N，剩下的样本构成“洁净”子集 D^C ($D^C \cup D^N = D$)。然后，利用洁净子集 D^C 训练出分类模型 H_C (这里也可以训练集成分类模型)。对于 D^N 中的每个样本使用 H_C 预测其标签。如果预测的标签与该样本的原有标签不同，那么认为预测的标签为真实标签，在将其标签改为预测标签的同时将该样本从 D^N 中移出加入 D^C 中。一旦 D^C 中加入新的样本，则重新训练分类模型 H_C。该过程不断进行下去，直到 D^N 中的样本不再变化。

自训练误标纠正算法与标签打磨纠正算法的主要区别在于一方面利用“洁净”

数据集训练预测模型以期望提升标签预测的准确度，另一方面不断扩大的“洁净”数据集反映了纠正后的样本对于预测模型的影响。由于该过程清晰明了，这里就不再给出算法伪代码。

8.2.4 基于聚类的误标纠正算法

本书提出一种基于聚类的误标纠正(CC)算法。采用聚类算法的优势是聚类算法本身与样本标签无关，无论标签的噪声程度如何，同样的聚类算法(参数相同)将得到同样的结果。因此，基于聚类的误标纠正算法与上述标签打磨纠正算法、自训练误标纠正算法完全不同，基于聚类的误标纠正算法不受原始数据质量的影响。

基于聚类的误标纠正算法在训练数据集上运行多次聚类算法，聚类算法将根据每个簇中分配的标签的分布以及簇的大小，为每个簇中的所有实例赋予相同的权重向量。该向量代表实例属于某一个类别的权重。聚类簇中，某一类别拥有的样本数量越多，则对应该类别的权重就越大。数据集上运行聚类算法多次后，样本在每次聚类形成的簇中分配的权重向量将进行累加。最后，样本的标签为其权重向量中最大的值对应类别。

算法 8-3 给出了基于聚类的误标纠正算法的实现伪代码。基于聚类的误标纠正算法的第 1～3 行统计了每一类标签的样本数量，即数据分布 LabelTotals 。这一信息将在计算权重向量算法中用来计算每个样本的标签权重向量。基于聚类的误标纠正算法的第 4～12 行执行了所需要的聚类算法。在上述实现中，*k*-means 聚类算法一共执行了 maxc 次，每次均设置不同的 *k* 值并且该值逐渐增大。*k*-means 聚类算法将产生大量的大小不同的簇，而且每个簇中的样本可能具有不同的标签。第 9 行对于每个簇中的所有样本计算权重向量并将其与上一轮的权重向量进行累加。权重向量的每一维代表该类别的权重。第 14 行根据权重向量中的最大值设置对应的类别。

算法 8-3 Clustering Correction (CC)

Input: A training dataset *D*, label value set C, number of clustering maxc
Output: D' (new training dataset after correction)
1. **for** $i \leftarrow 1$ to $|D|$ **do**
2. $\quad\quad \text{LabelTotals}_{y_i} \leftarrow \text{LabelTotals}_{y_i} + 1$
3. **end for**
4. **for** $i \leftarrow 1$ to maxc **do**
5. $\quad\quad k \leftarrow (i/\text{maxc}) \cdot (|D|/2) + 2$
6. $\quad\quad G \leftarrow \text{KmeansClustering}(D, k)$
7. $\quad\quad$ **for** $j \leftarrow 1$ to $|G|$ **do**

---

for each instance $\boldsymbol{x}$ in G_j **do**
　　$\text{InstWeights}_{\boldsymbol{x}} \leftarrow \text{InstWeights}_{\boldsymbol{x}} + \text{CalcWeights}(G_j, \text{LabelTotals}, C)$
end for
end for
end for
for each instance $\langle \boldsymbol{x}, y \rangle$ in D **do**
　　$y \leftarrow \underset{c}{\text{argmax}}(\text{InstWeights}_{\boldsymbol{x}})$
end for
return D'

权重向量的计算由算法 8-4 给出。首先，统计簇中的样本分布 $\boldsymbol{d}$(即每种标签类别的样本所占的百分比)。第 5 行计算出一个乘子，该乘子会给予大簇更大的权重。但是，为了防止过大的簇将小簇“淹没”，当簇的大小大于 100 时，令该乘子为 2。每种类别对应的权重正比于该类别实际所占的百分比 d_i 与其期望的无差异占比 u_i 之间的差值(第 7 行)。

算法 8-4　Calc Weights (CW)

Input:　cluster G, data distribution $\boldsymbol{v}$ (w.r.t. class), label value set C
Output: weight vector $\boldsymbol{w}$
1.　$\boldsymbol{d} \leftarrow \text{DataDistribution}(G)$
2.　**for each** class $c \in C$ **do**
3.　　$u_c \leftarrow 1/|C|$
4.　**end for**
5.　$\text{multiplier} \leftarrow \min(\lg \text{sizeof}(G), 2)$
6.　**for** $i \leftarrow 1$ to $|C|$ **do**
7.　　$w_i \leftarrow \text{multiplier} \cdot (d_i - u_i) / v_i$
8.　**end for**
9.　**return** $\boldsymbol{w}$

8.2.5　众包数据集实验结果与分析

为了验证这些标签噪声纠正算法在众包标注中的性能，分别在真实众包数据集和模拟众包数据集上进行了实验。对于模拟众包数据，假设共有 10 位众包工作者参与标注任务，其准确度在[0,1]区间内随机抽取。对于每个样本，均有一个 K 维偏置向量，向量的元素是对应标签值的概率(设标签值集合 $C = \{1, 2, \cdots, K\}$)。偏置向量可以在原始数据集(带有真值)上运行朴素贝叶斯分类器(naive Bayesian classifier)获得。

使用 MV、DS 和 KOS 算法分别进行真值推断，标签集成后的准确度作为基准准确度。然后，在具有集成标签的数据集上进一步运行 PL、STC 和 CC 三种标签噪声纠正算法。最终，比较标签噪声纠正后的集成标签准确度。

真实众包数据集和模拟众包数据集中的样本信息列于表 8-1。所有的样本特征均为实数而样本标签的类别数包括 2 和 7，分别代表二分类和多分类。真实的众包数据集是作者使用 UCI 机器学习数据库中 100 个种类的叶子数据集 (Mallah et al., 2013)中的部分样本从 MTurk 平台上收集的众包标注。而模拟众包数据集均选自 UCI 机器学习数据库。

表 8-1 实验使用的真实众包数据集和模拟众包数据集的相关信息

数据集		特征级	样本数	类别数
真实	Tilia	64	384	2
	Poplar	64	384	2
模拟	Segmentaiton	19	2310	7
	Banknote	4	1372	2

图 8-1 展示了在两个真实众包标注数据集上所得到的真值推断和推断后进行标签噪声纠正的结果。在 Tilia 数据集上，DS 算法和 KOS 算法真值推断的结果显著优于 MV 算法，三种标签噪声纠正算法均很大程度上提升了 MV 算法集成标签的准确度，其中 CC 算法显著优于 PL 算法和 STC 算法。对于 DS 算法和 KOS 算法的集成结果，没有一个标签噪声纠正算法能够继续提高集成标签的准确度。在 Poplar 数据集上，DS 算法和 KOS 算法真值推断的结果仍然显著优于 MV 算法，三种标签噪声纠正算法同样均很大程度上提升了 MV 集成标签的准确度且 CC 算法最优。对于 DS 算法和 KOS 算法的集成结果，CC 算法和 PL 算法可以进一步提升集成标签的准确度，而 STC 算法未见有效。

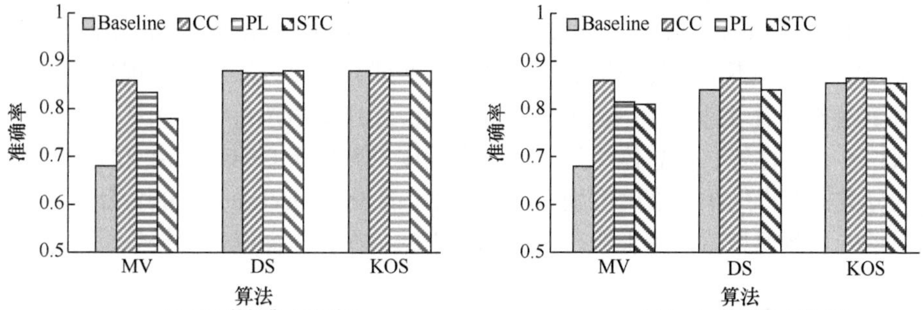

(a) Tilia数据集上的对比　　(b) Poplar数据集上的对比

图 8-1 真实众包标注数据集上传统标签纠正算法的性能对比

图 8-2 展示了在两个模拟数据集上的实验结果。同样，CC 算法几乎每次都可以在基准性能的基础上进一步提升，而 PL 算法在一半情况下能够在基准性能基础上进一步提升，STC 算法则很少能够进一步提升。总体上，CC 算法明显优于 PL 和 STC 算法。

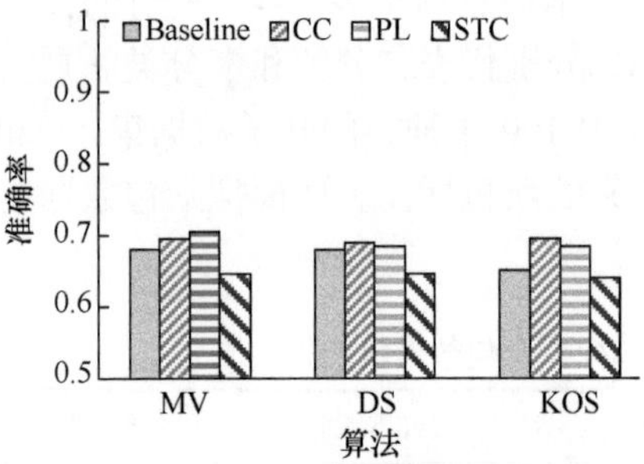

(a) Segmentation 数据集上的对比

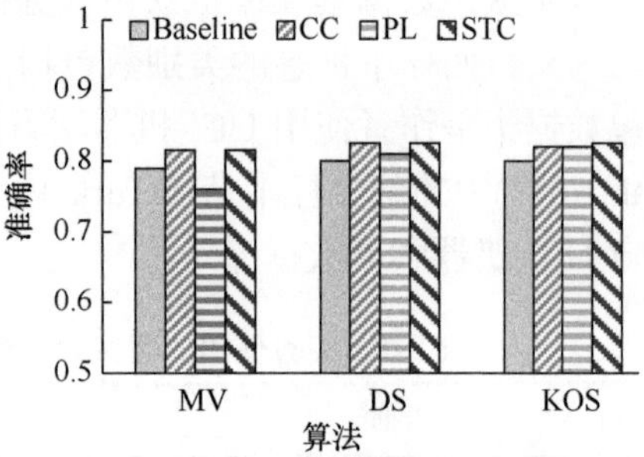

(b) Banknote 数据集上的对比

图 8-2　模拟众包数据集上传统标签纠正算法的性能对比

由这些实验结果可以得出结论：虽然设计更好的真值推断算法能够提升集成标签的准确度，但是在集成标签基础上进行噪声纠正仍有进一步提升其准确度的空间；精心设计的传统标签噪声纠正算法(如 CC 算法)能够在不少情况下进一步提升集成标签的准确度，但是时常提升幅度有限；大多数传统的噪声纠正算法(如 PL、STC)直接应用于众包集成标签的噪声纠正的效果并不好。因此，仍然急需研究更加适合众包标注的标签噪声纠正方法。

8.3　基于监督预测模型的众包标签噪声处理

当人类的专业知识和信息的可扩展性成为主要关注点时，人类智能可能并不总是优于机器智能。在精心挑选的训练集上通过复杂学习算法构造的分类器具有更一致和更稳定的性能。相比之下，众包工作者的可靠性通常会随着时间的推移而变化(Donmez et al., 2010; Jung et al., 2014)，呈现一定程度的波动。因此，在长时工作中人类并不总是优于机器。另外的一些研究中也佐证了这一现象。例如，Shinsel 等在研究文本分类问题时(Shinsel et al., 2011)，虽然每个实例从不同标注者处获得了 6 个标签，但总体的集成标签准确度仍然低于 0.94，而由支持向量机训练的分类器获得的预测准确度则高达 0.98(Frank and Bouckaert, 2006)。因此，使用高质量的预测模型可以用来纠正集成标签中的错误，从而提升数据集的总体标签质量。

正如 8.2 节所述，采用传统的标签噪声纠正算法在某些情况下可以收到一定的效果，但是无法保证其稳定性。那么，针对众包标注的特点开发新的标签噪声纠正算法就成为一个值得研究的问题。本书提出一种利用真值推断所获得的信息指导基于监督预测模型的标签噪声纠正过程的新算法，解决了噪声标签的精确识别与纠正问题，进一步提升了集成标签的质量。

8.3.1　总体技术框架

图 8-3 展示了基于监督预测模型的众包标注数据标签噪声处理总体框架。在该框架中，具有多个噪声标签的原始数据集首先由真值推断算法处理以形成推断后数据集 D^{I}，其中每个实例被分配一个集成标签。定义那些集成标签与其真值不匹配的实例为“噪声”。由于每个实例的真实标签是未知的，有必要估计实例是噪声的概率。这些估计的概率将有助于准确地识别潜在的噪声，并将其过滤掉。当过滤掉潜在的噪声后，D^{I} 被分成噪声数据子集和洁净数据子集两部分。噪声数据子集中，样本的集成标签将进一步被纠正。标签噪声纠正后，更新的噪声数据子集将与先前的洁净数据子集合并，以形成增强的数据集 D^{E}。注意，D^{E} 包含与原始数据集相同的样本，但某些样本的集成标签(即噪声)已经被修正，D^{E} 中样本的标签质量会最终得到改善。该框架利用基于学习模型预测的方法来识别和纠正错误标记的样本。在此框架中，一个很重要的关键技术就是利用真值推断信息指导集成标签中的噪声识别过程。

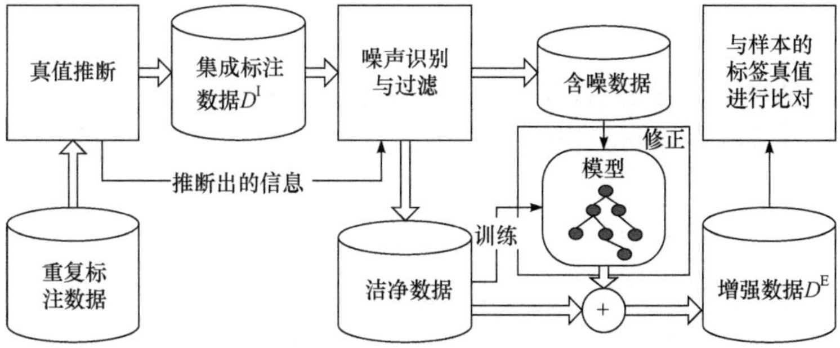

图 8-3　基于监督预测模型的众包标注数据标签噪声处理总体框架

基于监督预测模型的众包标注数据标签噪声处理总体框架实现过程中，需要考虑如下三个因素：

(1) 真值推断信息对噪声识别的影响。传统的噪声识别算法并不能精准地识别噪声。然而，在众包标注环境下真值推断为后续的噪声识别提供了更多的信息，如工作者的可靠度、样本的难度等。能否利用这些信息更加精准地进行噪声识别是研究中需要考虑的要点。

(2) 准确的标签噪声纠正算法。大多数传统的标签噪声处理方法只识别并过滤噪声，并不纠正噪声。纠正噪声通常比识别噪声更加困难 (Miranda et al., 2009)。

但是，由于众包标注的预算有限，需求方通常需要尽可能地保留可用的标注结果，因此解决噪声纠正问题在众包环境下更为重要。

(3) 样本重复标注数目。早期的众包研究中每个样本通常被标注 10 次。但是，在实践中，受到预算限制，样本被标注 3～6 次更为常见，因此在这种重复标注频度下，获得更好的算法性能也成为重要的研究目标之一。

8.3.2 自适应投票噪声纠正算法

分类过滤是一种易于理解和实现的基于模型预测的通用标签噪声过滤方法，但是这种方法面临过多删除非噪声样本的风险，即删除的一部分样本并非具有错误标签。Brodley 和 Friedl (1999)试图通过引入预测性能更高和鲁棒性更好的集成分类器来克服这一缺陷。本章提出的噪声过滤方法同样基于集成学习并由 M 轮 K 折交叉验证组合而成。每轮交叉验证中，数据集中的所有样本进行随机洗牌之后，创建 K 对不同的训练集和验证集。验证集中每个样本的标签只预测一次。因此，样本标签是否是噪声将由 M 轮训练出的 M 个分类器共同确定。虽然所提出的过滤方法仍然采用了投票过滤方案，但它解决了传统过滤算法中未曾解决的两个关键问题：问题 A，多少样本将会被确定为噪声(噪声数量预测)；问题 B，哪些标签噪声应该被优先过滤(过滤优先级预测)。

1. 噪声数量预测

首先，估算工作者 j 的标注质量(表示为 p_j)。无论使用哪种真值推断算法，数据集中的每个实例都获得集成标签。因此，可以简单地估计 p_j 如下：

$$p_j = \sum_{i=1}^{I} \mathbb{I}\left(l_{ij} = \hat{y}_i\right) \Big/ \sum_{i=1}^{I} |\, l_{ij} \,| \tag{8.1}$$

对于样本 i，考虑其获得的多噪声标签集的集成标签质量。假设标签真值为 1，即 $y_i = 1$，该样本被 n 个具有 $\boldsymbol{p} = \{p_1, p_2, \cdots, p_n\}$ 标注质量的工作者标注。若 K 表示在标注序列中出现 1 的随机变量，则 K 服从泊松二项分布，其概率密度函数 $\mathrm{PB}(k; n, \boldsymbol{p})$ 为

$$P(K = k) = \mathrm{PB}(k; n, \boldsymbol{p}) = \sum_{\substack{A \subset \{1,2,\cdots,N\} \\ |A| = k}} \left(\prod_{i \in A} p_i \right) \left(\prod_{j \in A^c} (1 - p_j) \right) \tag{8.2}$$

其中，A 是集合 $\{1,2,\cdots,n\}$ 的子集；A^c 是 A 的补集(即 $A^c = \{1,2,\cdots,n\} \setminus A$)。对于样本 i，如果其标签质量得到了提升，那么必定至少有一半以上的标签值为 1。在这种情况下，估计出的该样本的集成标签质量为

$$q^{(i)} = \sum_{k=\lfloor n/2 \rfloor+1}^{n} \mathrm{PB}(k;n,\boldsymbol{p}) \tag{8.3}$$

对于数据集中的全体样本，集成标签质量的期望是$\overline{q} = \sum_{i=1}^{I} q^{(i)}/I$。这意味着若重复标签可以提升标签的质量，则期望质量为$\overline{q}$。因此，可以估计标签噪声数量的下界为

$$\alpha = (1-\overline{q}) \cdot I \tag{8.4}$$

在现实中，获得额外标签不一定能够起作用，最差情况下，不会对集成标签质量提升有所帮助。在这种情况下，可以估计标签噪声数量的上界为

$$\beta = (1-\overline{p}) \cdot I \tag{8.5}$$

其中，$\overline{p} = \frac{1}{J}\sum_{j=1}^{J} p_j$ (即工作者标注质量的均值)。

分类过滤的弊端是过多地清除标签噪声。因此，需要一个关于噪声数目更紧致的上界。为了解决这一问题，采用了 M 个分类器投票的机制。假设“被至少$\lceil M/2 \rceil$个分类器认定为噪声”的样本数目是 θ，算法将使用式(8.6)来计算(预测)被移除的潜在噪声数目(表示为N_{r})：

$$N_{\mathrm{r}} = \max\{\alpha, \min\{\beta, \theta\}\} \tag{8.6}$$

数目 θ 的计算过程见下面的“2.过滤优先级预测”部分。在式(8.3)中，因为要枚举$\{1,2,\cdots,n\}$子集，$q^{(i)}$的计算非常耗时，这限制了算法在大数据集上的使用。一种更简单的计算$q^{(i)}$的方法需要使用如下定理。

定理 8-1　在二分类众包标注中，如果工作者的标注质量大于 0.5，样本 i 的集成标签质量$q^{(i)}$用式(8.3)进行估计，那么可以用$\min q^{(i)}$来代替$q^{(i)}$以获得关于噪声数目的更紧致的下界。$\min q^{(i)}$具有如下简单形式：

$$\min q^{(i)} = \sum_{j=[n/2]+1}^{n} \binom{n}{j} \overline{p}^{j} (1-\overline{p})^{n-j} \tag{8.7}$$

证明　样本被 n 个具有准确度$\{p_1, p_2, \cdots, p_n\}$的众包工作者标注。那么，这些标注中恰好有 k 个正确标注的概率服从泊松二项分布$\mathrm{PB}(k;n,\boldsymbol{p})$。泊松二项分布具有良好的数学性质，证明中直接使用相关数学文献(Samuels, 1965; Wang, 1993)中的结论。

定义工作者的平均标注准确度为$\overline{p} = \sum_{j=1}^{n} p_j / n$。泊松二项分布的累积概率密度函数为$F(k) = \sum_{j=0}^{k} \mathrm{PB}(j;n,\boldsymbol{p})$。给定$n\overline{p} \geqslant k+1$，Samuels(1965)的工作给出了$F(k)$的

一个上界：

$$\max F(k) = F(k \mid n\overline{p}, 0, 0) \tag{8.8}$$

其中，

$$F(k \mid n\overline{p}, r, s) = \sum_{j=0}^{k} \binom{n-r-s}{j-s} \left(\frac{n\overline{p}-s}{n-r-s} \right)^{j-s} \left(\frac{n-r-n\overline{p}}{n-r-s} \right)^{n-r-j} \tag{8.9}$$

当 $s = r = 0$ 时，$\max F(k)$ 具有如下简单形式：

$$\max F(k) = \sum_{j=0}^{k} \binom{n}{j} \overline{p}^{j} (1-\overline{p})^{n-j} \tag{8.10}$$

这正是二项分布 $B(k;n,\overline{p})$。在估算 $q^{(i)}$ 的式(8.3)中，设置了 $k = \lfloor n/2 \rfloor + 1$，则可以得到 $q^{(i)}$ 的最小值如下：

$$\min q^{(i)} = 1 - \max F\left(\lfloor n/2 \rfloor\right) = \sum_{j=\lfloor n/2 \rfloor+1}^{n} \binom{n}{j} \overline{p}^{j} (1-\overline{p})^{n-j} \tag{8.11}$$

式(8.11)成立是因为二项分布关于它的众数(mode)(即 $k = \lfloor n/2 \rfloor$ 或者 $k = \lfloor n/2 \rfloor + 1$)对称。式(8.4)估计了噪声的一个下界(即式中的 α)，因此如果用 $\min q^{(i)}$ 来代替 $q^{(i)}$ ($q^{(i)} \leftarrow \min q^{(i)}$)，则 $q^{(i)}$ 变小，式(8.4)中 α 增大，从而获得更紧致的界。

为什么上述近似可以在众包标注下正确工作？众包工作者在二分类判断上的准确度通常大于随机猜测，因此有 $p_i > 0.5$。当 $k = \lfloor n/2 \rfloor$ 时，不等式 $n\overline{p} \geqslant k+1$ 成立，即上述证明的前提被满足。另外，Wang(1993)证明了如下两个事实：①泊松二项分布的概率质量函数(PMF)的形状是单模的(unimodal)，即函数值先增加后减小，其众数要么唯一，要么是处于图形中间的两个连续整数；②当 n 个参数 $p_1, p_2, \cdots, p_n$ 围绕其均值 $\overline{p}$ 波动不大时，即便它们随机排列，二项分布 $B(k;n,\overline{p})$ 和泊松二项分布 $\mathrm{PB}(k;n,\boldsymbol{p})$ 的累积密度函数(CDF)在点 $k = \lceil n/2 \rceil$ 时近似相等，同时在这一点上两个分布的概率质量函数(PMF)近似达到最大值。

2. 过滤优先级预测

现在考虑式(8.6)中 θ 的计算。噪声过滤方案基于 M 个分类器的预测结果。对于样本 i，建立辅助数据结构 $B^{(i)}$，它包括两个域 c 和 e。$B_c^{(i)}$ 记录被 M 个分类器预测的结果(标签值)不同于集成标签(值)的分类器数目。$B_c^{(i)} \geqslant \lceil M/2 \rceil$ 的样本数目 θ 定义如下：

$$\theta = \sum_{i=1}^{I} \mathbb{I}\left(B_c^{(i)} \geqslant \lceil M/2 \rceil \right) \tag{8.12}$$

此外，假设分类器 m 预测样本 i 为负和正的概率分别是 $c_{-1}^{(m)}$ 和 $c_{1}^{(m)}$，则 $B_e^{(i)}$ 定义为所有分类器熵之和，即

$$B_e^{(i)} = -\sum_{m=1}^{M}\left(c_{-1}^{(m)}\log c_{-1}^{(m)} + c_{1}^{(m)}\log c_{1}^{(m)}\right) \tag{8.13}$$

现在，可以为每个样本定义一个确定噪声过滤优先级的量 $r^{(i)}$，该值越大说明样本越应该优先被确定为噪声，这个优先级计算如下：

$$r^{(i)} = B_c^{(i)} + \left(1 - B_e^{(i)} \Big/ \sum_{i'=1}^{I} B_e^{i'}\right) \tag{8.14}$$

现在将所有的样本按照 $r^{(i)}$ 的降序排列，即 $r^{(i)}$ 越大说明该样本越有可能是噪声。根据式(8.14)所得到的排序策略实际上为“双层”排序。那些具有相同 B_c 值的样本首先被归并到一组中。式(8.14)的整数部分(B_c)为排序的主要键值。M 个基础分类器意味着所有的样本最多被分为 $M+1$ 组。越大的 B_c 意味着越多的分类器认为该样本为噪声。在同一组内部，样本在根据式(8.14)的小数部分进行排序，即小数部分为排序的次要键值。熵 B_e 越小，则 M 个分类器预测该样本为噪声的结论越确定。所提出方法的噪声纠正部分利用了集成学习算法从 M 个高质量的数据集中学习出 M 个基础分类器。利用这些分类器去预测噪声样本子集中样本的标签。

3. 算法 AVNC

将 8.3.1 节中的框架和上述两个核心问题的解决方案结合在一起，提出自适应投票噪声纠正(adaptive voting noise correction，AVNC)算法，算法 8-5 详细描述了该算法的主要步骤。

算法 8-5　Adaptive Voting Noise Correction (AVNC)

Input:　dataset D^{I}、α、β、K、M
Output: enhanced dataset D^{E}
1.　**for** $m \leftarrow 1$ to M **do**
2.　Shuffle all instances in D^{I} and divide the dataset into K partitions; use one partition as the validation set and the combination of the other K–1 partitions as the training set
3.　Build K learning models from the K training sets to make a prediction for each instance in their corresponding validation sets.
4.　　**for each** instance i in the entire dataset
5.　　　**if** its predicted label ≠ its integrated label
6.　　　　**then** $B_e^{(i)} \leftarrow B_e^{(i)} + 1$ **else** add i to dataset $Q^{(m)}$
7.　　**end for**

end for

Sort all instances in descending order of $r^{(i)}$ calculated by Eq. (8.14)

Calculate θ using Eq. (8.8)

Calculate N_r using Eq. (8.6)

Put the first N_r instances in NoiseSet and the others in CleansedSet.

for each instance i in NoiseSet

    for each $Q^{(m)} \in \{Q^{(1)}, Q^{(2)}, \cdots, Q^{(M)}\}$

        Use $Q^{(m)}_{\{\setminus i\}}$ to create learning model $h_c^{(m)}(\boldsymbol{x})$

    end for

end for

Use $\{h_c^{(1)}(\boldsymbol{x}), h_c^{(2)}(\boldsymbol{x}), \cdots, h_c^{(M)}(\boldsymbol{x})\}$ to predict the label of instance i. Its final estimated label is determined by the aggregation of the M prediction using Eq. (8.15)

Combine CleansedSet and NoiseSet to form an enhanced dataset D^{E}

return D^{E}

AVNC 算法的输入数据集是真值推断后带有集成标签的样本(D^{I})。同样用式(8.4)和式(8.5)所计算出的α和β值也作为输入参数。算法首先执行 M 轮 K 折交叉验证。在每一轮，所有的样本将会随机洗牌。交叉验证保证了在该轮中每个样本只被预测一次。那些预测标签等于集成标签的样本将被置于高质量数据集中。因此，M 轮 K 折交叉验证将产生 M 个高质量数据集$\{Q^{(1)}, Q^{(2)}, \cdots, Q^{(M)}\}$。这些高质量数据集将被用来构建 M 个基础分类器。高质量数据集本质上从原始数据集中抽取，由于每次都进行了洗牌，这一过程类似于 Bagging 采样。采样的结果满足 $\bigcup_{m=1}^{M} Q^{(m)} \approx$ CleansedSet 且每个 $Q^{(m)}$ 都小于 CleansedSet。Martínez-Muñoz 和 Suárez (2010)研究表明采用这种 h-out-of-n 无回放 Bagging 采样方法，当 $h = n/2$ 时仍然能够得到性能优异的分类器。另外，在建立 M 个弱分类器预测样本 i 的过程中，为了防止最终模型的过拟合，在训练分类器之前需要将样本 i 从高质量数据集中去除，即使用样本 $Q^{\{m\}}_{\{\setminus i\}}$ 来训练分类器 $h_c^{(m)}$。最终，噪声样本 $\boldsymbol{x}$ 被 M 个弱分类器联合预测，预测结果采用分类器投票的方式获得：

$$H(\boldsymbol{x}) = \underset{c \in \{-1,1\}}{\arg\max} \sum_{m=1}^{M} h_c^{(m)}(\boldsymbol{x}) \tag{8.15}$$

当噪声数据集中的错误标签被集成分类器更新后，将更新后的噪声数据集与清洁数据集进行合并形成高质量数据集 D^{E}(与原始数据集具有完全相同的样本)。

8.3.3　模拟众包标注数据集

1. 基本实验数据集

本节使用 8 个来自 UCI 机器学习数据库的数据集作为基本数据集进行众包标注模拟。这些数据集的类分布、样本数目、特征数目，甚至特征类别均不同。使用不同特征的数据集旨在验证 AVNC 算法是否对不同应用领域仍然有效。这些数据集的详细信息列于表 8-2 中。表中的“备注”列提供了关于样本特征的更多的信息。在模拟众包标注实验中，不对特征进行额外处理。

表 8-2　用于 AVNC 对比模拟实验的数据集详细信息

数据集	样本数	正样本数	特征数	特征类型	备注
Mushroom	8124	3916	23	nominal	每个特征有 2～12 个值
Kr-vs-kp	3196	1527	37	nominal	每个特征有 2 或 3 个值
Spambase	4601	1813	58	numeric	特征是正数或[0, 400]的实数
Tic-tac-toe	958	332	10	nominal	每个特征有 3 个值
Vote	435	168	17	nominal	每个特征有 2 个值
Sick	3772	231	30	hybrid	标名型特征有 2 个值，整型特征的值在[0,200]内
Biodeg	1055	356	42	numeric	每个特征是[0, 10]内的实数
Ionosphere	351	126	35	numeric	每个特征是[−1, 1]内的实数

2. 众包标注模拟过程

数据集中每一个样本都对应一个众包噪声标签集。模拟开始前，众包噪声标签集为空。然后，进行众包标注过程模拟：第一位工作者为数据集中所有的样本提供标签，然后第二位工作者做同样的事情，直到预先设定的第 n 位工作者完成标注任务。最终，每个样本获得 n 个众包噪声标签。工作者的标注质量从[0.6, 0.8]中均匀地随机抽取，其均值为 0.7。因此，所有众包工作者具备不同的标注质量。

8.3.4　标签噪声识别的性能

噪声识别是噪声纠正的前提，因此第一个实验是将 AVNC 算法与 VF 算法(Brodley and Friedl, 1999)进行对比。VF 算法同样使用 M 轮 K 折交叉验证来确定标签噪声。在每一轮，VF 算法创建 K 对训练集和验证集，对于每对数据集，验证集中的样本标签被训练集所归纳出的学习模型预测。M 轮交叉验证后，每个样本的标签将获得 M 个预测值。最终，采用投票方式来确定样本标签是否是噪声。可见 VF 算法与 AVNC 算法具有相似的原理，不同之处在于 VF 算法不能利用真值推断信息指导标签噪声识别过程。

在实验过程中，随着每个样本上的工作者数量不断增多，集成标签的质量也持续提升。实验简单地使用 MV 算法推断样本的集成标签，使用 WEKA 中的 J48 决策树模型(默认参数)构建集成分类器中的弱基础分类器。集成分类器由 5 个弱基础分类器构成($M=5$)，样本的标签由 10 折交叉验证预测($K=10$)。噪声识别的性能评价指标为 F_1-score。实验验证了在不同工作者数目的情况下算法的性能表现。对于每一种工作者数目的设定，相关算法对比执行 10 次，最终报告平均 F_1-score 及其标准差。

图 8-4 展示了 8 个模拟数据集上基准算法 VF 和 AVNC 算法在噪声识别性能上的对比。设定每个样本上的众包标签数量分别为 1、3、5、7 和 9。这样设定的原因是：MV 算法在这种设定下会打破平衡，同时每次增加两个标签更易于体现出集成标签质量的增加。随着众包标签数量的增加，MV 真值推断后，样本中的标签错误率由 37.8%下降到 8.7%。通过实验对比发现：

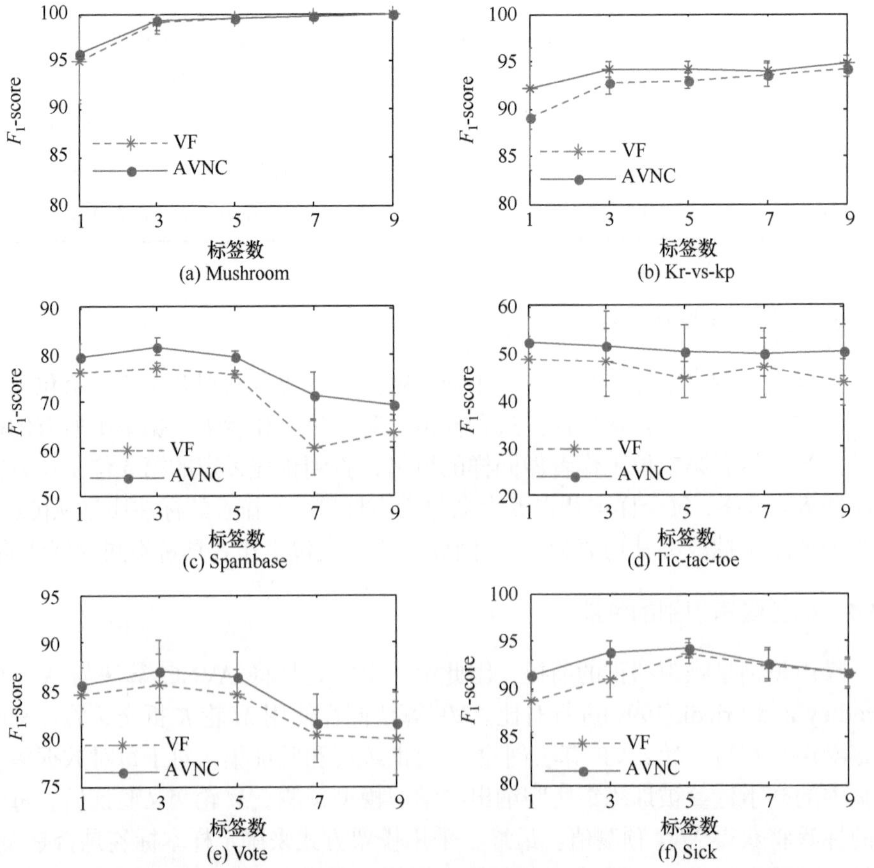

(a) Mushroom　(b) Kr-vs-kp　(c) Spambase　(d) Tic-tac-toe　(e) Vote　(f) Sick

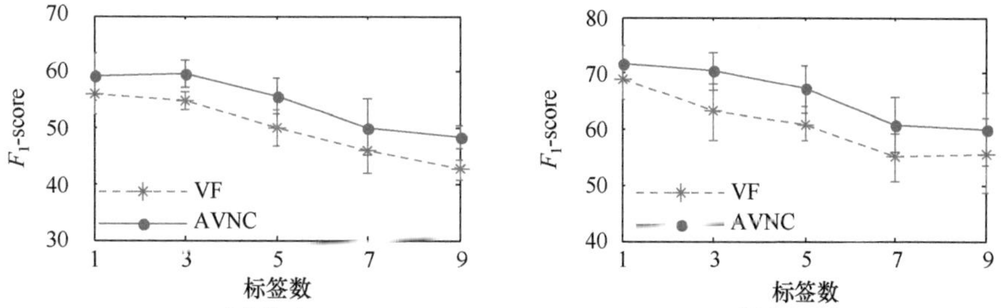

(g) Biodeg　　(h) Ionosphere

图 8-4　在 8 个数据集上对比算法 VF 和 AVNC 的标签噪声识别性能

(1) 在所有数据集的所有标签数目设定下，AVNC 算法的 F_1-score 值大多数高于 VF 算法，即在大多数情况下，AVNC 算法的性能优于 VF 算法，特别是在 Spambase、Tic-tac-toe、Biodeg 和 Ionosphere 数据集上，AVNC 算法性能显著超过 VF 算法。

(2) 在 Spambase、Vote、Biodeg 和 Ionosphere 数据集上，VF 算法和 AVNC 算法在噪声识别上的性能表现出明显的下降。这是因为数据集的噪声水平在下降。这种现象表明在数据集中准确寻找少量的噪声并不容易。总之，在真值推断信息的帮助下，AVNC 算法的噪声识别能力有所提升。

8.3.5　标签噪声纠正的性能

第二个实验是全面评价 AVNC 算法的标签噪声纠错能力。实验期望达成三个目标：①研究在不同重复标签数目设置下算法能否提升集成标签质量；②验证 AVNC 算法是否能够匹配不同的真值推断算法；③将 AVNC 算法与基本的噪声纠正算法 BC 进行性能对比。基准算法 BC 采用 Abad 等(2017)提出的自训练半监督噪声纠正框架。潜在的噪声样本首先从原始训练集中以未标记的样本形式滤除。剩下的训练集用于构建学习模型。所有未标记的样本(噪声)都通过这种学习模型预测，但只有一小部分对样本标签的“预测”被确认为具有较高可信度的“修复”。修复的样本从未标记样本集合中移除并合并到训练集中进入下一轮纠正迭代过程。剩余的未标记样本将在下一轮迭代中进一步更正。当迭代次数达到其预定的最大值或已经确认所有的噪声时纠正循环停止。在这一过程中，噪声的识别仍然使用投票过滤算法。

在每一轮中，首先在每个样本的众包噪声标签集中随机选择 n 个众包标签，形成新的数据集 D'。这里，n 从 1 增加到 10。然后，在 D' 上运行不同的真值推断算法。推断结束后，使用算法 AVNC 或者 BC 来纠正标签噪声。这样可以得到三类不同的标签质量(以准确度衡量)，分别是：只进行真值推断的标签质量、真值推断后用 BC 算法纠正的标签质量以及真值推断后用 AVNC 纠正的标签质量。10 轮实验(第二行)完毕后，报告集成标签准确度的均值与标准差。这里选择了四种真值推断算法 MV、GLAD、RY 和 ZenCrowd(图 8-5 中记为 ZC)来验证 AVNC 算法是否具有普适性。该实验仍然设置 $M=5$，$K=10$，同时使用 J48 作为分类算法。

图 8-5 展示了在 8 个模拟众包数据集上的实验结果。从对比结果中可以发现：

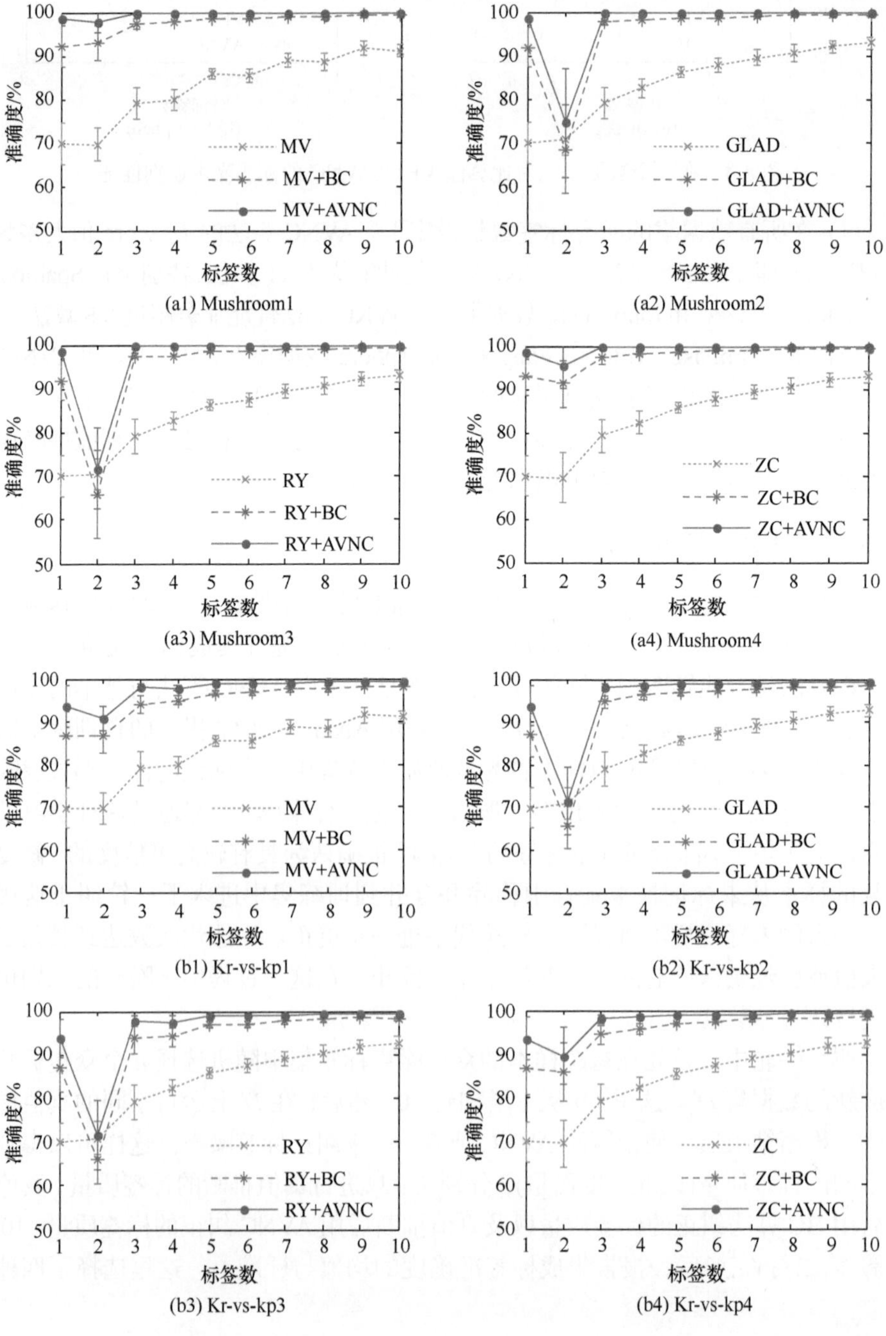

(a1) Mushroom1　(a2) Mushroom2

(a3) Mushroom3　(a4) Mushroom4

(b1) Kr-vs-kp1　(b2) Kr-vs-kp2

(b3) Kr-vs-kp3　(b4) Kr-vs-kp4

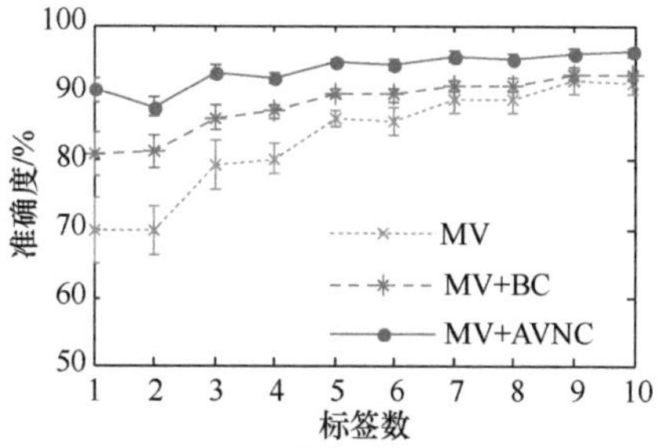

(c1) Spambase1

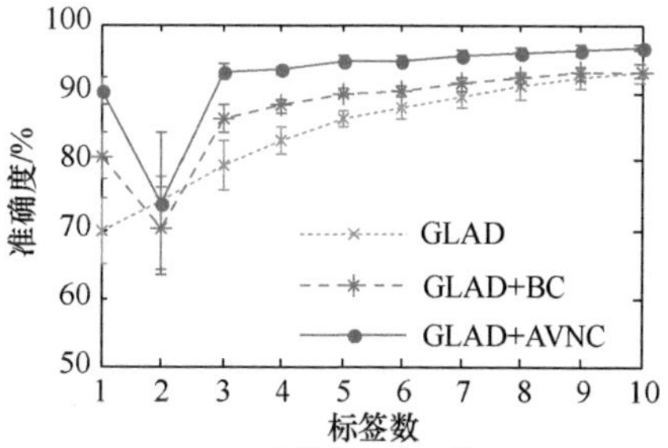

(c2) Spambase2

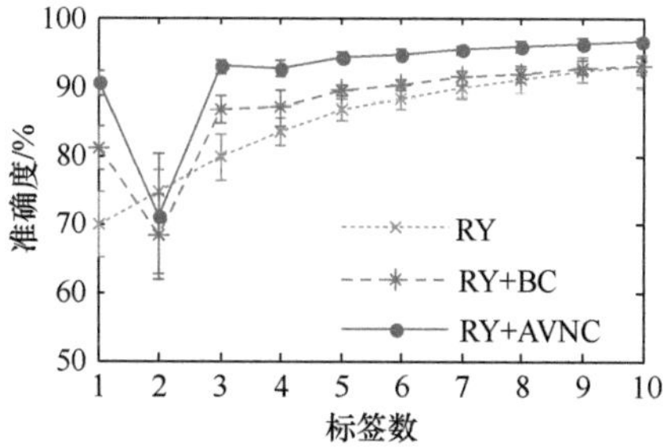

(c3) Spambase3

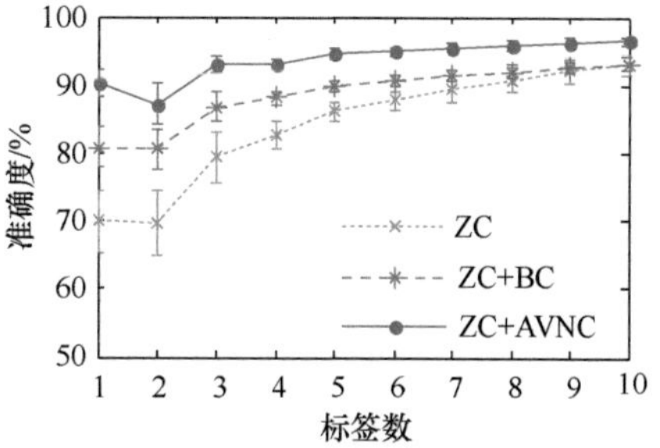

(c4) Spambase4

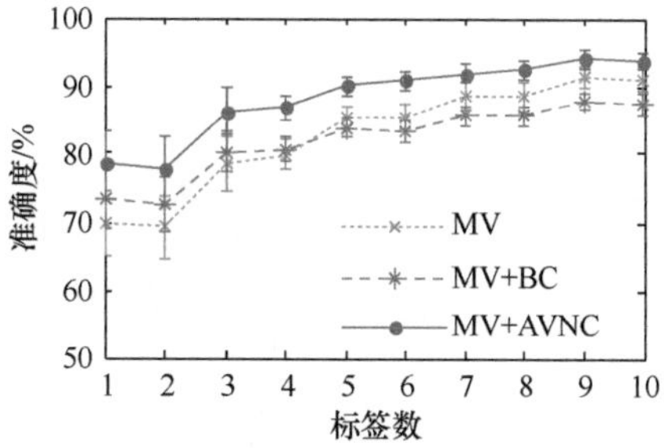

(d1) Tic-tac-toe1

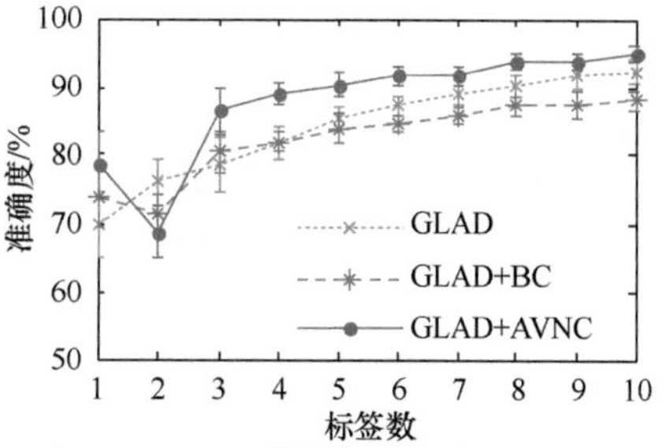

(d2) Tic-tac-toe2

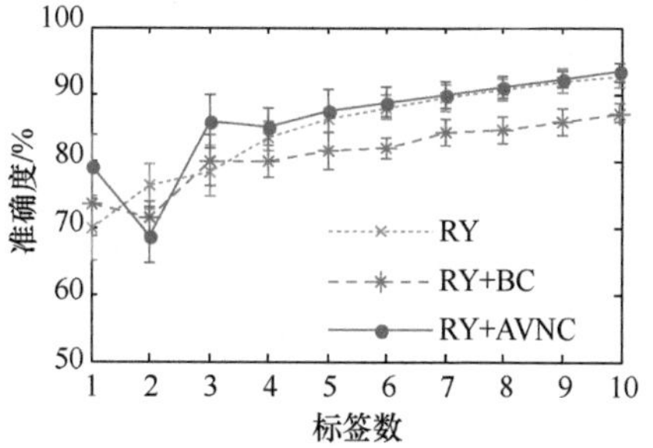

(d3) Tic-tac-toe3

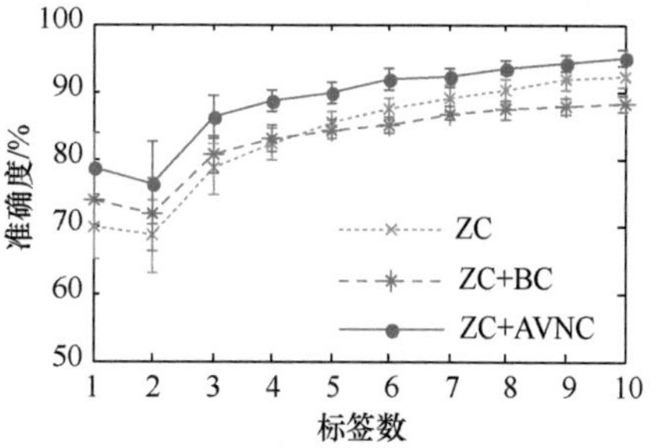

(d4) Tic-tac-toe4

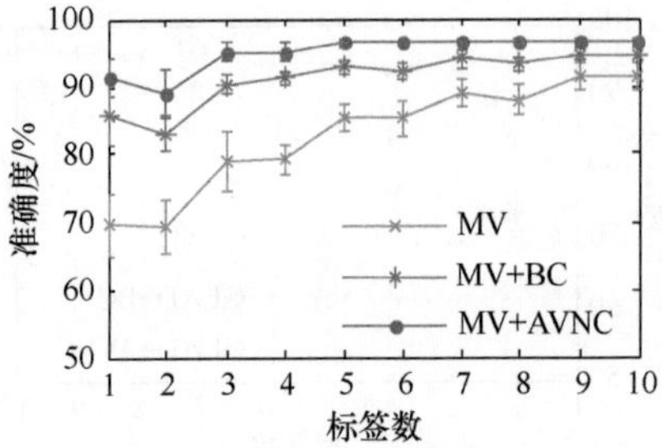

(e1) Vote1

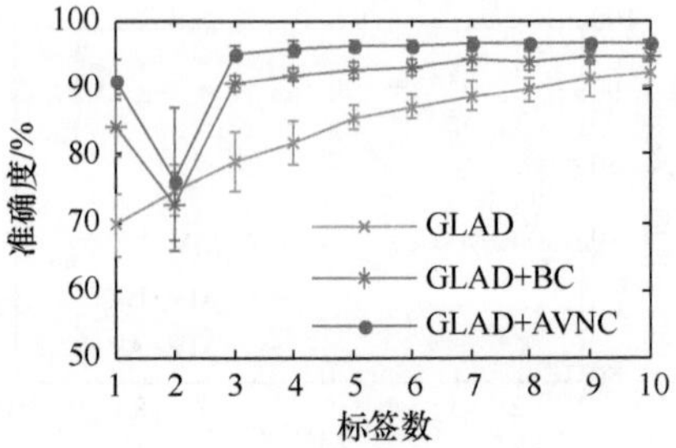

(e2) Vote2

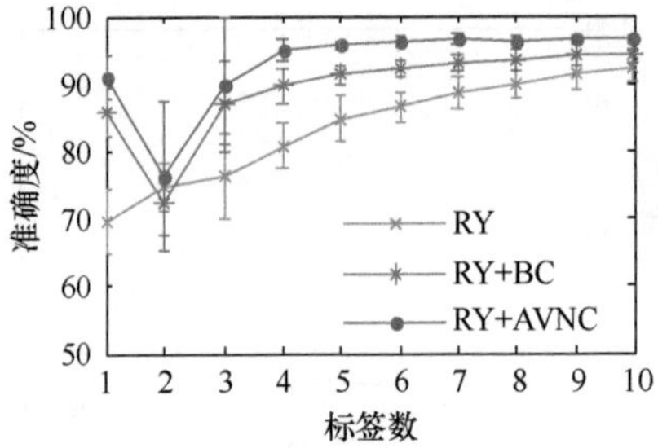

(e3) Vote3

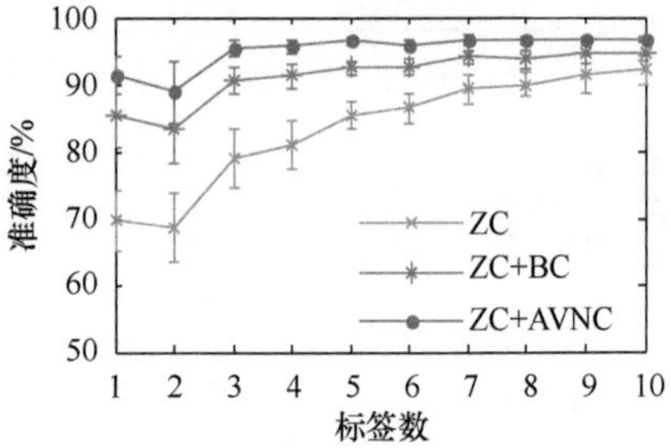

(e4) Vote4

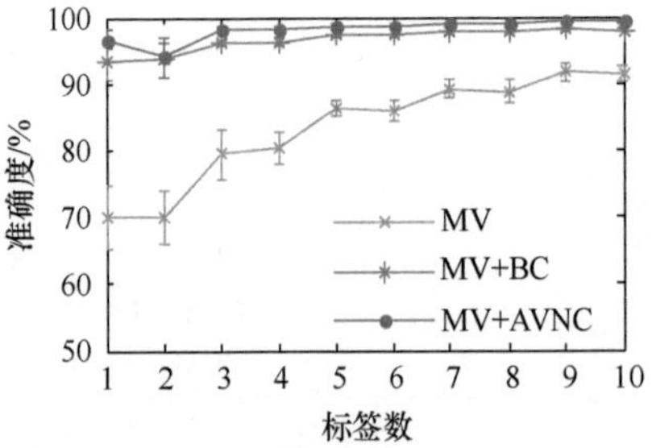

(f1) Sick1

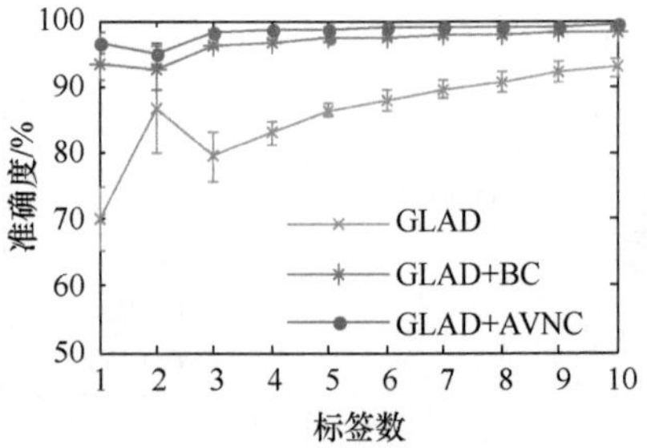

(f2) Sick2

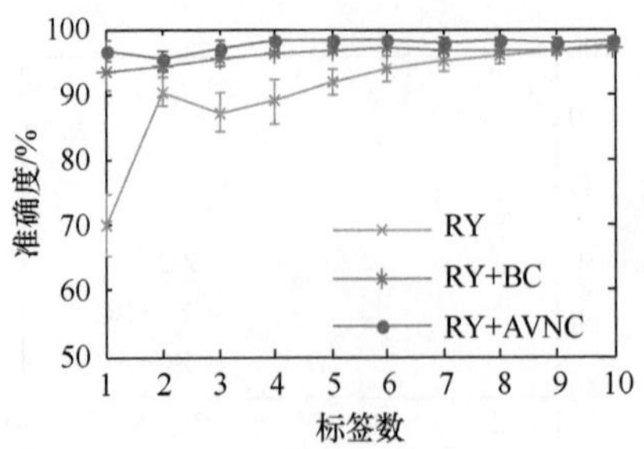

(f3) Sick3

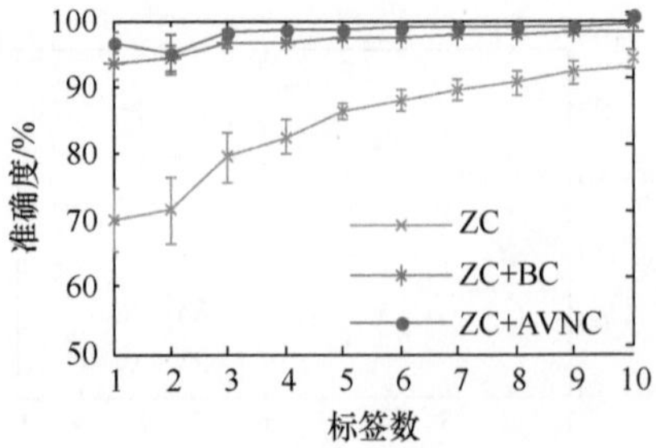

(f4) Sick4

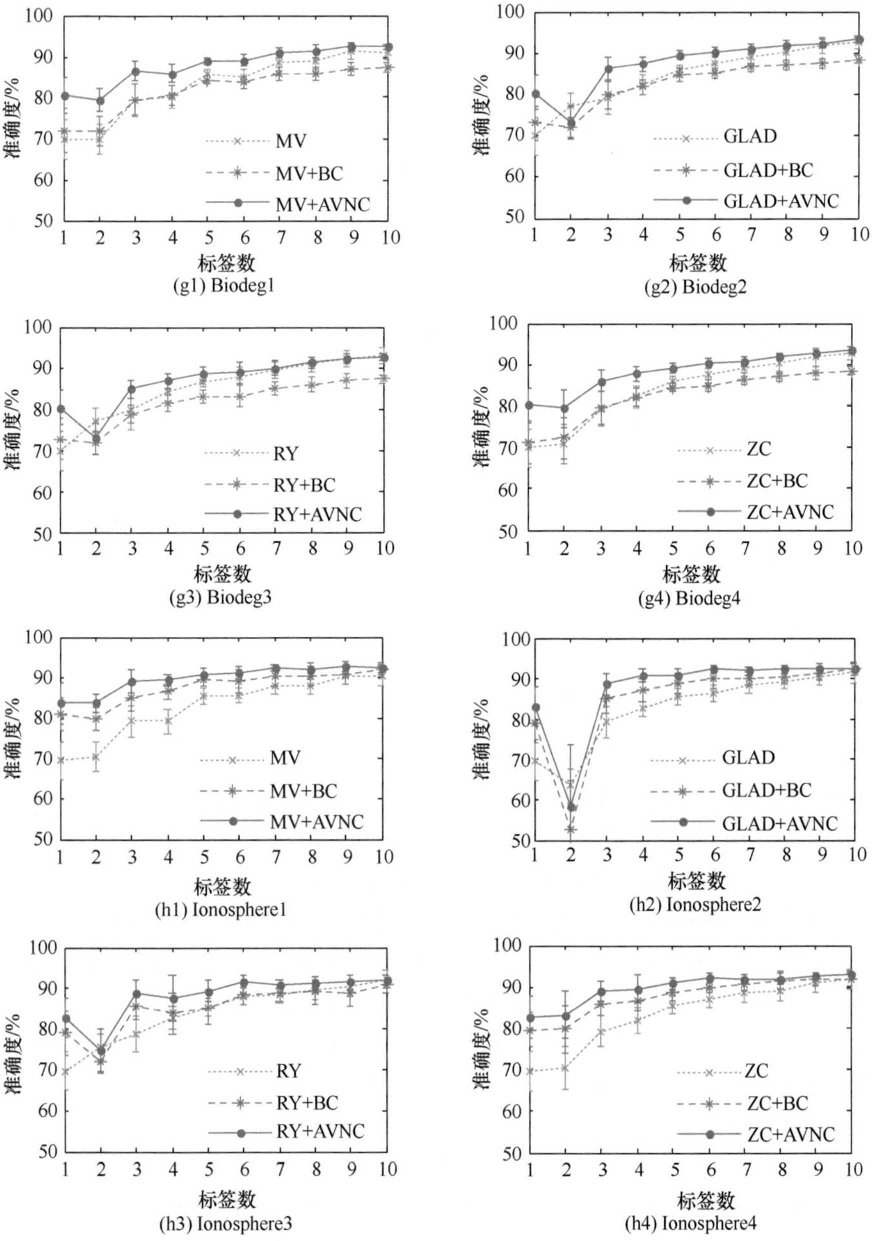

图 8-5　8 个模拟众包标注数据集上算法 BC 和 AVNC 的噪声纠正性能对比

(1) 随着每个样本上标签数量的增加，数据质量在真值推断后持续增加。但是，当标签数量大于 6 时，标签质量的提高非常有限。四种真值推断算法(即 MV、GLAD、RY 和 ZenCrowd)之间的性能差异不显著。例如，表现最好的 RY 只比其他算法高出了 2 个百分点左右。这些结果证实，通过设计新的推断算法很难提高集成标签的质量。

(2) 无论使用哪种推断算法，图中的圆点线总是高于叉线。这表明使用噪声处理来提高众包的集成标签质量是可行的。即使使用传统的噪声处理技术而没有从先前真值推断阶段获得的任何指导信息，标签质量仍然得到一定程度的改善。例如，在 Kr-vs-kp 和 Sick 数据集上，即使每个样本已经获得了 10 个重复众包标注，准确度仍然提高了 8 个百分点。

(3) 每个实例获得的重复标签的数量确实对集成标签的质量有影响。当样本上的重复标签数量减少时，相对于仅使用真值推断，BC 算法处理后的集成标签性能获得了显著提升。当每个样本上的重复众包标签数量从 1 增加到 5 时，BC 算法的集成标签准确度迅速增加到每个样本具有 10 个众包标签并仅进行真值推断的水平(叉线)。同样，AVNC 算法也有这一特点。这说明，标签噪声纠正对重复标签较少的场景具有明显的收益，即大幅度节约了标注的成本。

(4) 在所有子图上，可以发现实线总是在星线和叉线之上，特别是当每个实例上的标签数量少于 6 时，改进更为显著。准确度的平均提升值通常高于 4 个百分点，甚至达到 10 个百分点。因此，在具有不同样本数和不同特征数量及类型的 8 个模拟数据集上，AVNC 算法始终优于其他算法。这说明 AVNC 算法趋势更加精准地识别了误标样本并且正确地将其错误标签进行了纠正。

8.3.6 真实众包数据集实验结果与分析

为了研究 AVNC 算法在实际众包标注任务上的性能，在两个真实数据集(Adult600 和 Eastpolitics800)上进行了实验。这两个数据集中的样本分别从 UCI 机器学习数据库中 Adult 数据集①和 Twenty Newsgroups(20Newsgroups)②数据集中提取而来。然后，将这些样本创建成 HIT 并发布到 MTurk 平台上以获得重复众包标签。

数据集 Adult600 所对应的众包任务是“根据 1994 年的人口普查数据预测一个人的年收入是否超过 5 万美元”。该数据集包括从 Adult 数据集中随机抽取的 300 个正例(年收入≥50000 美元)和 300 个负例(年收入<50000 美元)。每个样本分配给 10 位不同的众包工作者进行标注。最终，共有 67 位工作者提供了 6000 个标签。该数据集中的样本包括 15 个特征，其中有类别特征和实数特征。实验将所有的特征未加修改地用于训练模型。

数据集 Eastpolitics800 包含 800 个样本，其中 400 个正例从 20Newsgroups 数据集中 talk.politics.mideast 类别样本中随机提取，400 个负例则从其 soc.religion.christian、talk.politics.guns、talk.politics.misc 和 talk.religion.misc 类别样本中随机提取。同样，每个 HIT 都分配给 MTurk 平台上的 10 位不同的众包工作者以获取类标签。最终，共有 121 位众包工作者提供了 8000 个标签。由于数据集中每个原

① https://archive.ics.uci.edu/ml/datasets/Adult。

② https://archive.ics.uci.edu/ml/datasets/Twenty+Newsgroups。

始样本是文本文档。首先去掉了文档中的停用词以及那些少于 6 个字符的单词，然后使用 GATE 文本挖掘引擎[①]创建了这些文档的词袋(bag-of-word)特征。

与模拟众包数据集相比，这两个真实众包数据集复杂许多。众包工作者具有不同的标注质量并且这些标注质量的分布范围更广。众包工作者中还存在不少“垃圾”工作者，甚至还有恶意工作者。在本实验中，使用 WEKA 中的 SMO 支持向量机(默认参数)创建分类模型。

图 8-6 展示了对比算法在两个真实众包标注数据集 Adult600 和 Eastpolitics800 上的学习曲线。在 Adult600 数据集上，发现实验结果与图 8-5 中的结果一致。无论使用何种真值推断算法，标签噪声纠正算法(BC 和 AVNC)都可以提高集成标签的质量，并且 AVNC 算法明显优于基线算法 BC。特别是当每个样本上的标签数

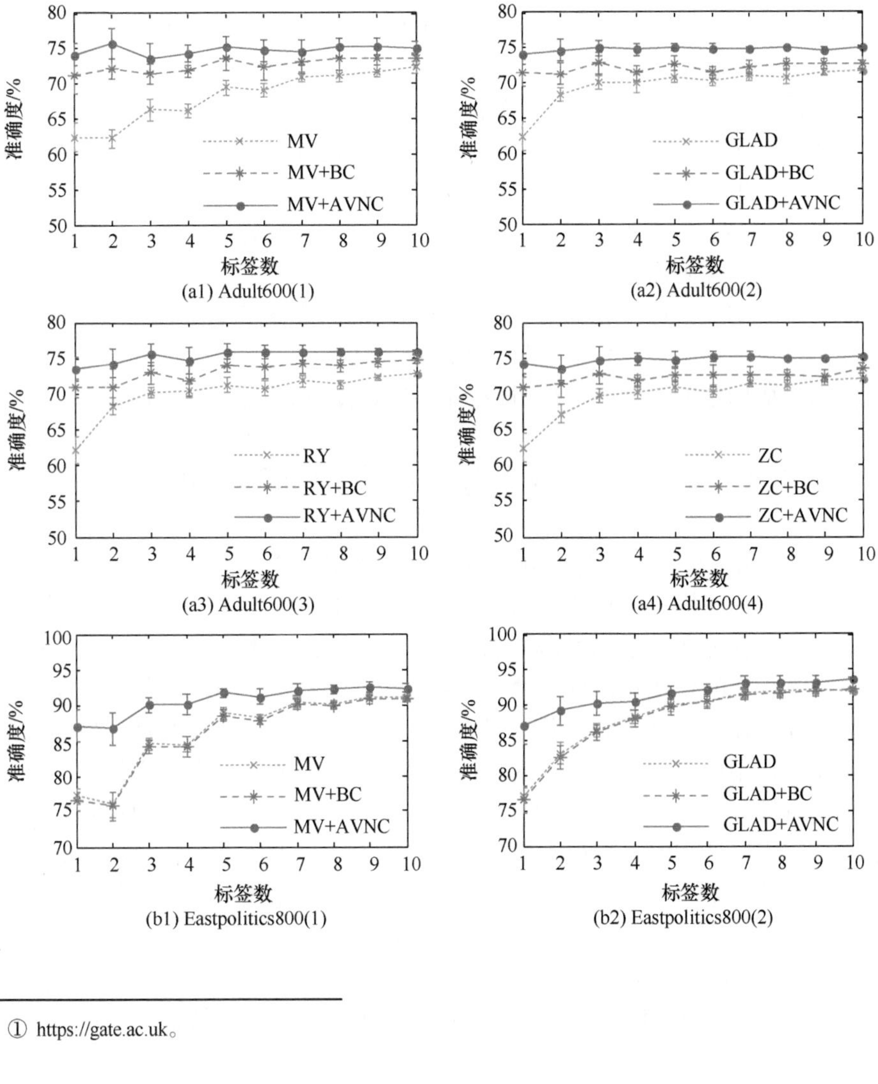

(a1) Adult600(1)　(a2) Adult600(2)

(a3) Adult600(3)　(a4) Adult600(4)

(b1) Eastpolitics800(1)　(b2) Eastpolitics800(2)

① https://gate.ac.uk。

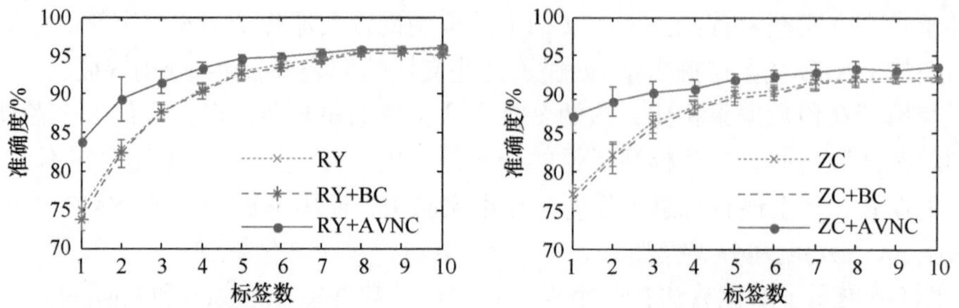

(b3) Eastpolitics800(3)　　(b4) Eastpolitics800(4)

图 8-6　真实众包标注数据集 Adult600 和 Eastpolitics800 上的性能对比

量少于 6 时，AVNC 算法的优势更加明显，准确度指标平均提升大于 8 个百分点，最大值甚至达到 13 个百分点。在 Eastpolitics800 数据集上，大多数观察结果与 Adult600 上的实验结果一致。当每个样本上的标签数量小于 5 时，AVNC 算法对准确度的改进是显而易见的(4～8 个百分点)。即使真值推断后的集成标签准确度高达 90%～93%，所提出的 AVNC 算法仍然可以使其再提高 1 个百分点或 2 个百分点以上。在此数据集上，当样本上的标签数量接近 10 时，RY 具有最佳性能(约 95%)。此时，AVNC 算法处理数据所得到的集成标签准确度比仅使用真值推断处理后的集成标签准确度略高(约 0.5 个百分点)。

总之，真实众包标注数据集上的实验结果同样佐证了模拟众包标注数据集实验所得出结论的正确性。本节提出的 AVNC 算法确实是一种普适的进一步提升真值推断后集成标签准确度的方法，且在样本具有较少众包标签时具有更大的收益。

8.4　基于双层聚类分析的众包标签噪声处理

7.4 节提出一种将众包标签作为样本的概念层特征并在此基础上利用聚类分析完成多分类标注样本的真值推断，这里自然引出一个问题：样本本身的特征(如图像的像素、文本的内容等)同样携带有价值的信息，能否用来促进众包标签聚合？答案是肯定的！在众包标签聚合期间完全忽略样本本身的特征可能是不明智的，如果能够设计出合适的机器学习方法，这些特征完全可以在样本标签真值估计中起正面作用；而且样本本身的特征是样本的固有属性，引入它们并不改变算法的通用特性和“不可知论”特性(即无需任何先验知识)。本节将通过联合利用样本的众包噪声标签和本身特征来研究一种新的思路以解决众包标签聚合问题：在样本概念层特征聚类真值推断算法(如 GTIC 算法)的基础上，继续将样本本身的已有特征(又称物理层特征)引入众包标签聚合过程之中，提出一种新的双层协同聚类(bi-layer collaborative clustering, BLCC)众包标签聚合算法 (Zhang et al., 2019a)。该算法在众包标签聚合的过程中迭代地使用物理层特征来纠正概念层特征真值推断所形成的集成标签中的错误。

8.4.1　总体技术框架

众所周知，聚类是探索无监督条件下样本之间潜在相似性的好方法。那些推断错误的众包集成标签有可能通过邻近样本的相似性得到修正。例如，如果知道样本的标签真值，那么其邻近的相似样本将很可能具有相同的标签。这可以弥补人类判断的不足。本节提出的双层协同聚类方法旨在联合利用样本的概念层和物理层特征以提高众包标签聚合的性能。

图 8-7 展示了所提出的 BLCC 众包标签聚合算法的技术框架。BLCC 众包标签聚合算法包含两个主要的聚类过程，分别运行于概念层特征和物理层特征之上。首先，通过运行基于概念层特征的聚类算法来推断数据集中所有样本的集成标签。每个群集中的样本将分配相同的集成标签。其次，在样本的物理层特征上运行基于距离的聚类算法(如 *k*-means)，将具有相似物理层特征的实例聚到一起。在此过程中，概念层上的聚类结果可以指导物理层上的聚类。这种指导有助于确定每个物理层群集的类标签或识别高度不确定的样本。最后，使用物理层上的聚类结果来校正概念层上聚类边界交叉区域内的样本的集成标签，因为这些样本的集成标签具有更高的出错概率。如图 8-7 所示，概念层上用红色边缘突出显示的样本的集成标签将根据物理层上相应的群集标签进行更改。值得指出的是，突出显示的红色边缘的样本位于概念层上聚类的交叉区域中，而不是位于物理层上聚类的交叉区域中。也就是说，BLCC 众包标签聚合算法使用物理层上的高置信度类成员资格来更新概念层上的低置信度集成标签。通过仔细设计的聚类和标签纠正过程，第二步和第三步可以执行多轮。最终，集成标签的准确度将得到提高。

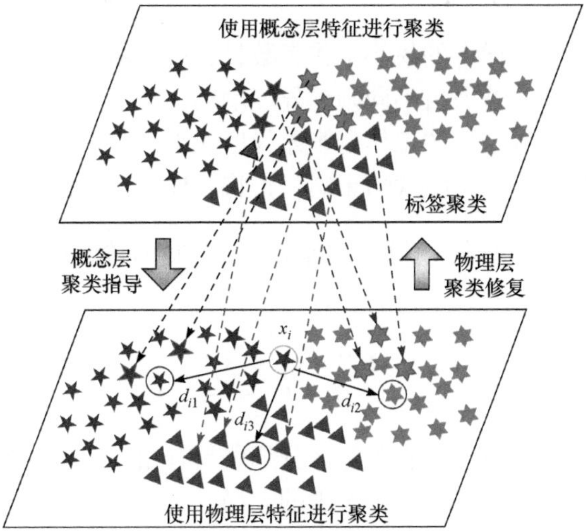

图 8-7　BLCC 众包标签聚合算法的技术框架

8.4.2 聚类标签集成算法

本研究中使用的基于概念层特征聚类的众包标签聚合方法在 7.4 节 GTIC 算法的基础上做了微小调整。概念层特征来源于众包标签，反映了众包工作者对于样本的判断。在本研究中样本 $\boldsymbol{x}_i$ 的概念层标签定义为

$$\boldsymbol{\theta}^{(i)} = [\theta_1^{(i)}, \theta_2^{(i)}, \cdots, \theta_K^{(i)}, \theta_z^{(i)}, \theta_w^{(i)}] \tag{8.16}$$

其中，$\boldsymbol{\theta}^{(i)}$ 中的每个元素的取值范围为[0, 1]；K 为总的类别数。与 7.4 节不同，这里增加了一个新的概念层特征 $\theta_w^{(i)}$。这里，$\theta_k^{(i)} (1 \leqslant k \leqslant K)$ 的计算方法仍为式(7.32)，$\theta_z^{(i)}$ 的计算方法仍为式(7.33)，而最终集成标签的推断算法也与 GTIC 算法无异(见 7.4.3 节)。下面说明新的概念层特征 θ_w 的意义和算法。

简而言之，θ_w 是为了捕捉样本所对应的众包工作者的差异。例如，假设两个样本 $\boldsymbol{x}_i$ 和 $\boldsymbol{x}_j$ 所获得众包标签分别为 $\boldsymbol{l}_i = \{c_1, c_1, c_2, c_3\}$ 和 $\boldsymbol{l}_j = \{c_1, c_1, c_2, c_3\}$。显然，之前的 GTIC 算法会将两者聚在一起，因为它们有着相同的概念层特征。而在本研究中，认为两个样本具有相同的概念层特征不仅取决于样本上的众包标签，还取决于这些标签从哪些工作者处获得。这就意味着，样本概念层特征向量中也包含了工作者的相关信息。

首先，创建一个 $I \times I$ 的样本差异度矩阵 $\Pi = \{\pi_{ij}\}_{i,j=1}^{I}$，其中元素 π_{ij} 表示样本 i 和 j 在众包工作者设置($\boldsymbol{u}_i$ 和 $\boldsymbol{u}_j$)层面的差异度。π_{ij} 的计算方法如下：

$$\pi_{ij} = \min\{|\boldsymbol{u}_i|, |\boldsymbol{u}_j|\} + \mathbb{I}(|\boldsymbol{u}_i| \neq |\boldsymbol{u}_j|) - \sum_{u_p^{(i)} \in \boldsymbol{u}_i, u_q^{(j)} \in \boldsymbol{u}_j} \mathbb{I}(u_p^{(i)} = u_q^{(j)}) \tag{8.17}$$

其中，第一项表示两个样本的最小工作者数目；第二项判断两个样本是不是被同样数目的工作者标注，若数目不同则差异度增加；第三项则寻找那些同时标注两个样本的工作者，若有这样的工作者则差异度减小。

在获得了对称矩阵 Π 后，对于样本 i，将此样本与其他样本的差异度累加起来，即计算 $s_i = \sum_{j=1}^{I} \pi_{ij}$。最后，归一化每个 s_i 作为新的特征 $\theta_w^{(i)}$：

$$\theta_w^{(i)} = s_i \Big/ \sum_{j=1}^{I} s_j \tag{8.18}$$

可见，θ_w 是一个较小的实数，它既能区分那些具有相同众包标签但是来自于不同工作者的样本，又不足以影响整个聚类的大局。

8.4.3 双层协同聚类算法

1. 算法框架

算法 8-6 描述了 BLCC 众包标签聚合算法的框架。框架中的一些细节随后进一步详细说明。BLCC 众包标签聚合算法以原始众包标注数据集作为输入，标签类别 K 已知，输入是同样的数据集，其中每个样本被赋予一个集成标签。

算法 8-6 Bi-Layer Collaborative Clustering (BLCC)

Input: A dataset D in which each instance has a multiple noisy label set and has no true label. The number of classes is K

Output: A sample set D where each instance has been assigned an integrated label.

1. Generate the conceptual-level features of all instances; run k-means and infer an integrated label $\hat{y}_i$ for each instance $\boldsymbol{x}_i$; calculate the uncertainty $U_i^{(\mathrm{c})}$ of each instance $\boldsymbol{x}_i$ based on the obtained clusters $\{G_1^{(\mathrm{c})}, G_2^{(\mathrm{c})}, \cdots, G_K^{(\mathrm{c})}\}$
2. Run a k-means clustering with the Euclidean distance on the physical-level features, generating clusters $\{G_1^{(\mathrm{p})}, G_2^{(\mathrm{p})}, \cdots, G_K^{(\mathrm{p})}\}$ on the physical layer; calculate the uncertainty $U_i^{(\mathrm{p})}$ of each instance $\boldsymbol{x}_i$ based on the obtained clusters $\{G_1^{(\mathrm{p})}, G_2^{(\mathrm{p})}, \cdots, G_K^{(\mathrm{p})}\}$
3. Interpret the class memberships of the clusters $\{G_1^{(\mathrm{p})}, G_2^{(\mathrm{p})}, \cdots, G_K^{(\mathrm{p})}\}$ with the integrated labels obtained from the clusters $\{G_1^{(\mathrm{p})}, G_2^{(\mathrm{p})}, \cdots, G_K^{(\mathrm{p})}\}$; each instance $\boldsymbol{x}_i$ in $G_k^{(\mathrm{p})}$ is obtained an estimated label on the physical layer, denoted by ξ_i
4. Select a number of instances with large uncertainties from the conceptual layer, denoted by $\Phi^{(\mathrm{c})}$, and meanwhile, select a number of instances with small uncertainties from the physical layer, denoted by $\varphi^{(\mathrm{p})}$
5. Find the instances, each of which $\boldsymbol{x}_i$ satisfies

   $$\boldsymbol{x}_i \in (\Phi^{(\mathrm{c})} \cap \varphi^{(\mathrm{p})}) \text{ and } \hat{y}_i \neq \xi_i$$

   denoted by a set Ω. For each $\boldsymbol{x}_i \in \Omega$, let $\hat{y}_i \leftarrow \xi_i$
6. **Return** D, in which each instance $\boldsymbol{x}_i$ is assigned an integrated label $\hat{y}_i$

步骤 1：BLCC 众包标签聚合算法首先运行 k-means 聚类算法进行概念层特征聚类形成簇$\{G_1^{(\mathrm{c})}, G_2^{(\mathrm{c})}, \cdots, G_K^{(\mathrm{c})}\}$。每个簇中的所有样本获得同样的集成标签。聚类完成后，为每个样本$\boldsymbol{x}_i$计算出不确定度$U_i^{(\mathrm{c})}$。这里用上标“c”表示“概念层”。

步骤 2：在样本的物理层特征上再次运行 k-means 聚类算法得到簇$\{G_1^{(\mathrm{p})},$

$G_2^{(\mathrm{p})},\cdots,G_K^{(\mathrm{p})}\}$(上标“p”表示“物理层”)。与概念层特征不同，物理层特征的差异度较大，因此对于 *k*-means 聚类算法选择不同的初始聚类中心将得到不同的聚类结果。在 BLCC 众包标签聚合算法中，物理层初始聚类中心的选择方法如下：在概念层簇 $G_k^{(\mathrm{c})}$ 中选择几个具有较小不确定度的样本，这些样本应该可以代表其所对应的类别，将这些样本的特征进行平均，从而形成一个初始聚类中心点。这一过程可以看成概念层聚类结果对物理层聚类过程的指导。

步骤 3：由于物理层聚类无法确定每个簇的类别归属，BLCC 众包标签聚合算法通过分析物理层簇中所有样本在概念层聚类中获得的集成标签来推断该物理层簇所对应的类别。这一步的前提假设是概念层聚类真值推断的结果具备一定的准确度，那些具有相同集成标签的样本大概率在物理层也会聚为一类。这一步的结果是，每个样本 $\boldsymbol{x}_i$ 会获得一个物理层上的估计标签 ξ_i 。

步骤 4：BLCC 众包标签聚合算法分析概念层和物理层上样本的不确定性。然后，选择概念层上具有较大不确定度的样本形成子集 $\boldsymbol{\Phi}^{(\mathrm{c})}$ ，同时选择物理层上具有较小不确定度的样本形成子集 $\varphi^{(\mathrm{p})}$ 。

步骤 5：对于 $\boldsymbol{\Phi}^{(\mathrm{c})}$ 中每一样本 $\boldsymbol{x}_i$ ，BLCC 众包标签聚合算法检查它是否在 $\varphi^{(\mathrm{p})}$ 中。如果在 $\varphi^{(\mathrm{p})}$ 中，那么有理由相信其在物理层聚类中获得的估计标签 ξ_i 很大可能为正确标签。所有这样的样本将形成子集 Ω 。对于 Ω 中的每个样本 $\boldsymbol{x}_i$,用其在物理层聚类中获得的估计标签 ξ_i 替换其在概念层聚类中所获得的集成标签 $\hat{y}_i$ 。

步骤 6：返回集成标签更新后的整个数据集。

下面对该框架中的一些细节进行更进一步的说明。

2. 不确定度的估计

BLCC 众包标签聚合算法在概念层和物理层都遵循同样的不确定度估计原则。当 *k*-means 聚类算法停止后，认为那些紧靠聚类中心的样本具有最小的不确定度，它们是所对应类别的“代表”，而那些到所有聚类中心的距离都差不多的样本则具有最大的不确定度。因此，样本 $\boldsymbol{x}_i$ 的不确定度基于熵模型且定义如下(注：“*”可以表示“c”或“p”，分别对应概念层或物理层)：

$$U_i^{(*)}=-\sum_{k=1}^{K}\frac{d(\boldsymbol{x}_i^{(*)},\boldsymbol{o}_k^{(*)})}{\sum_{l=1}^{K}d(\boldsymbol{x}_i^{(*)},\boldsymbol{o}_l^{(*)})}\log\frac{d(\boldsymbol{x}_i^{(*)},\boldsymbol{o}_k^{(*)})}{\sum_{l=1}^{K}d(\boldsymbol{x}_i^{(*)},\boldsymbol{o}_l^{(*)})} \tag{8.19}$$

其中，$d(\boldsymbol{x}_i^{(*)},\boldsymbol{o}_k^{(*)})$ 为样本 $\boldsymbol{x}_i$ 和聚类中心 $\boldsymbol{o}_k$ 之间的归一化距离，定义如下：

$$d(\boldsymbol{x}_i^{(*)},\boldsymbol{o}_k^{(*)})=\mathrm{dist}(\boldsymbol{x}_i^{(*)},\boldsymbol{o}_k^{(*)})\big/D_k^{(*)} \tag{8.20}$$

$\mathrm{dist}(\boldsymbol{x}_i^{(*)},\boldsymbol{o}_k^{(*)})$ 为样本 $\boldsymbol{x}_i$ 和聚类中心 $\boldsymbol{o}_k$ 之间的 Euclidean 距离；$D_k^{(*)}$ 是归一化因子，定义为簇中所有样本和聚类中心 $\boldsymbol{o}_k$ 之间的平均距离，即

$$D_k^{(*)}=\frac{1}{n^2}\sum_{i=1}^{n-1}\sum_{j=i+1}^{n}\mathrm{dist}(\boldsymbol{x}_i^{(*)},\boldsymbol{x}_j^{(*)}) \tag{8.21}$$

3. 物理层类别的确定

在步骤 3 中，物理层聚类形成的簇也必须被赋予类标签。这个类标签也就是簇中样本 $\boldsymbol{x}_i$ 的物理层估计标签 ξ_i。众所周知，k-means 算法只能得到簇，无法确定簇的实际含义。因此，对于物理层簇的解释必须依赖于步骤 1 中得到的集成标签。首先，创建一个 $K\times K$ 大小的矩阵 M，该矩阵的 k 行表示簇 $G_k^{(\mathrm{p})}$，k 列表示类 c_k。元素 m_{ij} 为簇 $G_i^{(\mathrm{p})}$ 中集成标签为 c_j 的样本的数量，即

$$m_{ij}=\sum_{\boldsymbol{x}_n\in G_i^{(\mathrm{p})}}\mathbb{I}(\hat{y}_n=c_j) \tag{8.22}$$

然后找到矩阵 M 中最大的元素 m_{ab}(即该元素位于 a 行 b 列)，并将簇 $G_a^{(\mathrm{p})}$ 的类标签设置为 c_b。图 8-8 展示了物理层聚类簇的类别解释过程。图中一共 6 个类别。开始时，M 矩阵元素的最大值为 m_{35}，因此将类别 c_5 赋予 $G_3^{(\mathrm{p})}$，表示为 $G_3^{(\mathrm{p})}\leftarrow c_5$。然后，将 $a(3)$行和 $b(5)$列中的所有元素全部设置成−1，这些值就不会比任何未处理的值大。然后，继续寻找矩阵中的最大元素并重复上述操作，直到所有类别指派完毕。在图 8-8 所示的例子中，第二步的最大值是 m_{51}，因此有 $G_5^{(\mathrm{p})}\leftarrow c_1$，然后将第 5 行和第 1 列的所有元素设置为−1。第三步的最大值是 m_{26}，因此有 $G_2^{(\mathrm{p})}\leftarrow c_6$。如此一直进行下去可以得到 $G_1^{(\mathrm{p})}\leftarrow c_3$、$G_6^{(\mathrm{p})}\leftarrow c_4$ 和 $G_4^{(\mathrm{p})}\leftarrow c_2$。这个过程相对简单，不难写出相应的算法。

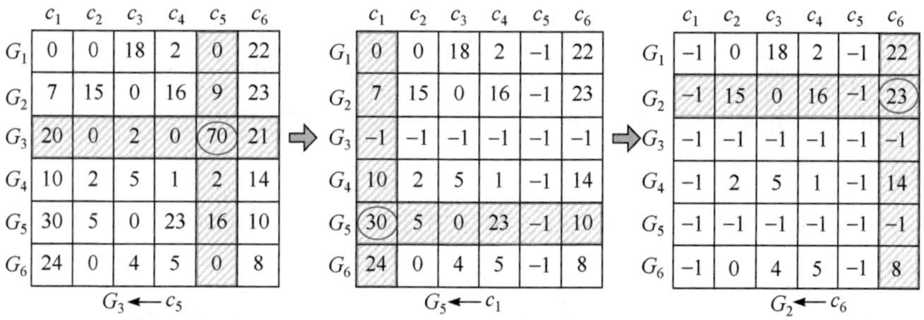

图 8-8　物理层聚类簇的类标签指派过程示例(6 个类别的前三步)

4. 产生较大(小)不确定度的样本

在步骤 4 中，为了选择适当的样本，必须指定一个标准，该标准定义概念层上的较大不确定度和物理层上较小不确定度的度量准则。在对两个层分别进行聚类之后，可以计算两个层上每个样本的不确定度。在每一层，按不确定度的升序对样本进行排序。然后，需要找到一个阈值，低于该阈值时，样本被认为具有较小的不确定度，高于此阈值的样本则具有较大的不确定度。阈值的选择是启发式的，可以通过检查不确定度的分布来指定某一固定值。若绘制不确定度和相对应的样本数目的分布图，则对于阈值的判断仅涉及少量人工的工作量。这种方法是目前机器学习中人在回路(human-in-the-loop)方法的一个范例 (Russakovsky et al., 2015)。在此研究中，使用一种简单的自动方法将样本划分为较大不确定度集(表示为 $\varPhi^{(*)}$)和较小不确定度集(表示为 $\varphi^{(*)}$)。划分这两个集合的阈值可以通过优化如下目标函数来获得：

$$U_T = \underset{T\in[1,|\varphi|+|\varPhi|]}{\arg\min}\left\{\sum_{1\leqslant i<T}\left|U_i-\bar{U}_\varphi\right|+\sum_{T\leqslant j\leqslant|\varphi|+|\varPhi|}\left|U_j-\bar{U}_\varPhi\right|\right\} \tag{8.23}$$

其中，$\bar{U}_\varPhi$ 和 $\bar{U}_\varphi$ 分别是较大不确定度集 $\varPhi^{(*)}$ 和较小不确定度集 $\varphi^{(*)}$ 中样本的平均不确定度。

5. 迭代修复具有较高不确定度的样本

步骤 5 中，认为物理层中具有较小不确定度的样本具有很高的概率被赋予正确的标签。如果这个物理层中估计的标签与概念层中的标签不一致，那么就用这个物理层中估计的标签替换原来的集成标签。在步骤 5 执行完毕后，整个集成标签噪声纠正过程可以结束并返回最终修复后的数据集。

当然，如果认为一次修复不可能找到所有的错误标签，那么上述修复过程可以迭代进行几次，形成 BLCC 众包标签聚合算法的迭代版本，称为 BLCC_I。在迭代版本中，那些概念层中具有较大不确定度的样本将赋予一个标志变量 flag 用来指明该样本的集成标签是否已经被修正过。迭代版本的主要过程如下。

(1) 当修正概念层中某样本的集成标签时(步骤 5)，设置该样本的 flag 为 true。

(2) 进行一轮修正后(在步骤 5 中)，将物理层中那些具有较大不确定度的样本(即 $\varPhi^{(\mathrm{p})}$ 中的样本)移除。

(3) 根据步骤 2 中的方法，再一次在物理层选择 K 个新的聚类中心，然后运行聚类算法以形成新的 $\varPhi^{(\mathrm{p})}$ 和 $\varphi^{(\mathrm{p})}$ 划分。

(4) 转到步骤 5 执行集成误标修正过程，但在修正前需要检查样本的 flag，确保样本未被修正过。

(5) 上述过程可以重复多次直到下列条件之一得到满足：①$\Phi^{(c)}$ 中所有的样本均已经被修正；②本轮中没有修正任何样本；③物理层的样本已经无法形成 K 个簇。

显然，$\Phi^{(p)}$ 中的样本具有较大的不确定度，它们很可能是异常点。众所周知，基于距离的聚类方法通常对异常点敏感。因此，若删除数据集中这些异常点，则可能让剩下的样本聚成更好的簇，从而提升整个物理层聚类的质量。

8.4.4　实验数据集与实验设置

1. 真实众包标注数据集

首先选择收集的 Adult600 数据集和 Leaves 数据集；其次，为了验证算法在其他众包数据集上的表现，使用 Bi 等(2014)收集的关于狗种类判断的众包数据集。Bi 等从 Stanford Dog 数据集(Khosla et al., 2011)中选择了一部分狗种的图像发布到众包平台让众包工作者进行类别标注。所选出的这些品种的狗的图像既不容易被机器识别，对普通众包工作者也有一定难度。为了降低难度，Bi 等将类别标注转化为二分类标注，即对于所选出的每个类别，属于该类别的图像被作为正例，而属于其他类别的图像均被视为负例。每个数据集以正类命名且保证数据集中的正负例数目的差异不大。每个样本均被 4～7 个不同的众包工作者标注。在实验中使用了 8 个狗种类分类数据集，分别是 Chihuahua、SpanielJ、Pekinese、Shih-Tzu、SpanielB、Papillon、Ridgeback 和 Afghan。所有数据集的详细情况列于表 8-3。

表 8-3　用于评价 BLCC 众包标签聚合算法的 10 个真实众包标注数据集

数据集	样本数	类别数	类分布	标签数	众包工作者数目	样本上的标签数
Chihuahua	299	2	Pos. (142); Neg. (157)	1794	21	6
SpanielJ	299	2	Pos. (142); Neg. (157)	1794	21	6
Pekinese	305	2	Pos. (142); Neg. (163)	1800	21	6
Shih-Tzu	299	2	Pos. (142); Neg. (157)	1740	21	5.8
SpanielB	349	2	Pos. (142); Neg. (207)	1878	21	5.4
Papillon	317	2	Pos. (142); Neg. (175)	1926	21	6.1
Ridgeback	349	2	Pos. (142); Neg. (207)	1854	21	5.3
Afghan	349	2	Pos. (142); Neg. (207)	1866	12	5.3
Adult600	600	2	Pos. (300); Neg. (300)	12000	73	20
Leaves	384	6	{96, 48, 48, 48, 96, 48}	3840	83	10

2. 实验设置

实验中的 *k*-means 聚类算法基于 WEKA 中的 Java 类 SimpleKMeans 实现。这里扩展了 SimpleKMeans 的功能，让它可以接受指定的初始聚类中心。

SimpleKMeans 中的其他参数可以设置为默认值。这里也实现了 BLCC 众包标签聚合算法的两个版本，其中第二个版本 BLCC_I 是 BLCC 算法的多轮迭代修正版本。

将所提出的算法(BLLC 和 BCCL_I)与现有 8 种标签聚合算法进行比较。这些标签聚合算法包括 MV、DS、ZenCrowd、Spectral DS(SDS) (Zhang et al., 2014)、Minimax(Zhou et al., 2012)、IWMV (Li and Yu, 2014)、DELRA (Jin et al., 2018)和 GTIC。所有这些标签聚合算法均适用于二分类和多分类标注。它们中的大多数基于概率模型和 EM 算法，除了 MV(基于直接计算)、Minimax(基于优化)和 GTIC(基于聚类分析)。使用准确度(数据集中集成标签与真实标签相同的样本数量占数据集全体样本的百分比)作为性能度量指标。

8.4.5 实验结果与分析

1. BLCC 众包标签聚合算法的有效性

本小节使用三个数据集 Adult600、Chihuahua 和 Leaves 验证 BLCC 众包标签聚合算法的有效性。选择这三个数据集是因为它们各自代表了一些典型的应用场景：Adult600 数据集中样本的特征为混合特征(既有实数特征也有名称特征)，而后两者均为实数特征；Leaves 数据集的标签为多分类标签，而前两者的标签均为二分类标签。简单起见，每个数据集中的样本均使用收集到的所有众包标签。因为所提出的 BLCC 众包标签聚合算法包括多个步骤，所以在算法运行期间对这些步骤产生的中间结果进行详细评价，这可以直接显示方法的有效性。表 8-4 展示了 BLCC 众包标签聚合算法在三个数据集上的运行结果(BLCC_I 的结果留在下一小节中讨论)。这里，在一些关键步骤处理后计算某些数据子集中样本的集成标签准确度，表示为函数 $\mathrm{ACC}(D)$ 。例如， $\mathrm{ACC}(\Phi^{(c)})$ 表示概念层聚合后分析出的具有较大不确定度的样本子集的集成标签准确度。$\mathrm{ACC}_{\mathrm{LAC}}$、$\mathrm{ACC}_{\mathrm{PHY}}$ 和 $\mathrm{ACC}_{\mathrm{BLCC}}$ 分别表示概念层所有样本集成标签的准确度、物理层所有样本估计标签的准确度以及经过 BLCC 众包标签聚合算法处理后所有样本的准确度。

表 8-4　三个众包标注数据集上运行 BLCC 众包标签聚合算法的中间结果和最终结果

数据集	Adult600	Chihuahua	Leaves
$\mathrm{ACC}_{\mathrm{LAC}}$	74.33%	80.27%	63.54%
$\lvert\Phi^{(c)}\rvert$	317	199	171
$\mathrm{ACC}(\Phi^{(c)})$	71.29%	74.87%	50.87%
$\mathrm{ACC}(\varphi^{(c)})$	77.74%	91.00%	73.71%
$\lvert\varphi^{(p)}\rvert$	350	119	176

续表

数据集	Adult600	Chihuahua	Leaves
$ACC(\varphi^{(p)})$	88.00%	99.15%	59.09%
$ACC(\Phi^{(p)})$	75.60%	76.67%	26.92%
ACC_{PHY}	82.83%	85.62%	41.67%
$\|\Omega\|$	68	12	59
$ACC^{*}(\Phi^{(c)})$	81.39%	80.90%	67.84%
ACC_{BLCC}	**79.67%**	**84.28%**	**71.09%**

从实验结果可以发现，物理层特征确实可以很好地纠正概念层聚类推断中错误的集成标签。在 Adult600 和 Chihuahua 两个数据集上，概念层样本集成标签准确度分别为 74.33%和 80.27%(这个准确度可以看成运行 GTIC 标签推断算法得到的准确度，也就是标签噪声纠正前的集成标签准确度)，而在对应的物理层的估计标签准确度分别为 82.83%和 85.62%，显然物理层估计标签的准确度更高，所以这些物理层估计标签可以对概念层集成标签进行修正。可见，对于 Adult600 数据集，修正后概念层上具有较大不确定度的样本子集的准确度由先前的 71.29%($ACC(\Phi^{(c)})$)提升到了 81.39%($ACC^{*}(\Phi^{(c)})$)。Chihuahua 数据集上也观察到了同样的提升。因此，在这两个数据集上全体样本集成标签最终的准确度(ACC_{BLCC})分别提升到 79.67%和 84.28%。值得注意的是，Leaves 数据集上，概念层聚类后集成标签的准确度(ACC_{LAC} = 63.54%)和物理层聚类后估计标签的准确度(ACC_{PHY}= 41.67%)都不高，甚至后者还低于前者，但是，最终经过 BLCC 众包标签聚合算法处理后的集成标签准确度(ACC_{BLCC} = 71.09%)仍然同时高于 ACC_{LAC} 和 ACC_{PHY}。这表明 BLCC 众包标签聚合算法具有精确的标签纠错能力，很少将正确的集成标签修改成错误标签。另外，在此表中还可以发现，算法在两个层面上对于较高不确定度($\Phi^{(*)}$)和较低不确定度($\varphi^{(*)}$)样本子集划分是准确的，$ACC(\Phi^{(*)})$ 显著低于 $ACC(\varphi^{(*)})$ 。

2. 狗种类分类数据集上的性能对比

表 8-5 显示了 10 个狗种类分类众包标注数据集上 10 种算法的性能对比结果，可见：①GTIC 算法是 BLCC 众包标签聚合算法的基础，比较两者可以发现 BLCC 众包标签聚合算法在所有数据集上都优于 GTIC 算法。因此，该结果证实了设计 BLCC 众包标签聚合算法的初衷，即使用物理层特征上的聚类结果来纠正集成标签中的错误是可行的。②在除 Pekinese 之外的 7 个数据集上，BLCC 众包

标签聚合算法的性能都排名第二(用下划线标出仅次于 BLCC_I)，这表明在大多数情况下 BLCC 众包标签聚合算法优于任何其他现有标签聚合算法。③与基础 BLCC 众包标签聚合算法相比，其迭代版本 BLCC_I 的性能得到了进一步提升，在所有数据集上均在 BLCC 众包标签聚合算法的基础上提升了 3～5 个百分点。最终，BLCC_I 赢得了所有数据集上的对比的胜利。因此，BLCC_I 的改善是显著的。

表 8-5 10 种算法在 8 个众包标注数据集上准确度对比(单位：%)

算法	Chihuahua	SpanielJ	Pekinese	Shih-Tzu	SpanielB	Papillon	Ridgeback	Afghan
MV	75.26	78.60	77.05	76.92	69.05	66.48	67.34	67.76
DS	81.94	82.94	80.00	73.24	71.06	70.77	63.04	68.62
ZenCrowd	74.58	78.60	75.41	77.93	67.91	65.62	65.62	66.48
SDS	81.27	79.60	<u>81.97</u>	80.60	71.35	72.19	67.91	69.91
Minimax	81.94	81.61	80.66	74.28	69.91	72.07	72.78	72.21
IWMV	76.25	78.60	76.07	77.59	66.48	66.48	66.19	66.48
DELRA	77.48	79.36	77.50	79.45	70.12	71.20	68.02	67.76
GTIC	80.27	81.61	78.03	79.93	71.92	69.63	69.34	69.91
BLCC	<u>83.28</u>	<u>83.27</u>	79.01	<u>84.94</u>	<u>73.68</u>	<u>72.49</u>	<u>73.07</u>	<u>73.64</u>
BLCC_I	**88.29**	**87.95**	**82.95**	**89.63**	**77.36**	**77.16**	**77.08**	**76.79**

8.5 本 章 小 结

面向众包重复噪声标注的真值推断算法是提升样本标签质量的有效手段。然而，不少实证研究发现，真值推断算法的无监督特性使得推断后形成的集成标签中仍然存在着大量的错误标签。鉴于这种情况，一种直接的思路是利用传统的标签噪声处理方案来过滤或者纠正这些错误标签，从而进一步提升数据集的质量。在众包标注环境下，受限于标注成本，人们更青睐标签噪声纠正方法。因此，本章首先研究了传统的噪声纠正方法在众包标注数据集上的表现，并且提出另一种与标签噪声无关的基于聚类的标签纠正算法，收到了良好的效果。然而，在研究中也发现，传统的噪声纠正算法在众包标注数据集上的表现大多不好，即便精心设计这些算法在某些情况下也会表现欠佳。因此，需要开发能够利用众包标注特性的标签噪声纠正方法。

为了达成这一目标，本章提出了一种新的面向众包标注并基于监督预测模型的噪声纠正算法 AVNC。AVNC 算法充分利用了真值推断所得到的关于标注系统的信息(如工作者可靠度等)指导标签噪声识别和过滤过程。它解决了传统标签噪声处理中存在的两大问题：标签噪声数量的预估和噪声过滤优先度的排序。作为真值推断后的处理过程，AVNC 算法独立于任何特定的众包真值推断算法。在实验过程中，将 AVNC 算法与常见的四种众包真值推断算法(MV、GLAD、RY 和 ZenCrowd)配合使用，8 个 UCI 模拟众包标注数据集和 2 个真实众包标注数据集上的实验结果显示，AVNC 算法可以在这些真值推断算法工作的结果上进一步发现和纠正集成标签中的错误且效果显著高于传统的噪声纠正算法。

AVNC 算法可以看成一种基于监督学习的方法利用样本本身特征为众包标签聚合服务的典型示例。这种方案并未打破众包标签聚合(真值推断)算法通常遵循的不可知论特性。然而，AVNC 算法的一个弊端是，它只在二分类问题上表现亮眼，在多分类问题上，预测模型性能的降低导致整个算法表现不佳。为了突破这一问题，本章又提出一种基于无监督学习(即聚类)的标签噪声纠正算法 BLCC。BLCC 众包标签聚合算法的着眼点仍然是利用样本本身特征为标签噪声纠正服务并且它也是遵循不可知论方法的。BLCC 众包标签聚合算法首先利用从众包标签中提取的概念层特征，通过聚类分析推断出样本的集成标签。然后，在样本的原始物理层特征上再次对样本进行聚类。根据从聚类簇的数据分布导出的不确定性度量，提取在概念层上具有高概率出错的样本。借助物理层上的聚类结果和类别估计，更正这些样本的集成标签。BLCC 的改进版本 BLCC_I 通过在物理层上移除那些不确定度较大的样本，迭代地多次纠正概念层上错误的集成标签，使得所有样本集成标签的质量在每次迭代后不断提高。BLCC 和 BLCC_I 都可以在完全无监督环境下工作，除了在标签聚合期间使用收集到的众包噪声标签和样本本身的物理特征，无需其他先验信息的支持。10 个真值众包标注数据集上的实验结果显示 BLCC 和 BLCC_I 优于现有的众包标签聚合算法。

第 9 章　众包标签利用方法与集成学习模型

9.1　引　言

前面的章节讨论了两种提升众包标签质量的方案，分别是基于重复众包标注的真值推断和基于机器学习的众包集成标签噪声纠正。显然，之所以研究人员花费大量的精力来提高标签质量，是因为高质量标注的数据是获得泛化性能良好的预测模型的必要条件。然而值得指出的是，高质量的样本标签并非获得优异性能的预测模型的充分条件。即便忽略特征变化(特征工程中的方法也可以不加修改地应用到众包样本中)，预测模型学习不仅与样本标签的准确度有关，还与模型的学习方法有关。因此，需要研究如何更好地利用众包标签这一特有的标注形式来构建高性能预测模型这一核心问题。

在传统机器学习的研究中，模型学习算法的创新一直是重中之重。已经有不少研究试图解决标签中存在噪声时预测模型的学习问题。例如，Natarajan 等(2013)认为在二分类标注中，由于各种因素，标签中会存在少量的随机翻转(出错)，而这些翻转是与标签类别相关的。在这种条件下，提出一种具有权重的代理损失(surrogate loss)函数来提升模型的噪声容忍性。Liu 和 Tao(2015)在上述工作的基础上继续进行研究，证明了任何代理损失函数都可以通过调整重要性权重来使之适用于噪声标签场景，而且还可以保证标签噪声不会影响那些无噪声样本对最优分类器的搜索。可见，这些研究的前提假设通常比较苛刻，所提出的损失函数也只对特定的分类器(一般是 SVM 和 logistic 回归)有效。还有一些更早期的研究涉及“具有出错概率”的标注者(Lugosi, 1992; Smyth et al., 1995b)，然而这些研究同样会设定比较强的关于错误标签的前提假设，而这些假设在众包环境中大多并不成立。因此，现有的机器学习中噪声容忍的预测模型学习方法在众包标注环境中直接使用具有明显的局限性，一方面过强的前提假设很难与众包标注开放的应用环境相匹配，另一方面这些方法也不具备对众包标注预测模型学习的洞察力。虽然从机器学习方法本身来说，研究这些噪声容忍的学习算法具有一定的理论意义，但由于脱离了众包环境，本书不再对此方向进行进一步探讨。

本书从众包标签本身特点出发，开发新的预测模型学习方法。这些方法并不针对众包标注环境预设过于严格的前提假设(通常只要求大部分众包工作者具有理性的判断即可)，也不限定预测模型的学习算法，因此是具备最大适用性的完全符合不可知论的通用方法。众包噪声标签与传统的噪声标签的区别在于，众包噪声标签中隐藏了众包工作者对问题的主观判断。例如，某些样本本身就可能处于同时属于两种类别的模糊地带，强制为其指定某一种类别，反而会造成所训练出的预测模型的泛化能力下降。因此，本章从众包噪声标签的特点出发，在预测模型学习问题上主要完成两项工作：①众包重复噪声标签中蕴含了丰富的潜在信息，因此在预测模型训练过程中，提出四种不同的合理利用这些重复众包噪声标签的新方法，揭示采用不同的众包标签利用算法时预测学习模型的性能会呈现不同程度的改变；②为了更多地保留重复众包噪声标签中的潜在信息，同时抑制噪声标签对预测学习模型性能的负面影响，提出一种新型的基于带权众包标签复制的集成学习算法，有效地提高预测模型的泛化性能。

9.2　基于噪声标签分布的预测模型训练方法

当训练样本的标签包含多个值时，传统的学习算法无法直接从这些样本中学习到预测模型。传统的学习算法只接受具有一个特定值的样本标签。为了使传统的学习算法能够工作，需要对这些众包噪声标签进行处理。例如，使用本书中重点讨论的真值推断算法形成唯一集成标签，然后让这个集成标签作为样本真实标签的替代参与模型训练过程。虽然这种做法已经被大家广为接受，但是其仍然有一些不足，例如，采用 MV 算法进行推断后，样本上少数类别的信息将被丢弃，而这些信息对预测模型训练并非一无是处。

所有学习算法均从训练数据中建立学习模型。训练数据的分布是模型训练的重要影响因素，例如，决策树模型通常利用一定的准则(如信息增益或增益率)来为每个节点选择裂分的属性。这些准则基于熵减小原理，而熵 $E(D)$ 则根据训练集 D 中的类分布计算：

$$E(D) = -p(+)\log p(+) - p(-)\log p(-) \tag{9.1}$$

其中，$p(+)$ 是决策树模型中每个可能节点为正类的概率估计，而 $p(-)$ 是其为负类的概率估计。因此，在训练过程中准确估计这些概率非常重要。由于不同的标签使用策略将生成不同的训练集，类分布自然会有所不同。本节的内容将讨论众包噪声标签分布中隐含的信息如何用到预测模型训练中以及对预测模型有什么样的影响。

9.2.1　多数投票变体

对这一主题的研究从最简单的众包标签利用方法——多数投票策略开始。多数投票直接将样本的标签值确定为其众包噪声标签集中多数派的类别。经过 MV

推断后，假设训练集中包括 Neg 个负样本和 Pos 个正样本，为了防止类分布出现极端不平衡的情况，引入 Laplace 平滑后 (Cestnik, 1990)，训练集中的正负类的概率可以估计为

$$\begin{aligned} p(+) &= (\mathrm{Pos}+1)/(\mathrm{Pos}+\mathrm{Neg}+2) \\ p(-) &= (\mathrm{Neg}+1)/(\mathrm{Pos}+\mathrm{Neg}+2) \end{aligned} \tag{9.2}$$

多数投票虽然简单稳定，但是也有一些无法忽视的缺陷。例如，样本 $\boldsymbol{x}_i$ 从五位众包工作者那里获取标签，其重复噪声标签集为{+, +, +, –, –}。显然，使用多数投票策略后，样本的集成标签为"+"。如果又继续从不同的众包工作者处获取两个标签，使其噪声标签集变为{+, +, +, +, +, –, –}，那么使用多数投票策略后，样本的集成标签仍然为"+"。问题是，样本在前后两个状态下所具有的信息量是否相等？显然，这两种情况对应的信息量应该是有差异的。后一个状态下样本为正类的可能性显然大于前一个状态，因为有更多的众包工作者认为此样本是正类。再考虑另外一种情况：回到前一种状态，假设每位众包工作者的判断权重都相同，可以认为此样本为正类的概率为 0.6。然后，此样本又继续从不同的众包工作者处获得了另外 5 个标签，其噪声标签集变为{+, +, +, +, +, +, –, –, –, –}。这时候可以认为样本为正类的概率仍然为 0.6。问题是这两种状态下的信息含量完全相等吗？显然，它们也应该是有差异的。在后一个状态下"样本为正类的概率为 0.6"这个判定本身的确定性要大于前者。因为，在后一状态下，可以认为 10 个人共同确认了这个判定，而在前一状态下，这个判定仅被 5 个人确认。在现实情况下，5 位工作者达成这一共识显然要比 10 位工作者达成这一共识更加容易。因此，在研究中，首先要为上述这种简单的多数投票增添更多的信息。

多数投票虽然简单，但也抛弃了重复众包噪声标签集中一些重要的隐含信息。例如，少数类样本的"确定性" W_{L}(或者从另一角度说"不确定性")和多数类样本的"确定性" W_{H}。所以，需要设计更加明智的策略来利用 W_{L} 和 W_{H}。这里首先只考虑使用多数类样本的"确定性"信息 W_{H}。利用该信息可以重构多数投票算法，因为即使多个众包噪声标签集具有相同的多数类，该信息仍然可以表明这些众包噪声标签集之间的差异。例如，样本 $\boldsymbol{x}_i$ {+, +, +, +, –, –}和 $\boldsymbol{x}_j$ {+, +, +, +, +, +, –}的众包噪声集虽然具有相同的多数类"+"(即 MV 推断后的集成标签也是"+")，但两者的"+"显然具有不同的确定度(后者高于前者)。因此，新的多数投票算法将根据这些确定度($W_{\mathrm{H}i}$ 和 $W_{\mathrm{H}j}$)对两个样本进行区分。具体地，可以利用多数类的确定度 W_{H} 作为样本的权重。很多传统的机器学习算法(如决策树、支持向量机等)均可以接受"权重"信息作为样本重要性的度量。

假设多数投票推断后训练集中包括 Neg 个负样本和 Pos 个正样本(集成标签)，那么训练集中的正负类的概率可以估计为

$$p(+)=\sum_{i=1}^{\text{Pos}}W_{\text{H}i}\Bigg/\left(\sum_{i=1}^{\text{Pos}}W_{\text{H}i}+\sum_{j=1}^{\text{Neg}}W_{\text{H}j}\right)$$
$$p(-)=\sum_{j=1}^{\text{Neg}}W_{\text{H}j}\Bigg/\left(\sum_{i=1}^{\text{Pos}}W_{\text{H}i}+\sum_{j=1}^{\text{Neg}}W_{\text{H}j}\right) \tag{9.3}$$

这种多数投票策略被称为“软”多数投票。现在的问题是如何估计多数类样本的确定性 W_{H}。

一种直接的方式是统计样本的众包噪声标签集中多数类出现的频率，频率值较大的作为 W_{H}。这种基于频率的多数投票策略称为 MV-Freq。MV-Freq 仍然使用多数类的标签值作为样本唯一的集成标签。但是，它为每个训练样例分配了一个权重，该权重即样本众包噪声标签集中多数类的出现频率。假设样本具有 L_{P} 个正标签和 L_{N} 个负标签，则经过 Laplace 平滑后的样本权重 W_{H} 计算如下：

$$W_{\text{H}}=\begin{cases}(L_{\text{P}}+1)/(L_{\text{P}}+L_{\text{N}}+2), & L_{\text{P}}\geqslant L_{\text{N}}\\(L_{\text{N}}+1)/(L_{\text{P}}+L_{\text{N}}+2), & L_{\text{P}}<L_{\text{N}}\end{cases} \tag{9.4}$$

从统计学的观点来看，这种对于确定度的估计稍显粗糙，因为这种估计基于样本众包噪声标签集中的标签数目有限这种假设。为了更加准确地估计多数类的确定度，可以使用贝叶斯估计来计算给定样本众包标签集的情况下，该样本的标签真值 y 为多数类 $\hat{y}$ 的概率，即 $p(y=\hat{y}\,|\,\boldsymbol{x},\boldsymbol{l})$。由于并没有任何先验知识，$p(y)$ 的先验概率服从均匀分布 $U[0,1]$。当观察到样本上具有 L_{P} 个正标签和 L_{N} 个负标签时，其标签真值的后验概率 $p(y\,|\,L_{\text{P}},L_{\text{N}})$ 服从 Beta 分布 $\text{B}(L_{\text{P}}+1,L_{\text{N}}+1)$(Gelman et al., 2013)。可以使用 Beta 分布在决策阈值 v 下的累积分布函数来估计样本的不确定度，该分布函数的定义如下：

$$I_v(\alpha,\beta)=\sum_{j=\alpha}^{\alpha+\beta-1}\frac{(\alpha+\beta-1)!}{j!(\alpha+\beta-1-j)!}v^j(1-v)^{\alpha+\beta-1-j} \tag{9.5}$$

其中，决策阈值 $v=0.5$，参数 $\alpha=L_{\text{P}}+1,\ \beta=L_{\text{N}}+1$。样本的不确定度定义为

$$S_{\text{Lu}}=\min\{I_{0.5}(\alpha,\beta),1-I_{0.5}(\alpha,\beta)\} \tag{9.6}$$

获得此不确定度后，可以定义多数类的确定度为 $W_{\text{H}}=1-S_{\text{Lu}}$。这种带有权重的多数投票策略称为 MV-Beta 算法。

9.2.2　成对样本模型训练

MV 算法的两种升级变体 MV-Freq 和 MV-Beta 算法仅仅利用了多数类的可靠性信息而遗漏了少数类的信息。当样本的众包噪声标签集中的标签数量较少时，存在其中的少数类标签的作用同样非常重要。因为这种情况下，该样本的多数类标签决定了其检签真值的不确定性，然而，多数类标签也有可能是噪声。这就意

味着 MV 及其变体仍然会将标签噪声引入训练集。

为了避免这种情况的发生，本节提出根据样本众包噪声标签集的标签分布成对地产生带有不同权重的正类和负类训练样本，即使用一对带有权重的标签 $\{(+,W_{\mathrm{P}}),(-,W_{\mathrm{N}})\}$ 来表示这个样本。正样本被赋予权重 W_{P}，负样本被赋予权重 W_{N}，两个样本具有完全一样的特征。例如，众包样本 $\boldsymbol{x}_i$ {+, +, +, +, –, –}将生成为 $\langle \boldsymbol{x}_i,+,0.667\rangle$ 和 $\langle \boldsymbol{x}_i,+,0.333\rangle$ 两个训练样本。这样在学习模型训练中少数类的信息将被充分利用。

同样假设多数投票推断后训练集中包括 Neg 个负样本和 Pos 个正样本，那么在成对样本生成策略下训练集中的正负类的概率可以估计为

$$
\begin{aligned}
p(+) &= \sum_{i=1}^{\mathrm{Pos+Neg}} W_{\mathrm{P}i} \Big/ (\mathrm{Pos}+\mathrm{Neg}) \\
p(-) &= \sum_{i=1}^{\mathrm{Pos+Neg}} W_{\mathrm{N}i} \Big/ (\mathrm{Pos}+\mathrm{Neg})
\end{aligned} \tag{9.7}
$$

与以上生成 MV-Freq 和 MV-Beta 中样本权重时所用的方法一样，成对样本生成中正负样本权重(W_{P} 和 W_{N})的计算方法也有两种，第一种称为 Paired-Freq，它仍然使用标签类别在众包噪声标签集中的频率来估计样本权重，计算如下：

$$
\begin{aligned}
W_{\mathrm{P}} &= (L_{\mathrm{P}}+1)/(L_{\mathrm{P}}+L_{\mathrm{N}}+2) \\
W_{\mathrm{N}} &= (L_{\mathrm{N}}+1)/(L_{\mathrm{P}}+L_{\mathrm{N}}+2)
\end{aligned} \tag{9.8}
$$

第二种称为 Paired-Beta，它使用 Beta 分布的尾来估计样本权重，计算如下：

$$
\begin{aligned}
W_{\mathrm{P}} &= I_{0.5}(\beta,\alpha) \\
W_{\mathrm{N}} &= 1-I_{0.5}(\beta,\alpha)
\end{aligned} \tag{9.9}
$$

其中，$\alpha = L_{\mathrm{P}}+1$，$\beta = L_{\mathrm{N}}+1$。至此，除了最基本的 MV，得到四种新的众包噪声标签利用策略，分别是 MV-Freq、MV-Beta、Paired-Freq 和 Paired-Beta。

9.2.3 实验数据集与实验设置

1. 基础数据集

为了调研这些标签利用方法在特定的标注场景下的性能表现，通过模拟众包标注数据来研究方法的性能。在 UCI 机器学习数据库中选择了 12 个数据集作为基础数据集来进行众包标注模拟。选择这些数据集是因为它们是具有合适的样本数量和多种类型的样本特征。如果有必要，可以将这些数据集全部转换为二分类数据集，即对于 Thyroid 数据集保留负类并将其他三类整合为正类；对于 Splice 数据，整合 IE 类和 EI 类；对于 Waveform，将第一类和第二类进行整合。这些基础数据集的详细信息列于表 9-1。

表 9-1　用于实验的 12 个 UCI 数据集的详细信息

数据集	特征数	样本数	正样本数	负样本数
Bmg	41	2417	547	1870
Expedia	41	3125	417	2708
Kr-vs-kp	37	3196	1669	1527
Mushroom	22	8124	4208	3916
Qvc	41	2152	386	1766
Sick	30	3772	231	3541
Spambase	58	4601	1813	2788
Splice	61	3190	1535	1655
Thyroid	30	3772	291	3481
Tic-tac-toe	10	958	332	626
Travelocity	42	8598	1842	6756
Waveform	41	5000	1692	3308

2. 实验设置

对于每个数据集，在每次实验中都有 30%的样本作为评价预测模型泛化性能的测试集。其余 70%样本作为训练样本。为了模拟众包噪声标注过程，首先隐藏每个训练集所有样本的真实标签。在实验中，当一个样本要获取众包标签时，根据工作者的标注质量(准确度)p 生成标签：用概率 p 分配样本的真实标签，用概率 $1-p$ 分配真实标签的相反的值。首先假设所有的众包工作者具有相同的标注质量，然后放松这一假设，让工作者的标注质量各不相同。在获得众包标签之后，以 5 种标签利用方法(MV、MV-Freq、MV-Beta、Paired-Freq 和 Paired-Beta)分别构建训练集以诱导不同的分类模型。实验主要使用 WEKA 中的 J48 决策树作为分类算法，同时也在支持向量机和神经网络上验证了这些标签利用方法的适用性。构建出的分类模型在测试集上使用样本的真实标签进行评估，评估的指标为模型的准确度。每个实验用不同的随机数据划分重复 10 次并报告平均结果。

原始论文 (Sheng et al., 2019)中包含了大量的实验结果，但是本书考虑到内容的简洁性，只是精选出一部分能够说明结论的实验结果加以展示。

9.2.4　实验结果与分析

1. 工作者质量相同时的性能对比

实验首先从简单的情形开始，以区分不同的方法在统一设置下的性能。假设所有工作者的标注准确度均为 60%($p = 0.6$)。每个样本上的众包标签数量从 1 增加到 21。图 9-1 展示了 6 个数据集上 5 种众包标签利用方法的实验结果。

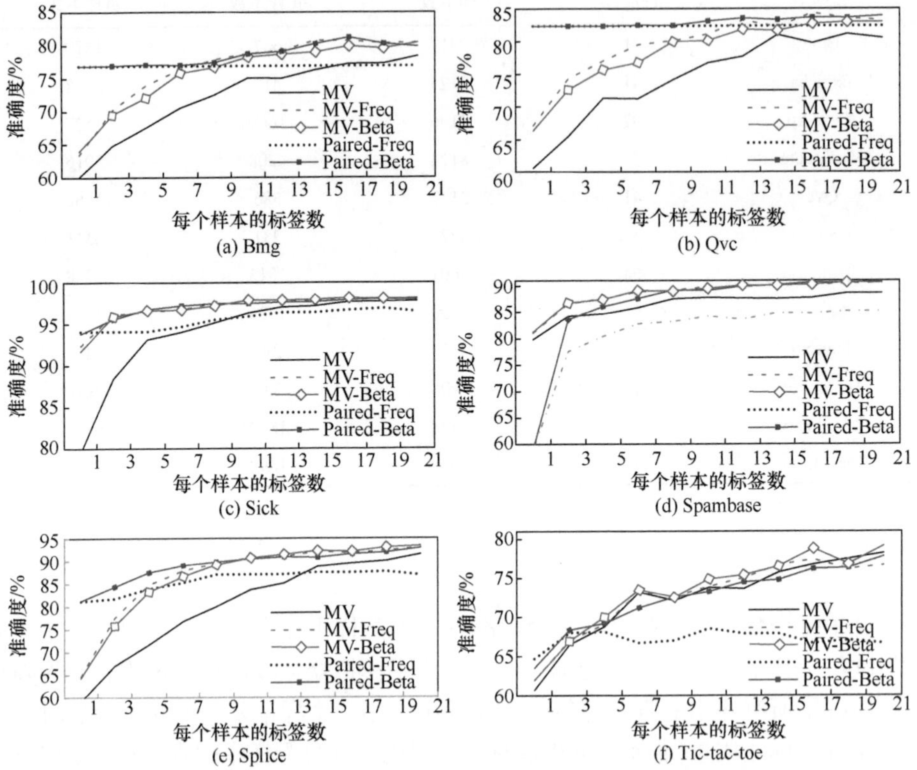

图 9-1　工作者标注准确度均为 0.6 时 5 种标签利用方法的性能对比

首先，聚焦多数投票策略 MV 及其变体 MV-Freq 和 MV-Beta。在这三个策略中，MV-Freq 和 MV-Beta 在所有数据集上的表现始终优于 MV。因此，可以确定带有样本权重的“软”多数投票策略确实改善了“硬”多数投票策略的表现。此外，还可以看到所提出的 MV-Freq 和 MV-Beta 两种方法在所有 6 个数据集上的表现非常接近。

其次，聚焦 Paired-Freq 和 Paired-Beta 两种方法的实验结果，可以发现，在所有数据集上 Paired-Beta 方法的整体性能明显优于 Paired-Freq 方法。还注意到，当每个样本的标签越来越多时，Paired-Freq 的性能不会产生预期的增量，特别是在 Bmg 和 Qvc 两个数据集上 Paired-Freq 的学习曲线近乎平坦，但在其余数据集上，Paired-Freq 有微小的增量。Paired-Freq 表现如此的根本原因是其完全保持了噪声。例如，当样本的众包标签集为$\{+,+,+,-,-\}$($p=0.6$)时，Paired-Freq 产生一对标签$\{(+,0.6),(-,0.4)\}$；当该样本获得更多众包标签变成$\{+,+,+,+,+,+,-,-,-,-\}$时，它仍然产生相同的一对标签。Paired-Freq 仍然为成对样本赋予一样的权重。Paired-

Beta 方法则改善了这一情况。Paired-Beta 方法不会完全保持噪声，因为它能够在标签获取过程中逐步降低噪声水平，即为具有多数类别的样本分配更大的权重，为具有少数类别的样本分配更小的权重。在上述例子中，如果使用 Paired-Beta 方法，在样本有 6 个众包标签时，会产生标签对$\{(+,0.656),(-,0.344)\}$，当众包标签增至 10 个后，将产生标签对$\{(+,0.726),(-,0.274)\}$。显然，在后一种情况下，样本为正例的确定度更大。

再次，对比 MV 类方法(MV、MV-Freq、MV-Beta)和 Paired 类方法(Paired-Freq 和 Paired-Beta)可以发现：Paired 类方法在学习过程的早期阶段普遍优于 MV 类方法(只有 Spambase 数据集上例外)。然而，随着标签数目的增加，MV 类方法的性能迅速提升，在达到一定的众包标签数后，MV 类方法普遍优于 Paired-Freq 方法。所有 12 个数据集上的五种方法的平均准确度显示 Paired-Beta 方法具有最好的综合性能。

2. 工作者质量不相同时的性能对比

在实际的众包标注任务中，上述实验中的理想状态是不存在的，不同的众包工作者一定具有不同的标注质量。为了模拟这种情况，生成了 21 位众包工作者，其标注准确度在[0.5, 0.7]区间内随机产生。为了公平比较，在所有样本上这 21 位众包工作者出现的顺序相同。从图 9-2 所示的 6 个数据集上的实验结果可以得出近乎一致的结论。在所有数据集上，“软”多数投票方法(MV-Freq 和 MV-Beta)总是比“硬”多数投票方法(MV)表现更好。两种“软”多数投票策略(MV-Freq 和 MV-Beta)在所有数据集上的表现非常接近，因为它们只是产生的样本权重有所差异，而正负样本的分布没有差异。两种 Paired 类方法之间对比，Paired-Beta 方法总是比 Paired-Freq 方法表现更好。在大多数情况下，当学习开始时(即每个样本只有少量众包标签)，两种 Paired 类方法(MV-Freq 和 MV-Beta)表现优于 MV 类方法(MV、MV-Freq 和 MV-Beta)。最终样本上众包标签数量的增多，MV 类方法的性能迅速提升。在获得一定量的众包标签后，MV 类方法比 Paired-Freq 方法表现更好。在某些数据集上，MV 类方法甚至略好于 Paired-Beta 方法。但是，Paired-Beta 方法总是具有最好的综合性能。在这个实验中展示的 6 个数据集与第一个实验有一些互补性，但是需要说明的是，在全部 12 个数据集上，所获得的观察和结论是一致的。

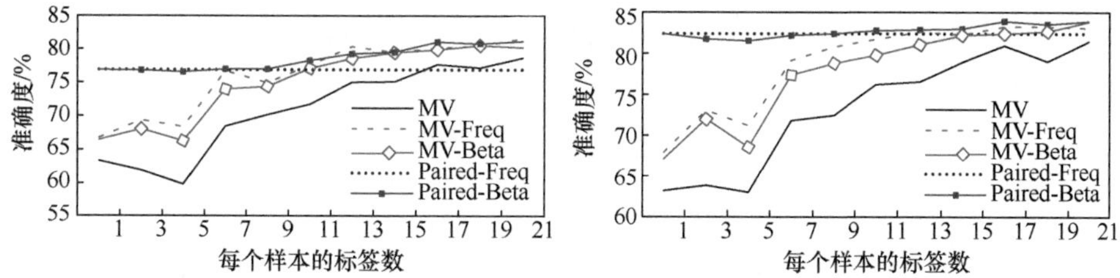

(a) Bmg　　　　(b) Qvc

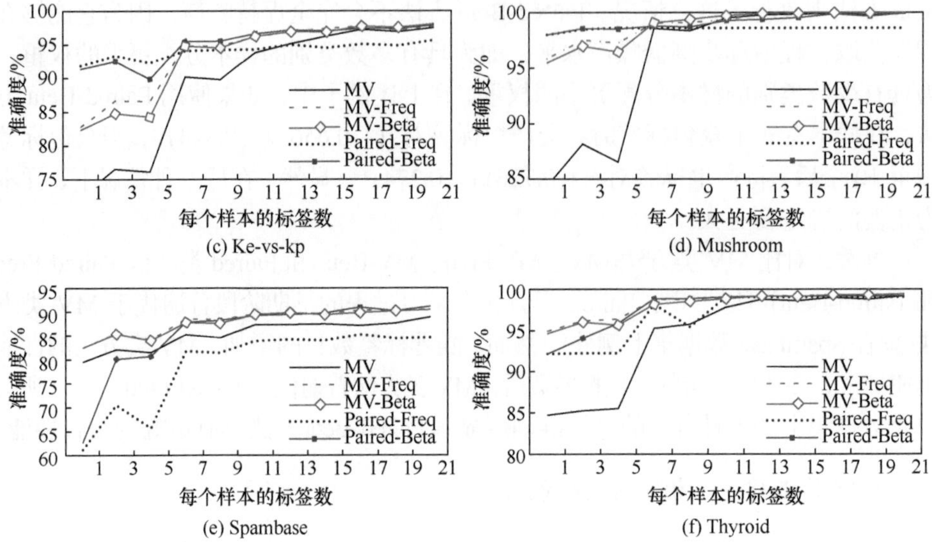

图 9-2　工作者标注准确度随机抽取于[0.5, 0.7]时 5 种标签利用方法的性能对比

9.3　众包集成学习

上述研究可以得出一些较为明确的结论：真值推断虽然能够提升数据质量，最终提升模型质量，但是也造成信息的损失，而这些信息往往对构建更好的泛化性能的分类器有不可忽视的作用，将这些信息合理利用起来的方法包括 9.2 节提出的各种标签信息利用方法。9.2 节的各种标签利用方法均构建在二分类问题之上，但是现实应用中多分类问题广泛存在。因此，如何在多分类问题上利用众包标签构建泛化性能更好的预测模型成为继二分类众包学习后亟待解决的难题。

从先前的一些研究可以获知，很多预测模型学习算法，如代价敏感决策树、神经网络等，都支持输入样本权重以获得更好的性能(Ting, 2002; Pierce et al., 2006)。然而，由于标签中存在噪声，训练所得到的学习模型的性能不可避免地会受到影响而产生下降。因此，训练噪声鲁棒的模型成为必然的考量之一。噪声鲁棒的学习模型与第 8 章中的标签噪声处理方法不同，它没有标签噪声识别与过滤过程，因此在某些方面更能够保持训练信息的完整性。通常训练噪声鲁棒的模型都必须针对特定的学习模型训练算法。例如，Li 和 Long (2000)在感知器算法中模拟了支持向量机的软边缘版本，允许它容忍噪声数据。Sukhbaatar 等(2015)在卷积神经网络中引入了一层额外的噪声层，该层的输出用来匹配噪声标签分布。Natarajan 等(2013)提出了两种方法来适当地修改任何给定的代理损失函数以在样本标签中存在一小部分噪声时仍然可以最小化经验风险，并获得良好的性能。在这一方向上，一篇广为参考的综述 (Frénay and Verleysen, 2013)指出，不少实证研究显示使用这些噪声容忍的训练算法所获得的学习模型仍然会受到噪声的影响，结果使得模型性能提升有限。另外一种不依赖于特定训练算法的方法就是构造集成(ensemble)学习模型。常用的集成学习模型包括 Boosting 和 Bagging 两种，它们都能在一定程度上容忍标签噪声 (Freund, 2001; Jiang, 2001; Abellán and Masegosa, 2010)。

研究显示，Bagging 方法在噪声标签下具有更好的性能(Dietterich, 2000; McDonald et al., 2003)，本节同样基于 Bagging 方法来构建多元分类下噪声容忍的集成学习模型。所提出的方法首先使用 Bootstrapping 过程从原始众包标注数据集创建 M 个子数据集。对于每个子数据集中的每个训练样本，根据其多个噪声标签的分布和类成员资格以不同的权重进行复制。然后，用该扩展的子数据集训练基础分类器。通过聚合这些子训练集训练出的 M 个基础分类器的输出来预测未标注样本的类标签。本节将从问题定义开始，介绍提出的集成学习框架以及集成学习算法 (Zhang et al., 2019b)，最后实验评价所提出方法的性能。

9.3.1　问题定义

假设众包数据的样本空间为 $\mathcal{D}$，每个众包样本为 $\langle \boldsymbol{x},\boldsymbol{l},y\rangle$，其中 $\boldsymbol{x}$ 和 $\boldsymbol{l}$ 为可观测到的样本特征和众包噪声标签集，$y\in\{c_1,c_2,\cdots,c_K\}$ 为样本的未知真实标签。众包预测模型学习的目标是学习一个假设 $h(\boldsymbol{x})$，该假设可以最小化泛化误差：

$$\varepsilon\left(h(\boldsymbol{x})\right)=\underset{\langle \boldsymbol{x},\boldsymbol{l},y\rangle\sim\mathcal{D}}{P}\left(h(\boldsymbol{x})\neq y\right) \tag{9.10}$$

由于每个样本联系了一个众包噪声标签集，将这一样本按照其众包噪声标签集中标签值的类别复制多份，每份对应一个特定的类别，即形成新样本 $\langle \boldsymbol{x}',l'\rangle$。假设扩展后的数据集中共有 N 个样本，所提出的学习模型并不估计这些样本的真实标签，而是学习一个假设 $\hat{h}(\boldsymbol{x}')$ 来最小化训练集的经验风险：

$$\hat{\varepsilon}\left(\hat{h}(\boldsymbol{x})\right)=\frac{1}{N}\sum_{i=1}^{N}V\left(\hat{h}(\boldsymbol{x}_i'),l_i'\right) \tag{9.11}$$

其中，V 是一个损失函数，通常对于分类任务使用 0-1 损失。

9.3.2　集成学习方法

1. 学习框架

本小节所提出的方法是一个集成学习框架，算法 9-1 直观地表述了该框架的主要步骤。首先，使用 Bootstrapping 采样过程来创建 M 个数据集 $\{D_1',D_2',\cdots,D_M'\}$。Bootstrapping 算法也称为有回放的采样算法，它从原数据集中采样一个数据点后，会将该数据点放回原数据集继续进行采样，且采样数据集与原数据集的大小一样，因此采样数据集中会产生多个相同的样本。这些采样数据集不能直接用于模型训练，因为每个样本只包含一个众包重复噪声标签集，这个标签集无法输入分类算法。因此，需要将每个采样数据集转换为一种可以用于分类算法的形式，形成新的采样数据集 $\{D_1^{\mathrm{L}}, D_2^{\mathrm{L}}, \cdots, D_M^{\mathrm{L}}\}$。下面将讨论此转换的详细方法。在这些数据集上训练 M 个基础分类器 $\{h_1(\boldsymbol{x}), h_2(\boldsymbol{x}), \cdots, h_M(\boldsymbol{x})\}$。最后，当未标注样本到来时，通过使用函数 $\mathcal{F}(\cdot)$ 聚合 M 个基础分类器，预测得到未知样本的标签。

算法 9-1 Ensemble Learning from Crowds (ELC)

Input: The crowdsourced labeled dataset *D*, the number of base classifiers *M*.
Output: An ensemble classifier $H(\boldsymbol{x})$

1. Load the original dataset *D*
2. **for** $i = 1$ to *M* **do**
3. Create D_i' from *D* using Bootstrapping
4. Extend D_i' to D_i^{L} which can be fed into a classification algorithm
5. Train a base classifier $h_i(\boldsymbol{x})$ from D_i^{L}
6. **end for**
7. Aggregate *M* base classifiers into a strong classifier, i.e.,
   $H(\boldsymbol{x}) = \mathcal{F}(h_1(\boldsymbol{x}), h_2(\boldsymbol{x}), \cdots, h_M(\boldsymbol{x}))$
8. **return** $H(\boldsymbol{x})$

框架中两个步骤的具体细节需要进一步细化：①如何将 D_i' 转换为 D_i^{L}；②如何聚合 M 个基础分类器的输出。

2. 复制样本

上述 Bootstrapping 过程对每个样本的众包噪声标签集不做任何处理。现有的分类算法均不能接受具有带有众包噪声标签集的样本用于模型训练，因此必须改变其表示形式。如果涉及真值推断，那么每个样本都将被分配一个集成标签，该标签将用于预测模型训练过程。但是，为了最大限度地保留噪声标签分布信息，所提出的方法并不包括真值推断过程。对于样本 $\langle \boldsymbol{x}_i, \boldsymbol{l}_i, y_i \rangle$ (这里 y_i 是未知的)，假设众包噪声标签集 $\boldsymbol{l}_i$ 包含了所有 K 个种类的标签，所提出的方法将创建该样本的 K 个副本，每个副本的格式为 $\langle \boldsymbol{x}_i^{(k)}, y_i^{(k)} = c_k, w_i^k \rangle$，$k = 1, 2, \cdots, K$，即每个众包标签集中出现的类 c_k 的样本的一个副本，同时令该副本的真实标签为 c_k，权重为 w_i^k。假设 J 位众包工作者为该样本提供噪声标签 $\boldsymbol{l}_i = \{l_{i1}, l_{i2}, \cdots, l_{iJ}\}$，则样本第 k 个副本

的权重为 $w_i^{(k)}$ 的计算如下：

$$w_i^{(k)}=\frac{1+\sum_{j=1}^{J}\mathbb{I}\left(l_{ij}=c_k\right)}{J+K} \tag{9.12}$$

这里，仍然和前面一样使用 Laplace 平滑来避免零权重。权重反映了样本在学习中的重要性，可以直接运用到学习算法中。许多主流分类算法，如决策树、支持向量机、神经网络等都可以接受带有权重的样本。这就是此方法避免推断过程并最大限度地保留信息的原因。

3. 基础分类器聚合

未知样本的最终预测类别需要通过聚合 M 个基础分类器的输出得到，最常见的聚合函数就是多数投票，即

$$H(\boldsymbol{x})=\underset{1\leqslant k\leqslant K}{\operatorname{argmax}}\sum_{m=1}^{M}\mathbb{I}\left(h_m(\boldsymbol{x})=c\right) \tag{9.13}$$

然而，这种简单的投票方案在众包场景中可能存在一定的风险。由于模型训练中使用的每个数据集 D^{L} 都不完善，无法像传统的监督学习那样通过交叉验证来判断每个基础分类器的性能，即每个基础分类器的性能仍然不确定。因此，多数投票和加权多数投票均不太可靠。当使用多数投票方案时，即认为不但预测的未知样本之间相互独立，它们与这些基础分类器之间也彼此独立。因此，一系列投票结果不能很好地反映未知样本的类别分布。这些结果既未达到全局最优也未达到局部最优。

为了提高未知样本的预测性能，采用基于最大似然估计的分组预测方案。简单地说，当预测第 t 个未知样本时，同时重新预测一组历史未知样本(如从第 1 个到第 $t-1$ 个未知样本)。假设 M 个基础分类器共预测 T 个未知样本。所有分类器在所有未知样本上的输出形成矩阵 A 。所有预测值的完全似然度为

$$\ell=P(A\,|\,\boldsymbol{\Pi},\boldsymbol{p})=\prod_{t=1}^{T}\left(\sum_{k=1}^{K}p_k\prod_{m=1}^{M}\prod_{d=1}^{K}\left(\pi_{kd}^{(m)}\right)^{\lambda_{td}^{(m)}}\right) \tag{9.14}$$

其中，$\boldsymbol{\Pi}=\{\pi_{kd}^{(m)}\}_{m=1}^{M}$ 是所有基本分类器的混淆矩阵集；$\pi_{kd}^{(m)}$ 是分类器 m 预测类 c_k 为类 c_d 的概率；$\boldsymbol{p}=\{p_k\}_{k=1}^{K}$ 是所有类别的先验概率；$\lambda_{td}^{(m)}\in\{0,1\}$ 表示分类器 m 是否将未知样本 $\boldsymbol{x}_t$ 预测为类 c_d 。对上述似然值的最大化可以借助 EM 算法。

E 步中，未知样本 $\boldsymbol{x}_t$ 属于类 c_k 的概率可以估计为

$$P(\hat{y}_t=c_k\,|\,\boldsymbol{\Pi},\boldsymbol{p})\propto p_k\prod_{m=1}^{M}\prod_{d=1}^{K}\left(\pi_{kd}^{(m)}\right)^{\lambda_{td}^{(m)}} \tag{9.15}$$

M 步中，基础分类器的所有混淆矩阵和所有类别的先验概率分别更新如下：

$$\hat{\pi}_{kd}^{(m)} = \frac{\sum_{t=1}^{T} \mathbb{I}(\hat{y}_t = c_k)\lambda_{td}^{(m)}}{\sum_{d=1}^{K}\sum_{t=1}^{T} \mathbb{I}(\hat{y}_t = c_k)\lambda_{td}^{(m)}} \tag{9.16}$$

$$\hat{p}_k = \frac{1}{T}\sum_{t=1}^{T} \mathbb{I}(\hat{y}_t = c_k) \tag{9.17}$$

通过基于最大似然估计的分组预测方法，可以得到局部最优解。

9.3.3　理论分析

本节从理论上展示最大似然估计弱分类器聚合的一些特点，并与目前广泛使用的多数投票聚合方法进行比较。考虑简单的单币模型，即弱分类器的预测要么正确要么错误，类标签是 0(负)或 1(正)，并且在负类和正类上进行预测的正确率相同。所提出的解决方案包括 M 个弱分类器，其基本假设是弱分类器的可靠性优于随机猜测。本节将理论分析结果总结为两个定理。

定理 9-1(EM 算法的误差边界)　假设从众包数据训练的 M 个基础分类器预测 T 个未知样本。令 $\boldsymbol{A} = (A_{mt})^{M\times T}$ $(A_{mt} \in \{0,1\})$ 为这 M 个基础分类器提供给 T 个未知样本的预测标签，$r_m \in (0.5,1]$ 为基础分类器 m 的可靠度。在单币模型下，EM 算法迭代过程中每一步的误差率上界为

$$\varepsilon \leqslant \frac{1}{T}\sum_{t\in[t]} \exp\left[-\sum_{m\in[M]} (2r_m - 1)\log\frac{r_m}{1-r_m}\right] \tag{9.18}$$

证明　在 EM 算法的每次迭代中，聚合模型最大化对数似然函数：

$$\ell(\boldsymbol{A};\boldsymbol{r}) = \sum_t \log\left[\prod_m r_m^{A_{mt}}(1-r_m)^{1-A_{mt}} + \prod_m (1-r_m)^{A_{mt}} r_m^{1-A_{mt}}\right] \tag{9.19}$$

使用 Jensen 不等式，得到

$$\begin{aligned}\ell(\boldsymbol{A};\boldsymbol{r}) &= \sum_t \log\left[\frac{\hat{y}_t}{\hat{y}_t}\prod_m r_m^{A_{mt}}(1-r_m)^{1-A_{mt}} + \frac{1-\hat{y}_t}{1-\hat{y}_t}\prod_m (1-r_m)^{A_{mt}} r_m^{1-A_{mt}}\right] \\ &\geqslant \sum_{m,t} \hat{y}_t\left[A_{mt}\log r_m + (1-A_{mt})\log(1-r_m)\right] + \sum_{m,t}(1-\hat{y}_t)\left[A_{mt}\log(1-r_m) + (1-A_{mt})\log r_m\right] \\ &\quad - \sum_t\left[\hat{y}_t \log\hat{y}_t + (1-\hat{y}_t)\log(1-\hat{y}_t)\right] \equiv \mathcal{F}(\boldsymbol{r},\hat{\boldsymbol{y}})\end{aligned} \tag{9.20}$$

其中，A_{mt} 可写为

$$A_{mt}=y_t\mathbb{I}\left(A_{mt}=y_t\right)+\left(1-y_t\right)\left(1-\mathbb{I}\left(A_{mt}=y_t\right)\right) \tag{9.21}$$

可以通过最大化 $\mathcal{F}(\boldsymbol{r},\hat{\boldsymbol{y}})$ 来估计 y_t，将式(9.21)代入 $\mathcal{F}(\boldsymbol{r},\hat{\boldsymbol{y}})$ 中，得到

$$\begin{aligned}\mathcal{F}(\boldsymbol{r},\hat{\boldsymbol{y}})=&\sum_m\sum_t\mathbb{I}\left(A_{mt}=y_t\right)\left\{\left[(1-\hat{y}_t)(1-y_t)+\hat{y}_t y_t\right]\log r_m\right.\\&\left.+\left[(1-\hat{y}_t)y_t+\hat{y}_t(1-y_t)\right]\log(1-r_m)\right\}+\sum_m\sum_t\left(1-\mathbb{I}\left(A_{mt}=y_t\right)\right)\\&\cdot\left\{\left[(1-\hat{y}_t)y_t+\hat{y}_t(1-y_t)\right]\log r_m+\left[(1-\hat{y}_t)(1-y_t)+\hat{y}_t y_t\right]\log(1-r_m)\right\}\\&+\sum_t\left(\hat{y}_t\log\left(1/\hat{y}_t\right)+\left(1-\hat{y}_t\right)\log\left(1/(1-\hat{y}_t)\right)\right)\end{aligned} \tag{9.22}$$

当最大化 $\mathcal{F}(\boldsymbol{r},\hat{\boldsymbol{y}})$ 时，得到

$$\begin{cases}\dfrac{\partial\mathcal{F}(\boldsymbol{r},\hat{\boldsymbol{y}})}{\partial\boldsymbol{r}}=0\\[2ex]\dfrac{\partial\mathcal{F}(\boldsymbol{r},\hat{\boldsymbol{y}})}{\partial\hat{\boldsymbol{y}}}=0\end{cases} \tag{9.23}$$

因为式(9.22)中的 y_t 仅有两个值 0 和 1，将 $y_t=0$ 和 $y_t=1$ 分别代入式(9.22)中以求解式(9.23)。然后，可以得到估计标签 $\hat{y}_t$ 与其真值 y_t 之间的关系如下：

$$\left|\hat{y}_t-y_t\right|=\frac{1}{1+\exp\left[\sum\limits_{m\in[M]}\left(2\mathbb{I}\left(A_{mt}=y_t\right)-1\right)\log\dfrac{r_m}{1-r_m}\right]} \tag{9.24}$$

最后，可以得到所有预测未做标记的实例的平均误差率如下：

$$\begin{aligned}\varepsilon=\frac{1}{T}\sum_{t\in[T]}\left|\hat{y}_t-y_t\right|&=\frac{1}{T}\sum_{t\in[T]}\frac{1}{1+\exp\left[\sum\limits_{m\in[M]}\left(2\mathbb{I}\left(A_{mt}=y_t\right)-1\right)\log\dfrac{r_m}{1-r_m}\right]}\\&\leqslant\frac{1}{T}\sum_{t\in[T]}\exp\left[-\sum_{m\in[M]}\left(2r_m-1\right)\log\frac{r_m}{1-r_m}\right]\end{aligned} \tag{9.25}$$

值得一提的是，在 Li 等(2013)的文献中已经对多个不确定分类器的 EM-MLE 和 EM-MAP 聚合方法的错误率进行了理论研究。该文献的研究使用了超平面估计规则，在高维空间中获得的矩阵 A 的线性整流函数，以更一般的形式导出了误差率界限。EM-MLE 和 EM-MAP 聚合方法的误差率界限通常具有上界 $O(\mathrm{e}^{-f(r_m^2)})$。研究还表明，若基础分类器 m 在所有类别上具有相同的正确概率 $r_m\in(0.5,1]$，则可以获得更紧致的误差上界 $O(\mathrm{e}^{-f(r_m\log r_m)})$。类似地，在单币模型下，当 $r_m\in(0.5,1]$ 时式(9.18)给出了一个更紧致的误差上界。

定理 9-2(基础分类器聚合误差)　假设未知样本由 M 个可靠度为 $r_1, r_2, \cdots, r_M$ 的基础分类器联合预测，那么使用多数投票聚合函数的误差为

$$\varepsilon = 1 - \sum_{k=\lfloor M/2 \rfloor + 1}^{M} \mathrm{PB}(k; M, \boldsymbol{r}) \tag{9.26}$$

证明　对于可靠度为 $r_1, r_2, \cdots, r_M$ 的 M 个基础分类器，出现 k 个正标签的概率服从泊松二项分布，其概率质量函数用 $\mathrm{PB}(k; M, \boldsymbol{r})$ 表示，定义如下：

$$P(K = k) = \mathrm{PB}(k; M, \boldsymbol{r}) = \sum_{O \subset \{1,2,\cdots,M\}, |O| = k} \left(\prod_{i \in O} r_i \right) \left(\prod_{j \in O^c} (1 - r_j) \right) \tag{9.27}$$

其中，O 为 $\{1,2,\cdots,M\}$ 的子集；O^c 为 O 的补集(即 $O^c \cup O = \{1,2,\cdots,M\}$)。若超过一半的基础分类器预测样本是正类，则聚合标签为正。在泊松二项模型下，多数投票聚合的误差率可以估计为式(9.26)。

当 $r_1 = r_2 = \cdots = r_M$ 时，泊松二项分布简化为二项分布，误差达到最小值。最差的情况则是误差上界为 $1 - \min\{r_1, r_2, \cdots, r_M\}$，这意味聚合不能提高其性能。

对比式(9.18)和式(9.26)，很容易发现最大似然估计聚合的两个特征，使得它相对于多数投票聚合方法具有潜在优势：一方面，增加基础分类器的数量将减少误差率的上界；另一方面，增加需要预测的未知样本的数量也会降低误差率的上界。而这两个特性是多数投票聚合方法所不具备的。

9.3.4　实验对比算法和设置

实验将对比 7 种众包标注预测模型学习方法，分别介绍如下：

(1) MV 代表最基本的两阶段学习方案，使用 MV 进行真值推断，然后使用集成标签作为真实标签的替代构建预测学习模型。

(2) ZenCrowd 也遵循两阶段学习方案，ZenCrowd 真值推断算法建模了众包工作者的可靠度，使用其进行真值推断，然后利用集成标签构建预测学习模型。实验使用 SQUARE 中的 ZenCrowd 实现并将工作者的可靠度的先验设置为 0.7。

(3) SDS 使用谱方法来设置 DS 算法的初始化条件(混淆矩阵的初始值和类别的先验分布)，工作者的可靠度使用混淆矩阵进行建模。同样，使用 SDS 算法推断的基础标签进行预测模型训练并且将 SDS 的参数 δ 设置为建议的 10^{-6}。

(4) Duplicated 非常类似于 9.2 节的 Paired-Freq 算法(只能处理二分类情形)，它将根据众包标签中的类别复制样本和赋予权重(可以处理多分类情形)，只不过只用单一的分类器进行预测。

(5) MVBagging 直接将传统的 Bagging 算法应用到带有 MV 产生的集成标签

的数据集上。Bagging 的实现直接使用了 WEKA 中的代码，除了迭代次数设置为 M 以外，所有的参数均设置成默认值。

(6) EnsembleMV 是本节所提出方法的一种变体，多个基础分类器采用 MV 方法进行聚合。

(7) EnsembleMLE 即本节所提出的方法。

以上所有的对比方法都可以处理二分类和多分类情形。在实验中基础分类算法采用 WEKA 中的反向传播(BP)神经网络实现，参数使用默认值，即学习速率设置为 0.3，动量设置为 0.2，隐层数设置为(特征数+类别数)/2。所提出的集成学习算法(EnsembleMV 和 EnsembleMLE)只有一个参数，即基础分类器数目 M，设为 9。对于 EnsembleMLE 中的混淆矩阵，其对角线元素设置为 0.8，而其他元素设置为 $0.2/(K-1)$，K 为类别总数。实验使用 6.3.3 节介绍的 M-AUC 作为评价指标。

9.3.5 模拟实验结果与分析

1. 模拟实验过程

模拟实验在 UCI 机器学习数据库中选择了 9 个数据集作为基础模拟数据集。所选出的 9 个数据集的详细情况见表 9-2。选择这些数据集是因为它们具有不同的类分布、不同的实例数、不同数量和不同类型的特征，可以最大限度地验证算法的性能及其适用性。

表 9-2　用于实验的 9 个 UCI 数据集的详细信息

数据集	类别数	样本数	特征数	特征类别
Kr-vs-kp	2	3196	37	nominal
Spambase	2	4601	58	numeric
Sick	2	3772	30	nominal+numeric
Waveform	3	5000	40	numeric
Cmc	3	1473	9	nominal+numeric
Car	4	1728	6	nominal
Vehicle	4	846	18	numeric
Page-blocks	5	5473	10	numeric
Satimage	6	4435	36	numeric

众包工作者的标注行为模拟如下：标注质量(准确度)的分布服从截断的高斯分布，其形式为 $\mathcal{N}(\mu,\sigma^2,a,b)$，其中 $\mu=0.6$, $\sigma=0.1$, $a=0.5$ 且 $b=0.7$。在此设置下，每位工作者的标注准确度都落在[0.5, 0.7]的范围内。此外，假设标签错误在所

有类中均匀分布。若工作者的标注准确度为 $p\%$，$p \in [50,70]$，则数据集中的每个类别将同等地获得 $p\%$错误标签。当工作者的标注准确度先验不可知时，这是一种被广泛接受的设置。

在加载 UCI 数据集之后，随机地将每个类别中 30%的样本保留用于测试，剩下的 70%的样本用于训练预测模型。然后，开始模拟众包工作者的标注行为。工作者的数量从 1 增加到 10。每位工作者都标注训练集中的所有样本。为了获得不同工作者数量设置下的实验结果，在新增的工作者标注了所有样本之后，评估七种算法的性能并记录实验结果。由于数据集是随机划分的，重复上述实验过程 10 次。最后，报告不同工作者数量设置下所有比较算法的平均 AUC 指标值及其标准差。

2. 实验结果与分析

图 9-3 展示了在 9 个 UCI 模拟众包标注数据集上 7 种学习算法的性能对比结果。图中，横轴表示每个样本上所具有的众包标签数，纵轴表示训练出的学习模型的性能(AUC)。

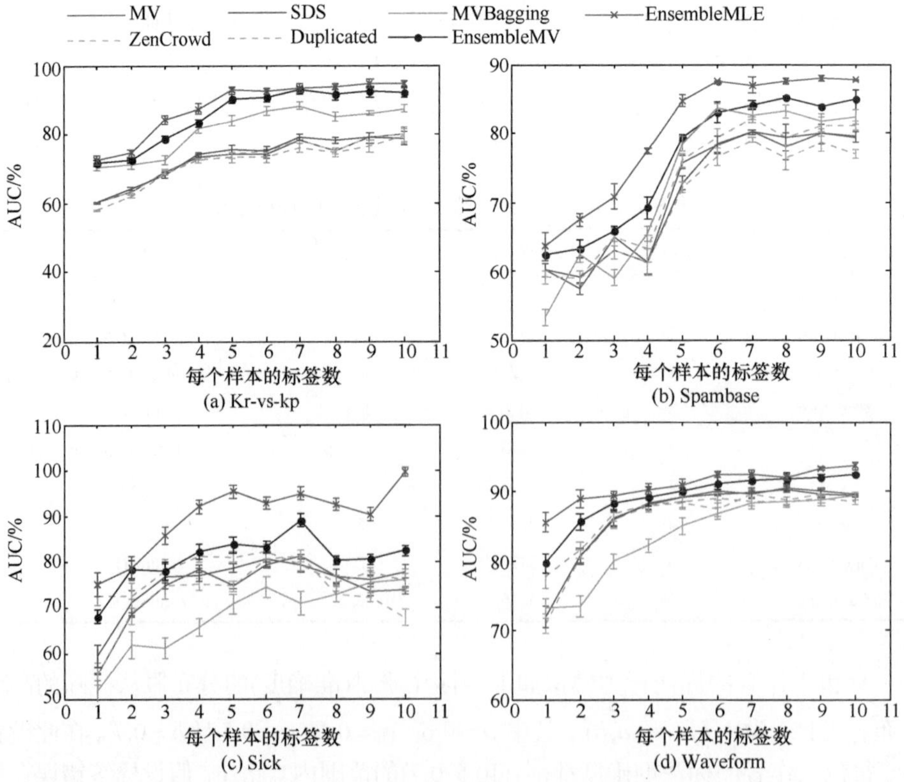

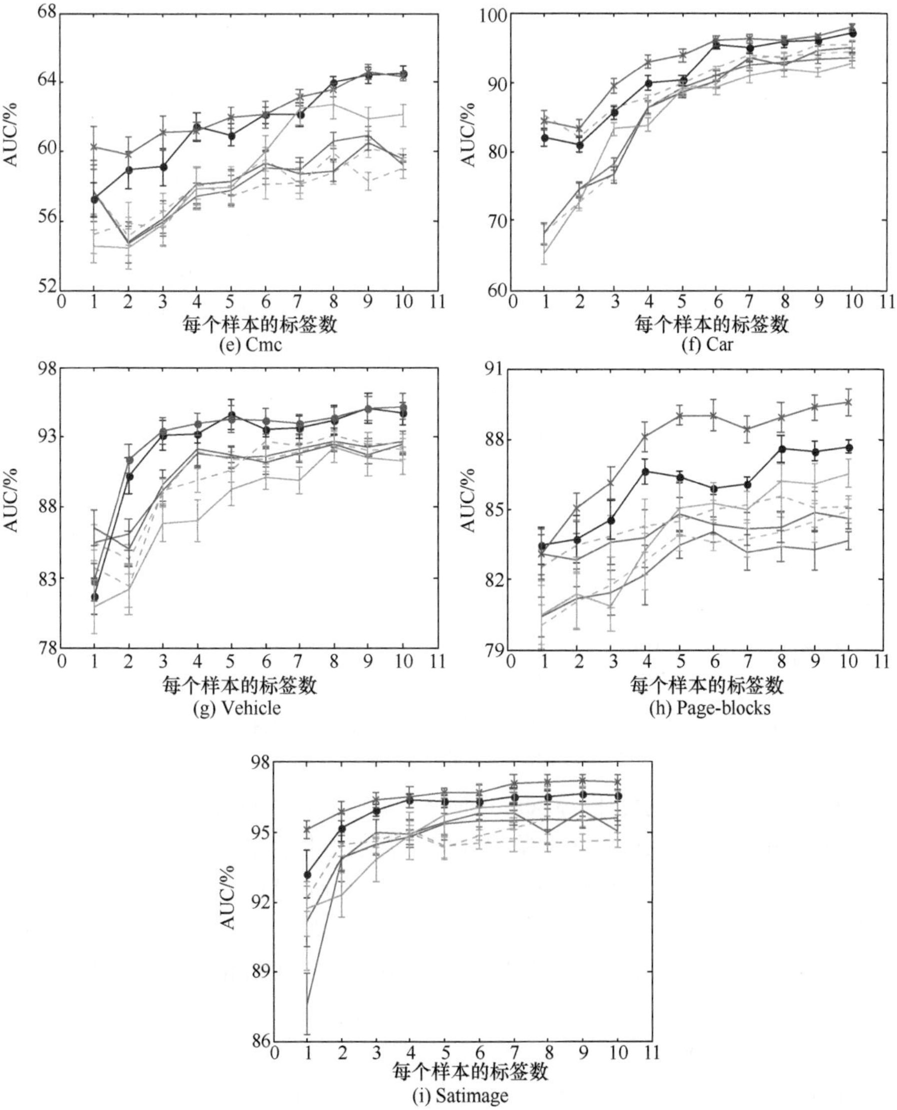

图 9-3　在 9 个 UCI 模拟众包标注数据集上 7 种学习算法的性能对比

首先，关注三种传统的两阶段学习方法 MV、ZenCrowd 和 SDS。这三者的性能在大多数情况下没有表现出明显的差异。在 Page-blocks 数据集上，ZenCrowd 和 SDS 在样本上的标签数大于 4 个时比 MV 方法略好。尽管真值推断算法 ZenCrowd 和 SDS 理应优于 MV，然而它们在真值推断上的优势并没有体现到所训练的预测模型中，这是因为不可知论真值推断算法完全忽略了样本的特征，而样本的特征又对预测模型至关重要。因此，这三者的性能表现恰好证实了：通过设计更加准确的真值推断算法来提升学习模型的性能会非常困难。而无需推断过程的 Duplicated 方法仅仅在少量的数据集(Sick、Car 和 Page-blocks 数据集)上，比 MV、ZenCrowd 和 SDS 优秀，在其他数据集上未表现出任何优势，有时候甚至表现更糟(如在 Satimage 数据集上)。

MVBagging 代表了直接在推断数据集上应用传统 Bagging 集成学习算法进行模型训练的一类方法。正因为上述两阶段学习方法并未表现出明显的差异，所以 MVBagging 的性能可以完全代表这一类方法(即“推断+Bagging”法)。随着众包标签数量的增加，MVBagging 的性能在 Spambase、Cmc、Page-blocks 和 Satimage 数据集上可能优于 MV、ZenCrowd、SDS 和 Duplicated，但是在其他数据集上表现更差。从这些实验结果上可以得到结论：在众包标注数据集上直接应用传统的集成学习方法效果不好，因为集成标签中的错误将会显著影响基础分类器的性能。相比之下，所提出的 EnsembleMV 和 EnsembleMLE 方法在这些模拟数据集上均优于上述对比方法。

相比于 MV、ZenCrowd、SDS、Duplicated 和 MVBagging 方法，所提出的 EnsembleMV 方法在 7 个数据集(Kr-vs-kp、Sick、Cmc、Car、Vehicle、Page-blocks 和 Satimage)上具有明显的优势。AUC 的最大增量超过 10 个百分点。在 Waveform 数据集上，EnsembleMV 也比其他五种方法略好。因此，提出的集成学习方案显著地提升了学习模型的性能。EnsembleMLE 是该学习方案的增强版，其基础分类器的输出结果使用最大似然估计进行聚合。显然，在除了 Vehicle 以外的 8 个数据集上，EnsembleMLE 均优于 EnsembleMV，平均 AUC 的增量达到 3～7 个百分点。当然，EnsembleMLE 也毫无争议地优于其他五种算法。

下面再分析实验结果中的一些细节。显然，EnsembleMV 并不十分稳定，因为多数投票并不能形成基础分类器集成的最优解。例如，在 Spambase 数据集上，在多数情况下 EnsembleMV 优于 MV、ZenCrowd、SDS、Duplicated 和 MVBagging。但是，当样本上具有 3、5、7 个众包标签时，EnsembleMV 并未表现出优势。相比之下，使用 MLE 集成的 EnsembleMLE 方法在 Spambase 数据集上表现更优秀，平均 AUC 的增量达到了 4～8 个百分点。此外，EnsembleMLE 的学习曲线比 EnsembleMV 的学习曲线更加平滑。EnsembleMLE 比 EnsembleMV 优秀的另一个特点是，在大多数数据集(如 Spambase、Waveform、Cmc、Car、Page-blocks、Satimage)上，当样本上的众包噪声标签数目很小(2~5)时，EnsembleMLE 的性能比 EnsembleMV 好很多。这意味着，EnsembleMLE 具备潜在的降低标签获取成本的作用。但需要说明的是，由于 EnsembleMLE 也不是全局最优方法，在某些特定情形下(如 Cmc 和 Vehicle 数据集上的某些情况下)，它并不一定显著优于 EnsembleMV。

最后，关注 Sick 数据集上的实验结果。在这个数据集上，所有的学习曲线均具有比较大的波动，原因是该数据集是极度不平衡的数据集，其中负例占比高达93.9%。数据分布的不平衡严重地影响到真值推断和学习算法的性能。当使用多数投票聚合方法时，不平衡的数据分布使得样本很容易被判定为“大类”。因此，EnsembleMV 方法失去了优势。图 9-6(c)的结果显示，当样本上的众包标签数超过 7 个时，EnsembleMV 只比 MV、ZenCrowd、SDS 和 Duplicated 稍好。相比之下，EnsembleMLE 表现出明显的优势，它的性能比 EnsembleMV 高出了 8 个百分点。因此，使用 MLE 进行基础分类器的聚合在不平衡数据集上更具优势。相同的现象还可以在 Page-blocks 数据集上观察到，该数据集中的大类样本占比高达 89.8%。

总之，相比于五种现有的学习算法，提出的众包集成学习算法 EnsembleMV 和 EnsembleMLE 可以显著地提高预测模型的性能。使用 MLE 方法聚合基础分类器比采用 MV 方法聚合更好，特别是在类别不平衡和样本具有较少的众包标签情况下，优势更加明显。

9.3.6　真实众包数据集实验结果与分析

1. 真实众包数据集与实验设置

本节实验仍然使用本书作者收集的 Leaves 数据集，该数据集包含了 6 种植物的叶子样本(括号中是样本数量)，分别是 Maple(96)、Alder(48)、Eucalyptus(48)、Poplar(48)、Oak(96)和 Tilia(48)。选择这些类别是因为非专业的众包工作者不太难识别这些叶子种类。上述选定的 384 个样本被发布到 MTurk 众包平台上并要求众包工作者在查看这些植物叶子种类的示例的基础上，将样本分类为最合适的类别。每个样本独立地由 10 个不同的众包工作者标注。因此，数据集总共包含 3840 个标签，涉及 83 位工作者，大多数工作者的标注准确度在区间[0.4, 0.7]。实验中使用 Mallah 等(2013)提供的图像的 64 维边缘特征来构建预测学习模型。另外一个数据集也是出现在第 8 章中的 Chihuahua，数据集由 Bi 等 (2014)收集。MTurk 平台上的众包工作者被要求判断照片中的狗是不是“吉娃娃”。该数据集包括 299 个实例(其中 157 个负例、142 个正例)，每个样本被 6 位不同的众包工作者标注，共有 21 位工作者参与了标注任务，大多数工作者的标注准确度在区间[0.7, 1.0]。原作者为每个样本提供了 4096 维特征，可以用来训练预测模型。在真实众包数据集实验中，为了弥补模拟众包标注数据集上实验的不足，还将验证算法在不同的模型训练算法(包括 BP 神经网络、决策树和 SVM)下的性能。

2. 实验结果与分析

图 9-4 展示了在 Leaves 数据集上使用不同的分类算法时，7 种不同的众包学

习方法所训练出的预测模型之间的性能对比。首先，可见图 9-4(a)(学习算法为 BP 神经网络)中的学习曲线基本与前面模拟众包标注数据集上的学习曲线规律一致。当样本上的众包标签数目小于 5 时，三种两阶段学习方法的性能无明显差异。当众包标签数目增加时，SDS 优于 MV 和 ZenCrowd。Duplicated 方法在该数据集上未显示出优势。MVBagging 优于三种两阶段学习方法和 Duplicated 方法。与现有的五种算法相比，提出的 EnsembleMV 和 EnsembleMLE 方法具有较大的优势，平均 AUC 增量可达 3～7 个百分点。EnsembleMLE 显著优于 EnsembleMV，特别是当样本的众包标签数小于 5 时。

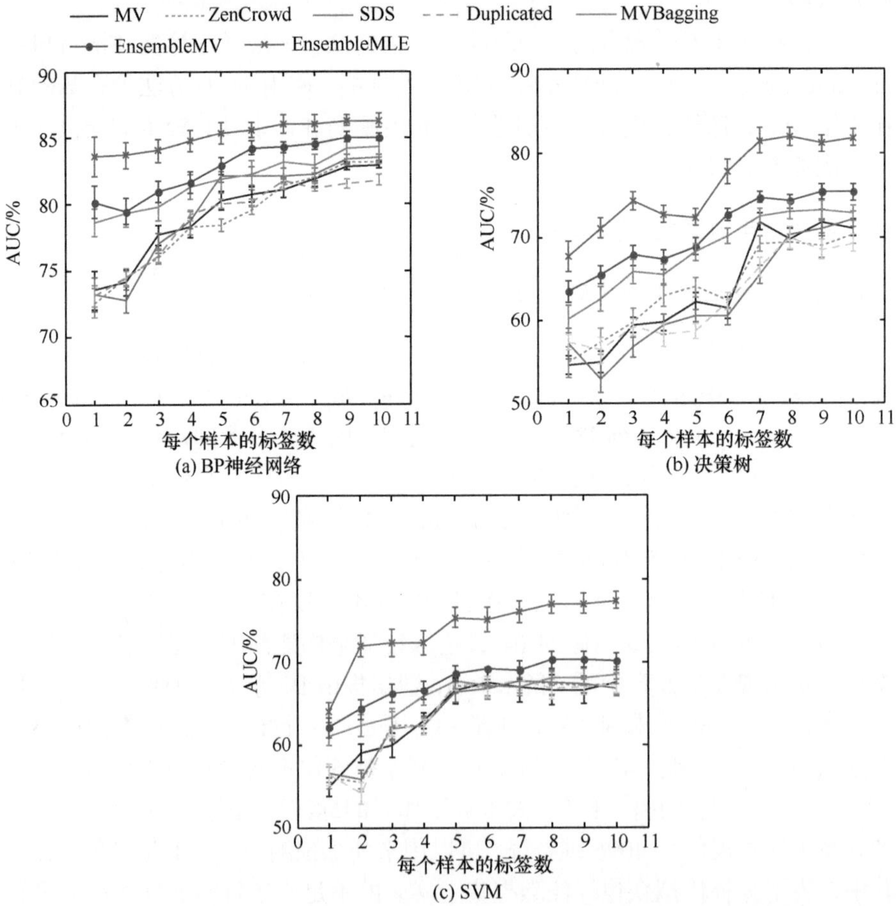

图 9-4　在 Leaves 数据集上使用不同分类算法时，7 种众包学习方法的性能对比

图 9-4(b)和(c)分别展示了将 BP 神经网络替换成决策树和 SVM 时的性能对比。在图 9-4(b)中，EnsembleMV 和 EnsembleMLE 均显著优于其他 5 种现有算法。在使用决策树时，EnsembleMLE 的性能至少提升了 4 个百分点。在图 9-4(c)中，

EnsembleMV 仅仅比 5 种现有算法略好。令人惊讶的是，EnsembleMLE 仍然维持了很高的性能。相比于 EnsembleMV，EnsembleMLE 在大多数情况下提升超过 10 个百分点。因此，所提出的众包集成学习算法的性能在选择不同的分类算法时也显著优于现有算法。最后，与图 9-4(a)相比，使用决策树和 SVM 所训练出的预测模型性能有所降低。在 Chihuahua 数据集上所观察到的结果基本一致。

9.4　本 章 小 结

利用众包标签进行预测模型学习必然会遇到标签噪声问题。传统机器学习方法通常设定较为苛刻的前提假设并在此假设之上利用构建带有权重的损失函数等技术手段使得模型训练能够容忍标签中存在的少量噪声。这些方法由于条件设定严格，难以匹配众包标注的开放、不确定特性，因此在众包学习中很难有良好的表现。本书认为，众包噪声中所包含的标签分布信息如果加以合理利用，对于提升预测模型的泛化性能会有帮助，而当前只使用集成标签构建预测模型的做法很遗憾地丢失了这些有用信息。因此，从最简单的多数投票方法出发，作者提出了四种新的众包标签利用方法，分别是 MV-Freq、MV-Beta、Paired-Freq 和 Paired-Beta。这些方法的根本出发点是减少或者消除类别偏差，这对于样本只获得少量众包噪声标签时尤为重要。MV-Freq 和 MV-Beta 为样本的唯一集成标签赋予了一定的权重，从而区别了每个样本对于预测模型的重要性，使得那些确定程度不高的样本占有少量的权重，从而减小了类别偏差。Paired-Freq 和 Paired-Beta 则毫无偏差地分别生成一对带有不同权重的正负样本，从而避免了多数类为“误标”时对预测模型造成的负面影响。大量的实验显示，在样本众包标签数量不多时，Paired 类方法具有显著的优势，而无论在何种情况下 MV 的两种变体都比原始的简单 MV 方法更好。总体上，Paired-Beta 方法的综合性能最高。本章提出的四种众包标签利用方法不设置任何前提，因此具有最大的适用性。它们可以和多种分类算法联合使用，只要这些分类算法可以接受样本权重进行模型调整即可。它们还可以在多种真值推断算法上进行扩展，从而进一步提升那些用先进推断算法所得到的集成标签构造预测模型的学习效果。

另外一种较为通用的提升学习模型噪声鲁棒性的方法就是集成学习。集成学习的过程仍然沿袭了避免使用真值推断从而尽可能地保持样本众包噪声标签分布信息的思路。所提出的解决方案首先使用 Bootstrapping 过程从原始众包标注数据集中创建多个子数据集，在每个子数据集中，根据样本的众包噪声标签分布和类别信息，复制训练样本并分配不同的权重。然后，从每个扩展子数据集训练基础分类器。最后，通过聚合多个基本分类器的输出来预测未知样本。在这一框架下，设计了 EnsembleMV 和 EnsembleMLE 两个不同版本，它们分别基于多数投票和最大似然估计聚合基础分类器的预测输出。九个模拟众包标注数据集和两个真实众包标注数据集上的实验结果一致表明，所提出的集成学习算法 EnsembleMV 和 EnsembleMLE 均显著优于现有的五种众包学习算法。此外，在多分类标注任务、数据集类别分布不平衡、众包标签数量较少等情况下，EnsembleMLE 比 EnsembleMV 表现更好。

第 10 章　基于不确定性度量的众包主动学习

10.1　引　　言

在传统的主动学习中，采样策略(又称样本选择策略)是核心研究内容，它决定了学习算法能否用较少的样本获得相对较高的泛化性能。最简单和常用的采样类型是基于不确定性度量的采样(uncertainty sampling)。这种采样策略通常选择具有最小确定程度的样本从“先知”处获取标签。

Fu 等 (2013)给出了主动学习下样本不确定性度量的通用定义：给定未标注样本空间 $\mathcal{D}^{\mathrm{U}}$ 和标签空间 $\mathcal{Y}$，不确定性度量是一个从样本空间($\mathcal{D}^{\mathrm{U}}$)或者“样本-标签”空间($\mathcal{D}^{\mathrm{U}} \times \mathcal{Y}$)到实数空间 $\mathbb{R}$ 的映射函数 f_{u}：

$$f_{\mathrm{u}}: \begin{cases} D^{\mathrm{U}} \mapsto \mathbb{R}, & \text{样本视角} \\ D^{\mathrm{U}} \times \mathcal{Y} \mapsto \mathbb{R}, & \text{样本-标签视角} \end{cases} \tag{10.1}$$

其中，样本视角(sample view)是指只使用样本的特征计算不确定度，而样本-标签视角(sample-label view)是指不确定度的计算同时来自于特征与标签。而后者通常在概率模型下考虑样本潜在的标签类别分布，因此具有较好的性能。例如，根据考虑样本潜在类标签分布的方法不同，可以设计出三种不同的不确定性度量采样策略。如果只考虑未标注样本的单一潜在类标签的后验概率，则称为最小确信度(least confidence)采样(Culotta and McCallum, 2005)，其采样策略为

$$\boldsymbol{x}_{\mathrm{LC}}^{*} = \underset{\boldsymbol{x}}{\operatorname{argmax}} \left\{ 1 - P_{\Theta}(\hat{y} \mid \boldsymbol{x}) \right\} \tag{10.2}$$

其中，$\hat{y}$ 为样本在当前的假设(模型)下具有最大后验概率的潜在标签。这个最大后验概率越小表示样本的可信度越低，而选择策略则优先选择那些可信度最低的样本。如果考虑未标注样本前两个最大可能的潜在标签的后验概率，则称为最小边界(margin)采样，其采样策略为

$$\boldsymbol{x}_{\mathrm{MM}}^{*} = \underset{\boldsymbol{x}}{\operatorname{argmin}} \left\{ P_{\Theta}(\hat{y}_1 \mid \boldsymbol{x}) - P_{\Theta}(\hat{y}_2 \mid \boldsymbol{x}) \right\} \tag{10.3}$$

其中，$\hat{y}_1$ 和 $\hat{y}_2$ 是样本在当前的假设(模型)下后验概率排名前两位的潜在标签。该策略认为如果这两个后验概率相差越小，说明样本越难以辨别，即不确定度越大。如果考虑未标注样本所有可能的潜在标签的全部后验概率，则称为最大熵采样。

熵是信息论中度量不确定性的基本指标。最大熵采样策略为

$$\boldsymbol{x}_{\mathrm{ME}}^{*}=\underset{\boldsymbol{x}}{\operatorname{argmax}}\left\{-\sum_{k=1}^{K} P_{\Theta}(\hat{y}_k \mid \boldsymbol{x}) \log P_{\Theta}(\hat{y}_k \mid \boldsymbol{x})\right\} \tag{10.4}$$

其中，$\hat{y}_k$ 是样本在当前的假设(模型)下类别为 k 的潜在标签。以上例子表明，在主动学习中不确定性的度量可以有多种不同的方式，如果将模型具体化为特定的学习算法，则可以在不确定度框架下设计各种不同的与特定学习算法相关的采样策略。

在众包标注环境下，使用重复标注来提升标签质量，因此样本不确定性的度量更为复杂。5.4.2 节详细地讨论了 Sheng 等提出的众包主动学习样本不确定性度量方法。这些不确定性度量方法分别以样本上已有的众包标签分布、样本潜在真实标签在现有模型下的后验概率以及两者相结合的方式进行设计，分别称为 LU 策略、MU 策略和 LMU 策略。本章则在此基础上介绍作者针对特定的众包标注场景而设计的主动学习算法。

10.2 面向偏置标注的主动学习

众包标注中经常遇到的一种群体性的趋势——偏置标注现象。假设众包工作者偏向于给出负面判断，那么正面判断偏少会直接造成训练样本中的正例比例降低(使用集成标签构建预测学习模型)。如果被标注数据的真实类别就是不平衡的(正例比例较小)，那么偏置标注会造成更加严重的类别不平衡问题。第 7 章着重讨论了偏置标注情况下的真值推断问题。作者提出的 PLAT 算法会自动搜索正负样本划分的阈值，从而尽量纠正标注的偏移，以提高真值推断的准确度。本节将进一步讨论偏置标注情况下主动学习策略的设计问题，即在样本选择的过程中需要考虑偏置标注对采样策略的影响，使得类别不平衡问题得到(部分)解决，从而提升预测模型的泛化性能。

类别不平衡学习(He and Garcia, 2009)是机器学习中一个被长期研究的问题。众包偏置标注现象与类别不平衡交织在一起，使得模型学习更加困难，作者在这种复杂环境的学习问题上做了初步的探索。

10.2.1 主动学习框架

图 10-1 描述了作者所提出的偏置标注情形下的众包主动学习框架。原始的训练集 D 包含两个子集：有标签子集 D^{L} 和无标签子集 D^{U}。无标签子集 D^{U} 中的样本的众包噪声标签集为空。采样选择策略用来在样本中选择一个或一组具有较高不确定度的样本。这些样本的类别最难以确定，因此它们需要更多的标签来确定其类别归属。选择这些待进一步标注的样本后，众包工作者以一定的正确概率来

标注这些样本。当一定数量的样本均获得非空的众包噪声标签集后，某种真值推断方法(如 MV)将会应用到这些具有噪声标签的样本集上来推断其集成标签。那些具有集成标签的样本会形成一个新的训练集 D'，它将被用来进行预测模型训练。该过程一直迭代进行下去，学习到的预测模型不断地被更新，直到满足某种预设的条件。这些条件包括学习模型的性能满足预先定义的某个指标，或者其性能不能再被提升，又或者获取众包标签的预算已经耗尽等。学习到的模型也可以用来预测训练集中未标注样本的类标签，即半监督学习。

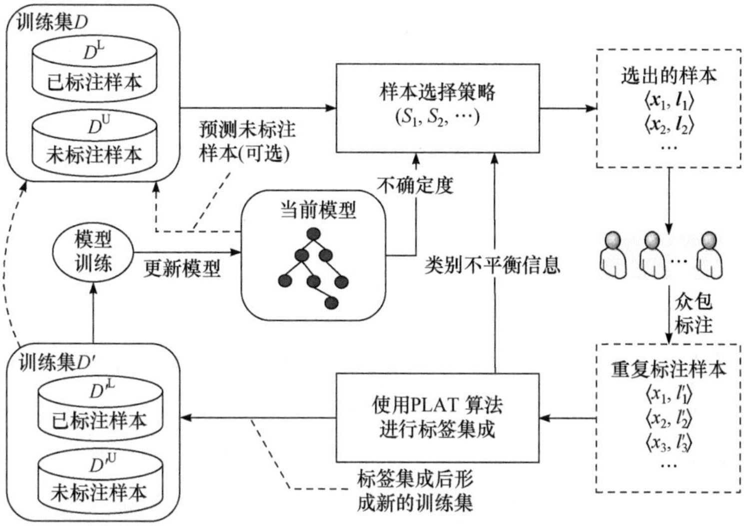

图 10-1 偏置标注情形下众包主动学习框架

图 10-1 给出了偏置标注情形下众包主动学习框架，与传统的基于样本池的(pool-based)主动学习(Settles and Craven, 2008)场景相比，该框架除了将“先知”(领域专家)替换为多个不完美的众包工作者，还有两个显著特点：①在该主动学习框架中，那些选出来再次进行众包标注的样本可以是众包噪声标签集为空的未标注样本，也可以是众包噪声标签集非空的已标注的样本，样本的集成标签可能随着样本获得的众包标签的增多改变数次；②为了简化学习过程，训练集可以同时包含有集成标签的样本和无集成标签的样本。在传统的基于样本池的主动学习中，训练集中没有未标注数据。

10.2.2 偏置的处理

对于偏置的处理是本框架的核心关键。首先，为了在偏置标注环境下获得良好的推断准确度，需要利用可以处理偏置标注的真值推断算法。因此，框架选用本书提出的 PLAT 算法。PLAT 算法的基本原理如下：当使用 MV 作为标签集成算法时，只要众包标签集中有至少一半的标签为负，样本的集成标签就推断为负，否则推断为正。这意味着 MV 算法使用 0.5 作为决策边界。然而，当标注存在偏置时，0.5 就不再是合适的决策边界。假设工作者更加倾向于提供负标签，则决策边界应该向小于 0.5 的方向移动。因此，通过在标签集成中动态估计决策阈值 T，PLAT 算法可以增加训练集中的正样本。

在 PLAT 算法中，阈值 T 具体化为众包标签集中正标签的频率(表示为 f^+)。首先计算每个样本众包标签集的 f^+ 值；然后将具有近似相同的 f^+ 值的样本归为一组。在偏置标注情况下，两个类别上的标注质量(p_P 和 p_N)具有明显差异。给定一个标签真值为正的样本，其众包标签集中正标签的数目(k)服从二项分布 $B(k; R, p_P)$，其中 R 是众包标签集的大小。类似地，对于标签真值为负的样本，其众包噪声标签集中正标签的数目(k)服从二项分布 $B(k; R, 1-p_N)$。将具有近似 f^+ 值的样本的数目对所有可能的 f^+ 值在[0, 1]区间内作图，就会得到如图 7-3 所示的 PFD 图(见 7.3.1 节)。

在偏置标注环境下两种典型的 PFD 曲线可如图 7-2 所示，其中，标注方块的曲线代表了偏置程度不严重时的情况，此时总体的标注质量相对较高(如 $p = 0.70$)，呈现出两个可以区分的“峰”，左边的峰 peak1 表示负样本的中心，因为它们都包含很少量的正标签(f^+ 的值非常小)，右边的峰 peak2 表示正样本的中心，因为它们都包含更多的正标签(f^+ 的值相对较大)。两峰之间是“谷”，它可以看成两类的分水岭，这时对于阈值 T 的估计最好选择谷对应的横轴坐标。如果偏置程度非常严重，那么总体的标注质量会非常低(如 $p = 0.55$)，上述两个峰就会叠加，形成图中标星的曲线。在此情况下，无论样本归属哪个类，它都只有少量的正标签，因此 f^+值不具备区分性。唯一的峰 peak 表示在这一点上正负样本具有最大限度的混淆，此时对于阈值 T 的估计最好选择单峰对应的横轴坐标。PLAT 算法采用了一个启发式过程 EstimateThresholdPosition 来估计最优的阈值 T。该过程分析所有样本正标签的分布，然后获得对阈值 T 的估计(表示为 t)。

当获得阈值 T 的估计 t 后，PLAT 算法基于这一估计从训练集样本的众包标签集中推断样本的集成标签。那些 $f^+ > t$ 的样本将被赋予正集成标签。那些 $f^+ \leqslant t$ 的样本将以较大的概率赋予负集成标签。在此过程中，PLAT 算法将尽力确保集成标签中正标签和负标签的比例与预估的底层数据分布的比例接近，这样在最终的训练集中正样本仍然占有相当的比例。

除了在真值推断过程中需要考虑偏置程度，在采样策略中也需要考虑到偏置程度。这一点可以通过一个例子很简单地说明。假设有样本 $\boldsymbol{x}\{+,+,+,-,-,-\}$，按照 5.4.2 节中的基于标签不确定度的策略，这个样本应该具有比较高的不确定度，因为正负众包标签的比例相同，说明工作者在此样本上分歧很大，需要更多的工作者来帮助判断。但是，如果是偏置标注情况，不确定度的大小还和偏置程度有关。如果工作者偏爱给出负标签，那么很可能样本只要有 30%以上的正标签就有很大的概率是正例。在此情况下，该样本的正标签占到了 50%，已经超过决策边界不少，所以大概率是正例，即不确定度已经小了很多，就不能再选择此样本作为采样样本。

另外，选择出的样本也会影响下一轮的真值推断过程。随着样本及样本上众包标签的不断增多，阈值 T 也将在每轮迭代学习中不断地更新。阈值估计值 t 提供了关于偏置的信息，这些信息将在后续采样过程中用来计算样本的不确定度。因此，真值推断与采样策略在主动学习的迭代循环中相互影响，不可分割。本章提出的方法核心创新在于将标签集成和样本选择过程作为一个整体，同时在不确定度计算中考虑到了标注偏置程度的因素。

10.2.3　基于众包标签与偏置程度的不确定性度量

样本的不确定性度量依赖于该样本上的众包标签集和标注的不平衡程度(简称 MLSI 策略)。这里从无偏置标注的情况开始进行分析。直观上说，若一个样本的众包噪声标签集中两类样本的数目相等，则其具有最大的不确定度，因为这个样本属于正负类的可能性各占 50%。这一情况似乎说明，众包噪声标签集中正标签的频率可以度量样本的不确定度。然而，这种度量并不最优。例如，样本 $\boldsymbol{x}_1\{+,+,-,-,-\}$ 和样本 $\boldsymbol{x}_2\{+,+,+,+,-,-,-,-,-,-\}$ 被标注为正样本的概率都是 0.4。然而考虑到标签数目，它们不确定性的等级可能不一样。因为 $\boldsymbol{x}_2$ 包含了 10 个标签，所以它被归为正例的置信度更高。根据贝叶斯估计，有以下定理。

定理 10-1　给定一个具有众包噪声标签集的样本，其众包噪声标签集中包含 L_{P} 个正标签和 L_{N} 个负标签。那么，集成标签为其真实标签的后验概率服从参数为 $L_{\mathrm{P}}+1$ 和 $L_{\mathrm{N}}+1$ 的 Beta 分布。

证明　因为样本的真实标签 y 未知，假设集成标签质量 q 的先验概率服从标准均匀分布，即 $q \sim U[0,1]$。当观察到 L_{P} 个正标签和 L_{N} 个负标签后，q 的后验概率可以通过如下贝叶斯理论进行计算：

$$
\begin{aligned}
p(q \mid L_{\mathrm{P}}, L_{\mathrm{N}}) &= \frac{p(q)p(L_{\mathrm{P}}, L_{\mathrm{N}} \mid q)}{p(L_{\mathrm{P}}, L_{\mathrm{N}})} \\
&= \frac{\dbinom{L_{\mathrm{P}}+L_{\mathrm{N}}}{L_{\mathrm{P}}} q^{L_{\mathrm{P}}}(1-q)^{L_{\mathrm{N}}}}{\int_0^1 \dbinom{L_{\mathrm{P}}+L_{\mathrm{N}}}{L_{\mathrm{P}}} t^{L_{\mathrm{P}}}(1-t)^{L_{\mathrm{N}}} \mathrm{d}t} = \frac{q^{L_{\mathrm{P}}}(1-q)^{L_{\mathrm{N}}}}{\int_0^1 t^{L_{\mathrm{P}}}(1-t)^{L_{\mathrm{N}}} \mathrm{d}t} \\
&= \frac{\Gamma(L_{\mathrm{P}}+1+L_{\mathrm{N}}+1+1)}{\Gamma(L_{\mathrm{P}}+1)\Gamma(L_{\mathrm{N}}+1)} q^{(L_{\mathrm{P}}+1)-1}(1-q)^{(L_{\mathrm{N}}+1)-1}
\end{aligned}
\tag{10.5}
$$

其中，$\Gamma(n)=(n-1)!$。令 $\alpha=L_{\rm P}+1$ 且 $\beta=L_{\rm N}+1$，则 $p(q\,|\,L_{\rm P},L_{\rm N})$ 服从 Beta 分布，而且具备概率密度函数：

$$f(q;\alpha,\beta)=\frac{\Gamma(\alpha+\beta)}{\Gamma(\alpha)\Gamma(\beta)}q^{\alpha-1}(1-q)^{\beta-1} \tag{10.6}$$

因此，$p(q\,|\,L_{\rm P},L_{\rm N})\sim {\rm B}(L_{\rm P}+1,L_{\rm N}-1)$。

对于偏置标注，决策阈值 t 由 PLAT 算法在标签集成的过程中动态计算。这里将集成标签等于真实标签的概率(即 q 的后验概率)在区间[0, t]上进行累加。它正好是 Beta 分布在决策边界点的累积分布函数：

$$I_t(\alpha,\beta)=\sum_{j=\alpha}^{\alpha+\beta-1}\binom{\alpha+\beta-1}{j}t^j(1-t)^{\alpha+\beta-1-j} \tag{10.7}$$

如果关于 q 的后验概率之和以及它的补是相同的，那么意味着集成标签等同于其真实标签的总体概率在区间[1, t]上是 0.5(即 $I_t(\alpha,\beta)=1-I_t(\alpha,\beta)=0.5$)。这种情况就是最不确定的情况。因此，$I_t(\alpha,\beta)$ 或者 $1-I_t(\alpha,\beta)$ 的值越小，不确定程度就越低。既然样本的真实标签未知，那么可以定义不确定性度量为 Beta 分布在决策阈值 t 下的尾，即

$$U_{\rm MLSI}=\min\left\{I_t(L_{\rm P}+1,L_{\rm N}+1),\ 1-I_t(L_{\rm P}+1,L_{\rm N}+1)\right\} \tag{10.8}$$

当需要获取更多额外标签时，MLSI 策略总是选择那些具有最大 $U_{\rm MLSI}$ 值的样本：

$$\boldsymbol{x}^*_{\rm MLSI}=\underset{i}{\rm argmax}\left\{U_{\rm MLSI}(\boldsymbol{x}_i),1\leqslant i\leqslant I\right\} \tag{10.9}$$

10.2.4 基于学习模型与偏置程度的不确定性度量

MLSI 策略假设样本不仅被众包工作者独立地进行标注，同时与现有的学习模型相互独立。赋予一个样本的标签和其他样本的标签之间无任何联系。与 MLSI 策略在度量样本不确定性时只考虑其众包噪声标签集不同，本节提出的度量策略则利用了当前模型对于样本类别归属预测的后验概率及标注的不平衡度，简称 CMPI 策略。CMPI 策略同时考虑了有标签和无标签样本的相关性，它假设相似的样本应该获得相似的标签。一个样本是否应该获得更多的额外标签，取决于当前学习模型提供的关于该样本的不确定性度量。

为了避免当前不成熟的学习模型而导致的性能波动，CMPI 策略构建一个学习模型的集合 $H_i(1\leqslant i\leqslant m)$，其中 m 是学习模型的数量，并且使用这些模型来共同预测样本的标签类别。样本分类为正类的概率计算如下：

$$S_{\rm P}=\frac{1}{m}\sum_{i=1}^{m}P(+\,|\,\boldsymbol{x},H_i) \tag{10.10}$$

其中，$P(+|\boldsymbol{x},H_i)$ 为模型 H_i 将样本 $\boldsymbol{x}$ 分类为正类的概率。

在无偏置标注环境下(正负类的推断阈值 $t=0.5$)，不确定性度量可以简单地定义为样本为正类或负类的估计概率与 0.5 的距离。距离越大的样本具有越低的不确定度，即

$$U_{\mathrm{CMPI}}=0.5-|S_{\mathrm{P}}-0.5| \tag{10.11}$$

如果 $S_{\mathrm{P}}<0.5$，U_{CMPI} 即为 S_{P}，否则，U_{CMPI} 为 $1-S_{\mathrm{P}}$。在偏置标注环境下，不能简单地将式(10.11)中的 0.5 替换为决策边界 t。当决策边界 t 向 0 移动时(工作者偏向于给出负标签)，区间 $[0,t]$ 和 $[t,1]$ 的尺度有差异。当学习模型给出 S_P 时，不确定性度量 U_{CMPI} 必须根据区间 $[0,t]$ 或者 $[t,1]$ 的相对位置进行计算而不是使用其绝对值。这意味着，必须将不确定度调整到和 0.5 一样的尺度。因此，U_{CMPI} 的计算公式如下：

$$U_{\mathrm{CMPI}}=\begin{cases} S_{\mathrm{P}}\dfrac{0.5}{t}, & S_{\mathrm{P}}<t \\ (1-S_{\mathrm{P}})\dfrac{0.5}{1-t}, & S_{\mathrm{P}}\geqslant t \end{cases} \tag{10.12}$$

当需要获取更多额外标签时，CMPI 策略总是选择那些具有最大 U_{CMPI} 值的样本：

$$\boldsymbol{x}^*_{\mathrm{CMPI}}=\underset{i}{\operatorname{argmax}}\left\{U_{\mathrm{CMPI}}(\boldsymbol{x}_i),1\leqslant i\leqslant I\right\} \tag{10.13}$$

10.2.5　混合不确定性度量

MLSI 策略仅独立使用了数据集中每个样本的众包噪声标签集，CMPI 策略考虑了数据集中样本的相关性并使用了当前学习模型给出的概率估计，因此，CMPI 和 MLSI 之间呈现出互补的特性。基于样本众包标签集、当前预测模型对样本类别预测的后验概率以及标注的不平衡程度将两者结合的混合策略，称为 CFI 策略。CFI 策略直接将两个不确定度 U_{MLSI} 和 U_{CMPI} 进行集成。这里采用几何平均值而非算术平均值将两者集成，因为实验显示几何平均值的效果更好。集成的不确定性度量计算公式如下：

$$U_{\mathrm{CFI}}=\sqrt{U_{\mathrm{MLSI}}\cdot U_{\mathrm{CMPI}}} \tag{10.14}$$

当需要获取更多额外标签时，CFI 策略总是选择那些具有最大 U_{CFI} 值的样本：

$$\boldsymbol{x}^*_{\mathrm{CFI}}=\underset{i}{\operatorname{argmax}}\left\{U_{\mathrm{CFI}}(\boldsymbol{x}_i),1\leqslant i\leqslant I\right\} \tag{10.15}$$

值得一提的是，这些策略不仅适合于偏置标注的环境，也适合于非偏置标注的环境。在非偏置标注环境下，PLAT 算法将会给出近似 0.5 的决策阈值，这个阈值与 MV

算法的 0.5 阈值一致。上述所有公式均能反向兼容 Sheng 等(2008)文献中的结论。

10.2.6 实验数据集与实验设置

1. 实验数据集

选择 UCI 机器学习数据库中的 12 个数据集进行模拟众包标注实验。表 10-1 列出了这些基础数据集的主要信息。之所以选择这些数据集，是因为它们具有不同的底层类分布、不同的样本数目以及不同的特征数目和类型。如果可能，会将多分类数据集转换为二分类数据集。例如，对于 Waveform 数据集，将类 1 和类 2 进行合并；对于 Abalone 数据集，将年龄范围在[6,12]区间的样本作为负例，其他的作为正例；对于 Thyroid 数据集，其中负例不变，其他三个类合并为正例；对于 Car-eval 数据集，将“vgood”作为正类，将其他三个类合并为负类。从表 10-1 中正样本的占比来看，部分数据集具有非常高的不平衡性。

表 10-1 用于评价主动学习性能的 12 个 UCI 数据集

数据集	特征数	样本数	正样本数	正样本占比/%
Mushroom	23	8124	3916	48.2
Kr-vs-kp	37	3196	1527	47.8
Musk(clean1)	169	476	207	43.5
Spambase	58	4601	1813	39.4
Tic-tac-toe	10	958	332	34.7
Waveform	41	5000	1692	33.8
Abalone	9	4177	882	21.1
Bankmarket	16	4521	521	11.5
Page-block0	10	5472	559	10.2
Thyroid	30	3772	291	7.70
Car-eval	6	1728	65	3.80
Kddcup-ivb	41	2225	23	1.00

对于每个 UCI 数据集，30%的样本将被取出作为测试集，剩下的 70%具有模拟的众包噪声标签集的样本作为训练集。每个实验重复 10 次，每次随机扰乱数据划分，取平均值作为结果显示。每个平均值结果以学习曲线的方式呈现，在学习曲线上有 6 个标准差，这 6 个标准差来自学习过程的不同阶段。

2. 实验设置

为了模拟众包噪声标签，首先将训练集的真值标签隐藏，然后，创建 10 个具有不同标注质量的模拟众包工作者。标注质量的差异是通过产生高斯分布的种子来控制的。每位众包工作者具有两个质量参数 p_P 和 p_N。p_P 和 p_N 分别从两个高斯分布 $\mathcal{N}(0.4,0.15^2)$ 和 $\mathcal{N}(0.8,0.15^2)$ 中抽取。在实验中，每当需要获取样本的标签时，随机选择一位众包工作者，然后根据样本的真值标签产生噪声标签。若样本的众包噪声标签集中已经有标签，则每次为这个样本赋予两个标签，否则只赋予一个标签。这样做的好处是保持众包噪声标签集中的标签数是奇数，以便于 MV 算法总能够决定多数派。当训练集中 1%的样本获得新标签后，使用 PLAT 算法来推断那些具有非空众包噪声标签集的样本的集成标签。然后，使用 WEKA 中的 J48 算法来诱导一个分类器。本章仍然使用 AUC 作为预测模型的性能度量指标。

10.2.7 实验结果与分析

1. 方法的有效性

将本节提出的采样策略与 Sheng 等(2008)提出的 LU、MU 和 LMU 三种采样策略及这三种策略的变体进行实验对比。LU 策略、MU 策略和 LMU 策略与本节提出的策略类似，LU 策略仅依赖于每个样本的众包噪声标签集；MU 策略仅依赖于当前模型对样本类别的预测；LMU 策略将 LU 策略和 MU 策略进行集成。值得注意的是，LU 策略、MU 策略和 LMU 策略均为样本选择策略，这些策略均使用 MV 作为标签集成方法并利用集成标签进行模型训练。另外，第 9 章中提到的 MV-Beta 方法考虑了众包噪声标签集中的标签数目并赋予每个样本一个权重，这个方法也可以直接应用到 LU、MU 和 LMU 的策略上，形成 LUβ、MUβ 与 LMUβ 方法。本节将 MLSI 与 LU 和 LUβ(组 1)进行比较，CMPI 与对应的 MU 和 MUβ(组 2)进行比较，CFI 与对应的 LMU 和 LMUβ(组 3)进行比较。

图 10-2 展示了在 Mushroom、Musk(clean1)、Tic-tac-toe、Abalone、Page-block0 和 Car-eval 数据集(表 10-1 中的奇数行中的数据集)上的模型性能对比结果。这些数据集具有不同的底层数据分布(即表 10-1 中的正例的比例不同)，在图中按照正例的比例递减的顺序排列，其实验结果呈现一致性。本节提出的 MLSI 方法显然比对应的 LU 和 LUβ 性能高；CMPI 和 CFI 也显然分别比它们对应的方法(即 MU 和 MUβ、LMU 和 LMUβ)性能高。从实验结果可以得出如下结论：

(1) 在偏置标注环境下，如果有足够的正样本能够被正确地推断出来，那么主动学习可以工作。已有的基于 MV 的主动学习策略 LU、MU、LMU 以及它们的变体(即基于 MV-Beta 的 LUβ、MUβ 和 LMUβ)在此环境下不能很好地工作，因为它们的标签集成方法(MV 和 MV-Beta)在推断集成标签的过程中不能够给予潜在的正类样本足够的重视，但是 PLAT 算法却可以。实验显示，基于 PLAT 算法的三种策略均能很好地工作。这三种策略之间的比较在后面讨论。

(2) 比较结果提供了一种可信的证据，那就是 PLAT 算法也适合于众包噪声标签集中标签数目变化的环境。理论上说，PLAT 算法只关心标签集中正标签出现的频率，而与众包噪声标签集的大小无关。这一点在第 7 章的实验中并未充分验证，本节通过主动学习框架的引入进一步证实了 PLAT 算法的这一特性。

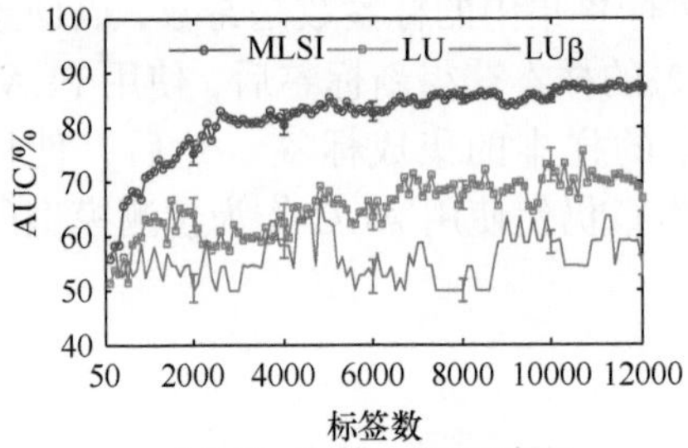

(a1) Mushroom, d=0.482(组1)

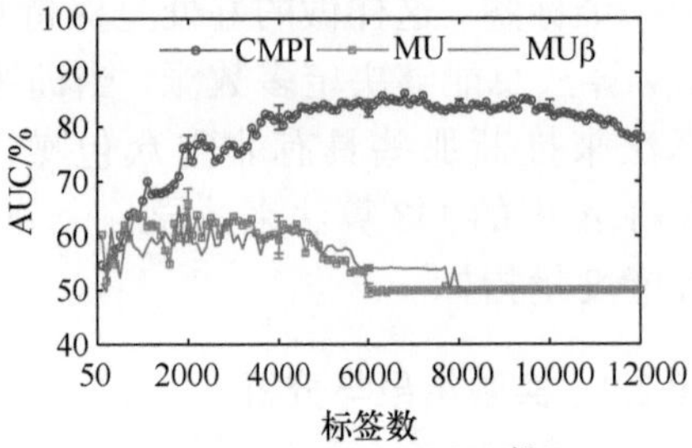

(a2) Mushroom, d=0.482(组2)

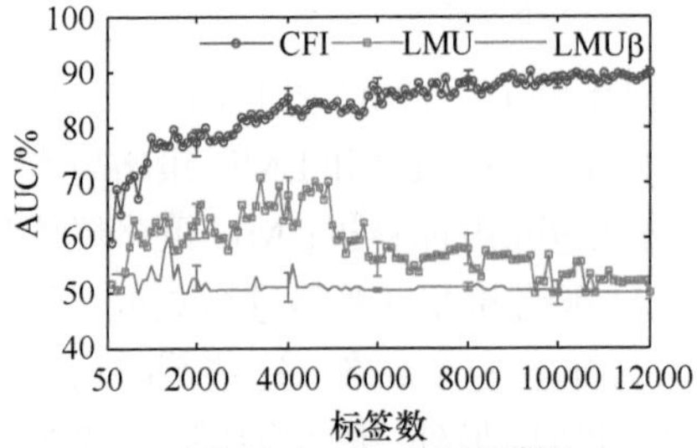

(a3) Mushroom, d=0.482(组3)

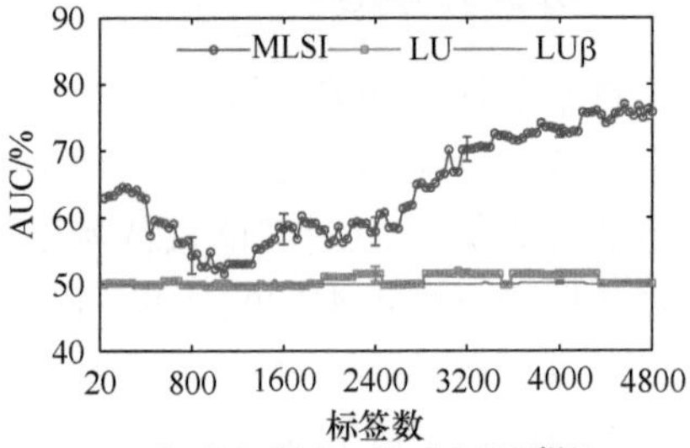

(b1) Musk(clean1), d=0.435(组1)

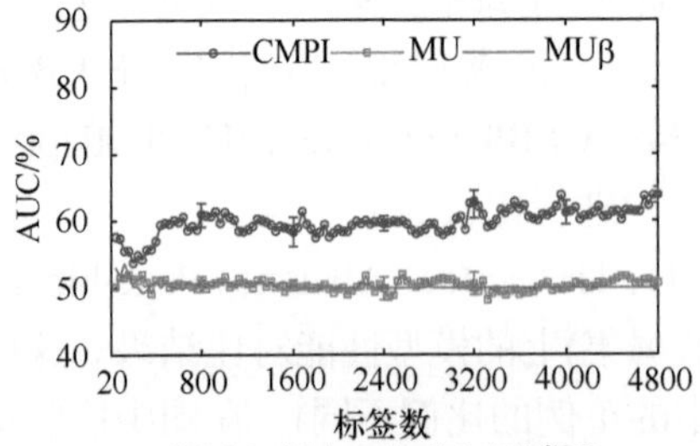

(b2) Musk(clean1), d=0.435(组2)

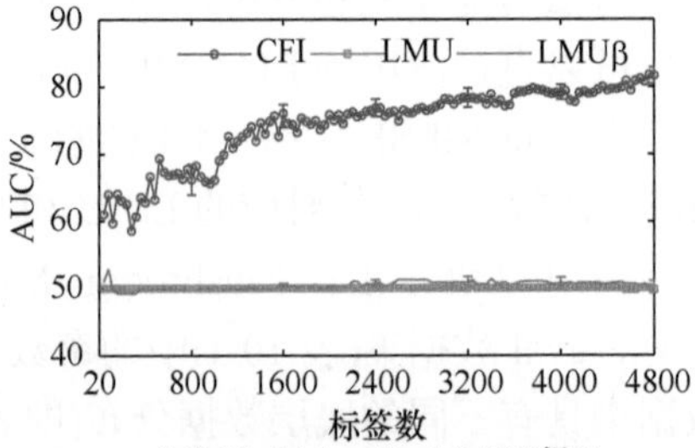

(b3) Musk(clean1), d=0.435(组3)

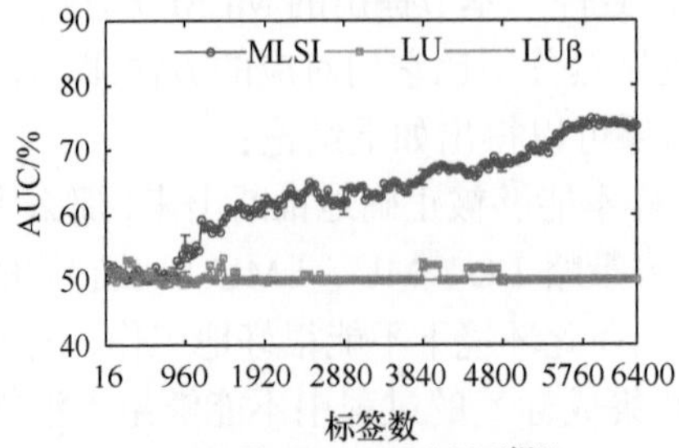

(c1) Tic-tac-toe, d=0.347(组1)

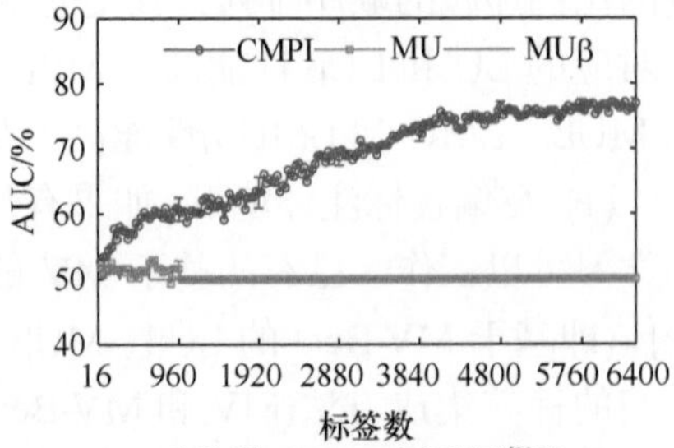

(c2) Tic-tac-toe, d=0.347(组2)

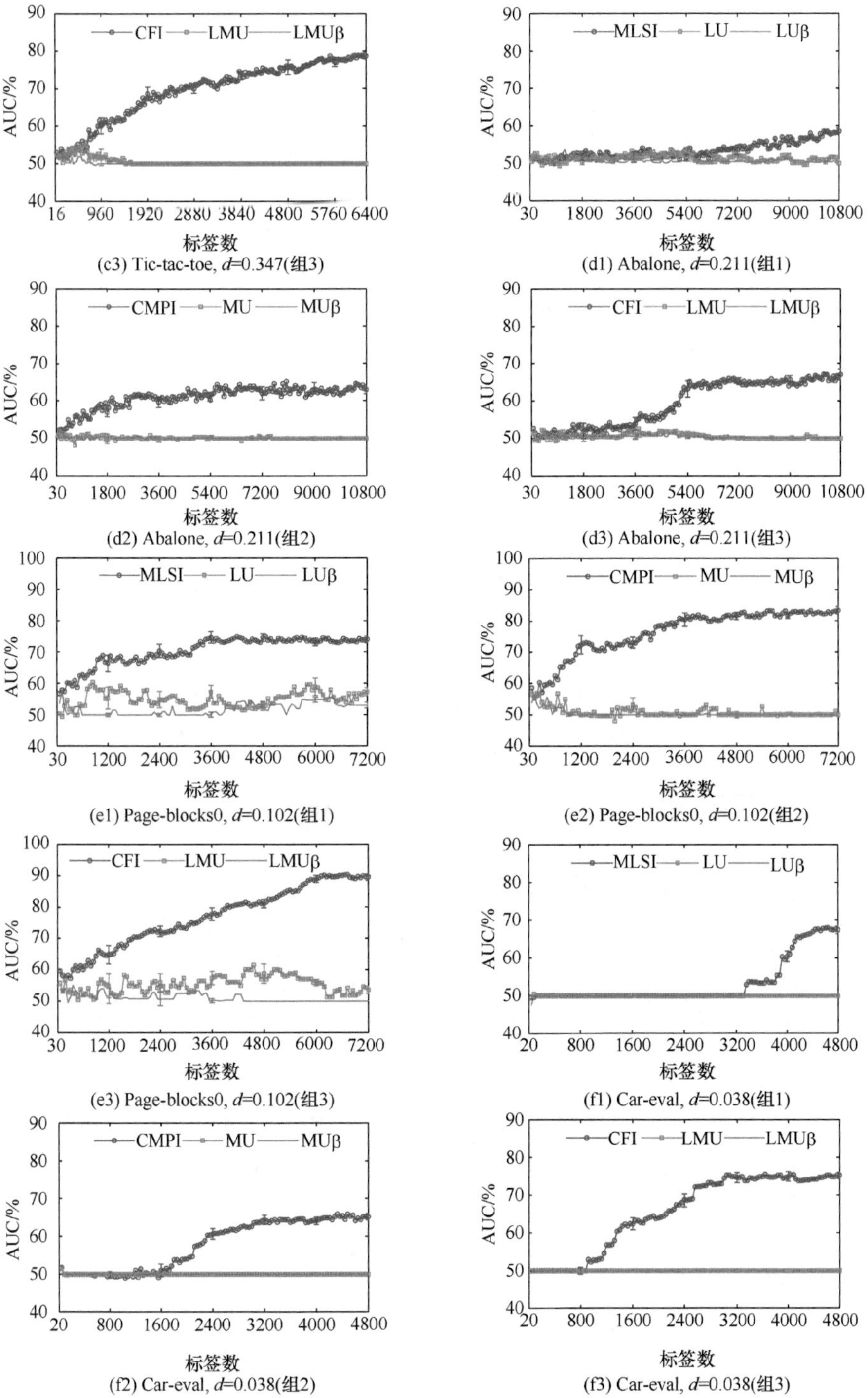

(c3) Tic-tac-toe, d=0.347(组3)

(d1) Abalone, d=0.211(组1)

(d2) Abalone, d=0.211(组2)

(d3) Abalone, d=0.211(组3)

(e1) Page-blocks0, d=0.102(组1)

(e2) Page-blocks0, d=0.102(组2)

(e3) Page-blocks0, d=0.102(组3)

(f1) Car-eval, d=0.038(组1)

(f2) Car-eval, d=0.038(组2)

(f3) Car-eval, d=0.038(组3)

图 10-2 6 个模拟众包标注数据集上采样策略之间的比较结果

(3) 底层数据分布显然对主动学习的性能有影响。在那些接近平衡的数据集上，如在 Mushroom 数据集(正例比例为 48.2%，即正例和负例的数目相差无几)上，学习模型更容易达到比较高的性能。在这个数据集上，甚至连 LU 方法都能在一定程度上提升主动学习的性能。相反，不平衡的数据集会使得学习曲线的增长比较平缓(如 Abalone 和 Car-eval 数据集)。在偏置标注下，MV 和 MV-Beta 算法都无法在不平衡数据集上工作。本节提出的方法较少受到这些因素的影响，因为所提出的方法同时考虑到了底层类分布和标注行为两方面的不平衡性。

(4) 三种主动学习的方法都具备比较合理的标准差，标准差在区间[−0.003, 0.003]。在主动学习的早期阶段，由于性能抖动较大，其标准差要大于主动学习后期进入稳定阶段的标准差。在图 10-2 和图 10-3 上，每条学习曲线上呈现了在主动学习的不同阶段的 6 个标准差。

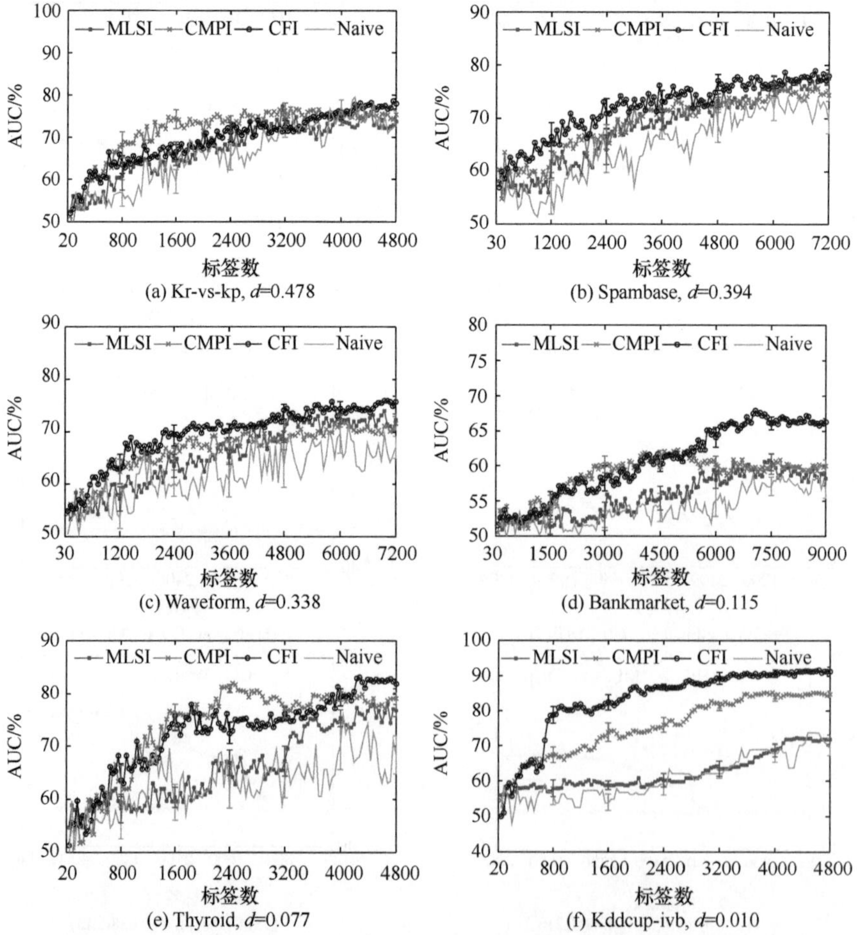

图 10-3　MLSI、CMPI、CFI 和 Naive 在 6 个模拟众包数据集上的比较结果

2. 采样策略之间的比较

本节实验对比了提出的 MLSI、CMPI 和 CFI 三种样本选择策略之间的性能。另外，实验引入一种基本采样策略，称为 Naive 策略。该策略不考虑偏置信息和样本当前模型中的类别预测概率，只是在每轮迭代的过程中选择众包噪声标签集中标签最少的样本进行新标签的获取。图 10-3 显示了在 Kr-vs-kp、Spambase、Waveform、Bankmarket、Thyroid 和 Kddcup-ivb 数据集上的对比实验结果。结合图 10-2 和图 10-3，可以得出如下结论：

(1) 与 Naive 策略相比，MLSI、CMPI 和 CFI 三种样本选择策略均能够提升主动学习的性能。在平衡数据集(如 Kr-vs-kp)和轻微不平衡数据集(如 Spambase)上，Naive 策略的学习曲线也呈现出一定程度的提升，但是在那些不平衡程度较高的数据集上(如 Waveform、Bankmarket 和 Thyroid)，其学习曲线不再能够得到提升。

(2) Naive 策略的学习曲线具有很大的波动，原因是这一策略只是盲目地选择具有最少的众包标签的样本以再次获得更多的众包标签，它不管该样本的真实标签是否易于推断正确。这一策略造成即使样本的不确定度已经很低，但其不确定度仍然会发生周期性的变化，从而直接降低学习到的模型的性能。相比之下，其他策略克服了这些缺陷，因此具有更加平滑的主动学习曲线。

(3) MLSI 和 CMPI 的学习曲线的形态非常不同。对于 CMPI 的学习曲线，在学习开始阶段，当每个样本的众包噪声标签集中只有少量标签时迅速上升，随后曲线渐渐变得平坦。CMPI 的这一特征在图 10-2(a2)、(b2)、(d2)、(e2)、(f2)和图 10-3(a)、(c)、(d)、(e)和(f)中特别明显。在大多数情况下，MLSI 的学习曲线会持续上升，直到达到最大的性能。因此，在主动学习的早期阶段，CMPI 的性能高于 MLSI，原因是 MLSI 依赖于每个样本众包噪声标签集中不同标签的分布。开始的时候，每个样本的众包噪声标签集包含了很少的标签，很少的众包标签不利于真值推断的准确性。因此，MLSI 需要更多的启动时间来提升其性能，特别是当环境中存在“竞争者”(adversarial)标注者时，这些标注者往往以很高的概率提供相反的标签从而增加整个众包噪声标签的随机度。当最终有足够的标签被收集到后，MLSI 会做出更好的预测。CMPI 在主动学习的早期阶段也会受到众包噪声标签集大小的影响，然而这一影响相对于 MLIS 小得多，这是因为 CMPI 主要依赖样本之间的关系。在大多数情况下，MLSI 的最终性能与 CMPI 几乎相同(见图 10-2(a1)和(a2)、图 10-2(b1)和(b2)、图 10-2(c1)和(c2)、图 10-2(f1)和(f2)，以及除图 10-3(f)外的所有图 10-3 中的子图)。然而，在某些情况下，MLSI 的最终性能低于 CMPI 的性能(见图 10-2(d1)和(d2)，图 10-2(e1)、(e2)及(b3))。

(4) 当主动学习过程到达其稳定阶段时，学习模型的性能便不能再显著提升。此时，混合策略 CFI 表现出最优的性能。所有数据集上的实验结果显示：①在主动学习的早期阶段，CFI 的性能可以低于 CMPI 但是一定高于 MSLI；②在主动学习的晚期阶段，CFI 的性能显著高于 MSLI 和 CMPI。在稳定阶段，在两个温和不平衡数据集(Musk(clean1)和 Waveform)和五个极不平衡数据集(Abalone、Bankmarket、Page-blocks0、Car-eval 和 Kddcup-ivb)上，CFI 显著优于另外两种策略，在其他数据集上 CFI 并不差于另外两者。

10.3 多标签众包主动学习

在众包标注任务中，对目标对象的多个相关侧面进行标注是一种常见的形式。例如，在计算机视觉任务中判断图像中是否存在某种场景(沙滩、城市、山川、瀑布等)。这就是众包多标签标注。4.4 节介绍了 MCMLI、MCMLD 等众包多标签真值推断模型，利用这些模型所推断出的集成标签，即进行多标签学习(Gibaja and Ventura, 2015)。本节将讨论在多标签标注任务上如何进行众包主动学习。

10.3.1 问题定义

众包多标签标注数据集定义为 $D=\{\boldsymbol{x}_i,\boldsymbol{y}_i,L_i\}_{i=1}^{I}$，其中样本 $\boldsymbol{x}_i$ 的真实标签集包含了 M 个标签，即 $\boldsymbol{y}_i=[y_i^{(1)},y_2^{(2)},\cdots,y_i^{(M)}]$。这里假设所有样本上的标签出现的顺序是一致的，即 $y_i^{(m)}$ 是样本 $\boldsymbol{x}_i$ 的第 m 个标签。仍然假设有 J 位众包工作者标注数据集，则样本 $\boldsymbol{x}_i$ 的众包标签构成矩阵 $L_i^{J\times M}=[\boldsymbol{l}_{i1},\boldsymbol{l}_{i2},\cdots,\boldsymbol{l}_{iJ}]^{\mathrm{T}}$，其中在行向量 $\boldsymbol{l}_{ij}$ 中的标签 $l_{ij}^{(m)}$ 表示从工作者 $\boldsymbol{u}_j$ 处获得的 $\boldsymbol{x}_i$ 的第 m 个众包标签。因此，整个数据集的众包标签为张量 $\boldsymbol{L}^{I\times J\times M}=[L_1,L_2,\cdots,L_I]^{\mathrm{T}}$。遵循多标签分类的定义(Gibaja and Ventura, 2015)，每个标签只取二值，即 $y_i^{(m)},l_{ij}^{(m)}\in\{0,1\}$。

本节的多标签学习仍然遵循“推断+学习”的两阶段学习模式。首先，通过最小化推断错误为所有训练样本上的所有标签赋予一个推断标签：

$$\varepsilon=\min\quad\frac{1}{I\cdot M}\sum_{i=1}^{I}\sum_{m=1}^{M}\mathbb{I}\left(\hat{y}_i^{(m)}\neq y_i^{(m)}\right)\tag{10.16}$$

然后，利用样本的集成标签 $\hat{y}_i^{(m)}$ 从数据集 D 中学习一个分类器 $h(\boldsymbol{x})$ 并最小化经验风险：

$$\varepsilon(h(\boldsymbol{x}))=\min\quad\frac{1}{I}\sum_{i=1}^{I}\mathbb{V}\left(h(\boldsymbol{x}_i),\hat{\boldsymbol{y}}_i\right)\tag{10.17}$$

其中，$\mathbb{V}$ 是多标签分类评价指标。例如，常用 Hamming 损失评价多标签的“样本-标签”之间的匹配情况，该损失函数可以利用两个集合的对称差异 $\varDelta$ 来定义：

$$\text{hloss}(h)=\frac{1}{I}\sum_{i=1}^{I}\frac{1}{M}\left|h(\boldsymbol{x}_i)\Delta \boldsymbol{y}_i\right| \tag{10.18}$$

10.3.2　基于混合模型的真值推断

4.4.3 节介绍了一种基于混合 Multinoulli 分布的 MCMLD 模型，用来发掘和利用标签之间的相关性，以提升真值推断的准确度。本节将这个模型稍做修改如下：假设工作者 $\boldsymbol{u}_j$ 在第 m 个标签上的准确度为 $\varphi_j^{(m)}\in[0,1]$ (单币模型)，样本 $\boldsymbol{x}_i$ 的每个标签 $y_i^{(m)}$ 均来自于 R 个 Multinoulli 模型的混合，用隐变量 $z_i^{(m)}$ 来表示真实标签的来自于某个聚类的归属。这一模型称为单币标签依赖(OCLD)模型，其概率图表示如图 10-4 所示。这一模型给出的关于所有众包标签 $\boldsymbol{L}$ 的对数似然函数如下：

$$\ln P(\boldsymbol{L})=\sum_{i=1}^{I}\ln\left\{\sum_{b^{(M)}=0}^{1}\cdots\sum_{b^{(1)}=0}^{1}\left[\prod_{m=1}^{M}\sum_{r=1}^{R}\omega_r^{(m)}\theta_{rb^{(m)}}^{(m)}\prod_{j=1}^{J}\mathcal{G}\left(\varphi_j^{(m)},l_{ij}^{(m)},b^{(m)}\right)\right]\right\} \tag{10.19}$$

其中，函数 $\mathcal{G}(\cdot,\cdot,\cdot)$ 的定义如下：

$$\mathcal{G}\left(\varphi_j^{(m)},l_{ij}^{(m)},b^{(m)}\right)=\left(\varphi_j^{(m)}\right)^{\mathbb{I}\left(l_{ij}^{(m)}=b^{(m)}\right)}\left(1-\varphi_j^{(m)}\right)^{\mathbb{I}\left(l_{ij}^{(m)}\neq b^{(m)}\right)} \tag{10.20}$$

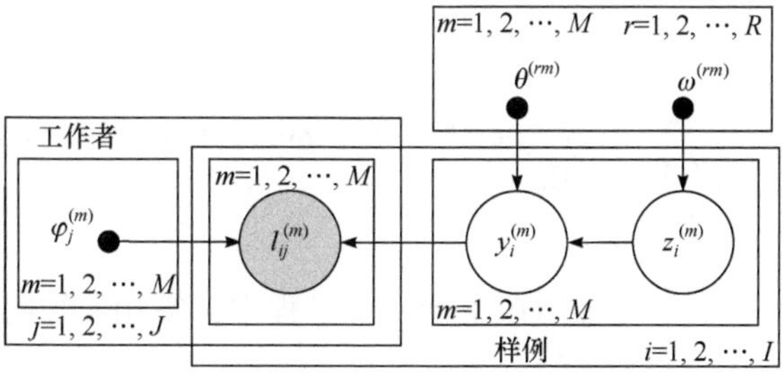

图 10-4　单币标签依赖模型的概率图表示

该模型具体的推导过程与 MCMLD 模型类似，这里不再赘述。该模型仍然可以使用 EM 算法求解，求解也与 MCMLD 模型的求解过程类似。

E 步：计算两个隐变量 $y_i^{(m)}$ 和 $z_i^{(m)}$ 的期望(公式中为所有参数)，有

$$\mathbb{E}\left[\mathbb{I}\left(y_i^{(m)}=b\right)\right]=\sum_{y_i^{(m')}(\forall m'\in\{1,2,\cdots,M\}\setminus m),z_i}P\left(y_i^{(m)}=b,\cdots\mid \boldsymbol{L},\boldsymbol{\varPsi}\right) \tag{10.21}$$

$$\mathbb{E}\left[\mathbb{I}\left(z_i^{(m)}=r\right)\right]=\sum_{z_i^{(m')}(\forall m'\in\{1,2,\cdots,M\}\setminus m),\boldsymbol{y}_i}P\left(z_i^{(m)}=r,\cdots\mid \boldsymbol{L},\boldsymbol{\varPsi}\right) \tag{10.22}$$

M 步：通过最大化辅助函数来得到参数的更新方程，得到

$$\hat{\theta}_{rb}^{(m)} = \frac{\sum_{i=1}^{I}\left\{\mathbb{E}\left[\mathbb{I}\left(z_i^{(m)} = r\right)\right]\mathbb{E}\left[\mathbb{I}\left(y_i^{(m)} = b\right)\right]\right\}}{\sum_{i=1}^{I}\mathbb{E}\left[\mathbb{I}\left(z_i^{(m)} = r\right)\right]} \tag{10.23}$$

$$\hat{\omega}_r^{(m)} = \sum_{i=1}^{I}\mathbb{E}\left[\mathbb{I}\left(z_i^{(m)} = r\right)\right]\Big/ I \tag{10.24}$$

$$\hat{\varphi}_j^{(m)} = \frac{\sum_{i=1}^{I}\sum_{b=0}^{1}\left\{\mathbb{E}\left[\mathbb{I}\left(y_i^{(m)} = b\right)\right]\mathbb{I}\left(l_{ij}^{(m)} = b\right)\right\}}{\sum_{i=1}^{I}\sum_{b=0}^{1}\mathbb{E}\left[\mathbb{I}\left(y_i^{(m)} = b\right)\right]} \tag{10.25}$$

当迭代收敛后，样本 $\boldsymbol{x}_i$ 的集成标签的取值是具有最大边际后验概率的一组值：

$$\begin{aligned}&\hat{y}_i^{(1)}, \hat{y}_i^{(2)}, \cdots, \hat{y}_i^{(M)}\\&= \underset{b^{(1)}, b^{(2)}, \cdots, b^{(M)}}{\operatorname{argmax}} \left\{\sum_{r^{(M)}=1}^{R}\sum_{r^{(M-1)}=1}^{R}\cdots\sum_{r^{(1)}=1}^{R} P(\boldsymbol{y}_i^{(1,2,\cdots,M)} = \boldsymbol{b}^{(1,2,\cdots,M)},\ \boldsymbol{z}_i^{(1,2,\cdots,M)} = \boldsymbol{r}^{(1,2,\cdots,M)} \mid \boldsymbol{L}, \boldsymbol{\Psi})\right\}\end{aligned} \tag{10.26}$$

同理，对于样本 $\boldsymbol{x}_i$ 的真实标签来源于某个聚类的估计如下：

$$\begin{aligned}&\hat{z}_i^{(1)}, \hat{z}_i^{(2)}, \cdots, \hat{z}_i^{(M)}\\&= \underset{r^{(1)}, r^{(2)}, \cdots, r^{(M)}}{\operatorname{argmax}} \left\{\sum_{b^{(M)}=0}^{1}\sum_{b^{(M-1)}=0}^{1}\cdots\sum_{b^{(1)}=0}^{1} P(\boldsymbol{y}_i^{(1,2,\cdots,M)} = \boldsymbol{b}^{(1,2,\cdots,M)}, \boldsymbol{z}_i^{(1,2,\cdots,M)} = \boldsymbol{r}^{(1,2,\cdots,M)} \mid \boldsymbol{L}, \boldsymbol{\Psi})\right\}\end{aligned} \tag{10.27}$$

10.3.3 节将展示如何将 $\hat{z}_i$ 用在主动学习过程中标签相关性的排序上。

10.3.3　采样策略与学习算法

1. 样本选择

尽管一些多标签算法的研究(Huang and Zhou, 2013; Wu et al., 2017)在样本选择过程中考虑了标签之间的相关性，但是在众包环境下样本选择过程可以暂时不考虑标签之间的相关性，而将其置于标签选择过程中考虑：一方面，在众包主动学习的早期，由于众包标签较少而且包含噪声，对标签相关性的计算不够准确；另一方面，标签相关性已经暗含在噪声标签的分布中。因此，对每个样本 $\boldsymbol{x}_i$ 采用不确定性度量如下：

$$U(\boldsymbol{x}_i) = \sqrt{\mathrm{MU}(\boldsymbol{x}_i)\cdot \mathrm{LU}(L_i)} \tag{10.28}$$

$\mathrm{MU}(\boldsymbol{x}_i)$ 度量了样本与现有模型之间的不确定度，计算如下：

$$\mathrm{MU}(\boldsymbol{x}_i)=0.5-\frac{1}{M}\sum_{m=1}^{M}\left|0.5-h_m(\boldsymbol{x}_i)\right| \tag{10.29}$$

其中，$h_m(\boldsymbol{x}_i)$ 输出 $y_i^{(m)}$ 的概率。假设样本 $\boldsymbol{x}_i$ 的第 m 个标签上有 $n_i^{(m)}$ 个负噪声标签和 $p_i^{(m)}$ 个正噪声标签，那么 $\mathrm{LU}(\cdot)$ 决定了该样本上所有标签的不确定度，计算如下：

$$\mathrm{LU}(L_i)=\frac{1}{M}\sum_{m=1}^{M}\min\left\{I_{0.5}(n_i^{(m)}+1,p_i^{(m)}+1),1-I_{0.5}(n_i^{(m)}+1,p_i^{(m)}+1)\right\} \tag{10.30}$$

其中，$I_x(\alpha,\beta)$ 是 Beta 分布的尾。最终，在主动学习过程中，选择具有最大不确定性的样本，即

$$\boldsymbol{x}_i^*=\underset{1\leqslant i\leqslant I}{\operatorname{argmax}}\ U(\boldsymbol{x}_i) \tag{10.31}$$

2. 标签选择

当样本 $\boldsymbol{x}_i^*$ 已经选好后，需要决定样本上的哪些标签需要从众包工作者处获得标注。对应策略为考虑标签相关性，且相关性由标签所在的聚类导出(使用隐变量 Z)。首先，在所有样本的第 m 个和第 n 个标签之间定义全局相关性：

$$C_{mn}=\frac{1}{I\cdot R}\sum_{i=1}^{I}\sum_{r=1}^{R}\sqrt{P(z_i^{(m)}=r)P(z_i^{(n)}=r)} \tag{10.32}$$

C_{mn} 度量第 m 个和第 n 个标签之间的固有相关性。例如，在图像标注中企鹅固有地与冰雪相关联。接着，度量标签对之间的局部相关性，考虑噪声标签、工作者的可靠性和标签所在聚类簇。找出两个众包噪声标签集 $\boldsymbol{l}^{(m)}$ 和 $\boldsymbol{l}^{(n)}$ 的公共子集即 $l_{ij_1}^{(m)}=l_{ij_1'}^{(n)},\cdots,l_{ij_S}^{(m)}=l_{ij_S'}^{(n)}$。局部相关性 $c_{mn}^{(i)}$ 是四个项目的几何平均数：

$$\begin{aligned}c_{mn}^{(i)}=\frac{1}{R\cdot S}\sum_{s=1}^{S}\sum_{r=1}^{R}\Bigg\{&\left[\sum_{b=0}^{1}\mathcal{G}\left(\phi_{j_s}^{(m)},l_{ij_s}^{(m)},b\right)P(y_i^{(m)}=b)\right]\\&\cdot\left[\sum_{b=0}^{1}\mathcal{G}\left(\phi_{j_s'}^{(n)},l_{ij_s'}^{(n)},b\right)P(y_i^{(n)}=b)\right]P(z_i^{(m)}=r)P(z_i^{(n)}=r)\Bigg\}^{\frac{1}{4}}\end{aligned} \tag{10.33}$$

其中，函数 $\mathcal{G}(\cdot,\cdot,\cdot)$ 的定义见式(10.20)。最后，将全局和局部相关性统一为单个度量指标：

$$\mathrm{CO}^{(i)}(m,n)=\delta c_{mn}^{(i)}+(1-\delta)C_{mn} \tag{10.34}$$

其中，$\delta\in[0,1]$ 用来调节全局和局部相关性之间的占比。首先将所有标签对按照 CO 值进行排序，然后选择最不相关的一对标签进行标注，即

$$\left\{y_i^{(m)},y_i^{(n)}\right\}^*=\underset{1\leqslant m,n\leqslant M}{\operatorname{argmin}}\ \mathrm{CO}^{(i)}(m,n) \tag{10.35}$$

3. 工作者选择

当选择好所要标注的标签$\left\{y_i^{(m)}, y_i^{(n)}\right\}^*$后，还需选择在这对标签上具有最高可靠度的工作者来标注这对标签，而工作者在每个标签 m 上的可靠度$\hat{\varphi}_j^{(m)}$已经在真值推断过程中被估计出。因此，众包工作者选择策略为

$$j^* = \underset{1 \leqslant j \leqslant J}{\operatorname{argmax}} \sqrt{\varphi_j^{(m)} \varphi_j^{(n)}} \tag{10.36}$$

这种策略不会面临增加特定工人在实际使用中的工作量的风险，因为所提出的方法不仅在每轮迭代中均通过已经更新的众包标签估计所有工作者的可靠性，而且现有的研究 (Jung et al., 2014)指出：由于许多因素的存在，众包工作者在执行任务时的可靠性会随工作时间的增加发生变化。

4. 主动学习算法

整个主动学习的主要步骤在算法 10-1 中描述。初始化时，让不同样本的一小部分标签从众包工作者处获得标签，并设置聚类的类别数为$\lceil \log M \rceil$。然后，进入迭代学习过程，该过程由 EM 算法的真值推断与主动学习策略构成。迭代学习直到学习模型的性能无法提升或者用完标注预算。

算法 10-1　One-Coin Label-Dependent Active Crowdsourcing (OCLDAC)

Input: Multi-label crowdsourced dataset D, parameters R and δ

Output: Classification model $h(\boldsymbol{x})$

Initialization: $R = \lceil \log M \rceil, \delta = 0.5$, and a small portion (5%) of labels on different instances are randomly chosen to acquire values from crowd workers
while $h(\boldsymbol{x})$ can be improved AND the budget is enough **do**
　　while NOT convergence **do**
　　　　E-step: compute expectation by Eqs. (10. 21) and (10. 22)
　　　　M-step: update parameters by Eqs. (10. 23), (10. 24), and (10. 25)
　　end while
　　Update latent variables Y and Z by Eqs. (10. 26) and (10. 27)
　　Select instance $\boldsymbol{x}_i^*$ by Eq. (10. 31)
　　Select label-pair $\left\{y_i^{(m)}, y_i^{(n)}\right\}^*$ by Eq. (10. 35)
　　Select worker j^* by Eq. (10. 36)
　　Let worker j^* provide values to label-pair $\left\{y_i^{(m)}, y_i^{(n)}\right\}^*$
　　Update $h(\boldsymbol{x})$

13. **end while**
14. **return** $h(x)$

10.3.4　实验数据集与实验设置

1. 模拟数据集

本节仍然使用模拟众包标注数据集(模拟数据集)来评价所提出的主动学习算法。首先从开源多标签学习库 MULAN (Tsoumakas et al., 2011)中选择 8 个多标签分类数据作为基础数据集。这些数据集来自不同的应用领域，大小从 194 到 5000 不等，标签数量从 5 到 21 不等。数据集的详细信息列于表 10-2。总共模拟了 20 位众包工作者来执行标注任务，工作者的准确度从均匀分布 $U(0.5,0.9)$ 中随机抽取。这种准确度设置遵循了许多重要的先前研究中的类似模拟设置。此外，这些准确度也符合大多数众包任务的现实情况，众包平台具有的质量控制机制可以确保众包工作者二元选择中比随机猜测(精确度为 0.5)表现更好。在实验设置中，尽管错误被均匀分布在所有标签上，但它不会破坏这些噪声标签从真实标签继承来的相关性。

表 10-2　从 MULAN 选择的 8 个多标签数据集

数据集	样本数	标签数	特征数	LC
Birds	645	19	260	1.01
Emotions	593	6	72	1.87
Entertain	5,000	21	640	1.42
Flags	194	7	19	3.39
Image	2,000	5	294	1.24
Reuters	2,000	7	243	1.15
Scene	2,407	6	294	1.07
Yeast	2,417	14	103	4.24

注：LC (label cardinality)代表样本上相关标签的平均值。

2. 对比算法

由于一些研究(Duan et al., 2014; Zhang and Wu, 2018)仅仅关注多标签众包真值推断，实验中直接将传统的众包主动学习策略(并非针对众包环境)与这些推断方法结合起来。在两阶段学习模式下，这种不同众包推断算法与传统主动学习方法的组合会有很多种。这里选择了 6 种方法进行实验对比。

1) MV+LMU

这一基本方法在 Sheng 等(2008)的经典文献中被提出。该方法使用多数投票策略进行真值推断。对于样本的选择，基于其标签不确定度和模型不确定度(即

LMU 方法)。在多标签设定下，分别计算每个标签的 LMU 值(M 个标签形成 M 个 LMU 值)，然后将 M 个 LMU 值累加作为样本的 LMU 值，用以选择样本。在选择出样本后，对所选样本上 LMU 值最大的标签进行众包标注。

2) MCMLD+QUIRE

使用本书提出的 MCMLD(Zhang and Wu, 2018)方法进行标签真值推断，然后使用集成标签进行主动学习。在主动学习过程中，“样本-标签”对基于 QUIRE 方法 (Huang et al., 2010)选择，该方法基于样本和标签的信息量与代表性。

3) ND-DS+LCI

使用 ND-DS 算法 (Duan et al., 2014)进行众包多标签真值推断。“样本-标签”对基于 LCI 方法(Huang and Zhou, 2013)选择，该方法基于不确定性和多样性。

4) MLNB

MLNB 算法(Bragg and Weld, 2013)直接解决众包多标签学习问题，它使用朴素贝叶斯模型捕捉标签相关性及训练线性模型，并使用 k 最优控制策略选择最优的 k 个标签进行查询标注。实验中设置 k 为 2。

5) MAC

MAC 算法(Li et al., 2015)也是直接解决众包多标签学习问题的方法。它使用邻居间的特征相似度建模标签相关性。“样本-标签”对基于集成标签与当前学习模型所计算出的不确定度进行选择。

6) OCLD+LMU

这是所提出方法 OCLDAC 的变体，在真值推断部分使用 OCLD 方法，在主动学习策略部分则使用 LMU 方法。LMU 方法的应用方式与 MV+LMU 方法一样。

3. 实验设置

在模拟众包标注实验中，基础数据集中 30%的样本首先被随机抽出作为测试集，剩下的 70%的样本用作训练集。当学习模型的性能不再提高或查询数量达到 40000 时，学习过程停止。对于对比的 6 种方法，使用其原始文献中的默认设置。公平起见，使用 LIBLINEAR (Fan et al., 2008)实现的“one-versus-all”线性 SVM 作为所有方法的分类模型。实验使用 Micro-F_1 评分作为评价指标，上述实验过程重复 10 次，报告平均结果及其标准差。

10.3.5 实验结果与分析

实验所对比的 7 种众包多标签主动学习算法在 8 个模拟众包标注数据集上的学习性能如图 10-5 所示。首先，关注将传统的多标签主动学习算法(QUIRE 和 LCI)直接应用于众包标注环境并使用集成标签来训练模型。比较 MV+LMU、MCMLD+QUIRE、ND-DS+LCI 和 MAC 的学习曲线可以发现，在多数情况下

(Birds、Emotions、Entertain、Flags、Image 数据集)，MV+LMU 的学习曲线相比其他算法更加陡峭。这意味着，在主动学习的早期阶段考虑正负标签的分布信息更加重要。相反，在这一阶段，那些考虑样本不确定性的方法(如 ND-DS+LCI 和 MAC)之所以表现不好是因为正在训练的模型不够成熟，导致无法准确衡量不确定度。与 MV+LMU 类似，所提出的 OCLDAC 在主动学习早期也考虑了正负噪声标签的分布，从而具有陡峭的学习曲线。因此，即便使用更加先进的推断模型(如 MCMLD+QUIRE)，传统的多标签主动学习策略在众包标注环境下仍然表现不佳，特别是在学习的早期阶段。

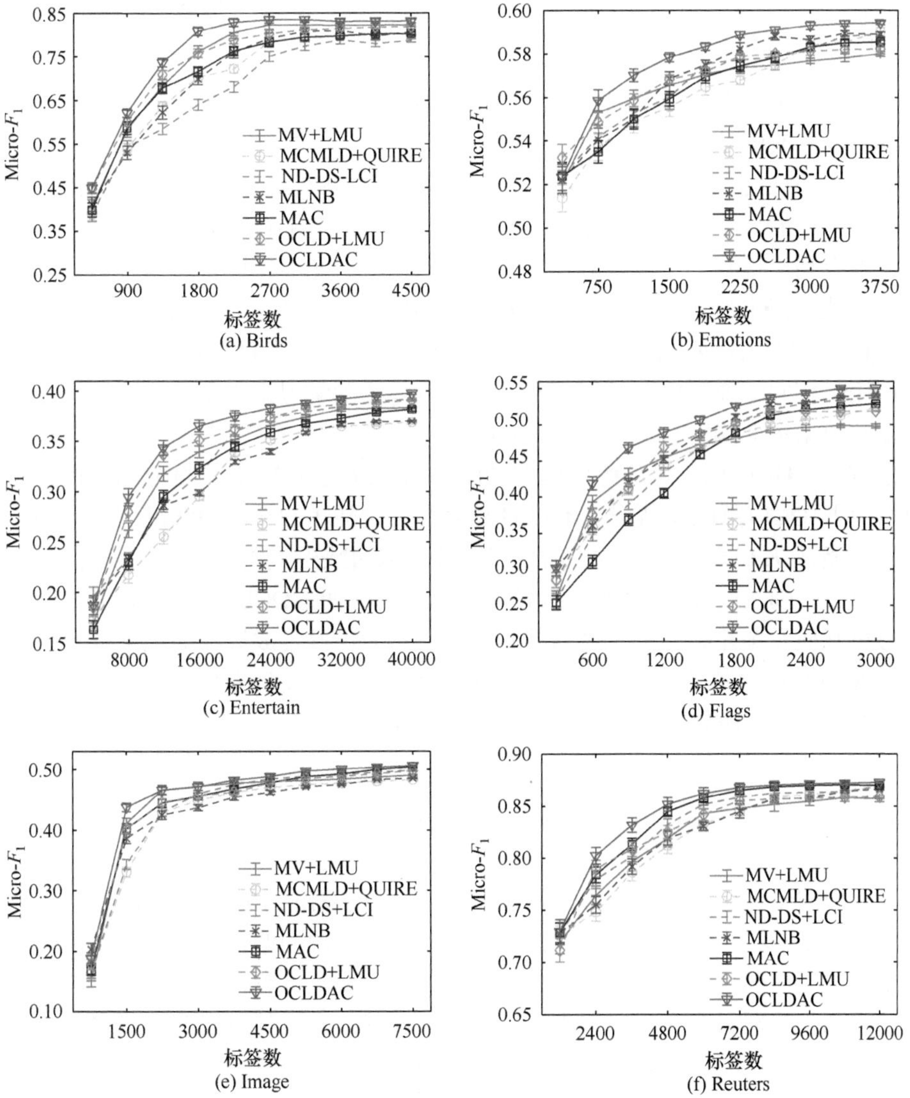

(a) Birds　(b) Emotions

(c) Entertain　(d) Flags

(e) Image　(f) Reuters

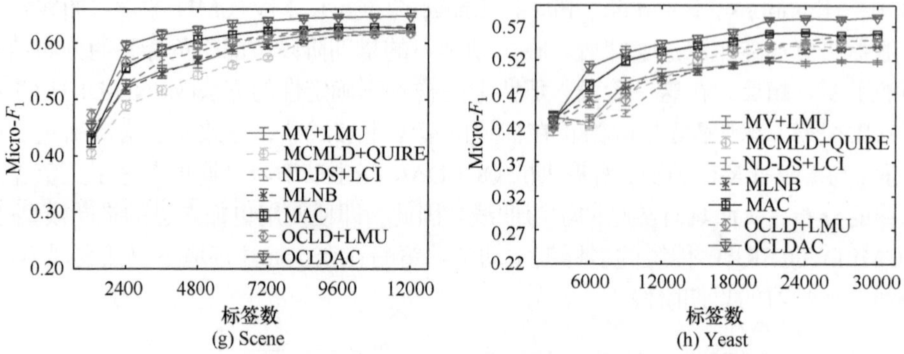

图 10-5　7 种众包多标签主动学习算法在 8 个模拟数据集上的对比

其次，关注在主动学习的后期当学习曲线趋于平坦时各种方法的差异。可以发现，在多数情况下(Emotions、Flags、Reuters、Scene、Yeast 数据集)，那些建模了标签相关性的方法(如 OCLDAC、MAC 和 ND-DS+LCI)表现优于那些没有建模标签相关性的方法(如 MV+LMU、MCMLD+QUIRE 和 OCLD+LMU)。建模标签相关性有利于提升学习模型的性能。此外，OCLDC 和 MAC 都具有特别设计的策略。因此，在主动学习的后期，需要更准确地推断模型和更好地选择策略。

最后，可以发现所提出的 OCLDAC 显著优于其变体 OCLD+LMU，虽然它们都使用了相同的推断模型。这证实了精细设计主动学习策略至关重要。总之，在大多数数据集上(除了 Image 和 Reuters)，OCLDAC 在主动学习的任何阶段都优于其他方法。OCLDAC 所训练的模型性能平均可以提升 3～5 个百分点，而且在多数情况下 OCLDAC 的提升具有统计显著性。越陡峭的学习曲线说明达到预先设定的性能，OCLDAC 需要越少的迭代次数，从而减少了成本和训练时间。

总之，OCLDAC 能够胜出得益于两点：一方面，OCLDAC 的真值推断算法能够更好地发掘并利用标签之间的相关性，从而提升集成标签的准确度；另一方面，OCLDAC 的各种选择策略不仅考虑了各种维度，而且充分利用了标签推断产生的有益信息，所以能够更有效地提升学习模型的性能。

10.4　本 章 小 结

在面向众包标注的学习中，使用主动学习范式有利于降低标注成本，快速提升学习模型的泛化性能。然而，面对众包标注中出现的偏置标注问题，传统的主动学习框架在标签集成与样本采样方法上面临挑战。本章提出了一种面向偏置标注的主动学习框架，在该框架中有标签和无标签的样本都可以获得更多的众包标签。当一定数量的样本获取到新的众包标签后，框架通过标签集成过程从训练集中每个样本的众包噪声标签集中推断样本的集成标签。当训练集中的样本被新的集成标签更新后，框架利用这些训练数据更新学习模型。

为了解决主动学习中面临的偏置标注问题，在标签集成过程中，使用 PLAT 算法作为真值推断算法。在多个具有不同底层数据分布的数据集上的实验结果显示，将 PLAT 算法引入标签集成过程中是主动学习取得成功的关键因素。因为只有 PLAT 算法才能在标签集成过程中给予小类(正类)特殊的关注，使得训练集具有足够多的小类样本以完成后续的监督学习过程。其他标签集成算法 MV 及其变体 MV-Beta 均不具备这一性质，所以它们在具有偏置标注的主动学习环境下无法很好地工作。为了进一步提升主动学习的性能，本章提出三种利用偏置程度的样本选择策略 MLSI、CMPI 和 CFI。这些策略不仅基于不确定性度量，也同时基于 PLAT 算法在标签集成过程中生成的动态的偏置程度信息。在这些策略中，CFI 合并了 MLSI 和 CMPI 的优点，其训练出的预测模型具有最好的泛化性能。

本章还介绍了在多标签标注任务下主动学习策略设计。所提出的面向多标签分类的主动学习方法 OCLDAC 本质上仍然基于样本的不确定性度量，但是策略中考虑了样本标签相关性等更丰富的内容。OCLDAC 在统一框架中引入两项关键技术以提高多标签学习的性能：①利用混合模型来探索和利用标签相关性，从而提高真实推断的准确性；②采用全面的主动学习策略，考虑多种影响因素(包括样本上标签的不确定度、标签对于模型的不确定度、标签之间的相关性以及工作者的可靠度)，以提高模型的学习效率。

参考文献

Abad A, Nabi M, Moschitti A. 2017. Self-crowdsourcing training for relation extraction. Proceedings of the 55th Annual Meeting of the Association for Computational Linguistics: 518-523.

Abellán J, Masegosa A R. 2010. Bagging decision trees on data sets with classification noise. International Symposium on Foundations of Information and Knowledge Systems: 248-265.

Alder B, de Alfaro L, Kulshreshtha A, et al. 2011. Reputation systems for open collaboration. Communication of the ACM, 54(8): 81-87.

Allahbakhsh M, Benatallah B, Ignjatovic A, et al. 2013. Quality control in crowdsourcing systems: Issues and directions. IEEE Internet Computing, 17(2): 76-81.

Alonso O, Rose E D, Stewart B. 2008. Crowdsourcing for relevance evaluation. ACM SIGIR Forum, 43(2): 9-15.

Ambati V, Vogel S, Carbonell J. 2012. Collaborative workflow for crowdsourcing translation. Proceedings of the ACM Conference on Computer Supported Cooperative Work: 1191-1194.

Aminian M. 2005. Active learning with scarcely labeled instances via bias variance reduction. Proceedings of International Conference on Artificial Intelligence and Machine Learning: 41-45.

Amsterdamer Y, Davidson S B, Milo T, et al. 2014. OASSIS: Query driven crowd mining. Proceedings of the ACM SIGMOD International Conference on Management of Data: 589-600.

Anderton J, Bashir M, Pavlu V, et al. 2013. An analysis of crowd workers mistakes for specific. Proceedings of the 22nd ACM International Conference on Information & Knowledge Management: 1873-1876.

Atarashi K, Oyama S, Kurihara M. 2018. Semi-supervised learning from crowds using deep generative models. The 32nd AAAI Conference on Artificial Intelligence: 1555-1562.

Aydin B I, Yilmaz Y S, Li Y, et al. 2014. Crowdsourcing for multiple-choice question answering. The 26th IAAI Conference: 2946-2953.

Bei Y. 2011. Labeling images with queries: A recall-based image retrieval game approach. SIGIR Workshop on Crowd-sourcing for Information Retrieval: 1-7.

Bell S, Bala K, Snavely N. 2014. Intrinsic images in the wild. ACM Transactions on Graphics, 33(4): 1-12.

Bernstein M S, Little G, Miller R C, et al. 2010. Soylent: A word processor with a crowd inside. Proceedings of the 23rd Annual ACM Symposium on User Interface Software and Technology: 313-322.

Bi W, Wang L, Kwok J T, et al. 2014. Learning to predict from crowdsourced data. The 30th Conference on Uncertainty in Artificial Intelligence: 82-91.

Bigham J P, Jayant C, Ji H, et al. 2010. VizWiz: Nearly real-time answers to visual questions. Proceedings of the 23rd Annual ACM Symposium on User Interface Software and Technology: 333-342.

Black C L, Merz C J. 1998. UCI repository of machine learning database. http://archive. ics.uci. edu.

Blei D M, Ng A Y, Jordan M I. 2003. Latent dirichlet allocation. Journal of Machine Learning Research, 3: 993-1022.

Boim R, Greenshpan O, Milo T, et al. 2012. Asking the right questions in crowd data sourcing. The 28th IEEE International Conference on Data Engineering: 1261-1264.

Boyd S, Parikh N, Chu E, et al. 2011. Distributed optimization and statistical learning via the alternating direction method of multipliers. Foundations and Trends in Machine Learning, 3(1): 1-122.

Bozzon A, Brambilla M, Ceri S. 2012. Answering search queries with crowdsearcher. Proceedings of the 21st International Conference on World Wide Web : 1009-1018.

Bozzon A, Brambilla M, Ceri S, et al. 2013. Reactive crowdsourcing. Proceedings of the 22nd International Conference on World Wide Web : 153-164.

Brabham D C. 2013. Crowdsourcing. Cambridge: MIT Press.

Bragg J M, Weld D S. 2013. Crowdsourcing multi-label classification for taxonomy creation. AAAI Conference on Human Computation and Crowdsourcing: 25-33.

Brew A, Greene D, Cunningham P. 2010. The interaction between supervised learning and crowdsourcing. NIPS Workshop on Computational Social Science and the Wisdom of Crowds: 1-5.

Brodley C E, Friedl M A. 1999. Identifying mislabeled training data. Journal of Artificial Intelligence Research, 11: 131-167.

Buckley C, Lease M, Smucker D M. 2010. Overview of the TREC 2010 relevance feedback track (Notebook). The 19th Text Retrieval Conference (TREC) : 1-4.

Buhrmester M D, Kwang T, Gosling S D. 2011. Amazon's Mechanical Turk: A new source of inexpensive, yet high-quality, data? Perspectives on Psychological Science, 6(1): 3-5.

Cao C C, She J, Tong Y, et al. 2012. Whom to ask? Jury selection for decision making tasks on micro-blog services. Proceedings of the VLDB Endowment: 1495-1506.

Cao C C, Chen L, Jagadish H V. 2014. From labor to trader: Opinion elicitation via online crowds as a market. Proceedings of the 20th ACM SIGKDD International Conference on Knowledge Discovery and Data Mining: 1067-1076.

Card S K, Moran T P, Newell A. 1983. The Psychology of Human-Computer Interaction. Mahwah: Lawrence Erlbaum Associates.

Carvalho V R, Lease M, Yilmaz E. 2011. Crowdsourcing for search evaluation. ACM SIGIR Forum, 44(2): 17-22.

Cestnik B. 1990. Estimating probabilities: A crucial task in machine learning. Proceedings of the 9th Europe Confence on Artificial Intelligence: 149.

Chandler D, Kapelner A. 2013. Breaking monotony with meaning: Motivation in crowdsourcing markets. Journal of Economic Behavior and Organization, 90(90): 123-133.

Chang J, Gerrish S, Wang C, et al. 2009. Reading tea leaves: How humans interpret topic models. Proceedings of Neural Information Processing Systems: 288-296.

Chen J J, Menezes N, Bradley A. 2011. Opportunities for crowdsourcing research on Amazon Mechanical Turk. Processings on CHI Workshop Crowdsourcing and Human Computation:1-4.

Chen X, Lin Q, Zhou D. 2013. Optimistic knowledge gradient policy for optimal budget allocation in crowdsourcing. Proceedings of the 30th International Conference on Machine Learning: 64-72.

Chris C B. 2009. Fast, cheap, and creative: Evaluating translation quality using Amazon's Mechanical Turk. Proceedings of the Conference on Empirical Methods in Natural Language Processing: 286-295.

Culotta A, McCallum A. 2005. Reducing labeling effort for structured prediction tasks. Proceedings of the 20th National Conference on Artificial Intelligence: 746-751.

Dagan I, Glickman O, Magnini B. 2005. The PASCAL recognising textual entailment challenge. Machine Learning Challenges Workshop: 177-190.

Dalvi N, Dasgupta A, Kumar R, et al. 2013. Aggregating crowdsourced binary ratings. The 22nd International Conference on World Wide Web: 285-294.

Daniel F, Kucherbaev P, Cappiello C, et al. 2018. Quality control in crowdsourcing: A survey of quality attributes, assessment techniques, and assurance actions. ACM Computing Surveys, 51(1): 1-40.

Dasgupta A, Ghosh A. 2013. Crowdsourced judgement elicitation with endogenous proficiency. Proceedings of the 22nd International Conference on World Wide Web: 319-330.

David V, Aaron B, William C, et al. 2008. Online word games for semantic data collection. Proceedings of the Conference on Empirical Methods in Natural Language Processing: 533-542.

Dawid A P, Skene A M. 1979. Maximum likelihood estimation of observer error-rates using the EM algorithm. Journal of Royal Statistical Society, Applied Statistics, 28(1): 20-28.

Delany S J, Cunningham P. 2004. An analysis of case-base editing in a spam filtering system. European Conference on Case-Based Reasoning: 128-141.

Demartini G, Difallah D E, Cudré-Mauroux P. 2012. ZenCrowd: Leveraging probabilistic reasoning and crowdsourcing techniques for large-scale entity linking. Proceedings of the 21st International Conference on World Wide Web: 469-478.

Demartini G, Difallah D E, Cudré-Mauroux P. 2013. Large-scale linked data integration using probabilistic reasoning and crowdsourcing. The VLDB Journal, 22(5): 665-687.

Deng J, Dong W, Scocher R, et al. 2009. ImageNet: A large-scale hierarchical image database. IEEE Conference on Computer Vision and Pattern Recognition: 248-255.

Devijver J K. 1980. On the edited nearest neighbor rule. Proceedings of the 5th International Conference on Pattern Recognition: 72-80.

Dietterich T G. 2000. An experimental comparison of three methods for constructing ensembles of decision trees: Bagging, Boosting, and randomization. Machine Learning, 40(2): 139-157.

Difallah D E, Demartini G, Cudré-Mauroux P. 2012. Mechanical cheat: Spamming schemes and adversarial techniques on crowdsourcing platforms. Proceedings of the 1st International Workshop on Crowdsourcing Web Search: 26-30.

Donmez P, Carbonell J G. 2008. Proactive learning: Cost-sensitive active learning with multiple imperfect oracles. Proceedings of the 17th ACM Conference on Information and Knowledge Management: 619-628.

Donmez P, Carbonell J G, Schneider J. 2010. A probabilistic framework to learn from multiple annotators with time-varying accuracy. SIAM International Conference on Data Mining: 826-837.

Dow S, Kulkarni A, Klemmer S, et al. 2012. Shepherding the crowd yields better work. Proceedings of the ACM Conference on Computer Supported Cooperative Work: 1013-1022.

Duan Y, Wu O. 2016. Learning with auxiliary less-noisy labels. IEEE Transactions on Neural Networks and Learning Systems, 28(7): 1716-1721.

Duan L, Oyama S, Sato H, et al. 2014. Separate or joint? Estimation of multiple labels from crowdsourced annotations. Expert Systems with Applications, 41(13): 5723-5732.

Eddy M, Stefano M, Falk S, et al. 2017. On crowdsourcing relevance magnitudes for information retrieval evaluation. ACM Transactions on Information Systems, 35(3): 19.

Eickhoff C, Harris C, Srinivasan P, et al. 2012. Quality through flow and immersion: Gamifying crowdsourced relevance assessments. Proceedings of the 35th International ACM SIGIR Conference on Research and Development in Information Retrieval: 871-889.

Ekambaram R, Fefilatyev S, Shreve M, et al. 2016. Active cleaning of label noise. Pattern Recognition, 51: 463-480.

Evgeniou T, Pontil M. 2004. Regularized multi-task learning. Proceedings of the 10th ACM SIGKDD International Conference on Knowledge Discovery and Data Mining: 109-117.

Faltings B, Jurca R, Pu P, et al. 2014. Incentives to counter bias in human computation. Proceedings of Human Computation and Crowdsourcing: 59-66.

Fan R E, Chang K W, Hsieh C J, et al. 2008. LIBLINEAR: A library for large linear classification. Journal of Machine Learning Research, 9: 1871-1874.

Fan J, Li G, Ooi B C, et al. 2015. Icrowd: An adaptive crowdsourcing framework. Proceedings of the ACM SIGMOD International Conference on Management of Data: 1015-1030.

Fang M, Zhu X, Li B, et al. 2012. Self-taught active learning from crowds. IEEE International Conference on Data Mining: 858-863.

Fang M, Yin J, Tao D. 2014. Active learning for crowdsourcing using knowledge transfer. The 28th AAAI Conference on Artificial Intelligence: 1809-1815.

Faridani S, Hartmann B, Ipeirotis P G. 2011. What's the right price? Pricing tasks for finishing on time. Proceedings of the 11th AAAI Conference on Human Computation: 26-31.

Frank E, Bouckaert R R. 2006. Naive Bayes for text classification with unbalanced classes. European Conference on Principles of Data Mining and Knowledge Discovery: 503-510.

Frénay B, Verleysen M. 2013. Classification in the presence of label noise: A survey. IEEE Transactions on Neural Networks and Learning Systems, 25(5): 845-869.

Freund Y. 2001. An adaptive version of the Boost by majority algorithm. Machine Learning, 43(3): 293-318.

Fu W T, Liao V. 2011. Crowdsourcing quality control of online information: A quality-based cascade model. International Conference on Social Computing, Behavioral-Cultural Modeling, and Prediction: 147-154.

Fu Y, Zhu X, Li B. 2013. A survey on instance selection for active learning. Knowledge & Information Systems, 35(2): 249-283.

Gamberger D, Lavrač N, Džeroski S. 1996. Noise elimination in inductive concept learning: A case study in medical diagnosis. International Workshop on Algorithmic Learning Theory: 199-212.

Gamberger D, Lavrač N, Groselj C. 1999. Experiments with noise filtering in a medical domain. International Conference on Machine Learning: 143-151.

Gao Y, Parameswaran A. 2014. Finish them!: Pricing algorithms for human computation. Proceedings of VLDB, 7: 1965-1976.

Geiger D, Rosemann M, Fielt E. 2011. Crowdsourcing information systems: A systems theory perspective. Proceedings of the 22nd Australasian Conference on Information Systems: 1-11.

Gelman A, Carlin J B, Stern H, et al. 2013. Bayesian Data Analysis. New York: CRC Press.

Geman S, Geman D. 1984. Stochastic relaxation, Gibbs distributions, and the Bayesian restoration of images. IEEE Transactions on Pattern Analysis and Machine Intelligence, 6(6): 721-741.

Gibaja E, Ventura S. 2015. A tutorial on multilabel learning. ACM Computing Surveys, 10(5): 52.

Gomes R, Welinder P, Krause A, et al. 2011. Crowdclustering. Proceedings of the 24th International Conference on Neural Information Processing Systems: 558-566.

Goto S, Lin D, Nakajima Y. 2012. Estimation of Translation Quality by Crowdsourcing. Kyoto: Kyoto University.

Grady C, Lease M. 2010. Crowdsourcing document relevance assessment with Mechanical Turk. Proceedings of the NAACL HLT Workshop on Creating Speech and Language Data with Amazon's Mechanical Turk, Association for Computational Linguistics: 172-179.

Griffin G, Holub A, Perona P. 2007. Caltech-256 Object Category Dataset. Pasadena: California Institute of Technology.

Haas D, Wang J, Wu E, et al. 2015. CLAMShell: Speeding up crowds for low-latency data labeling. Proceeding of VLDB, 9: 372-383.

Hand D J, Till R J. 2001. A simple generalisation of the area under the ROC curve for multiple class classification problems. Machine Learning, 45(2): 171-186.

Hansen D L, Schone P J, Corey D, et al. 2013. Quality control mechanisms for crowdsourcing: Peer review, arbitration, & expertise at familysearch indexing. Proceedings of the Conference on Computer Supported Cooperative Work: 649-660.

He H, Garcia E A. 2009. Learning from imbalanced data. IEEE Transactions on Knowledge and Data Engineering, 21(9): 1263-1284.

Hernández-González J, Inza I, Lozano J. 2019. A note on the behavior of majority voting in multi-class domains with biased annotators. IEEE Transactions on Knowledge and Data Engineering, 31(1): 195-200.

Hossfeld T, Keimel C, Timmerer C. 2014. Crowdsourcing quality-of-experience assessments. Computer, 47(9): 98-102.

Howe J. 2006. The rise of crowdsourcing. Wired Magazine, 14(6): 1-4.

Huang S, Fu W. 2013. Enhancing reliability using peer consistency evaluation in human computation. Proceedings of the Conference on Computer Supported Cooperative Work: 639-648.

Huang S J, Zhou Z H. 2013. Active query driven by uncertainty and diversity for incremental multi-label learning. The 13th International Conference on Data Mining: 1079-1084.

Huang S J, Jin R, Zhou Z H. 2010. Active learning by querying informative and representative examples. Advances in Neural Information Processing Systems: 892-900.

Hung N Q, Tam N T, Tran L N, et al. 2013. An evaluation of aggregation techniques in crowdsourcing. International Conference on Web Information Systems Engineering: 1-15.

Ipeirotis P, Provost F, Wang J. 2010. Quality management on Amazon Mechanical Turk. Proceedings of the ACM SIGKDD Workshop on Human Computation: 64-67.

Jiang W. 2001. Some theoretical aspects of Boosting in the presence of noisy data. Proceedings of the 18th International Conference on Machine Learning: 234-241.

Jiang H, Matsubara S. 2014. Efficient task decomposition in crowdsourcing. International Conference on Principles and Practice of Multi-Agent Systems: 65-73.

Jin Y, Du L, Zhu Y, et al. 2018. Leveraging label category relationships in multi-class crowdsourcing. Pacific-Asia Conference on Knowledge Discovery and Data Mining: 128-140.

Joglekar M, Garcia-Molina H, Parameswaran A. 2013. Evaluating the crowd with confidence. Proceedings of the 19th ACM SIGKDD International Conference on Knowledge Discovery and Data Mining: 686-694.

Jung H J, Lease M. 2011. Improving consensus accuracy via z-score and weighted voting. Workshops at the 25th AAAI Conference on Artificial Intelligence: 88-90.

Jung H J, Park Y, Lease M. 2014. Predicting next label quality: A time-series model of crowdwork. The 2nd AAAI Conference on Human Computation & Crowdsourcing: 87-95.

Kajino H, Tsuboi Y, Kashima H. 2012. Convex formulations of learning from crowds. Transactions of the Japanese Society for Artifical Intelligence, 27(3): 133-42.

Kajino H, Tsuboi Y, Kashima H. 2013. Clustering crowds. Proceedings of the 27th AAAI Conference on Artifical Intelligence: 1120-1127.

Kaplan H, Lotosh I, Milo T, et al. 2013. Answering planning queries with the crowd. Proceedings of the VLDB Endowment, 6: 697-708.

Karger D R, Oh S, Shah D. 2011. Budget-optimal crowdsourcing using low-rank matrix approximations. The 49th Annual Allerton Conference on Communication, Control, and Computing: 284-291.

Karger D R, Oh S, Shah D. 2014. Budget-optimal task allocation for reliable crowdsourcing systems. Operations Research, 62(1): 1-24.

Kazai G, Kamps J, Milic-Frayling N. 2011. Worker types and personality traits in crowdsourcing relevance labels. Proceedings of the 20th ACM International Conference on Information and Knowledge Management: 1941-1944.

Khattak F K, Salleb-Aouissi A. 2011. Quality control of crowd labeling through expert evaluation. Proceedings of the NIPS 2nd Workshop on Computational Social Science and the Wisdom of Crowds: 1-5.

Khoshgoftaar T M, Rebours P. 2007. Improving software quality prediction by noise filtering techniques. Journal of Computer Science and Technology, 22(3): 387-396.

Khosla A, Jayadevaprakash N, Yao B, et al. 2011. Novel dataset for fine-grained image categorization: Stanford dogs. CVPR Workshop on Fine-Grained Visual Categorization, 2(1): 1-2.

Khuda Bukhsh A, Carbonell J, Jansen P. 2014. Detecting non-adversarial collusion in crowdsourcing. Proceedings of the 2nd AAAI Conference on Human Computation and Crowdsourcing: 104-111.

Kim H C, Ghahramani Z. 2012. Bayesian classifier combination. Artificial Intelligence and Statistics: 619-627.

Kingma D P, Ba J. 2015. Adam: A method for stochastic optimization. Proceedings of the 3rd International Conference on Learning Representations: 1-15.

Kittur A, Chi E H, Suh B. 2008. Crowdsourcing user studies with Mechanical Turk. Proceedings of the SIGCHI Conference on Human Factors in Computing Systems: 453-456.

Kittur A, Smus B, Khamkar S, et al. 2011. CrowdForge: Crowdsourcing complex work. Proceedings of the 24th Annual ACM Symposium on User Interface Software and Technology: 43-52.

Kittur A, Nickerson J V, Bernstein M, et al. 2013. The future of crowd work. Proceedings of the Conference on Computer Supported Cooperative Work: 1301-1318.

Kleindessner M, Awasthi P. 2018. Crowdsourcing with arbitrary adversaries. The International Conference on Machine Learning: 2713-2722.

Kucherbaev P, Daniel F, Tranquillini S, et al. 2016. ReLauncher: Crowdsourcing microtasks runtime controller. Proceedings of the 19th ACM Conference on Computer-Supported Cooperative Work & Social Computing: 1607-1612.

Kulkarni A, Can M, Hartmann B. 2012. Collaboratively crowdsourcing workflows with Turkomatic. Processing of ACM Conference on Computer Supported Cooperative Work: 1003-1012.

Kurve A, Miller D J, Kesidis G. 2015. Multicategory crowdsourcing accounting for variable task difficulty, worker skill, and worker intention. IEEE Transactions on Knowledge and Data Engineering, 27(3): 794-809.

Lasecki W S, Teevan J, Kamar E. 2014. Information extraction and manipulation threats in crowd-powered systems. Proceedings of the 17th ACM Conference on Computer Supported Cooperative Work & Social Computing: 248-256.

Lasecki W S, Miller C D, Naim I, et al. 2017. Scribe: Deep integration of human and machine intelligence to caption speech in real time. Communications of the ACM, 60(9): 93-100.

LeCun Y, Bengio Y, Hinton G. 2015. Deep learning. Nature, 521: 436-444.

Lee H, Battle A, Raina R, et al. 2007. Efficient sparse coding algorithms. Advances in Neural Information Processing Systems: 801-808.

Lee K, Caverlee J, Webb S. 2010. The social honeypot project: Protecting online communities from spammers. Proceedings of the 19th International Conference on World Wide Web: 1139-1140.

Lee T Y, Dugan C, Geyer W, et al. 2013. Experiments on motivational feedback for crowdsourced workers. Proceedings of the 7th International Conference on Weblogs and Social Media: 341-350.

Li Y, Long P M. 2000. The relaxed online maximum margin algorithm. Advances in Neural Information Processing Systems: 498-504.

Li H, Yu B. 2014. Error rate bounds and iterative weighted majority voting for crowdsourcing. http://arxiv.org/pdf/1411.4086. pdf.

Li H, Yu B, Zhou D. 2013. Error rate analysis of labeling by crowdsourcing. ICML Workshop: Machine Learning Meets Crowdsourcing: 1-11.

Li Q, Li Y, Gao J, et al. 2014. A confidence-aware approach for truth discovery on long-tail data. Proceedings of the VLDB Endowment, 8(4): 425-436.

Li S Y, Jiang Y, Zhou Z H. 2015. Multi-label active learning from crowds http://arxiv.org/abs/1508.00722vl.

Lin C H, Kamar E, Horvitz E. 2014. Signals in the silence: Models of implicit feedback in a recommendation system for crowdsourcing. The 28th AAAI Conference on Artificial Intelligence: 908-914.

Lin C H, Mausam, Weld D S. 2016. Re-active learning: Active learning with relabeling. Proceedings of the 30th AAAI Conference on Artificial Intelligence: 1845-1852.

Little G, Chilton L B, Goldman M, et al. 2010. TurKit: Human computation algorithms on Mechanical Turk. Proceedings of the 23rd Annual ACM Symposium on User Interface Software and Technology: 57-66.

Liu T, Tao D. 2015. Classification with noisy labels by importance reweighting. IEEE Transactions on Pattern Analysis and Machine Intelligence, 38(3): 447-461.

Liu X, Lu M, Ooi B C, et al. 2012a. CDAS: A crowdsourcing data analytics system. http: //arxiv. org/pdf/1207.0143. pdf.

Liu Q, Peng J, Ihler A T. 2012b. Variational inference for crowdsourcing. Advances in Neural Information Processing Systems: 692-700.

Livshits B, Mytkowicz T. 2014. Saving money while polling with interpoll using power analysis. The 2nd AAAI Conference on Human Computation and Crowdsourcing: 159-170.

Long C, Hua G, Kapoor A. 2013. Active visual recognition with expertise estimation in crowdsourcing. Proceedings of the IEEE International Conference on Computer Vision: 3000-3007.

Loni B, Cheung L Y, Riegler M, et al. 2014. Fashion 10000: An enriched social image dataset for fashion and clothing. Proceedings of the 5th ACM Multimedia Systems Conference: 41-46.

Lotosh I, Milo T, Novgorodov S. 2013. CrowdPlanr: Planning made easy with crowd. International Conference on Data Engineering: 1344-1347.

Lowe D G. 2004. Distinctive image features from scale-invariant keypoints. International Journal of Computer Vision, 60(2): 91-110.

Lugosi G. 1992. Learning with an unreliable teacher. Pattern Recognition, 25(1): 79-87.

Ma F, Li Y, Li Q, et al. 2015. Fine grained truth discovery for crowdsourced data aggregation. Proceedings of the 21st ACM SIGKDD International Conference on Knowledge Discovery and Data Mining: 745-754.

Ma Y, Olshevsky A, Szepesvari C, et al. 2018. Gradient descent for sparse rank-one matrix completion for crowd-sourced aggregation of sparsely interacting workers. The International Conference on Machine Learning: 3341-3350.

Mallah C, Cope J, Orwell J. 2013. Plant leaf classification using probabilistic integration of shape, texture and margin features. Computer Graphics and Imaging: Signal Processing, Pattern Recognition and Applications: 1-8.

Malossini A, Blanzieri E, Ng R T. 2006. Detecting potential labeling errors in microarrays by data perturbation. Bioinformatics, 22(17): 2114-2121.

Marcus A, Parameswaran A. 2015. Crowdsourced data management: Industry and academic perspectives. Foundations and Trends in Databases, 6(1-2): 1-161.

Marcus A, Karger D, Madden S, et al. 2012. Counting with the crowd. Proceedings of the VLDB Endowment: 109-120.

Marta S, Kalina B, Arno S. 2012. Crowdsourcing research opportunities: Lessons from natural language processing. Proceedings of the 12th International Conference on Knowledge Management and Knowledge Technologies: 17.

Martínez-Muñoz G, Suárez A. 2010. Out-of-bag estimation of the optimal sample size in Bagging. Pattern Recognition, 43(1): 143-152.

McDonald R A, Hand D J, Eckley I A. 2003. An empirical comparison of three boosting algorithms on real data sets with artificial class noise. International Workshop on Multiple Classifier Systems: 35-44.

McLachlan G J, Krishnan T. 2007. The EM Algorithm and Extensions. Hoboken: John Wiley & Sons.

Miao Q, Cao Y, Xia G, et al. 2015. RBoost: Label noise-robust Boosting algorithm based on a nonconvex loss function and the numerically stable base learners. IEEE Transactions on Neural Networks and Learning Systems, 27(11): 2216-2228.

Miller G A, Charles W G. 1991. Contextual correlates of semantic similarity. Language and Cognitive Processes, 6(1): 1-28.

Minka T, Winn J. 2008. Gates. Advances in Neural Information Processing Systems, 21: 1073-1080.

Miranda A L, Garcia L, Carvalho A C, et al. 2009. Use of classification algorithms in noise detection and elimination. International Conference on Hybrid Artificial Intelligence Systems: 417-424.

Mo K, Zhong E, Yang Q. 2013. Cross-task crowdsourcing. Proceedings of the 19th ACM SIGKDD International Conference on Knowledge Discovery and Data Mining: 677-685.

Morschheuser B, Hamari J, Koivisto J. 2016. Gamification in crowdsourcing: A review. The 49th Hawaii International Conference on System Sciences: 4375-4384.

Mozafari B, Sarkar P, Franklin M J, et al. 2012. Active learning for crowd-sourced databases. http:/arxiv. org/abs/1209. 3686.

Mozafari B, Sarkar P, Franklin M, et al. 2014. Scaling up crowd-sourcing to very large datasets: A case for active learning. Proceedings of the VLDB Endowment, 82(2): 125-136.

Muhammadi J, Rabiee H R, Hosseini A. 2015. A unified statistical framework for crowd labeling. Knowledge and Information Systems, 45(2): 271-294.

Natarajan N, Dhillon I S, Ravikumar P K, et al. 2013. Learning with noisy labels. Advances in Neural Information Processing Systems: 1196-1204.

Neto F R, Santos C A. 2018. Understanding crowdsourcing projects: A systematic review of tendencies, workflow, and quality management. Information Processing and Management, 54(4): 490-506.

Ng A Y. 2004. Feature selection, L_1 vs. L_2 regularization, and rotational invariance. Proceedings of the 21st International Conference on Machine Learning: 1-8.

Nguyen Q V, Nguyen T T, Lam N T, et al. 2013. BATC: A benchmark for aggregation techniques in crowdsourcing. Proceedings of the 36th International ACM SIGIR Conference on Research and Development in Information Retrieval: 1079-1080.

Nicholson B, Sheng V S, Zhang J. 2016. Label noise correction and application in crowdsourcing. Expert Systems with Applications, 66: 149-162.

Nocedal J, Wright S. 2006. Numerical Optimization. Berlin: Springer Science & Business Media.

Nushi B, Kamar E, Horvitz E, et al. 2016. On human intellect and machine failures: Troubleshooting integrative machine learning systems. AAAI: 1017-1025.

Okamoto S, Yugami N. 1997. An average-case analysis of the *k*-nearest neighbor classifier for noisy domains. International Joint Conference on Artificial Intelligence: 238-245.

Organisciak P, Teevan J, Dumais S, et al. 2014. A crowd of Your Own: Crowdsourcing for on-demand personalization. Association for the Advancement of Artificial Intelligence: 192-200.

Pang B, Lee L. 2005. Seeing stars: Exploiting class relationships for sentiment categorization with respect to rating scales. Proceedings of the ACL: 115-124.

Parikh D, Zitnick L C. 2011. Human-debugging of machines. Proceedings of the 2nd Workshop on Computational Social Science and the Wisdom of Crowds (in Advanced Neural information Processing Systems),11: 1-5.

Pavlick E, Post M, Irvine A, et al. 2014. The language demographics of Amazon Mechanical Turk. Transactions of the Association for Computational Linguistics, 2(1): 79-92.

Pierce S G, Ben-Haim Y, Worden K, et al. 2006. Evaluation of neural network robust reliability using information-gap theory. IEEE Transactions on Neural Networks, 17(6): 1349-1361.

Pradhan S, Loper E, Dligach D, et al. 2007. SemEval-2007 task-17: English lexical sample, SRL and all words. Proceedings of the 4th International Workshop on Semantic Evaluations: 87-92.

Pustejovsky J, Hanks P, Sauri R, et al. 2003. The timebank corpus. Proceedings of Corpus Linguistics: 647-656.

Quinn A J, Bederson B B. 2011. Human computation: A survey and taxonomy of a growing field. Proceedings of the SIGCHI Conference on Human Factors in Computing Systems: 1403-1412.

Rajasekharan K, Mathur A, Ng S. 2013. Effective crowdsourcing for software feature ideation in online co-creation forums. Software Engineering and Knowledge Engineering: 119-124.

Raykar V C, Yu S, Zhao L H, et al. 2010. Learning from crowds. Journal of Machine Learning Research, 11: 1297-1322.

Rayner M, Frank I, Chua C, et al. 2011. For a fistful of dollars: Using crowd-sourcing to evaluate a spoken language CALL application. Proceedings of the SLaTE Workshop: 1-4.

Ribeiro M T, Singh S, Guestrin C. 2016. “Why should I trust you?”: Explaining the predictions of any classifier. Proceedings of the 22nd ACM SIGKDD International Conference on Knowledge Discovery and Data: 1135-1144.

Rodrigues F, Pereira F C. 2018. Deep learning from crowds. The 32nd AAAI Conference on Artificial Intelligence: 1611-1618.

Rodrigues F, Pereira F, Ribeiro B. 2013. Learning from multiple annotators: Distinguishing good from random labelers. Pattern Recognition Letters, 34(12): 1428-1436.

Rodrigues F, Pereira F, Ribeiro B. 2014. Gaussian process classification and active learning with multiple annotators. International Conference on Machine Learning: 433-441.

Ross J, Irani L, Silberman M S, et al. 2010. Who are the crowdworkers? Shifting demographics in mechanical Turk. CHI’10 Extended Abstracts on Human Factors in Computing Systems: 2863-2872.

Roy N, McCallum A. 2001. Toward optimal active learning through monte carlo estimation of error reduction. International Conference on Machine Learning: 441-448.

Russakovsky O, Li L J, Li F F. 2015. Best of both worlds: Human-machine collaboration for object annotation. Proceedings of the IEEE Conference on Computer Vision and Pattern Recognition: 2121-2131.

Rzeszotarski J M, Kittur A. 2011. Instrumenting the crowd: Using implicit behavioral measures to predict task performance. Proceedings of the 24th Annual ACM Symposium on User Interface Software and Technology: 13-22.

Samuels S M. 1965. On the number of successes in independent trials. The Annals of Mathematical Statistics, 36(4): 1272-1278.

Sánchez J S, Barandela R, Marqués A I, et al. 2003. Analysis of new techniques to obtain quality training sets. Pattern Recognition Letters, 24(7): 1015-1022.

Saram A D, Parameswaran A, Garcia-Molina H, et al. 2014. Crowd-powered find algorithms. The 30th International Conference on Data Engineering: 964-975.

Settles B. 2010. Active Learning Literature Survey. Madison: University of Wisconsin-Madison.

Settles B, Craven M. 2008. An analysis of active learning strategies for sequence labeling tasks. Proceedings of the Conference on Empirical Methods in Natural Language Processing: 1069-1078.

Settles B, Craven M, Ray S. 2008. Multiple-instance active learning. Advance in Neural Information Processing Systems, 20: 1289-1296.

Sheng V S, Provost F, Ipeirotis P G. 2008. Get another label? Improving data quality and data mining using multiple, noisy labelers. Proceedings of the 14th ACM SIGKDD International Conference on Knowledge Discovery and Data Mining: 614-622.

Sheng V S, Zhang J, Gu B, et al. 2019. Majority voting and pairing with multiple noisy labeling. IEEE Transactions on Knowledge and Data Engineering, 31(7): 1355-1368.

Sheshadri A, Lease M. 2013. SQUARE: A benchmark for research on computing crowd consensus. Proceedings of the 1st AAAI Conference on Human Computation and Crowdsourcing: 156-164.

Shinsel A, Kulesza T, Burnett M, et al. 2011. Mini-crowdsourcing end-user assessment of intelligent assistants: A cost-benefit study. IEEE Symposium on Visual Languages and Human-Centric Computing: 47-54.

Smyth P, Fayyad U , Burl M, et al. 1995a. Inferring ground truth from subjective labelling of venus images. Advances in Neural Information Processing Systems: 1085-1092.

Smyth P, Fayyad U, Burl M, et al. 1995b. Learning with probabilistic supervision. Computational Learning Theory and Natural Learning Systems, 3: 163-182.

Snow R, O'Connor B, Jurafsky D, et al. 2008. Cheap and fast—But is it good? Evaluating non-expert annotations for natural language tasks. Proceedings of the Conference on Empirical Methods in Natural Language Processing: 254-263.

Strapparava C, Mihalcea R. 2007. SemEval-2007 task 14: Affective text. Proceedings of the 4th International Workshop on Semantic Evaluations: 70-74.

Su H, Deng J, Li F F. 2012. Crowdsourcing annotations for visual object detection. Workshops at the 26th AAAI Conference on Artificial Intelligence.

Sukhbaatar S, Bruna J, Manohar P, et al. 2015. Training convolutional networks with noisy labels.

Workshop at ICLR-2015: 1-11.
Sun J W, Zhao F Y, Wang C J, et al. 2007. Identifying and correcting mislabeled training instances. Future Generation Communication and Networking: 244-250.
Suri S, Goldstein D G, Mason W. 2011. Honesty in an online labor market. Proceedings of the 3rd Workshop on Human Computation: 61-66.
Surowiecki J. 2005. The Wisdom of Crowds. New York: Random House Inc.
Tamuz O, Liu C, Belongie S, et al. 2011. Adaptively learning the crowd kernel. The 28th International Conference on Machine Learning.
Teevan J, Iqbal S T, VonVeh C. 2016. Supporting collaborative writing with microtasks. Proceedings of the SIGCHI Conference on Human Factors in Computing Systems: 2657-2668.
Teng C M. 1999. Correcting noisy data. International Conference on Machine Learning: 239-248.
Tian T, Zhu J. 2015a. Uncovering the latent structures of crowd labeling. The Pacific-Asia Conference on Knowledge Discovery and Data Mining: 392-404.
Tian T, Zhu J. 2015b. Max-margin majority voting for learning from crowds. Advances in Neural Information Processing Systems: 1612-1620.
Ting K M. 2002. An instance-weighting method to induce cost-sensitive trees. IEEE Transactions on Knowledge and Data Engineering, 14(3): 659-665.
Tokarchuk O, Cuel R, Zamarian M. 2012. Analyzing crowd labor and designing incentives for humans in the loop. IEEE Internet Computing: 45-51.
Tong S, Koller D. 2002. Support vector machine active learning with applications to text classification. Journal of Machine Learning Research, 2: 45-66.
Triguero I, Sáez J A, Luengo J, et al. 2014. On the characterization of noise filters for self-training semi-supervised in nearest neighbor classification. Neurocomputing, 132: 30-41.
Tsoumakas G, Spyromitros-Xioufis E, Vilcek J, et al. 2011. MULAN: A Java library for multi-label learning. The Journal of Machine Learning Research, 12: 2411-2414.
Venanzi M, Guiver J, Kazai G, et al. 2014. Community-based Bayesian aggregation models for crowdsourcing. The 23rd International Conference on World Wide Web: 155-164.
Venanzi M, Teacy L, Rogers A, et al. 2015. Bayesian modelling of community-based multidimensional trust in participatory sensing under data sparsity. The 25th International Joint Conference on Artificial Intelligence: 717-724.
Vukovic M, Bartolini C. 2010. Towards a research agenda for enterprise crowdsourcing. International Symposium on Leveraging Applications of Formal Methods, Verification and Validation: 425-434.
Waggoner B, Chen Y. 2014. Output agreement mechanisms and common knowledge. Proceedings of the 2nd AAAI Conference on Human Computation and Crowdsourcing: 220-226.
Wais P, Lingamneni S, Cook D, et al. 2020. Towards building a high-quality workforce with mechanical turk. NIPS Workshop on Computational Social Science and the Wisdom of Crowds: 1-5.
Wang Y H. 1993. On the number of successes in independent trials. Statistica Sinica: 295-312.
Wang J, Kraska T, Franklin M J, et al. 2012. Crowder: Crowdsourcing entity resolution. Proceedings of VLDB, 5(11): 1483-1494.
Wang J, Li G, Kraska T, et al. 2013. Leveraging transitive relations for crowdsourced joins. Proceedings

of the ACM SIGMOD International Conference on Management of Data: 229-240.

Wang J, Krishnan S, Franklin M J, et al. 2014. A sample-and-clean framework for fast and accurate query processing on dirty data. Proceedings of the ACM SIGMOD International Conference on Management of Data: 469-480.

Wang W, Guo X Y, Li S Y, et al. 2017. Obtaining high-quality label by distinguishing between easy and hard items in crowdsourcing. The 26th International Joint Conference on Artificial Intelligence: 2964-2970.

Weiss G M. 1998. The problem with noise and small disjuncts. International of Machine Learning: 574-578.

Welinder P, Perona P. 2010. Online crowdsourcing: Rating annotators and obtaining cost-effective labels. The IEEE Conference on Computer Vision and Pattern Recognition Workshops: 25-32.

Welinder P, Branson S, Perona P, et al. 2010. The multidimensional wisdom of crowds. Advances in Neural Information Processing Systems: 2424-2432.

Whitehill J, Ruvolo P, Wu T, et al. 2009. Whose vote should count more: Optimal integration of labels from labelers of unknown expertise. Advances in Neural Information Processing Systems: 2035-2043.

Willett W, Heer J, Agrawala M. 2012. Strategies for crowdsourcing social data analysis. Proceedings of the SIGCHI Conference on Human Factors in Computing Systems: 227-236.

Winn J M, Bishop C M. 2005. Variational message passing. Journal of Machine Learning Research: 661-694.

Witten I H, Frank E. 2005. Data Mining: Practical Machine Learning Tools and Techniques. 2nd ed. San Mateo: Morgan Kaufman Publishing.

Wu J, Ye C, Sheng V S, et al. 2017. Active learning with label correlation exploration for multi-label image classification. IET Computer Vision, 11(7): 577-584.

Yan T, Kumar V, Ganesan D. 2010a. CrowdSearch: Exploiting crowds for accurate real-time image search on mobile phones. Proceedings of the 8th International Conference on Mobile Systems, Applications, and Services: 77-90.

Yan Y, Rosales R, Fung G, et al. 2010b. Modeling annotator expertise: Learning when everybody knows a bit of something. Proceedings of the International Conference on Artificial Intelligence and Statistics: 932-939.

Yan Y, Fung G M, Rosales R, et al. 2011. Active learning from crowds. Proceedings of the 28th International Conference on International Conference on Machine Learning: 1161-1168.

Yang B, Sun J, Wang T, et al. 2009. Effective multi-label active learning for text classification. Proceedings of the ACM SIGKDD Conference on Knowledge Discovery and Data Mining: 917-925.

Yuan M, Lin Y. 2006. Model selection and estimation in regression with grouped variables. Journal of the Royal Statistical Society: Series B (Statistical Methodology), 68(1): 49-67.

Yuen M C, King I, Leung K S. 2011. A survey of crowdsourcing systems. The 3rd International Conference on Privacy, Security, Risk and Trust and the 3rd International Conference on Social Computing: 766-773.

Yuen M C, King I, Leung K S. 2015. TaskRec: A task recommendation framework in crowdsourcing. Neural Processing Letters, 41(2): 223-238.

Zhang J, Wu X. 2018. Multi-label inference for crowdsourcing. Proceedings of the 24th ACM SIGKDD International Conference on Knowledge Discovery and Data Mining: 2738-2747.

Zhang H, Law E, Miller R C, et al. 2012. Human computation tasks with global constraints. Proceedings of the SIGCHI Conference on Human Factors in Computing Systems: 217-226.

Zhang Y, Chen X, Zhou D, et al. 2014. Spectral methods meet EM: A provably optimal algorithm for crowdsourcing. Advances in Neural Information Processing Systems: 1260-1268.

Zhang J, Wu X, Sheng V S. 2015a. Imbalanced multiple noisy labeling. IEEE Transactions on Knowledge and Data Engineering, 27(2): 489-503.

Zhang J, Sheng V S, Nicholson B A, et al. 2015b. CEKA: A tool for mining the wisdom of crowds. The Journal of Machine Learning Research, 16(1): 2853-2858.

Zhang J, Sheng V S, Wu J, et al. 2016. Multiclass ground truth inference in crowdsourcing with clustering. IEEE Transactions on Knowledge and Data Engineering, 28(4): 1080-1085.

Zhang J, Sheng V S, Li Q, et al. 2017. Consensus algorithms for biased labeling in crowdsourcing. Information Sciences, 382-383: 254-273.

Zhang J, Sheng V S, Li T, et al. 2018. Improving crowdsourced label quality using noise correction. IEEE Transactions on Neural Networks and Learning Systems, 29(5): 1675-1688.

Zhang J, Sheng V S, Wu J. 2019a. Crowdsourced label aggregation using bilayer collaborative clustering. IEEE Transactions on Neural Networks and Learning Systems, 30(10): 3172-3185.

Zhang J, Wu M, Sheng V S. 2019b. Ensemble learning from crowds. IEEE Transactions on Knowledge and Data Engineering, 31(8): 1506-1519.

Zhang J, Wang H, Meng S, et al. 2020. Interactive learning with proactive cognition enhancement for crowd workers. Proceedings of the 34 th AAAI Conference on Artificial Intelligence: 540-547.

Zhao W X, Jiang J, Weng J, et al. 2011. Comparing twitter and traditional media using topic models. European Conference on Information Retrieval: 338-349.

Zhao Z, Yan D, Ng W, et al. 2013. A transfer learning based framework of crowd-selection on twitter. Proceedings of the 19th ACM SIGKDD International Conference on Knowledge Discovery and Data Mining: 1514-1517.

Zhao Z, Wei F, Zhou M, et al. 2015. Crowd-selection query processing in crowdsourcing databases: A task-driven approach. The 18th International Conference on Extending Databasa Technology: 397-408.

Zheng Y, Cheng R, Maniu S, et al. 2015a. On optimality of jury selection in crowdsourcing. The 18th International Conference on Extending Databasa Technology: 193-204.

Zheng Y, Wang J, Li G, et al. 2015b. QASCA: A quality-aware task assignment system for crowdsourcing applications. Proceedings of the ACM SIGMOD International Conference on Management of Data: 1031-1046.

Zheng Y, Li G, Cheng R. 2016. DOCS: A domain-aware crowdsourcing system using knowledge bases. Proceedings of the VLDB Endowment, 10(4): 361-372.

Zheng Y, Li G, Li Y, et al. 2017. Truth inference in crowdsourcing: Is the problem solved? Proceedings of the VLDB Endowment, 10(5): 541-552.

Zhong J, Tang K, Zhou Z H. 2015. Active learning from crowds with unsure option. The 24th International Joint Conference on Artificial Intelligence: 1061-1067.

Zhou Z H. 2018. A brief introduction to weakly supervised learning. National Science Review, 5(1): 44-53.

Zhou Y, He J. 2017. A randomized approach for crowdsourcing in the presence of multiple views. IEEE International Conference on Data Mining: 685-694.

Zhou Z, Sun Y, Li Y. 2009. Multi-instance learning by treating instances as non-i,i,d, samples. Proceedings of the 26th International Conference on Machine Learning: 1249-1256.

Zhou D, Basu S, Mao Y, et al. 2012. Learning from the wisdom of crowds by minimax entropy. Advances in Neural Information Processing Systems: 2195-2203.

Zhou B, Lapedriza A, Xiao J, et al. 2014. Learning deep features for scene recognition using places database. Advances in Neural Information Processing Systems: 487-495.